大跨度钢结构施工技术

王宏　主编

中国建筑工业出版社

图书在版编目（CIP）数据

大跨度钢结构施工技术 / 王宏主编 . — 北京：中国建筑工业出版
社，2015.1
ISBN 978-7-112-17647-2

Ⅰ.①大… Ⅱ.①王… Ⅲ.①大跨度结构－钢结构－建筑物－
工程施工 Ⅳ.① TU745.2

中国版本图书馆 CIP 数据核字（2015）第 002954 号

全书共分为三部分：第一部分 2 章，包括大跨度钢结构的发展、大跨度钢结构体系；第二
部分 6 章，包括深化设计、加工制作准备、焊接技术、制作全过程质量管理、典型构件加工制
作和制作案例；第三部分 8 章，包括施工组织及设备选型、高空原位安装技术、提（顶）升施
工技术、滑移施工技术、卸载施工技术、预应力钢结构施工技术、施工测量技术和安全防护技术。

本书从工程实践出发，以大量工程为案例，系统总结提炼了大跨度钢结构的深化设计、加
工制作工艺、焊接技术、典型构件加工、施工新技术、施工测量及质量管理经验，非常适合建
筑钢结构设计、钢结构制作施工安装技术人员及相关专业高校师生参考使用。

责任编辑：郦锁林　朱晓瑜
责任校对：张　颖　赵　颖

大跨度钢结构施工技术

王宏　主编

*

中国建筑工业出版社出版、发行（北京西郊百万庄）
各地新华书店、建筑书店经销
北京京点图文设计有限公司制版
北京中科印刷有限公司印刷

*

开本：787×1092 毫米　1/16　印张：27¼　字数：471 千字
2015 年 1 月第一版　2015 年 1 月第一次印刷
定价：168.00 元
ISBN 978-7-112-17647-2
（26865）

《大跨度钢结构施工技术》编委会

主　　编：王　宏

副 主 编：李海旺　戴立先

编　　委：王　宏　马义俊　左旭平　叶国新　　周发榜　张泗杰
徐重良　戴立先　欧阳超　申屠辉宏　徐　坤

编写人员：邰国雄　陈华周　陈振明　陆建新　陈　韬　吕黄兵
高勇刚　钟红春　蒋官业　朱邵辉　李春田　许　航
周　明　徐　聪　陈　治　沈洪宇　陈　刚　刘　奔
何鲁清　张耀林　章少君　孟祥冲　彭　湃　黄　敏
郭金池　刘俊超　薛飞飞　刘欢云　范道红　李朝兵
李宏伟　强　彬　徐　丹　祁　霜　周焱平　樊　林
巩少兵　唐楚发　苏君岩　冯玩豪　冷瀚宇　杨高阳
李鹏宇　李龙飞　李凌峰　于　轩

序言一

PREFACE

科学技术是第一生产力，是指引时代进步的风向标，是衡量国家综合国力的试金石。实现创新驱动发展，最根本的是依靠科技的力量，提高自主创新能力。

中国建筑工程总公司（下称"中国建筑"）肩负央企的社会责任，秉承"科技兴企"的发展战略，致力于推动建筑行业的科技进步。通过原始创新、集成创新，建立了企业科技领先优势，在超高层建筑施工技术、大跨度机场工程综合施工技术及现代化体育场馆施工技术、高耸塔类构筑物施工技术等方面取得了举世瞩目的成绩。从环球金融中心创造中国建筑高度纪录，到央视工程 78m 大跨悬挑施工挑战结构极限，再到 08 奥运水立方工程获国家科技进步一等奖，完成中国第一大跨度索支穹顶项目——武汉体育馆建设，中国建筑以科技进步铸造了承建"高、大、新、特、重"工程的高端品牌形象。

中建钢构有限公司作为中国建筑旗下的专业公司，长期致力于科技创新工作，其研发、创新的诸多成果在行业内部处于领先水平，为各类高端工程的顺利建设提供了有效保障。我们欣喜的看到，中建钢构在积极创新的同时，还积极总结已有的科技成果，致力于推动行业的共同进步。他们于去年编撰出版《超高层钢结构施工技术》一书，全景展现了超高层钢结构施工中的前沿技术，对现场作业起到了良好的参考和指导作用。今年他们再次编撰《大跨度钢结构施工技术》，相信，这两本专著将相互辉映，对超高层、大跨度两种普遍应用的建筑结构施工起到有效的指导作用，为促进行业的发展做出贡献。

企业是科技创新的主体，央企担当着重要的责任。目前，中国建筑正在国家"新常态"发展的大环境下，不断推动自身的创新发展和转型升级，践行"绿色中建、

数字中建"承诺,推进绿色建筑、绿色施工以及建筑工业化的发展。我们将坚持"自主创新、重点跨越、支撑发展、引领未来",以提高科技创新能力为核心,以促进科技与企业发展紧密结合为重点,进一步深化科技体制改革,加快建设企业创新体系,积极探索符合科技发展规律的新体制,为中国建筑成为行业领先者,打造最具国际竞争力的建筑地产综合企业集团而努力奋斗!

中国建筑工程总公司总经理、党组成员
中国建筑股份有限公司总裁

序言二

PREFACE

大跨度空间结构往往是衡量一个国家建筑科技水平的重要标志之一，也是一个国家文明发展程度的象征。我国空间结构的发展历史并不长，大致是 60 年，但发展速度快、应用范围广、形式种类多，且不断有所创新。20 世纪 50 年代末较多地采用薄壳结构、悬索结构，20 世纪 60 年代采用网架结构，20 世纪 80 年代较多地采用组合网架、网壳结构，到 20 世纪 90 年代后开始采用索膜结构、张弦梁结构、索桁结构、弦支穹顶、索穹顶结构等一些轻质高效的现代空间结构。进入 21 世纪，我国成功举办了 2008 年北京奥运会、2010 年上海世博会和广州亚运会、2011 年深圳大运会、2014 年南京青奥会等国际大型体育盛会，大跨空间结构得到了千载难逢的发展机遇，进入了一个崭新阶段，一个重要的特点是应用范围不断扩大、结构跨度骤增，跨度已达 300m 左右，除在体育场馆、航站楼与飞机库、影剧院、展览馆等大跨度公共建筑中大量采用外，在新建大、中型铁路客站候车大厅、无站台柱雨篷、桥梁结构工程和高层建筑结构中也获得了创新应用，并且具有我国自己的特色，不少空间结构工程和项目成为国家和城市的标志性建筑。

在我国空间结构半个世纪，特别是近三十年的快速发展进程中，随着我国钢产量的年年攀升，以钢材为主要建筑材料的大跨度钢结构更是日新月异地得到迅猛的发展，钢结构在大跨结构中最为广泛地采用。与此同时，我国已发展起来近百家相当规模的钢结构施工企业，其中有 30 多家特级钢结构制造厂，已形成一个新兴的空间结构制造行业，且部分出口国外，这个规模在国外是没有的，我国是全球之最。

中建钢构有限公司是我国钢结构施工行业的领军国有企业，现已发展成为中国最大，并谋求成为全球最具竞争力钢结构产业集团，承建了国内外一大批"高、大、新、尖、特、重"工程,为推动中国钢结构发展做出了巨大的贡献。在取得这些成就的同时,他们还特别注重科技创新,在超高层钢结构、大跨度钢结构、复杂空间钢结构、高耸塔桅钢结构等领域积累了独特、领先的技术优势。获悉中建钢构正组织力量将他们的施工经验和科技成果进行全面系统地总结提炼,编撰出版钢结构施工专著,我感到非常欣喜。这项工作表现出中建钢构技术成果慷慨共享、致力于推动行业技术进步的社会担当,必将极大地促进我国钢结构施工技术的发展和进步。

这本专著是继2013年出版的《超高层钢结构施工技术》后的第二部,是钢结构应用的另一个重要领域,综观本书有如下特点:

(1)源于工程,高于工程。专著是施工一线技术工作者对工程实践的总结和提炼,技术要点均配合中建钢构承担的实际工程项目予以诠释,源于工程实践。同时,基于工程问题进行了富有成效的理论研究、技术开发及新兴技术的探索应用,比如:砂箱卸载技术在房建领域的应用,计算机液压同步控制系统,GPS测控技术,贯穿设计出图、制作管理、材料和构件物联管控的全寿命建筑信息模型(BIM)等。

(2)内容丰富,系统全面。全书内容紧扣钢结构施工的全过程,依次详细阐述了大跨度钢结构深化设计,工厂加工制作及质量管理,安装部署及设备选型,高空提(顶)升、滑移等安装技术,支承卸载技术,预应力施工技术,一直到施工测量和安全防护。各章节编写均围绕工序流程和技术要点,并配以相关材料、设备、工艺参数和技术管理要求等关键资料,逻辑性好,易于阅读和参考。

(3)实例典型,操作性强。书中提供的弯扭构件、焊接球、铸钢件等典型构件的加工实例,以及十余个典型大跨钢结构工程项目的深化设计、制作安装、卸载监测的实例,方便钢结构施工企业借鉴参考,可操作性很强。

(4)图文并茂,可读性好。本书各章节精选了中建钢构施工项目的技术图纸、表格以及一手的加工厂和项目现场照片,图文并茂,使读者身临其境,可读性好。本书不仅可为钢结构施工企业提供借鉴,也可供大跨度钢结构设计、建筑科研院所研究人员和高等院校土木工程专业师生阅读参考。

(5)脚踏实地,畅想未来。值得一提的是,本书开篇精要地对大跨度钢结构的发展历程、结构体系、材料和典型工程进行了概述,特别是较为完整地收集了我国近年来兴建的大跨度钢结构的工程资料,有利于广大读者领略我国大跨空间结构的大国风采。本书对未来大跨结构在建筑功能、防灾减灾、绿色节能和超大跨城市穹顶等方面的乐观畅想，也昭示着大跨钢结构的美好发展前景。

本书是我国系统介绍大跨度钢结构施工技术的专著，不仅是中建钢构施工经验的总结，也集中展现了我国大跨钢结构施工的技术发展水平。相信这部专著的出版有助于广大技术人员了解和掌握大跨度钢结构的施工知识，为钢结构施工以及设计和研究提供参考和借鉴，促进我国钢结构施工行业的技术进步，也促进我国大跨空间结构的应用和发展。

以中建钢构为代表的一批中国钢结构施工企业凭借几十年来凝练的核心竞争力已开始走向世界，在海外承接了大量钢结构工程，同时带领着国内钢结构设计和研究单位参与到国际工程的竞争。我希望中建钢构在编辑出版施工技术专著的中文版后，能继续努力出版一本英文版的中国钢结构施工著作，向全世界展现中国施工企业的风采。最后，我热切期盼我国大跨度空间结构的施工技术不断发展、创新，出版更多的专著问世，早日实现我国大跨度空间结构从大国迈向强国的梦想。

中国工程院院士
浙江大学教授　　董石麟

　　自改革开放以来，尤其是从新世纪的 2000 年起，大跨度建筑工程在我国获得了前所未有的发展。新型建筑材料的创新应用、计算技术的迅速发展和结构形式的多样化，使大跨度空间钢结构从满足各种建筑功能的造型到跨度的跃升——被突破。

　　该书主编王宏所在的中建钢构，是我国集钢结构制作与安装为一体的现代化大型企业，先后承建了国内外许多大型钢结构工程项目。如新白云机场与深圳机场航站楼、深圳大运会体育中心等，这些建筑在我国大跨度空间钢结构发展中具有里程碑意义。在建设过程中，攻克了复杂钢结构制作与安装过程中的许多难题；特别在大跨度空间钢结构领域，取得了一系列重大建筑工程建造技术的创新成果，积累了一整套建造大跨度钢结构建筑的经验。该书正是在这个基础上，将系统性和实务性相结合，图文并茂，深入浅出，并针对不同类型的大跨度钢结构体系，从结构的深化设计，加工制作，现场安装等方面进行了翔实的阐述。

　　大型复杂建筑钢结构工程的发展，催生出一大批高大精尖的钢结构工程项目。由于建筑钢结构形式的复杂化，对传统的钢结构制作加工工艺与施工技术提出了巨大的挑战：在钢结构制作方面，如空间弯扭构件的制作，复杂铸钢节点的制作及复杂厚钢板节点的焊接，以及各种复杂形状的钢构件的制作等；在安装方面，提出了诸如整体提升（顶升）、屋盖整体滑移、结构整体卸载及预应力张拉等施工新技术；在施工过程中，建立了信息化管理平台、测量控制及计算机预拼装技术等。这些新的制作工艺与安装技术，源于工程实践，又服务于工程本身，所积累的创新技术为本书的成稿奠定了很好的基础。

　　总之，该书从工程实践出发，以大量工程为案例系统总结提炼了大跨度钢结构的深化设计、加工制作工艺、焊接技术、典型构件加工、施工新技术、施工测量及质量管理经验等。我们很高兴看到这本能反映我国大跨度钢结构建造技术的书问世，为从事同类工程制作、安装及管理的工程技术人员提供了一本非常实用的工具书。在此，衷心地向同行及所有关心大跨度钢结构建筑事业发展的人士推荐，值得一读。

清华大学　土木系　郭彦林

前 言

大跨度建筑贯穿于人类社会的文明与进步。从古罗马人发明的混凝土建材到建筑钢材，再到膜材的研发与应用；从拱券式穹顶到网格结构，再到张弦梁、索穹顶等杂交结构的创新，均可在大跨度建筑结构上找到相应的印记。可以说，大跨度建筑是新型建筑材料研发和结构形式创新最直接的展现。

我国改革开放 35 年来，钢产量从 1978 年 3000 万吨发展到 2013 年超过 10 亿吨，占到全球钢产量的一半以上。随着钢铁工业的发展，国家由建国初期限制建筑钢结构的发展逐渐转变为积极的鼓励政策，钢结构已成为建筑领域的主流结构之一。同时，北京奥林匹克运动会、深圳世界大学生运动会等国际赛事会议的举办，全国交通枢纽的建设与升级，进一步促进了大跨度钢结构建筑的建设，如北京"鸟巢"、国家大剧院、深圳宝安国际机场、武汉火车站等，这些闻名于世的标志性大跨度钢结构建筑，代表了新时期我国建筑领域取得的新成就。

书中基于已建、在建且具有代表性的大跨度建筑施工实例，结合国内大跨度钢结构施工的最新成果和现行有关规范规程。分三个部分阐述了大跨度钢结构施工技术。

第一部分共 2 章，主要介绍大跨度钢结构建筑的发展历程、结构特点、常用构件及材料材质，主要参编人员为中建钢构有限公司陈振明、周明、苏君岩、冷瀚宇、杨高阳、李鹏宇等人；第二部分共 6 章，主要介绍大跨度钢结构制造技术，包括深化设计、加工制作准备、焊接技术、制作全过程质量管理、典型构件加工制作等，并以重庆国博、深圳机场 T3 航站楼、贵阳奥体等国内典型大跨度钢结构工程为例介绍了诸如空间桁架、弯扭构件等复杂构件的制作技术，主要参编人员为中建钢构有限公司陈振明、陈韬、沈洪宇、张耀林、章少君、黄敏、郭金池、刘俊超、陈刚、刘欢云、范道红、李朝兵、李宏伟、强彬、徐丹、祁霜、周焱平、樊林、巩少兵、唐楚发等人；第三部分共8章，主要介绍大跨度钢结构安装技术，包括施工部署及设备选型，高空原位安装技术，提（顶）升施工技术、滑移施工技术、卸载施工技术、预应力钢结构施工技术、施工测量技术，安全防护技术等关键技术，主要参编人员为中建钢构有限公司邹国雄、陈华周、陆建新、吕黄兵、高勇刚、钟红春、蒋官业、朱邵辉、李春田、许航、周明、徐聪、陈治、彭湃、孟祥冲、刘奔、何鲁清、薛飞飞、冯玩豪、李龙飞、李凌峰、于轩等人。

本书在编制过程中，得到了太原理工大学李海旺教授、北京市建筑设计研究院主任工程师张相勇博士、原建设部总工程师许溶烈（瑞典皇家工程科学院外籍院士）、中建总公司专家委员会施工技术主任委员张希黔教授以及哈尔滨工业大学顾磊教授等人的大力支持，在此表示衷心的感谢。同时还要感谢中建钢构有限公司副总经理周发榜、综合办公室副主任周爱文对本书内容的审阅。书中引用了一些建筑施工图片，可以给读者更加清晰、直观的印象，在此对这些图片的所有者表示感谢。

2014 年 11 月

目录

Contents

第三部分　大跨度钢结构安装技术

第一部分

大跨度钢结构综述

大跨度建筑结构是建筑发展史上最重要的结构形式之一，它不仅满足了人们对大空间建筑的需求，而且提升了建筑的美感，给人们带来了丰富多彩的视觉享受。在我国现行的行业规范中，根据使用材料的不同，大跨度建筑的定义也有所不同：对钢筋混凝土结构，当其跨度不小于 18m 时，即为大跨度结构[1]，而对钢结构，跨度不小于 60m 时才会被认定为大跨度结构[2]。而在当前工程应用中，大跨度建筑结构与空间结构联系紧密，对跨度的定义也较为模糊。

建筑结构的跨度受限于结构形式和建筑材料。中国古代工匠用木材建造的梁柱结构宫殿和寺庙，跨度达到了 20～30m，古罗马人建造的拱顶和穹顶，跨度超过了 40m。近现代科学技术的进步使大跨度建筑结构的建造技术有了突破性的进展，在水泥和钢铁等新型建筑材料的基础上，人们创新了桁架、拱等平面结构，跨度可达 100m 以上，如1867 年建成的巴黎博览会机器展览馆，采用钢制三铰拱，跨度为 115m，堪称建筑结构跨度的大跃进。进入 20 世纪，随着普通钢、高强钢等建筑材料的大量生产和工程应用，人们进一步创新大跨度空间结构体系，1924 年在德国蔡司天文馆建成世界上首个半球形单层钢网壳，1940 年第一个平板网架建筑亦在德国建成，1953 年美国瑞雷比赛馆首次采用了双曲预应力索网结构，1975 年在美国庞蒂亚克建成了首例巨型（168m×220m）气承式充气膜结构体育馆等。这些新型结构体系具有刚度大、用材省、性能好等特点，促进了大跨度建筑的进一步发展，建筑跨度普遍达到 100m 以上，甚至超过 200m、300m。

我国改革开放以后，经济水平得到了大幅提升，政治、经济、文化活动日益丰富，人们对建筑大跨度空间需求不断提高，在此背景下，我国大跨度建筑进入了高速发展期，得到了广泛建设，如广州新白云机场（2004 年建成，结构最大跨度 77m）、首都机场 T3 航站楼（2007 年建成，交通中心结构最大跨度为 119m）等空港客站类建筑；国家体育馆（2008 年建成，结构最大跨度 260m）、深圳大运会主场馆（2011年建成，结构最大悬挑为 68.4m）等体育场馆类建筑；国家大剧院（2009 年建成，结构最大跨度 212m）、广州歌剧院（2010 年建成，结构最大跨度 70m）等文化设施类建筑；武汉国际博览中心（2010 年建成、结构最大跨度为 126m）、重庆国际博览中心（2013 年建成，结构最大跨度为 117m）等会展中心类建筑，以及首都机场A380 飞机库（2008 年建成，结构跨度 176.3m+176.3m，进深 110m），沈阳南航机库（2013 年建成，结构最大跨度 96m+120m，进深 79m）等工业库房、厂房类建筑。这些大跨度建筑的建设，为人们提供了更加宽广、舒适的建筑空间，满足了工作和生活需求，同时其优美、丰富的造型设计，成为神州大地上一道道靓丽的风景线。

本部分将重点介绍大跨度钢结构建筑的发展历程、结构形式及材质特点。

第1章 大跨度钢结构的发展

1.1 发展概述

人们对建筑空间的追求贯穿于人类社会的发展。远古人类通过挖洞穴居、筑木为巢满足了生存空间的需要；封建君王以豪华气派、空间广阔的殿宇彰显出皇权的威严；近现代社会，随着经济的高速发展，人们需要更大的建筑空间来满足会议交流、交通流转、体育赛事等各类社会、经济、文体活动，促使着建筑朝着高度更高、跨度更大的方向不断发展。

如果说超高层建筑解决了土地资源供应紧张的问题，使人们在有限的土地资源上获取了更多建筑空间，那么大跨度建筑则是实现建筑空间最大化的有效解决方案，它可以为人们提供广阔的室内无柱空间，满足集体活动需求。随着人类社会文明发展进程，群体活动越来越多，大跨度结构已成为当今社会不可或缺的建筑结构形式，其发展状况亦成为一个国家建筑科技水平的重要标志之一。

大跨度建筑有着悠久的发展历史，董石麟院士在《现代大跨空间结构在中国的应用与发展》中提出将大跨度空间结构的发展划分为三个阶段，即古代空间结构、近代空间结构和现代空间结构，分割的时间节点大致为 1925 年和 1975 年前后[3]（图 1-1）。

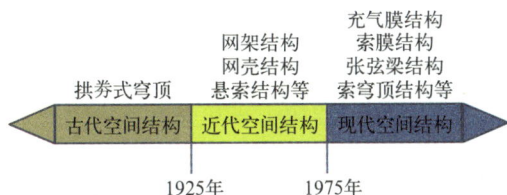

图 1-1　大跨度空间结构三个发展阶段

受经济发展、社会需求和科学技术的制约，古代大跨度建筑仅应用于皇室宫殿和宗教庙宇，以其恢弘的结构形式凸显出皇权和神权的至高无上，其结构的主要形式为拱券和穹窿，建筑材料主要采用砖石、碎石、混凝土等。

始建于公元前 27 ～ 25 年的罗马万神殿（图 1-2），是古罗马人献给众神的一座艺术建筑。建筑顶部穹顶由砖、石、浮石、火山灰砌成，直径 43.5m，净高 43.5m，顶部厚度 1.2m，半球根部支承在 6.2m 厚的墙体上，穹顶的平均厚度为 3.7m[4]。其大跨度穹顶使建筑内部空间无任何障碍物，视野开阔，浑然一体，犹如宇宙般博大，令人肃然起敬。19 世纪之前，其穹顶跨度一直保持着世界第一的纪录。除此之外，土耳其圣索菲亚教堂（穹顶直径 31m，图 1-3）、意大利圣母百花大教堂（穹顶直径 42m，图 1-4）亦为古代大跨度空间结构的经典之作[5]。

图 1-2　罗马万神殿

图 1-3　土耳其圣索菲亚教堂　　　　　图 1-4　意大利圣母百花大教堂

大跨度建筑与高层建筑不同，理论上采用砖石、砌体等传统建筑材料仍可完成高层建筑的建设，只是随着建筑高度的增加，结构所占的面积越来越大，资源投入越来越多，建筑物显得越来越笨重。而对于大跨度建筑而言，若无轻质、高强新型

建筑材料的出现和结构形式的创新，建筑跨度则无法实现新的突破。第一次、第二次工业革命实现了建筑材料创新，冶金技术的不断进步，使钢铁这种新型材料可以广泛应用于建筑工程中，为大跨度建筑结构的创新奠定了基础。

1889 年的巴黎世界博览会上，工业革命对建筑的影响得到了最充分的体现，其机械馆（图 1-5）运用了当时最先进的结构和施工技术，该馆共有 20 榀钢制三铰拱，形成跨度 115m、长度 420m，内部毫无阻挡的庞大室内空间，令世人为之赞叹。

图 1-5　巴黎世界博览会机械馆

近代大跨度空间结构主要包括了网架结构、网壳结构、悬索结构等结构创新与发展。20 世纪 60 年代，美国加利福尼亚大学体育馆建成，屋面结构采用正放四角锥网架，结构尺寸达到 91m×122m，每平方米用钢量 73kg；1975 年在美国建成的新奥尔良超级穹顶（图 1-6）采用网壳结构，直径达到 207m，每平方米用钢量为 76kg，成为当时跨度最大的网壳结构，其跨度纪录被 1993 年建成、直径 222m 的日本福冈体育馆（图 1-7）取代；1953 年建成的美国 Releigh 体育馆（图 1-8）采用

图 1-6　美国新奥尔良超级穹顶体育馆　　　　图 1-7　日本福冈体育馆

了鞍形单层正交索网，其准圆形的屋盖尺寸为 92m×92m，加拿大建造的卡尔加里体育馆（1988 年冬奥会体育场馆，图 1-9）使鞍形单层正交索网屋盖的尺寸达到了 129m×135m。

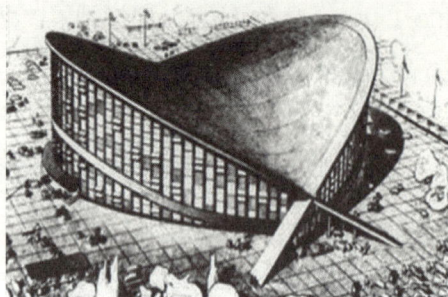

图 1-8　Releigh 体育馆

图 1-9　卡尔加里体育馆

膜结构、索穹顶结构等新型结构拉开了现代大跨度空间结构发展的序幕。1970 年在日本大阪举行的世界博览会上的美国馆（图 1-10），首次采用了膜结构，其结构形式成网球拍形状，使用内部 206Pa 空气超压支承屋面结构重量，净跨度达到 80m×138m，整个屋面包括拉索的重量约为 4.8kg/m^2。1996 年，美国亚特兰大奥运会主体育场馆——佐治亚穹顶（图 1-11）是索穹顶建筑的代表之作，其结构跨度超过 200m，而用钢量却不足 30kg/m^2。

图 1-10　大阪世博会美国馆

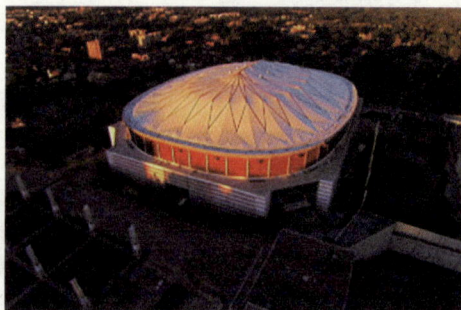

图 1-11　美国佐治亚穹顶

被誉为"伦敦明珠"的千年穹顶（图 1-12），位于泰晤士河边格林威治半岛上，是一幢展览科普中心建筑。它造型独特，气魄宏伟，是英国为庆祝世纪之交的千禧年而建造的纪念性建筑之一，许多人称它是 20 世纪 90 年代末产生的鸿篇巨作。该建筑的承重结构为巨型空间网格结构，钢结构用量为 4000 吨，斜拉索支承于 12 根穿出屋面高达 100m 的桅杆上，其屋面采用张力膜结构覆盖，建筑最大跨度达 320m。

图 1-12　英国伦敦"千年穹顶"

2012 年伦敦奥林匹克体育场"伦敦碗"（图 1-13）屋顶采用轮辐式索网结构，通过张拉内环索、外环桁架间的径向索使结构成型并提供结构承载刚度。索网屋盖沿径向等间距设置 28 根主索支承屋面系统，同时在各主索间共设置 84 根副索支承聚酯纤维涂层的 PVC 屋面。结构总用钢量 1 万余吨，单位面积用钢量约 90kg/m²[6]。

图 1-13　2012 年伦敦奥运会主体育场—"伦敦碗"

近现代社会发展过程中，经济文化交流、国际性体育赛事的举办进一步促进了大跨度钢结构建筑的发展，使其得到了广泛建设。部分世界博览会（简称世博会）中，大跨度钢结构典型建筑如表 1-1 所示。

部分世界博览会的大跨度钢结构建筑[7]　　　　表 1-1

建筑介绍	结构概况	图例
伦敦水晶宫是英国工业革命时期的代表性建筑,大部分为铁结构,外墙和屋面均为玻璃,整个建筑通体透明,宽敞明亮,故被誉为"水晶宫",用于1851年世博会(第1届)	中央通道屋顶为拱结构,跨度22m	
1933年美国芝加哥世博会(第10届)首次设立了独立的企业馆。通用、福特、克莱斯勒等大型汽车公司将汽车及其生产流程搬上了世博舞台,汽车馆成为当时的标志性建筑	采用了直径为60m的圆形平面悬索结构,是当时世界上最大的悬索结构	
1958年比利时布鲁塞尔世博会(第21届)是第二次世界大战结束后的第一次世博会。其美国馆被认为是"二战"后悬索结构中最具表现力的建筑之一	屋盖采用直径为92m的圆形双层悬索结构,有36对钢柱支持,柱廊柱高22m,覆盖直径为104m的展览馆	
1967年,在加拿大蒙特利尔举办的世博会(第24届)上,巴克敏斯特·富勒设计的美国馆——圆形巨大的建筑吸引了人们的眼球	采用三角形金属网壳结构,高61m、直径76m。结构用料省,网格规格整齐,便于施工和装配,很好地满足了世博会建筑的要求,为后世称道	
1970年日本大阪世界博览会(第25届)不仅是亚洲地区最早举办的一次博览会,而且是当时国际上办得最出色、最成功,至今仍有影响力的盛会。展会上主题馆——节日广场为此次展会的标志性建筑之一	采用六点支承的正放四角锥平板网架,整个网架覆盖面积长292m、宽108m。采用地面拼装、整体提升工艺施工	
2010年中国上海世界博览会是第41届世界博览会。此次世博会以"城市,让生活更美好"为主题,其中展会主题馆屋面太阳能板面积达3万多平方米,雄伟壮观,是目前世界最大单体面积太阳能屋面;演艺中心呈飞碟状,是上海世博会最重要的永久性场馆之一,在世博会期间承担了各类大型演出和活动	主题馆采用张弦桁架结构,展馆东西结构跨度为180m,南北跨度为126m[8]	
	演艺中心屋顶采用桁架结构,中心区域由36榀径向桁架和4道环向桁架组成,最大跨度140m[9]	

　　部分奥运会、世界杯中,大跨度钢结构体育场馆如表 1-2 所示。

部分世界杯、奥运会大跨度钢结构建筑[10]　　　　表 1-2

建筑介绍	结构概况	图例
德国慕尼黑奥林匹克体育中心，为1972年（第20届）奥运会体育场馆	索网结构。包括9片80m×60m鞍形索网，8根高约70m的桅杆，455m长的内边索[11]	
1988年（第24届）韩国汉城奥运会体操馆	屋盖为由中心环、受压圈梁、脊索、谷索、斜拉索、环向拉索、立柱和扇形膜材所组成索膜结构，跨度达120m[12]	
1992年（第25届）西班牙巴塞罗那奥运会主体育馆	网壳结构，平面尺寸为128m×106m	
法兰西体育场，1998年法国世界杯（第16届）主体育场	斜拉式结构[5]，球场采用桅杆+刚性屋盖，设有椭圆形可开合的顶棚。巨大的顶棚所用的钢架总重量就相当于埃菲尔铁塔的重量	
2000年（第27届）澳大利亚悉尼奥运会主体育场	拱式结构[5]，建成时为奥运会历史上最大的室外体育场，结构钢桁架拱跨度为290m，屋面为新月形双曲抛物面网壳	
2002年日韩世界杯（第17届）韩国大邱体育场	前主拱跨度273m，屋盖结构为倒放三角桁架+膜	
2002年日韩世界杯（第17届）日本大分体育场，开合屋盖结构，绰号"大眼睛"	交叉落地拱，从东到西共7个拱，间隔40m，南北方向拱跨度达274m	
2004年希腊雅典奥运会（第28届）主体育场	钢管落地拱+张拉钢索，拱高85m，跨度304m	

建筑介绍	结构概况	图例
2010南非世界杯（第19届）德班体育场	100m高Y形分叉巨拱，钢拱跨度340m，拉索固定于主拱上，辐射形布置	
2012年英国伦敦奥运会（第30届）温布尔登网球场，是世上现有的最著名的草地球场	开合屋盖采用可折叠的张拉膜结构。膜结构的两边都固定在棱柱型钢桁架上，棱柱型钢桁架的跨度约75m	

世界其他典型大跨度钢结构建筑如表1-3所示。

世界其他典型大跨度钢结构建筑　　　　　　　　表1-3

建筑概况	结构概况	图例
美国华盛顿杜勒斯国际机场候机厅，1962年建成	悬索结构，建筑长182.5m，跨度45.6m	
日本东京"后乐园"棒球馆，是一座有5.5万个座位的体育馆，又称"东京巨蛋"，1988年建成	气承式索膜结构，结构跨度204m，应用了极为先进的自动控制技术，采用双层膜结构，中间可通热空气融雪	
多伦多天顶大厦，是世界上第一个拥有可全方位伸缩顶盖的体育馆，被赋予"空中巨蛋"的美誉	网壳结构，跨度205m，其顶盖主要由四个盖板构成，其中三个可以自由伸张或收缩，若需打开或关闭顶盖只需20min	
日本名古屋体育馆，1997年建成	世界最大的单层网壳。该体育馆整个圆形建筑的直径为229.6m，结构直径187.2m，采用三向网格，节点为能承受轴力和弯矩的刚性节点	
加蓬体育场，第28届非洲杯足球赛场馆，由中国援建	拱式结构，倒三角形桁架拱，东看台跨度272m，矢高47.5m，西看台跨度320m，矢高63.2m	

1.2 国内发展

新中国成立之初，因钢材匮乏，大跨度钢结构建筑仅在重点工程中应用。如 1959 年在北京建成的人民大会堂，采用了跨度 60.9m、高 7m 的钢屋架；1967 年建成的首都体育馆，屋盖采用平板网架结构，跨度达到 99m。改革开放以后，随着国家综合国力不断增强，各类会议、会展、体育、演艺等政治、经济、文体活动日益增多，人们对建筑空间的需求日益增强。同时，随着科技不断进步，炼钢工艺水平和钢铁产量均得到了大幅提升，我国钢铁产量在 1996 年超越美国和日本，成为世界新兴钢铁大国，2010 年中国钢铁产量就已突破 6 亿吨，2013 年我国大陆地区的钢产量超过 10 亿吨，占到世界钢材总产量 50% 以上，为世界产钢第一大国；钢材质量也得到大幅提高，建筑用钢已基本采用国产钢，为大跨度建筑的广泛建设奠定了基础。一时间，一座座大跨度建筑在神州大地上拔地而起。典型的大跨度钢结构建筑如表 1-4 所示。

<table>
<tr><td colspan="6" align="center">国内典型大跨度建筑　　　　　　　　　　　　　　　　　　表 1-4</td></tr>
<tr><th>建筑
类别</th><th>建筑名称</th><th>结构体系</th><th>跨度/悬挑
(m)</th><th>用钢量
(万吨)</th><th>竣工时间
(年)</th></tr>
<tr><td rowspan="14">体育场馆</td><td>上海八万人体育场</td><td>膜结构</td><td>悬挑73.5</td><td>0.48</td><td>1996</td></tr>
<tr><td>重庆奥体中心</td><td>拱式结构</td><td>312</td><td>0.58</td><td>2004</td></tr>
<tr><td>南京奥体中心</td><td>拱式结构</td><td>360</td><td>1.2</td><td>2005</td></tr>
<tr><td>沈阳奥体中心</td><td>拱式结构</td><td>360</td><td>1.2</td><td>2007</td></tr>
<tr><td>国家网球中心</td><td>桁架+网架结构</td><td>136</td><td>0.2</td><td>2007</td></tr>
<tr><td>国家体育场</td><td>交叉平面桁架结构</td><td>260</td><td>4.2</td><td>2008</td></tr>
<tr><td>国家游泳中心</td><td>多面体空间框架结构</td><td>137</td><td>0.73</td><td>2008</td></tr>
<tr><td>济南奥体中心</td><td>悬臂桁架结构</td><td>悬挑53.2</td><td>0.7</td><td>2008</td></tr>
<tr><td>广州亚运城体育馆</td><td>桁架结构</td><td>99</td><td>1.1</td><td>2010</td></tr>
<tr><td>深圳湾体育中心</td><td>空间曲面单层网壳结构</td><td>悬挑39</td><td>2.0</td><td>2011</td></tr>
<tr><td>深圳大运体育中心</td><td>单层折面空间网格结构</td><td>悬挑68.4</td><td>1.8</td><td>2011</td></tr>
<tr><td>贵阳奥体中心</td><td>双向弯曲斜交网格结构</td><td>悬挑49</td><td>0.83</td><td>2011</td></tr>
<tr><td>东莞CBA篮球馆</td><td>轮辐式桁架结构</td><td>120</td><td>0.4</td><td>2013</td></tr>
<tr><td>杭州奥体中心</td><td>悬臂桁架+网壳结构</td><td>悬挑52.5</td><td>1.85</td><td>2014</td></tr>
</table>

续表

建筑类别	建筑名称	结构体系	跨度/悬挑 (m)	用钢量 (万吨)	竣工时间 (年)
交通枢纽	上海浦东机场T1航站楼	张弦梁结构	82.6	3.3	1999
	广州新白云国际机场 T1航站楼	桁架结构	76.9	2.1	2004
	长春龙嘉机场T1航站楼	桁架结构	75	0.25	2005
	武汉天河机场T1航站楼	桁架结构	98	0.82	2007
	首都机场T3航站楼 交通中心	桁架结构	117	0.65	2008
	昆明新机场	网架结构+彩带支撑	72	2.9	2010
	成都双流机场T2航站楼	桁架拱+网壳结构	125	1.8	2012
	深圳宝安机场T3航站楼	网架+桁架结构	108	4.5	2013
	沈阳桃仙机场T3航站楼	桁架结构	75	0.35	2013
	无锡硕放机场T2航站楼	梭形桁架+网架结构	72	0.7	2013
	武汉火车站（高铁站）	拱+网壳结构	116	6.0	2009
	福州南站（高铁站）	张弦梁结构	61.8	2.0	2010
	南京南站（高铁站）	网架结构	156	8.0	2011
	大连北站（高铁站）	张弦桁架结构	72	0.9	2012
	青岛北客站（高铁站）	预应力拱架结构	143.2	2.6	2013
文化会展中心	广州国际会展中心（一期）	张弦桁架	126	1.7	2002
	哈尔滨国际会展中心	张弦梁结构	128	1.2	2003
	深圳会展中心	张弦梁结构	126	3.1	2005
	中国国家大剧院	网壳结构	212.2	0.65	2007
	无锡太湖国际博览中心	桁架结构	94.5	0.98	2009
	福州海峡国际会议中心	桁架结构	126	1.8	2010
	天津梅江会展	张弦桁架结构	103	2.6	2010
	广州歌剧院	空间折板网格结构	70	1.2	2010
	武汉国际博览中心	桁架结构+网架结构	126	3.0	2011
	重庆国际博览中心	桁架结构	117	4.7	2012
飞机库房	广州新白云机场维修库	桁架结构	(100+150+100)×95	0.95	2004
	首都机场A380机场维修库	网架结构	(176.3+176.3)×110	1.05	2008
	沈阳南航机库	桁架+网架结构	(96+120)×79	0.24	2013

1. 体育场馆类

（1）国家体育场

国家体育场（图 1-14），即"鸟巢"，位于北京奥林匹克公园中心区南部，为 2008 年北京奥运会的主体育场。奥运会后成为北京市民参与体育活动及享受体育娱乐的大型专业场所，为地标性的体育建筑。

图 1-14　国家体育场—"鸟巢"

"鸟巢"工程主体呈空间马鞍椭圆形，南北长 333m、东西宽 294m，建筑面积 25.8 万 m²，总投资额约 35 亿元人民币，共设座席 9 万个。建筑屋盖顶面为双向圆弧构成的鞍形曲面，最高点高度为 68.5m，最低点为 42.8m。墙面与屋面钢结构由 24 榀门式桁架围绕着体育馆内部碗状看台区旋转而成，其屋面主桁架高度 12m，双榀贯通最大跨度约 260m；结构总用钢量为 4.2 万吨，每平方米用钢量达到 500kg；结构采用了 Q345、Q345GJ 及 Q460 等多种型号钢材，钢板最大厚度达 110mm。场馆施工主要采用 2 台 800 吨履带吊（外圈）和 2 台 600 吨履带吊（内圈）进行对称高空原位安装（图 1-15）。鸟巢整体建设工期约为 5 年，其中钢结构施工工期约 800 天。工程施工重难点主要包括空间弯扭构件制作、巨型钢构件吊装、Q460 高强度钢材焊接等[13、14]。

图 1-15　"鸟巢"施工全景图

（2）深圳大运体育中心

图1-16 深圳大运会体育中心—"水晶石"

深圳大运体育中心（图1-16）是2011年世界大学生运动会主会场，其建筑造型犹如一块璀璨的"水晶石"。场馆共设座席6万个，建筑面积13.6万 m²，总投资约41亿元人民币，满足国际田联及国际足联的比赛标准要求，可举办各类国际级、国家级和当地的体育赛事以及超大型的音乐盛会。该体育场采用了内设张拉膜的钢屋盖体系，钢结构形式为单层折面空间网格结构，平面形状为椭圆形（285m×270m），最高点高度为44.1m，不同区域悬挑长度为51.9～68.4m。一标段钢结构总重约1.8万吨，主要采用Q345GJ材质钢材及大量铸钢件，钢板最大厚度200mm。结构施工采用2台600吨履带吊、1台750吨履带吊作为外环主吊设备，1台150吨、1台250吨履带吊和2台50吨、1台80吨汽车吊作为外环的辅吊设备和拼装设备；在跨内设置一台250吨履带吊作为内环的吊装设备和拼装设备，施工方法为高空原位安装法（图1-17）。大运中心整体工期约为3年半，钢结构施工工期约为8个月。钢结构施工重难点为厚壁小径厚比钢构制作，大型空间构件组合及重型多分枝铸钢节点吊装与定位，以及超厚钢板焊接等[15]。

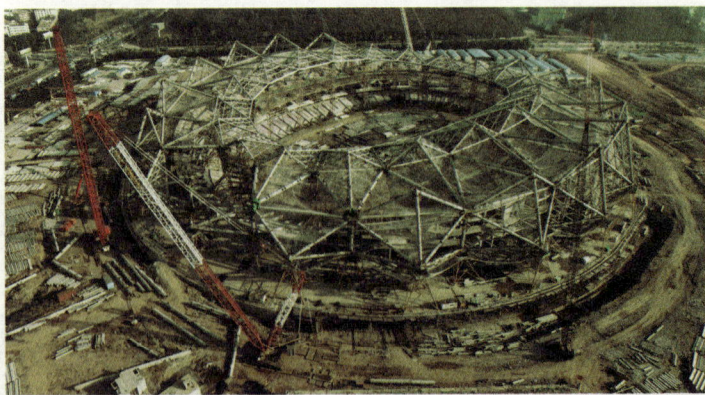

图1-17 "水晶石"施工全景图

（3）深圳湾体育中心

深圳湾体育中心（图1-18）又名"春茧"，是第26届世界大学生夏季运动会分会场之一，其主要建设内容有"一场两馆"，即体育场、体育馆、游泳馆及运动员接待服务中心、体育主题公园及商业运营设施等。深圳湾体育中心采用一体化设计，通过空间曲面单层网壳屋盖体系，将"一场两馆"有机联系在一起。

图 1-18　深圳湾体育中心—"春茧"

工程总投资约 22 亿元人民币，主场馆长约 500m，宽约 240m，高约 52m。总建筑面积约 25.6 万 m²。其结构形式为空间曲面单层网壳结构，总用钢量约 2.4 万吨，最大跨度 180m，最大悬挑 41m。钢材材质主要有 Q345C、Q345GJC、Q460GJD 等，主体结构于 2009 年 10 月 30 日开吊，2010 年 3 月 30 日封顶。体育场屋盖钢结构采用分区分片吊装、高空搭设支承、原位组装的方法，场内主要设置两台 320 吨履带吊，场外设置 2 台 180 吨履带吊进行构件吊装，广场区结构楼层上设置 2 台 K50/50 行走式塔吊进行吊装；体育馆和游泳馆区施工采用 2 台 STT8075 行走式塔吊进行施工，屋面网架采用整体提升方法进行施工（图 1-19）。本工程的施工重难点主要为非标准单元弯扭构件的制作与安装[16]。

图 1-19　"春茧"施工全景图

（4）国家游泳中心

国家游泳中心，即"水立方"（图1-20），为北京奥运会的游泳、跳水等比赛场地。该场馆的结构设计来源于爱尔兰数学家 Lord Kelvin 提出的"三维空间的最有效分割"问题，并利用和改良爱尔兰教授 Weaire 和 Phelan 提出的最优化多面体组合体系，创造性的设计出了新型多面体空间刚架结构。

图1-20 国家游泳中心—"水立方"

国家游泳中心水立方总投资约为31亿元人民币，建筑总体布置为正方形，平面尺寸为177.338m×177.338m，建筑高度约31m。工程总用钢量约7200吨，钢屋盖最大跨度为137m，可容纳观众1.7万人。钢材材质包括 Q345C 和 Q420C 等，最大板厚为40mm。工程安装方法采用"单杆 + 单球地面拼装高空散装法"，钢结构吊装设备主要采用了5台塔吊进行施工作业，型号分别为 H3/36B、BPR-GT491、ST7030、256HC、ST5015（图1-21）。工程2003年12月开工，于2008年1月竣工，整体建设工期为约为4年，其中钢结构施工工期约300天。施工重难点为多面体（十二面体、十四面体）空间刚架的安装和定位[17、18]。

图1-21 "水立方"施工全景图

2. 交通枢纽类

（1）广州新白云国际机场

广州新白云国际机场（图1-22）是国内三大航空机场之一，由美国派森思设计事务所按国际中枢理念设计，2004年8月正式启用，全年旅客吞吐量达4500万人次，总投资196亿元人民币。航站楼平面尺寸314m×212m，总建筑面积约15万

m², 其主航站楼屋盖系统采用曲面钢结构桁架体系, 总重为 5500 吨, 主体结构为倒三角形立体钢桁架, 桁架跨度为 76.9m, 外端悬挑 7.6 ～ 22.7m 不等。主桁架对称分布于南北两侧, 每侧 18 榀, 单榀重量从 86 ～ 104 吨不等。屋面钢结构安装采用施工支架高空拼装、曲线滑移分组就位的施工方法, 施工设备主要为 K50/50 行走式塔吊 (图 1-23)。钢结构施工重难点主要为钢结构屋盖曲线滑移施工[19]。

图 1-22　广州新白云国际机场

图 1-23　广州新白云机场施工全景图

(2) 深圳宝安机场 T3 航站楼

深圳宝安机场 T3 航站楼 (图 1-24) 于 2013 年 11 月投入使用, 建筑外形酷似 "飞鱼", 占地面积约 19.5 万 m², 总建筑面积 45.1 万 m², 南北长约 1130m, 东西宽约 640m, 总投资为 126.4 亿元人民币。航站楼主要由主楼大厅和十字指廊两个区域及登机桥组成, 结构最大跨度达 108m, 总用钢量约 4 万吨。大厅屋顶结构为主次桁架形成的双层斜交网架, 加强桁架设置在屋顶支撑结构的柱网上, 指廊区屋顶为带加强桁架的斜交斜放网架。主体工程自 2010 年 2 月 25 日开工, 2012 年 11 月底完工, 历时近 3 年。其中钢结构工程于 2010 年 9 月 27 日开吊, 2011 年 7 月 26 日实现主体封顶, 历时近 10 个月。钢结构施工主要施工方法为"高空原位安装法 + 施工支承滑移施工法"，现场钢结构安装主要采用 1 台 300 吨履带吊和 3 台 260 吨履带吊（图 1-25）。钢结构施工重难点主要为钢结构滑移施工、锥形管制作安装精度控制以及现场平面规划、协调[20]。

图 1-24 深圳宝安机场 T3 航站楼

图 1-25 深圳宝安机场 T3 航站楼施工全景图

（3）武汉火车站

武汉火车站（图 1-26）是一座现代化的高速铁路站房，于 2009 年 12 月建成启用。站房整体的"千年鹤归"造型凸显湖北特色，寓意充满灵性的千年黄鹤，惊叹家乡变化翻然而归。建筑中部突出的 60m 高大屋顶，预示着武汉是湖北也是中部省份崛起的关键地点。九片屋檐同心排列，又象征着武汉九省通衢的重要地理位置。武汉站总投资 140 亿元人民币，建筑总面积约为 37 万 m²，设客运专线、普速两个车场。工程钢结构用量约 6 万吨，具体结构形式包括：主拱结构、主拱屋面桁架结构、中间网壳结构、次拱及次拱屋面桁架结构等，结构最大跨度为 116m。工程施工方法为"高空原位安装法+施工支架滑移施工法"，吊装设备主要为 2 台 M125/75，4 台 stt553-24t，2 台 k50/50，

图 1-26　武汉火车站

均为行走式塔吊（图 1-27）。中央站房钢结构施工历时 7 个月，工程施工重难点为大跨度异型空间钢网壳深化设计以及施工支承滑移施工作业[21]。

图 1-27　武汉火车站施工全景图

3. 文化会展类

（1）中国国家大剧院

中国国家大剧院（图 1-28）位于北京市人民大会堂西侧，由国家大剧院主体建筑及南北两侧的水下长廊、地下停车场、人工湖、绿地组成。国家大剧院造型新颖，是传统与现代、浪漫与现实的结合，站在剧院外面看，壳体正面多像一个刚刚拉开帷幕的舞台，微波起伏的水面就像是舞台，"城市中的剧院，剧院中的城市"即是对她最好的描述。大剧院总占地面积 11.9 万 m^2，总建筑面积约 16.5 万 m^2，其中主体建筑 10.5 万 m^2，地下附属设施 6 万 m^2，2009 年建成，工期 931 天，钢结构工期 161 天，总投资额 31 亿元人民币。建筑东西跨度 212.2m，南北跨度 143.6m，高 46.7m，地下最深 32.5m，中心建筑为半椭球形钢结构壳体，钢壳体主要由环形钢管、箱型梁、H

图1-28 中国国家大剧院

型钢组合而成，总用钢量 6500 吨，网壳面积为 3.5 万 m²，用钢指标 185kg/m²。施工主要机械为两台 M440D 塔式起重机，用于钢壳体外围中、下段梁架安装，600 吨履带吊一台，用于 M440D 塔式起重机的安拆和钢壳体中心及钢壳体外围上段梁架安装，SK560 塔式起重机一台，用于柱靴的安装。钢结构施工重难点为超大型空间网壳结构安装定位、施工过程中结构稳定性保证以及巨型钢壳体的整体卸载[22]。

（2）广州歌剧院

广州歌剧院（图 1-29）坐落于珠江新城花城广场旁，是广州新中轴线上的标志性建筑之一。其建筑外形宛如两块被珠江水冲刷过的灵石，外形奇特，复杂多变。总占地面积 4.2 万 m²，建筑面积 7.3 万 m²，总用钢量 7600 吨，歌剧院大剧场平面尺寸 127m×125m，高度 43m，多功能厅平面尺寸 87.6m×86.7m，高度 22m。工程总投资约 13.8 亿元。

图1-29 广州歌剧院——"圆润双砾"

大剧场外围护钢结构为空间组合折板式三向斜交网格结构，由 65 个结构面组成。网壳落地处设置收边钢环梁，搁置在球形支座上，另在内部设置 14 个球型钢支座，支撑于混凝土结构上，钢结构主梁最大跨度 70m。主梁与主梁交接处采用铸钢节点；节点数量 48 个，最大重量 39 吨。钢结构安装采用高空原位拼装法进行，选用一台 SN630 塔吊和两台 K50/50 塔吊为主要吊装设备，负责大部分结构的安装。多功能厅和大剧场分别选用一台 250 吨履带吊和 150 吨汽车吊进行超重构件的吊装(图 1-30)。工程于 2005 年 1 月 18 日动工建设，至 2009 年 10 月基本完工，主体钢结构安装时间为 318 天。钢结构施工重难点主要为大型多分支铸钢节点的安装和测量定位[23]。

图 1-30　广州歌剧院施工全景图

（3）重庆国际博览中心

重庆国际博览中心（图 1-31）是一座集展览、会议、餐饮、住宿、演艺、赛事等多功能于一体的现代化场馆，位于重庆两江新区的核心——悦来会展城，是西部最大的博览中心。

图 1-31　重庆国际博览中心

博览中心总建筑面积 60 万 m^2，其中室内展览面积 20 万 m^2，钢结构总用钢量为 4.7 万吨，项目总投资 72 亿元。展馆钢屋盖采用大跨度立体管桁架，最大跨度达 70.2m，多功能厅钢屋盖为跨双向正交平面桁架，最大跨度 117m，各区域屋盖上另设单层铝结构装饰屋盖。立体桁架为倒立三角形截面，呈圆弧状延伸，每榀桁架间距为 18m，跨度 70.2m，单榀桁架重量为 80～100 吨。桁架采用 Q345 材质，钢材厚度在 10～30mm 之间。博览中心还应用了全球最大面积的铝格栅屋面，覆盖面积达 25 万 m^2，工程量约 8600 吨，其中连接圆盘 18 万个，不锈钢特制螺栓 1600 万套。钢结构工程于 2011 年 7 月 30 日开吊，于 2013 年 1 月封顶，历时 18 个月。钢结构场馆施工主要采用 2 台 150 吨履带吊进行，铝格栅吊装主要采用 150 吨塔式工况履带吊（图 1-32）。工程施工重难点为大面积曲面铝格栅结构深化设计和安装作业[24]。

图 1-32 重庆国际博览中心施工全景图

4. 飞机库房

(1) 沈阳南航机库

沈阳南航机库（图 1-33）钢屋盖跨度 216m，进深 79m，主要材质为 Q345B、Q235B，总重量达 2400 吨，于 2012 年 5 月建成，工期 268 天。机库大厅屋盖由钢网架及钢桁架组合而成，钢网架采用三层斜放四角锥结构形式，下弦支撑，总高度 6m，网架下弦节点球中心标高 +23.000。机库大

图 1-33 沈阳南航机库

门处屋盖采用三层焊接箱型钢桁架，桁架下弦中心线标高 +20.500，总高度为 12m。本工程屋盖钢结构网架及桁架采用地面拼装，液压同步提升，高空散件补缺的施工

方法进行。施工主要机械为 4 台 C6015 塔吊和 3 台 25 吨汽车吊，用于圆管支撑与支架安装、网架拼装等，2 台 80 吨履带吊，用于围护结构施工，18 台液压提升器，用于网架的整体提升（图 1-34）。大跨度网架、桁架整体提升作业为该工程施工的重难点[25]。

图 1-34　施工全景图

（2）广州新白云机场飞机维修库

广州新白云机场飞机维修库（图 1-35）位于新机场北区，总建筑面积 10 万 m²，建成后，可同时容纳 2 架宽体客机和 9 架窄体客机在内进行大修。

10 号库是整个机库的核心，长 350m，进深 100m，可满足 4 架大型

图 1-35　广州机场飞机维修库

宽体飞机入库维修，分为三个区，一、二区为修理区，三区为喷漆区。结构采用钢筋混凝土柱、钢屋盖体系，钢屋盖由纵、横向多级钢桁架体系和屋面支撑系统组成，主要桁架节点采用 H 型钢直接焊接节点，主要结构构件采用英国标准的 BS5950 的 50 级热轧 H 型钢，支撑系统采用英国标准 BS5950 的 50 级热轧方管和圆管。钢结构总用钢量为 8700 吨，维修区钢屋盖施工采取地面整体组装，计算机控制液压提升技术，钢结构施工工期为 145 天[26]（图 1-36）。

图 1-36　广州机场飞机维修库施工全景图

钢结构技术的发展为大跨度钢结构建筑的建设提供了有效保障[27]。

一、钢材的冶炼水平不断提高

在改革开放前，我国冶炼技术落后，钢材产量较低，当时的钢结构通常使用 3 号钢（相当于现在的 Q235MPa 级钢），重要工程或重要部位使用 16Mn 钢（相当于 Q345MPa 级钢）。改革开放后，我国钢铁产业得到了快速发展，钢材产量与品质得到大幅提升，在国家标准《低合金高强度结构钢》GB/T 1591 中规定了"Q295"、"Q345"、"Q390"、"Q420"、"Q460"五个牌号低合金高强度结构钢的化学成分，力学性能等技术要求，为并在各类工程中广泛应用。2008 年，我国不仅在建筑结构专业技术方面体现了科技奥运的宗旨，而且提前两年实现了我国《建筑事业技术政策纲要》提出的到 2010 年实现钢结构工程用钢国产化，用钢量达到钢产 6% 的目标和钢结构工程建设综合技术水平接近或达到国际先进水平的目标。在产品方面，有些企业已成立了结构钢研究中心并正研制低屈服点钢等新产品，并计划规模生产 T 形钢与蜂窝梁等深加工产品。

二、钢结构制造、安装技术水平不断提升

钢结构制造技术水平的提升主要表现为深化设计技术的革新及制作工艺的提升。我国早期的深化设计工作是由施工单位（或钢构件厂）在制作平台上 1：1 放样，按下料样板进行下料，并在大样上组装构件进行钢结构加工。改革开放以后，深化设计工作采用虚拟建模的手段，应用计算机完成建模后，由详图软件自动生成构件

的信息，极大地提高了钢结构深化设计水平和效率。早期钢结构制造主要是采用剪切设备、焊接设备和起重设备等，人工进行放样、下料、组装、焊接等工作。1959年，我国第一台数控机床成功研制，自动化作业水平得到大幅提升，钢材下料、切割、焊接等作业工序可由计算机程序自行完成，大幅提高了构件加工质量和生产效率。

钢结构安装技术也得到较快发展。早期钢结构建筑造型较为简单，通常采用塔吊、捯链等设备直接吊装即可，然而随着社会经济的发展，钢结构安装时设备应用及施工方法也有诸多创新，如国内房建施工起重塔吊最大起重量已达 100 吨，大型场馆施工已用到 600 吨以上履带吊，提升、滑移施工技术也广泛应用于大跨度钢结构工程施工中，并形成了诸多工法文件，为大型超重钢构件的安装提供了保障。现场焊接工艺、施工测量等技术工艺的提升和改良也为钢结构工程的安装质量提供了保障，如 CO_2 气体保护焊焊接工艺的引进应用；测量设备由水准仪、经纬仪发展为全站仪、GPS 测量系统等，大幅提高了结构安装质量、精度和效率。

三、各类规范标准不断完善

我国钢结构标准体系经过多年的发展，已从设计、材料、施工等方面不断得到完善。《钢结构设计规范》（GB 50017）历经了 1974 版、1988 版以及 2003 版，目前正在进行进一步的修订完善。此次修订完成后，从理论到结构的分析计算都将达到世界发达国家的规范水平。常用钢结构设计类规范还包括《冷弯薄壁型钢结构技术规范》（GB 50118）、《空间网格结构技术规程》（JGJ 7）、《门式刚架轻型房屋钢结构技术规程》（CECS 28）等。

制作方面，新的低合金钢国标增加了 500MPa、550MPa、620MPa、690MPa 等级别高强度钢与 TMCP 钢，冷弯型钢国标增加了 390MPa 高强度钢，耐候钢增加了500MPa、550MPa 级高强度钢。这些标准还都不同程度的提高了产品性能的技术要求。同时，一批新的专用钢材标准如《建筑用压型钢板》（GB/T 12755）、《建筑结构用铸钢管》（JG/T 300）、《建筑结构用冷弯薄壁型钢》（JG/T 380）、《建筑结构用冷成型焊接圆管》（JG/T 381）等，新的应用规程规范如《钢结构钢材选用与检验技术规程》（CECS 300）等也相继发布。

施工方面，《钢结构工程施工规范》（GB 50755）于 2012 年正式颁布实施，填补了我国钢结构施工领域的规范空白。《钢结构工程施工质量验收规范》（GB

50205）等 50 余个与钢结构密切相关的规范、标准也在不断的修订和完善中。其他钢结构施工常用规范包括《钢结构用高强度大六角头螺栓》（GB/T 1228）、《钢结构焊接规范》（GB 50661）、《钢结构防火涂料》（GB 14907）、《涂装前钢材表面锈蚀等级和除锈等级》（GB 8923）、《钢结构用扭剪型高强度螺栓连接副》（GB/T 3632）、《网架结构工程质量检验评定标准》（JG/T 78）等。

1.3 发展展望

随着人类社会的发展，特别是经济、交通、体育、文化的发展，以及生态空间的开发，大跨度钢结构建筑还将得到进一步建设，其发展趋势主要表现为以下几点：

1. 文化体育、交通运输、会议会展类等大跨度钢结构建筑将稳步发展

2008 年北京奥运会、2010 年上海世博会、广州亚运会、2011 年深圳世界大学生运动会、2014 年南京青年奥林匹克运动会等国际性赛事活动，全国交通体系的发展，如高铁、机场建设等，以及上海世博会等各类经济、文化交流会议的举行，促进了我国文化体育设施、交通运输设施、会议会展中心等一批大跨度钢结构建筑的建设。随着国家经济的发展、城镇化建设的推进和人们生活水平的提高，这些大跨度钢结构建筑仍有较大的需求量。

（1）体育文化设施。新中国成立以来，共进行过 5 次全国体育场地普查，根据 2003 年第五次全国体育场地普查的数据，截至 2003 年 12 月 31 日，全国共有各类体育场地为 85 万个，人均体育场地面积仅为 $1.03m^2$，远低于美国（$15m^2$）和日本（$19m^2$）。目前，第六次全国体育场地普查工作正在进行中。根据《"十二五"公共体育设施建设规划》[28]，我国当前各类体育场馆达到 100 万个，计划到 2015 年，各类体育场馆将达到 120 万个以上，中国人均体育场地面积将达到 $1.5m^2$ 以上，新增各类体育场地约 6.1 亿 m^2，如果按照一个体育场馆建筑面积 20 万 m^2 计算，全国将新增各类体育文化设施 3050 个。可见全国各地仍有大量体育文化设施需要建设。

（2）交通运输设施。根据国家经济发展情况以及人民生活需求，基础设施的建设仍在不断加强，截至 2013 年底，中国铁路营运里程突破 10 万公里，根据调整后的《中长期铁路网规划》[29]，预计 2020 年，我国铁路营业里程将达 12 万公里以上，要完成 2020 年的既定目标，未来几年铁路建设仍需保持高位投资，大量的大跨度钢

结构火车站房亟待建设。根据《中国民航发展第十二个五年规划》[30]，民航基础设施建设"十二五"期间投资规模将达到 4000 亿元以上，比"十一五"增加 60% 以上，到 2015 年，运输机场数量将超过 230 个。截至 2013 年底，全国共有 193 个运输机场，仍有一批机场航站楼等待建设。

（3）会议会展需求。随着国家综合国力的不断提升，我国申办的国际性会议也越来越多，如世博会、博鳌亚洲论坛、APEC 峰会等；同时，随着国家经济的前行，我国各行各业每年均需召开大量的交流、发展、战略会议，如行业交流会议、研讨会议，企业发展战略会议以及各类文艺演出等。由此可见，各类会议会展中心仍有较大的建设空间。

国内在建部分大跨度钢结构工程如表 1-5 所示。

截至 2014 年底国内部分在建大跨度钢结构工程　　　　表 1-5

工程名称	工程效果图	备注	
福州奥体中心		建设单位	福州市公共建设项目管理处
		钢结构用量	2.5万吨
		结构类型	桁架结构体系
		最大跨度	悬挑71.2m
		总投资	30亿元
重庆机场 T3航站楼		建设单位	重庆机场集团有限公司
		钢结构用量	3.4万吨
		结构类型	网架结构体系
		最大跨度	88.5m
		总投资	261亿元
武汉天河机场 T3航站楼		建设单位	武汉天河机场有限责任公司
		钢结构用量	3万吨
		结构类型	网架结构体系
		最大跨度	54m
		总投资	156亿元

工程名称	工程效果图	备注	
郑州新郑机场T2航站楼		建设单位	河南省郑州新郑国际机场管理有限公司
		钢结构用量	2.9万吨
		结构类型	网架结构体系
		最大跨度	54m
		总投资	136亿元
长沙会展中心		建设单位	湖南长沙会展中心投资有限责任公司
		钢结构用量	4.2万吨
		结构类型	张弦梁+桁架结构体系
		最大跨度	90m
		总投资	58亿元
西部博览城		建设单位	成都天府新区投资集团有限公司
		钢结构用量	5万吨
		结构类型	梭形桁架+平面桁架+网架结构体系
		最大跨度	86m
		总投资	90亿元

2. 功能不断增多与跨度不断增大的大跨度建筑将受到广泛关注

建筑是人类智慧的结晶、财富的积累、文明的象征、生活的堡垒，面对各种自然灾害特别是灾难性地震的威胁，如何构建"高效的"、"适用的"和"适时的"抗震减灾体系是近半个世纪以来人类一直奋斗的目标。大跨度钢结构建筑除了满足政治、经济、文娱、体育等功能需求外，其防灾、减灾的功能日益凸显，2005年8月，美国历史上最大的飓风之一——卡特里娜飓风，袭击美国新奥尔良市，新奥尔良"超级穹顶"体育场成为灾民的避难场所，虽然飓风过后"超级穹顶"损坏严重，但是在灾难发生时，它成功保护了成千上万的市民。2008年的汶川大地震中，绵阳市房屋毁坏严重，但位于绵阳南部的绵阳九洲体育馆（图1-37）却屹立不倒，成为绵阳市及周边受灾群众的避难场所。近年来，我国地震灾害频发，2010年青海玉树大地震，2013年四川雅安大地震，2014年云南鲁甸大地震，均造成了重大伤亡和财产损失，如何做好抗震减灾工作，更好地保护人们的生命财产安全引发了政府、社会和专家

图1-37 九州体育馆

学者们的广泛思考。根据我国抗震减灾"十二五"规划的任务要求，在国内外抗震防灾事业发展的基础上，有学者提出在我国城镇全面搭车建设"灾难地震下救灾据点和避难系统"的设想，力图为遭遇灾难地震袭击、城市功能全部或部分丧失时的城镇应急救援体系提供可借鉴的解决方案，以高科技等手段大幅提高城镇应对灾难地震的自救能力。这个美好的愿望将首先通过将高烈度地区的房屋逐步替换为抗震能力强大的钢结构建筑、将日益积累的大跨度钢结构建筑建设成为具备灾难地震避难所功能的方式得以初步实现[31]。

另一方面，大跨度钢结构建筑将成为未来城市的发展方向。

从理论角度讲，只要结构形式合理，建筑材料适用，那么再大跨度的结构也是有可能实现的。基于此，有一种观点认为，随着社会经济文化事业的发展，大跨度建筑的发展将会由单体建筑逐渐发展成为区域封闭空间，乃至是城市封闭空间。

美国建筑力学大师富勒[32]（Buckminster Fuller）于1959年提出"曼哈顿计划"：用一个短程线穹顶覆盖纽约曼哈顿街区的设想，该穹顶直径3200m，高1600m，网壳重量8万吨，其目的是改变城市局部气候（图1-38）。德国轻型建筑大师奥托（Frei Otto）于1971年提出南极之城（Antarctica City）方案：用一个直径2000m的气承式膜结构覆盖北极部分区域，以改变那里的工作环境，中心高240m，容纳40000居民（图1-39）。休斯敦受飓风和热浪袭击极为严重，为了抵御其不良影响，工程师们提出建一座跨度1600m、高450m的城市穹顶（图1-40），设计目标是能够抵御5级飓风，拟采用ETFE气枕作为围护结构以减轻自重。诸如此类的设想还有很多，如日本巨型金字塔多层网格结构生态城（图1-41）等[11]。

图1-38 曼哈顿穹顶设想

图1-39 奥托的南极之城方案

图1-40 休斯敦穹顶方案

图1-41 金字塔生态城梦想图

　　日本巴组铁工所认为21世纪是为人类创造舒适、清洁、节能的新型城市时代，具有现代设备与人工智能的封闭式城市环境，将为人类提供与自然相协调的理想生存空间。巴组铁工所曾提出跨度200m、500m、1000m网壳蓝图，其中500m为全天候多功能体育娱乐活动厅，1000m为创造理想未来城市，体现工作、居住、娱乐一体化的未来城市，如图1-42所示。

图1-42 城市穹顶设想图

　　目前，迪拜正在探索"温控城市"（图1-43）的建设，项目为大跨度建筑空间，计划包括世界最大的室内主题公园、建筑规模最大的购物中心和100家酒店、公寓。项目内部可保持恒温环境，其中的主题公园和连接各设施之间长达7000m的步行街在夏季将被巨大的玻璃穹顶覆盖，在冬季玻璃穹顶将被打开。若项目建设成功，将成为世界上第一座"温控城市"，为人们提供更加舒适、愉悦的生活环境。

图 1-43 温控城市效果图

由以上资料可见，建造穹顶城市可以满足人类在恶劣自然条件下的生存需求，如极地、沙漠、外星球等，并建立居住区，同时可为人们提供更加舒适的生存环境，如"温控城市"等，当然，诸多未来的设想还处于理想阶段，若要实现还需要进一步的研究、论证和探索。

3. 绿色建筑将成为大跨度钢结构建筑发展主流

建筑业是名副其实的"能耗大户"，其能源消耗占社会总能耗 1/3 以上，同时产生大量污染，包括 50% 的水污染、50% 的空气污染、42% 的温室气体排放等，建筑业已被各国列入可持续发展的核心目标，发展绿色建筑势在必行。我国引入绿色建筑的概念始于 20 世纪 90 年代，2001 年开始进行探索性了解、研究和应用，取得了《绿色生态住宅小区建设要点和技术导则》、《国家康居示范工程建设技术要点》、《绿色建筑评价标准》等成果。大跨度钢结构建筑作为建筑的主要结构形式之一，绿色发展是其必经之路，主要包括以下几个方面：一是建材绿色化，如轻质高强、保温隔热等新型建筑材料的研发与应用等。二是建造绿色化，如预制装配式建造方式的应用与发展；三是运营绿色化，如建筑垂直绿化、太阳能技术利用、中水系统利用等。

总之，大跨度建筑将成为越来越多、越来越集中的人类体育、文化、娱乐、旅游、会议、会展等活动的生态场所，为人类提供更加舒适、安全、健康的生存环境。

第2章 大跨度钢结构体系

　　建筑结构体系是建筑性能和建筑形象表达的一种重要手段，不同的结构体系对建筑的承载力、抗侧刚度、抗震性能、材料用量、建造工期、资源投入等因素有较大影响。根据力学计算特点，常用大跨度钢结构类型可分为平面结构体系与空间结构体系两大类，本章将重点介绍其结构类型特点及材料应用等方面的内容。

2.1 平面结构体系

　　平面结构体系是指在结构计算时可简化为平面受力分析体系的结构。大跨度钢结构平面结构可分为梁式结构、刚架结构以及拱式结构。

2.1.1 梁式结构

　　梁是承受垂直于其纵轴方向荷载的直线形构件，其截面尺寸小于其长度跨度，以受弯曲、剪切为主。单榀平面格构式桁架可视为单个受力构件，从宏观

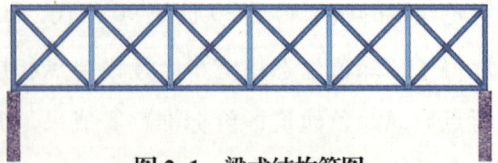

图 2-1　梁式结构简图

上看来，其受力接近于单根梁的受力，故将梁与平面格构式桁架的结构通称为梁式结构（图2-1）。大跨度钢结构梁式结构通常采用桁架的形式，其特点是自重较轻，制作和安装方便，并且支承形式不限于简支，其他约束情况也可使用。同时，其上弦、下弦、腹杆仅承受拉力或压力，对支座不产生横向推力。梁式体系的使用跨度宜小于60m，随着结构跨度的增加，其经济性因用钢量过大而有所降低。

武汉保利文化广场两栋塔楼间大跨度钢结构空中连廊为梁式结构，跨度为42.5m，两榀平面桁架通过纵向及横向连系梁连接形成稳定的结构体系（图 2-2）。

图 2-2　武汉保利文化广场大跨度钢结构连廊

2.1.2　刚架结构

刚架结构是指梁、柱刚性连接的结构，具体可分为实腹刚架（图 2-3）和格构刚架（图 2-4）。实腹刚架适用于跨度不太大的建筑结构，结构跨度通常为 18 ～ 60m，它的优点是制造简单，便于运输，轻型门式刚架即为实腹刚架的一种。当结构跨度大于 60m 时，实腹刚架经济性不佳，这时可采用格构式刚架，其跨度可达到 100m 以上，且材料用量相对较少。该结构形式造型灵活，内部空间较大，广泛应用于工业厂房、体育馆、礼堂等建筑中。

图 2-3　实腹刚架简图

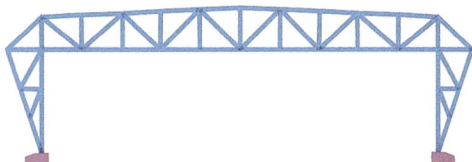

图 2-4　格构刚架简图

图 2-5 为武汉某工业厂房，采用实腹式刚架结构，结构跨度约为 30m。

图 2-5　武汉某工业厂房刚架结构

2.1.3　拱式结构

拱式结构（简称拱结构）是一种主要承受轴向压力、在支座处产生水平推力的曲线或折线形结构，可作为建筑的主要承重结构独立使用，或与其他结构组合使用共同承受荷载（图 2-6），如可与网壳、悬索、张拉膜等空间结构组合作为组合结构的边缘构件。拱式结构造型美观，当结构跨度大于 100m 时，其经济性比梁式结构和刚架结构要好。该结构形式常用于机场航站楼、交通枢纽中心屋顶、体育场馆等结构中。如图 2-7 所示，武汉火车站主体结构采用大跨度拱式结构，最大跨度为 116m，屋面由空间网壳组成。

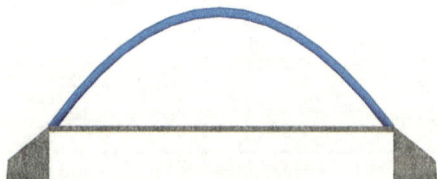

图 2-6　拱式结构

图 2-7　武汉火车站大跨度拱式结构

2.2　空间结构体系

与平面结构体系相对应，空间结构体为三维受力体系。空间结构按照传统方法可分为薄壳结构、网架结构、网壳结构、悬索结构和膜结构等五种基本结构类型（薄壳结构为曲面的薄壁结构，材料通常采用钢筋和混凝土，本节不做重点介绍）。我国《空间网格结构技术规程》[33]（JGJ7-2010）中规定，空间网格结构包括网架、曲面型网壳及立体桁架结构。然而随着空间结构的蓬勃发展，传统的结构分类方法已很难囊括和反映现有各种形式的空间结构。为便于大跨度结构类型的创新与应用，董石麟院士从分析空间结构的单元类型出发，对大跨度结构体系进行了重新划分[34]，如图 2-8 所示，图中：Ⅰ - 板壳单元；Ⅱ - 梁单元；Ⅲ - 杆单元；Ⅳ - 索单元；Ⅴ - 膜单元，通过各单元的组合，形成多种不同类型的空间结构。

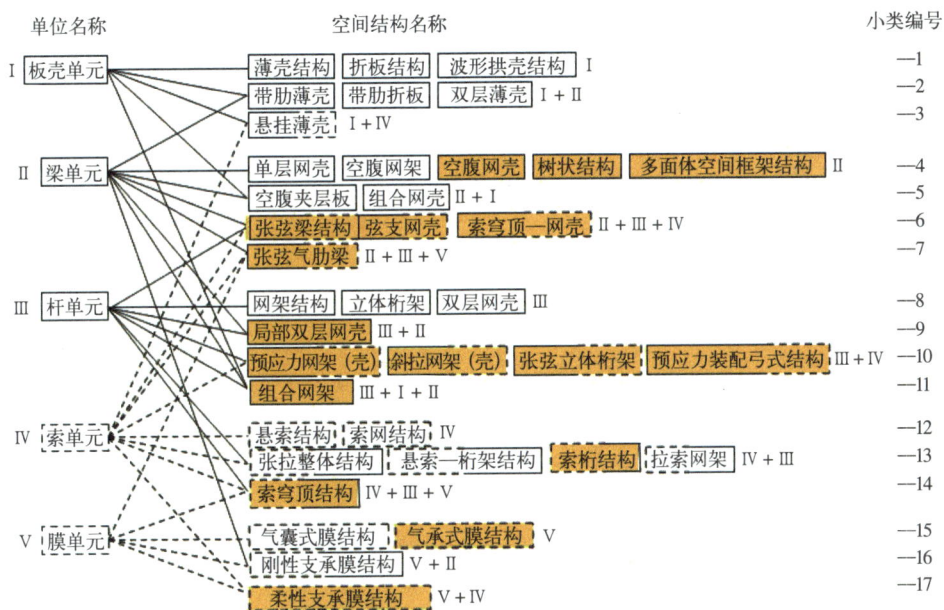

图 2-8 空间结构分类图

2.2.1 网架结构

1. 网架结构的定义与特点

按一定规律布置的杆件通过节点连接而形成的平板型或微曲面型空间杆系结构称为网架（图 2-9）。该结构可简化为空间铰接杆系结构进行分析计算，结构中杆件主要承受轴向力作用。网架结构最大的特点是杆件通过相互支撑作用，有规律地构成了稳定的、平板式的高次超静定空间受力体系。该体系刚度大、整体性好、抗震能力强，而且能够承受由于地基不均匀沉降所带来的不利影响，即使个别杆件受到损伤，也能自动调节杆件内力，继续保持结构的安全。

图 2-9　网架结构屋面

构成网架的基本单元有：三角锥，四角锥，正方体，截头四角锥等，如图 2-10 所示。由这些基本单元可组合成平面形状为三边形、四边形、六边形、圆形或其他任何形状的平板网架结构。

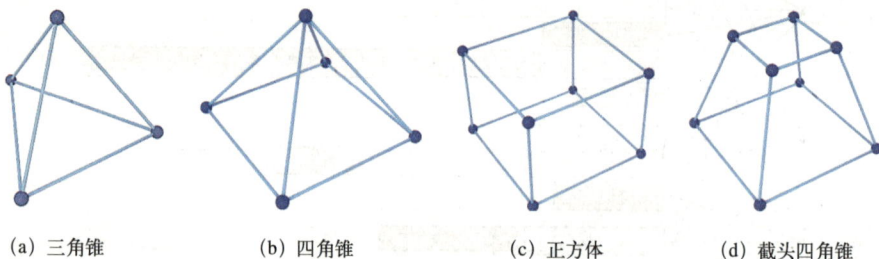

（a）三角锥　　　　　（b）四角锥　　　　　（c）正方体　　　　　（d）截头四角锥

图 2-10　网架基本单元

2. 网架结构的分类

网架结构的形式很多。按弦杆的层数，通常分为双层、三层网架或多层网架；按支承方式分，有周边支承、点支承、树状支承和混合支承等形式；按网格构成分，有交叉桁架体系，包括两向正交正放网架、两向正交斜放网架、两向斜交斜放网架、三向网架、单项折线形网架；有四角锥体体系，包括正放四角锥网架、正放抽空四角锥网架、斜放四角锥网架、棋盘形四角锥网架及星形四角锥网架；有三角锥体体系：包括有三角锥网架、抽空三角锥网架及蜂窝形三角锥网架三种形式等[33]。网架形式的分类见图 2-11。

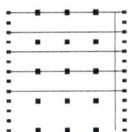

(a) 周边支承

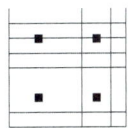

(b) 点支承

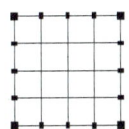

(c) 混合支承

支撑方式

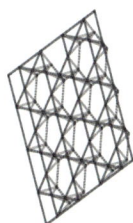

(a) 三角锥网架

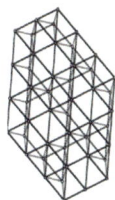

(b) 抽空三角锥网架

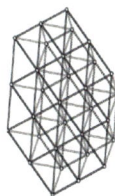

(c) 蜂窝形三角锥网架

三角锥体系

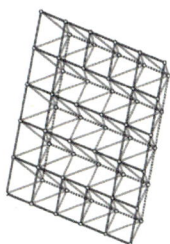

(e) 单项折线形网架

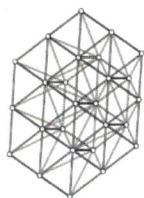

(d) 三向网架

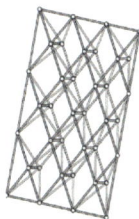

(c) 两向斜交斜放网架

(b) 两向正交斜放网架

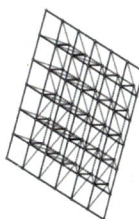

(a) 两向正交正放网架

交叉桁架体系

(e) 星形四角锥网架

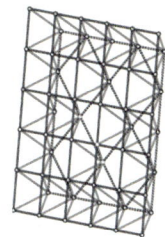

(d) 棋盘式四角锥网架

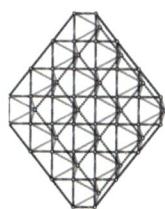

(c) 斜放四角锥网架

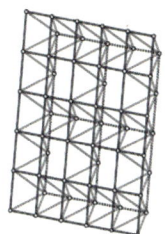

(b) 正放抽空四角锥网架

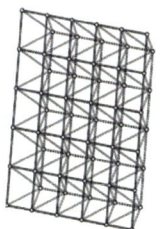

(a) 正放四角锥网架

四角锥体系

图 2-11 网架结构分类示意图

2.2.2 网壳结构

1. 网壳结构的定义与特点

常用网壳结构一般分为双层与单层两种。其中由杆单元按一定规律通过铰节点连接并附加边界约束条件后形成的双层曲面几何稳定体系称为双层网壳结构；由梁单元按一定规律通过刚节点连接，并附加边界约束条件后构成的单层曲面几何稳定体系称为单层网壳结构。前者同网架结构一样可简化成空间铰接杆系结构进行分析计算，后者则需简化成空间刚接梁系结构进行分析计算。同等条件下，一般网壳结构较网架结构可节约钢材约 20%，但对

图 2-12　网壳结构工程

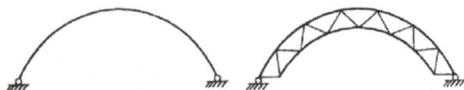

图 2-13　单、双层网壳

周边构件或下部结构会产生较大推力，设计与施工时应特别进行处理。此外，网壳结构外型美观，能适应各种复杂的建筑造型需求。工程应用如图 2-12 所示。

2. 网壳结构的分类

网壳结构通常按下列方式进行分类：

按网壳的材料：主要有钢网壳、木网壳、钢筋混凝土网壳以及钢网壳与钢筋混凝土屋面板共同工作的组合网壳等四类。按网壳的层数：有单层网壳、双层网壳和局部双层（单层）网壳（图 2-13）。其中双层网壳上弦的网格形式可按单层网壳网格形式布置，而下弦和腹杆可按相应的平面桁架系，四角锥系或三角锥系组成的网格形式布置。按曲率半径：有正高斯曲率网壳（两主曲率 $K>0$）网壳、零高斯曲率（$K=0$）网壳以及负高斯曲率（$K<0$）网壳等三类。按曲率外形：有球面网壳（包括椭球面网壳）、双曲扁网壳、圆柱面网壳（包括其他曲线的柱面网壳）、双曲抛物面网壳（包括鞍形网壳、单块扭网壳、四块组合型扭网壳）等四类。网壳结构还可通过切割与组合手段构成新的网壳外形。其中球面网壳又可分为 6 种形式：肋环型、肋环斜杆型（Schwedler 型）、三向网格形、葵花形三向网格型、扇型三向网格型（Kiewitt 型即 Kn 型）和短程线型。圆柱面网壳包括以下 6 种：联方网格型、纵横斜杆型、纵横交叉斜杆型（囡字网格型）、三向网格Ⅰ型、三向网格Ⅱ型和米字网格型[33]。网壳的分类详见图 2-14。

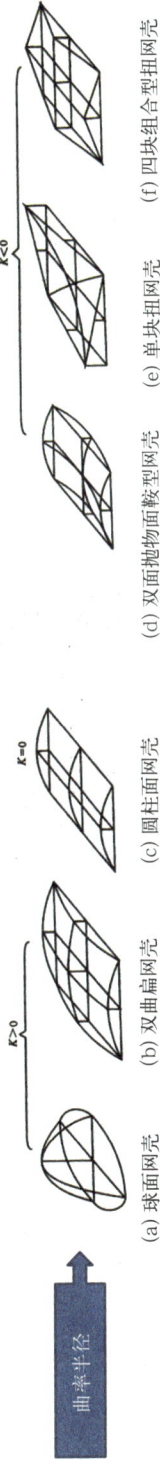

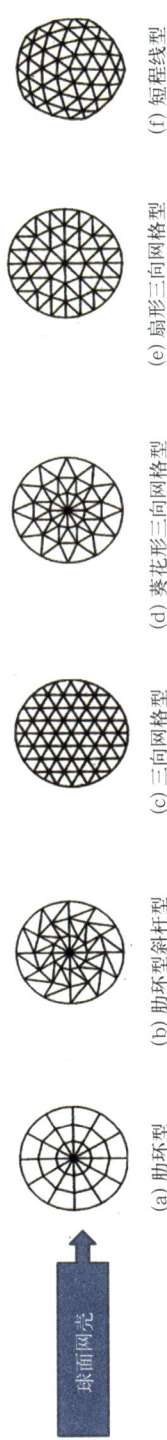

图 2-14 网架分类示意图

曲率外形
(a) 球面网壳　(b) 双曲扁网壳　(c) 圆柱面网壳　(d) 双曲抛物面网壳

切割组合
(a) 三角形　(b) 四边形　(c) 多边形

曲率半径
$K>0$
(a) 球面网壳　(b) 双曲扁网壳　$K=0$　(c) 圆柱面网壳　$K<0$　(d) 双面抛物面鞍型网壳　(e) 单块扭网壳　(f) 凹块组合型扭网壳

球面网壳
(a) 肋环型　(b) 肋环型斜杆型　(c) 三向网格型　(d) 葵花形三向网格型　(e) 扇形三向网格型　(f) 短程线型

柱面网壳
(a) 联方网格型　(b) 纵横斜杆型　(c) 纵横交叉斜杆型　(d) 三向网格 I 型　(e) 三向网格 II 型　(f) 米字网格型

2.2.3 立体桁架结构

由上弦、腹杆与下弦杆构成的横截面为三角形或四边形的格构式桁架，即为立体桁架结构[33]。立体桁架通常采用管桁架形式，结构跨度可达60m以上，优点是杆件主要承受拉力或压力，可以充分发挥材料的作用；具有较大的平面外刚度，有利于吊装和使用，节省支承措施；具有足够的侧向刚度与稳定性。立体桁架节点构造相对复杂，焊缝要求较高，且结构自重相对较大，且在安装前通常需要进行预拼装。

立体桁架结构应用广泛，在体育场馆、会展中心、交通站房等建筑结构中均有应用。武汉国际博览中心一期钢结构展馆工程即采用钢管立体桁架结构（图2-15），单个展馆由31根（边馆为39根）钢管柱支撑钢结构屋盖，6榀单跨度72m、宽6m、高6m的次桁架，桁架单榀最大重量约37吨。

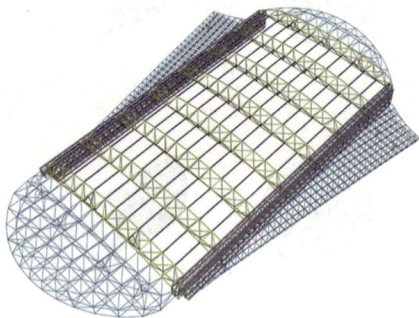

图2-15 武汉国际博览中心钢管立体桁架结构

2.2.4 悬索结构

1. 悬索结构的定义与特点

悬索结构是由一系列作为主要承重构件的悬挂拉索按一定规律布置而组成的结构体系（图2-16）。索单元的材料可以采用钢丝束、钢丝绳、钢绞线、链条、圆钢，以及其他受拉性能良好的线材。悬索结构能充分利用高强材料的抗拉性能，可以做到跨度大、自重小、材料省、施工易。

图 2-16　北京工人体育馆悬索结构

悬索屋盖结构通常由悬索系统、屋面系统和支承系统三部分构成。

悬索系统：指悬索屋盖中跨越水平距离、形成大空间的主要受力结构部分。其由一系列按一定规律布置的高强钢索及联系钢索之间的杆件组成。悬索系统起到形成屋面、承担屋面荷载并将其传至支承结构的作用。

屋面系统：一般由附着在悬索系统上的檩条、屋面板、吊顶等构件组成。其主要作用除形成一个保温、隔热、防水的面层外，有时还要为屋面提供向上的刚度防止拉索的松弛。屋面也可采用膜材。

支承系统：由周边梁（桁架）、水平横梁、立柱或拱等构件构成。它承受的是悬索系统传来的荷载，并将其可靠地传向基础。支承系统的合理性和可靠性是直接影响整个屋盖结构经济性和安全性的重要因素。

2. 悬索结构的分类

（1）单层悬索结构

可分为单向单层悬索结构、辐射式单层悬索结构以及双向单层悬索结构。单向单层悬索结构由一系列平行的承重索（单索）构成的结构体系，适用于矩形平面的建筑屋盖。辐射式单层悬索结构由一系列沿径向辐射布置的承重索构成，形成一个下凹的正高斯曲率碟形屋面，适用于圆形平面的建筑屋盖。双向单层悬索结构由两个方向相交由同曲率方向的承重索系构成，适用于圆形、矩形等多种平面的建筑屋盖。

（2）双层悬索结构

双层悬索屋盖结构的基本组成单元为索桁架。索桁架由承重索、稳定索以及连系承重和稳定索的撑杆构成。由于承重索和稳定索曲率相反，其预拉力可以相互平衡，因此索桁架中必须维持预应力。

1）单向双层预应力悬索结构。由一系列平行布置的索桁架构成。通常索桁架的承重索和稳定索位于同一竖向平面内。也有将承重索和稳定索交错布置的做法，这种处理能够提高屋盖的纵向整体刚度和稳定性。

2）辐射式双层预应力悬索结构。适应于圆形平面的屋盖，结构中部设置一刚性拉环，然后沿平面径向布置下承重索，上稳定索将中部拉环和周边支承构件联系起来。

3）双向双层预应力悬索结构。基本组成单元为索桁架，但索桁架交叉（或正交）布置。可适应于圆形平面的建筑屋盖，也可用于矩形平面的建筑屋盖。

（3）预应力索网结构

索网结构为同一曲面上两组曲率相反的单层悬索系统相交而成的网状悬索结构体系。其中下凹方向的索为承重索，上凸方向的索为稳定索。由于两向索系的曲率相反，索中预拉力可以相互平衡。该悬索体系通过预应力获得了较强的刚度，具有很好的整体稳定性。

悬索结构除了以上形式，还可以和其他结构形式进行组合而生成一些新型的结构体系，有劲性悬索结构、横向加劲单层悬索结构、预应力索拱体系、组合悬索结构等[35]。

悬索结构的分类见图 2-17。

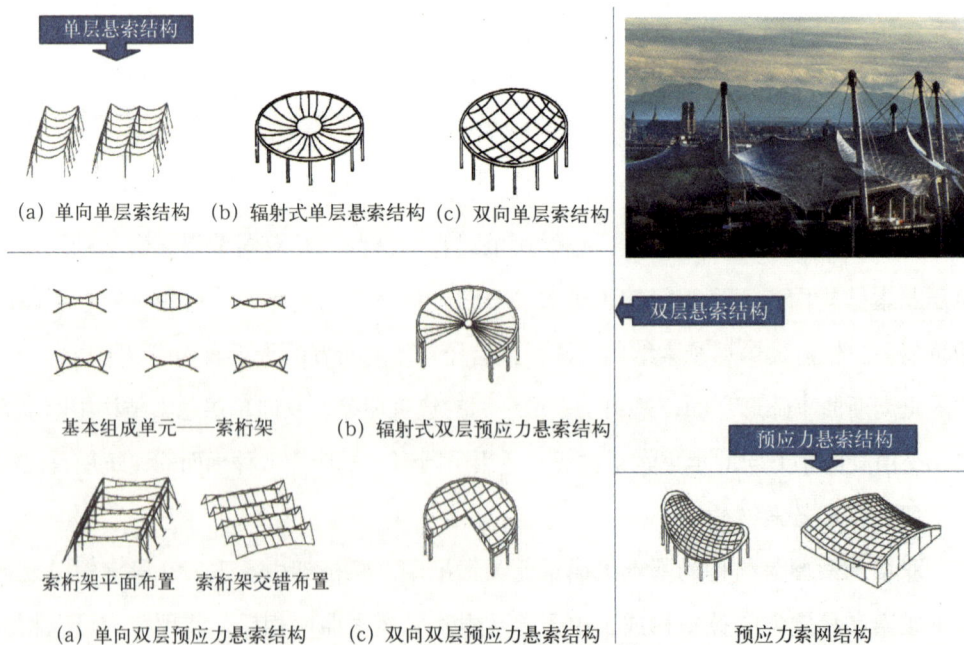

（a）单向单层索结构　（b）辐射式单层悬索结构　（c）双向单层索结构

基本组成单元——索桁架　　（b）辐射式双层预应力悬索结构

索桁架平面布置　索桁架交错布置

（a）单向双层预应力悬索结构　　（c）双向双层预应力悬索结构　　预应力索网结构

单层悬索结构

双层悬索结构

预应力悬索结构

图 2-17　悬索结构分类示意图

2.2.5　膜结构

1. 膜结构定义及特点

膜结构是由膜材及其支承构件组成的建筑物或构筑物[29]。以建筑织物制成的薄膜结构的突出特点是自重轻（小于 1.45kg/m²），可以轻易地跨越较大的跨度，具有良好的抗震性能；膜材的裁剪、粘合等工作主要在工厂完成，运输方便，在施工现场主要是将膜成品张拉就位，与传统建筑相比，施工周期可大大缩短；膜材料一般均为阻燃材料或不可燃材料，不易造成火灾；膜材具有良好的透光性，透光率约 7% ~ 16%，双层膜的透光率约 4% ~ 8%；膜结构建筑造型丰富多彩、新颖独特，富有时代气息，打破了传统建筑形态的模式，给人耳目一新的感觉，为建筑师提供了更大的想像和创作空间。

然而，膜结构耐久性较差，膜材的使用寿命一般为 15 ~ 25 年；保温隔热不好，隔声效果较差，单层膜结构往往用于对隔声要求不是太高的建筑；抵抗局部荷载的能力较弱，屋面在局部荷载作用下会形成局部凹陷，造成雨水和雪的淤积，即产生所谓的"袋装效应"，可导致膜材的撕裂破坏。

2. 膜结构的分类

膜结构的分类包括整体张拉式膜结构、骨架式膜结构、索系支承式膜结构和空气支承是膜结构。

（1）整体张拉式膜结构。可由桅杆等支承构件提供吊点，并在周边设置锚固点，通过预张拉而形成稳定的体系。整体张拉式膜结构分为悬挂张力膜结构及复合膜结构两种。

1）悬挂张力膜结构

悬挂张力膜结构以薄膜为主要受力构件，曲面形式一般为简单的鞍形或伞形，通常悬挂于桅杆或其他刚性支架（如拱）之下。由于膜材自身强度和支撑结构形式的限制，支承结构间膜材不能承受过大的预应力，因此结构跨度受到限制，其中索网式膜结构多用于 70m 以下中小跨度的体育设施，结构构造新颖、随意，不需附加设备。威海体育场采用了该结构形式，如图 2-18 所示。

图 2-18　威海体育场

2）复合膜结构

复合膜结构是由预应力索系与张拉薄膜共同工作组合而成的。一般通过索系对整体结构施加预应力，这里预应力索系是主要受力结构，主要承受整体荷载，而膜材主要承受局部荷载。这类结构综合了索系结构与薄膜结构的特点，受力合理，适用于较大的跨度。美国丹佛机场采用了该类结构，如图2-19所示。

图 2-19　美国丹佛国际机场

（2）骨架支承膜结构，是由钢构件或其他刚性构件作为承重骨架，在骨架上布置按设计要求张紧的膜材而形成的结构体系[29]。如图2-20所示。如以平板网架或曲面网壳作为支撑骨架而成的骨架支撑膜结构，不仅应用了已经成熟的网架、网壳设计技术，而且结构的构造也较简单，是一种很有推广价值的结构。成都水上乐园采用了该结构形式，如图2-21所示。

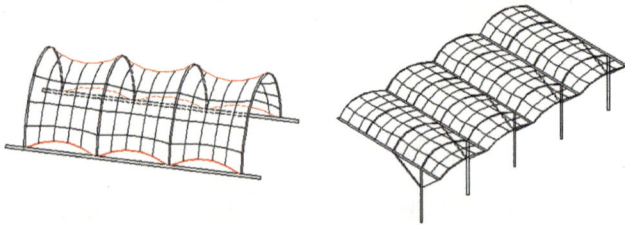

图 2-20　骨架支承膜结构

图 2-21　成都水上乐园　　**图 2-22　索系支承式膜结构**

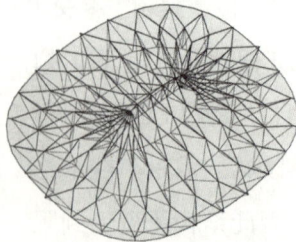

（3）索系支承式膜结构，是由空间索系（如索穹顶、索网等）作为主要承重结构，在索系上布置按设计要求张紧的膜材而形成的结构体系[36]，如图2-22所示。美国佐治亚穹顶（图1-11）、伦敦千年穹顶（图1-12）等均为此种结构形式的膜结构。

（4）空气支承膜结构，是具有密闭的充气空间，并设置维持内压的充气装置，借助内压保持膜材张力，并形成设计要求的曲面的机构形式[36]。根据薄膜内外的压差大小，充气膜结构可分为气承式膜结构和气囊式膜结构。

1）气承式膜结构

气承式膜结构通过压力控制系统向建筑物室内充气，使室内外保持一定的压力差，膜体产生一定的预张力从而保证体系的刚度。室内需设置气压自动调节系统，根据实际情况调整室内气压以适应外部荷载的变化。气承式膜结构的内外空气压差约为 0.1 ~ 1.0 kN/m²，属低压体系。1970 年大阪博览会美国馆采用了该结构形式（图1-10）。

2）气囊式膜结构

向单个膜构件（通常为管状构件）内充气，使其保持足够的内压，由多个膜构件进行组合形成一定形状的整体结构。气囊式膜结构的内外空气压差约为 20 ~ 70kN/m²，属高压体系。大阪博览会富士馆采用了该结构形式，如图 2-23 所示。

图 2-23　1970 年大阪博览会日本富士馆

2.2.6　典型组合大跨结构

1. 张弦梁结构

张弦梁结构最早由日本学者 M.Saitoh 提出，主要由柔性索、抗压撑杆和抗弯受压构件组成的一种新型混合结构体系。其中结构的上弦部分为抗弯受压构件，一般由梁或拱构成，柔性索作为结构下弦与上弦间由撑杆连接。通过对索施加预应力作用，产生的径向力会通过撑杆传递到上弦下部，形成了对梁体或拱体的反挠度弹性支撑。张弦梁这种新型自平衡结构体系具有结构简单、结构样式多、跨越能力强、便于工厂化制造、运输和施工等优点。1999 年建成的上海浦东国际机场航站楼是我国首次采用张弦梁结构，其最大跨度水平投影长度达到 82.6m（图 2-24）。

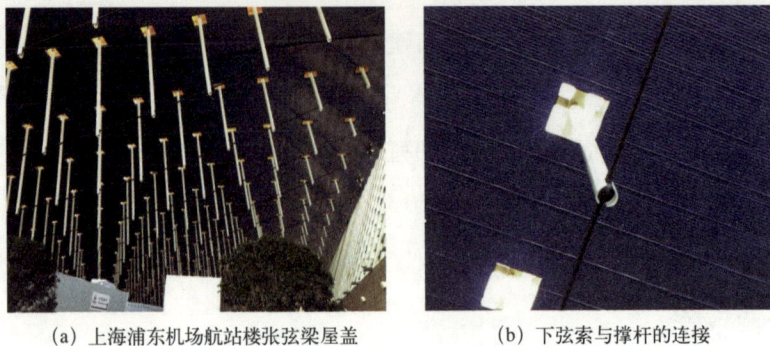

(a) 上海浦东机场航站楼张弦梁屋盖   (b) 下弦索与撑杆的连接

图 2-24　上海浦东机场航站楼

2. 索穹顶结构

美国工程师 Gieger 在 Fuller 早期提出的张拉整体结构思想上进行了演变，开发出了一种新型的预应力空间结构 - 索穹顶结构。索穹顶仅由拉索、撑杆和环向拉梁构成，通过对索施加预应力使结构处于自平衡状态，从而实现 Fuller 的"压杆的孤岛存在于拉杆的海洋中"的设想。由于采用大量的预应力钢索以及少而短的撑杆，充分发挥了钢索的抗拉强度，使得索穹顶结构的结构效率很高。同时，该种结构以造型优美、受力合理、造价经济、施工快速等优点得到了工程师的青睐。索穹顶首次应用是在 1988 年汉城奥运会的体操馆（表 1-2）和击剑馆 [37]，亚特兰大奥运会的佐治亚穹顶是世界上最大的索穹顶（图 1-11）。国内目前已经建成的索穹顶结构有内蒙古伊旗全民健身中心（图 2-25）等工程。

图 2-25　内蒙古伊旗全民健身中心

3. 弦支穹顶（Suspen-dome）

弦支穹顶是日本法政大学的川口卫（M.Kwagauchi）等学者[38、39]于 20 世纪 90 年代提出的由张拉整体结构和单层球面网壳组合而成的一种新型空间杂交结构。典型的弦支穹顶结构体系是由上部单层网壳、下部受压撑杆、径向拉索和环向拉索组成。撑杆在整个结构中将网壳结构的内力传递给索，又通过索对支座产生反向推力；同时，撑杆可以大大减少网壳结构各节点的变形和竖向位移。

弦支穹顶很好的弥补了索穹顶和单层网壳的缺陷，相比于单层网壳结构，弦支穹顶具有更高的刚度和稳定性；与索穹顶相比，它又可以缓解周边环梁的强大拉力，有效地降低了施工的难度。

2008 年北京奥运会羽毛球馆 - 北京工业大学体育馆目前是世界上跨度最大的预应力弦支穹顶结构（图 2-26）。跨度达到 93m。

图 2-26 北京工业大学体育馆

2.3 大跨度结构用材料简介

2.3.1 钢材

钢材按用途可分为结构钢、工具钢、特殊钢（如不锈钢等）；按冶炼方法可分为转炉钢、平炉钢；按脱氧方法可分为沸腾钢、镇静钢、特殊镇静钢；按成型方法可分为轧制钢、锻钢、铸钢；按化学成分可分为碳素钢、合金钢。

在建筑钢结构工程中采用的是碳素结构钢、低合金高强度结构钢、优质碳素结构钢。普通碳素钢（碳素结构钢、低合金结构钢）牌号由四部分组成（如 Q235-B·F），其中 Q 代表屈服强度；195、215、235、255、275、345、390 等为屈服强度的数值；A、B、C、D、E 等为质量等级符号（A、B、C、D 是普通碳素钢的四个等级；A、B、

C、D、E 是普通低合金钢的五个等级）；F、b、Z、TZ 为脱氧方法符号（F 代表沸腾钢，b 代表半镇静钢，Z 代表镇静钢，TZ 代表特殊镇静钢）。优质碳素结构钢主要用于钢结构某些节点或用作连接件。《碳素结构钢》《低合金高强度结构钢》对它们的技术要求、试验方法、试验规则做了具体规定。

高性能建筑结构钢材（GJ 钢）牌号由四部分组成，其中 Q 代表屈服强度；数字为屈服强度的数值；GJ 代表高性能建筑结构用钢；B、C、D、E 为质量等级符号（代表四个等级。对厚度方向性能钢板，在质量等级后面加上厚度方向性能级别 Z15、Z25、Z35）。高性能建筑结构钢材适用于建造高层建筑结构、大跨度结构及其他重要建筑结构。

钢材的选择关键是确定钢材的种类及其质量等级。钢材选择时主要应考虑五方面因素，即结构的重要性（安全等级不同所选钢材的质量等级也应不同，重要的结构构件应选用质量好的钢材）、荷载特征（荷载通常分为静力荷载或动力荷载，应根据具体情况选用不同性能的钢材）、连接方法（如焊接应选择焊接性能好的钢材，非焊接结构对含碳量可降低要求）、结构所处的温度和环境（如在负温下工作时应选用负温冲击试验合格的钢材，结构周期有腐蚀介质存在时要选用抗锈性能好的钢材）、钢材的厚度（厚度大的焊接结构应选用材质较好的钢材）等。

钢板大于 40mm 后，对于化学成分的要求更加严格，尤其是硫、磷的含量要求。厚板结构在制造焊接时，若焊接接头设计、焊接工艺参数设置不合理，焊接过程控制不严格，厚板焊接容易出现层状撕裂缺陷，主要源于钢中的硫、磷偏析和非金属夹杂等原始缺陷。厚度方向性能级别是对钢板的抗层状撕裂能力提供的一种量度。厚度方向性能钢板应逐张进行超声波检验，检验方法按《厚钢板超声波检验方法》（GB/T2970）规定（表 2-1）。

厚板 Z 向要求表   表 2-1

钢板厚度mm	Z向性能要求	备注
$t<40$	—	
$40 \leqslant t<60$	Z15	
$60 \leqslant t<100$	Z25	《厚度方向性能钢板》GB/T 5313
$t \geqslant 100$	Z35	

　　钢结构采用的型材有热轧钢板、热轧型钢、冷弯薄壁型钢等。热轧型钢包括热轧角钢、热轧工字钢、热轧槽钢、H 型钢等。薄壁型钢是用薄钢板经模压或弯曲制成的，壁厚一般 1.5 ～ 5mm。可用作轻型屋面及墙面等构件。

　　我国典型大跨度钢结构用钢材信息如表 2-2 所示。

我国典型大跨度钢结构工程钢材信息统计　　　　　　表 2-2

项目	型号	所在位置
国家体育场"鸟巢"	Q460E	局部
	Q345GJC、Q345GJD	钢板厚度≥34mm
	Q345B、C、D	钢板厚度≤34mm
	GS-20Mn5V	铸钢件
国家游泳馆"水立方"	Q420C	焊接球≥16mm、矩形管≥20mm、圆钢管≥18mm
	Q345C	焊接球≤16mm、矩形管≤20mm、圆钢管≤13mm
梅江会展中心	Q235B	网架杆件、埋件等次要连接构件
	Q345B	主体结构
	G20Mn5	屋顶桁架节点
青岛北客站	Q345C	钢板厚度≤35mm
	Q345GJC	钢板厚度35～40mm
	Q345GJCZ15	钢板厚度40～60mm
	Q345GJCZ25	钢板厚度≥60mm
	G20Mn5（调质处理）	复杂拱脚节点部分、Y柱分叉节点部分
	Q420GJC	耳板及特殊部位封口板
	40Cr（调质处理）	销轴
深圳机场T3航站楼	Q345B（$t \leqslant 24$）	钢网架
	Q345C（$24 < t \leqslant 35$）	加强钢桁架
	Q345GJC（$35 < t < 40$）	钢管柱
	Q345GJC-Z15（$40 \leqslant t < 60$）	钢马道
	Q345GJC-Z25（$60 \leqslant t < 90$）	钢檩条及檐口后加杆件
	Q345GJC-Z35（$90 \leqslant t$）	预埋件
		登机桥
		钢连桥

项目	型号	所在位置
重庆国际博览中心	Q345B	倒三角桁架、平面桁架、次桁架、主檩条、桁架端树权柱、桁架上树权柱、铝格栅支撑短柱、砼上树权柱
	Q345GJC	落地树权柱
	铝合金	屋面
贵阳奥体中心	Q345C	看台顶部劲性钢梁、环形管、网架
	Q345B	A轴劲性钢骨柱
苏南硕放机场	Q345B	候机廊管桁架
	Q345B	候机大厅网架
	Q345B	车道边雨篷
	Q345B	一二期连廊
	Q345B	入口门厅
福州奥体中心	Q345B	钢管件、箱形构件、劲性柱
	G20Mn5QT	复杂节点
	Q235B	室外工程钢架
福州会展中心	Q345B	会议厅结构、展览厅结构
	Q345A	主檩条
	Q235B	普通螺栓
海心沙	Q345B	钢管、型钢
	Q235	钢板
	Q390GJC	部分节点
广州亚运城	Q345B	主要构件
	GS20Mn5	铸钢节点
武汉国际博览中心（一期）	Q345B	钢桁架、圆管柱、夹层梁、钢网架、檩条
	ZG310-570	主次桁架节点处
武汉火车站	Q345B	主次拱、V形支撑、网壳桁架、夹层梁柱和电梯井架
	铸钢	主拱柱脚

2.3.2 索材

建筑索材可分为钢丝绳索体、钢绞线索体、钢丝束索体和钢拉杆索体。

构成建筑索材的基本单元为高强钢丝，高强钢丝是组成钢绞线、钢丝绳、钢丝束的基本材料，是由经过退火处理的优质碳钢盘条经过多次连续冷拔而成。建筑用钢丝抗拉强度的标准值和设计值可见表 2-3。

建筑钢丝的抗拉强度　　　　　　　　　　　　　　　表 2-3

抗拉强度标准值（MPa）	抗拉强度设计值（MPa）	抗拉强度标准值（MPa）	抗拉强度设计值（MPa）
1470	820	1770	980
1570	870	1870	1040
1670	930	—	—

1. 钢丝绳

钢丝绳是由多股钢绞线绕一核心绳捻制而成。钢丝绳芯主要有四类：纤维芯、有机芯、石棉芯和金属芯。纤维芯钢丝绳的特点是柔软性好，弯曲性能良好，但其强度低，且不能承受高温和横向压力，当纤维芯受力后直径会缩小，导致索伸长，从而降低索的力学性能和耐久性；有机芯和石棉芯钢丝绳具有较高的挠性和弹性，但不能承受横向压力，其中石棉芯可在高温条件下工作；金属芯钢丝绳的结构紧密稳定，具有抗挤压、抗高温、伸长少的性能，还具有整绳极限拉力大，耐疲劳性能好的特点，应用较为广泛。

常用的钢丝绳断面形式有 1×7、1×19 两种（图 2-27）。前者由 7 股（1+6）的钢绞线捻成，后者由 19 股（1+6+12）的钢绞线捻成。钢丝绳的优点是比较

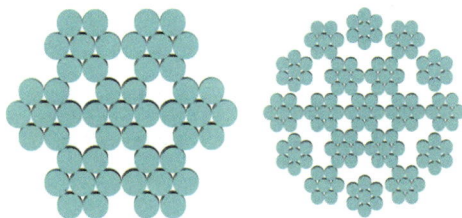

图 2-27 钢丝绳示意图

柔软，施工安装方便，特别适用于需要弯曲，且曲率较大的非主要受力构件中。钢丝绳的极限抗拉强度可分为 1570MPa、1670MPa、1770MPa、1870MPa、1960MPa 等。

2. 钢绞线

钢绞线是由多根高强钢丝呈螺旋形绞合而成，具有破断力大、柔韧性好、施工安装方便等特点，因而在张力结构中应用最为广泛。目前国内使用最多的是 7 丝钢绞线，它是由 6 根外层钢丝围绕 1 根中心钢丝按同一方向捻制而成，标记为 1×7。还有其他截面规格如 1×3、1×19、1×37 等，如表 2-4 所示。钢绞线强度等级按极限抗拉强度可分为 1270MPa、1370MPa、1470MPa、1570MPa、1670MPa、1770MPa、1870MPa 和 1960MPa 等级别。

钢绞线界面规格 表 2-4

断面					
规格	1×3	1×7	1×19	1×37	1×61

3. 钢丝束

平行钢丝束是由若干相互平行的钢丝压制集束或外包防腐护套制成，断面呈圆形或正六角形（图 2-28）。钢丝束所用钢丝的直径为 5mm 和 7mm，宜选用高强度、低松弛、耐腐蚀的钢丝。索中钢丝呈蜂窝状排列，根数有 7 根、19 根、37 根、61 根等。这种钢索的钢丝结构紧凑，受力均匀，接触应力低，能够充分发挥高强钢丝材料的轴向抗拉强度。

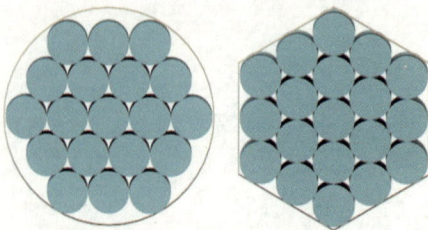

图 2-28 钢丝束断面形式

高矾索是近年来新型钢索，它是将表面镀层为 Galfan（锌 -5% 铝 - 稀土合金镀层）合金的建筑钢索，此类索材更容易满足防火要求，抗腐蚀性能好，在青岛北站、乐清体育中心、鄂尔多斯伊金霍洛旗体育馆等工程中都有广泛的应用，具有良好的发展前景。

4. 钢拉杆

建筑用钢拉杆是近年来开发的一种新型拉锚构件，主要由圆柱形杆体、调节套筒、锁母和两端耳环接头等部件组成。钢拉杆杆体的强度级别可采用 345MPa、460MPa、550MPa、650MPa 等级。因此与普通的热轧拉索相比，高强钢棒具有更高的强度等级，而且杆件截面直径可达到 100mm 以上[40]。

2.3.3 膜材

膜材种类繁多，千变万化。应用也甚为广博，例如装饰、安全防护、航天领域等。建筑膜结构采用的膜材料主要可以分为两种：织物膜材类和热塑性化合物薄膜类。织物膜材又可分为涂层织物膜材和非涂层织物膜材类。其中涂层织物膜材是膜建筑工程中应用最广泛的膜材，非涂层织物膜材通常用于室内或临时性帐篷。

涂层织物膜材主要包括纤维基布、涂层、表面涂层以及胶粘剂等。纤维基布由各种织物纤维编织而成，决定结构的力学特性，涂层保护基布，且具有自洁、抗污耐久性等作用。涂层可为单层或多层、单面或双面。对多层涂层，基底涂层主要起保护纤维，表面涂层起自洁、抗老化等作用。

纤维材料决定纺纱线力学、物理特征，进而决定纤维基布、膜材品质与性能。目前有多种纤维材料应用于膜建筑，主要包括：

（1）聚酯纤维

聚酯纤维是膜建筑中应用最广泛的纤维，并认为是建筑膜材标准产品。聚酯纤维拉伸强度高，弹性好。在拉伸屈服前，纤维具有较大的伸长变形能力，使得在安装时可进行一定的调整。但光照使聚酯纤维老化，弹性与强度等力学性能降低。

（2）玻璃纤维

玻璃纤维由玻璃制成，因而由玻璃纤维织成的纺纱线（直径 3ym 左右）具有一定的抗弯曲能力。玻璃纤维拉伸强度高，但较脆，弹性变形小、模量大。由于纤维的脆性，需要精确加工。玻璃纤维不易老化，使用寿命长，但受潮时材料强度会降低。

（3）芳烯聚酰胺（Aramide）纤维

维芳烃聚酰胺（Aramide 为 Aromatic Polymide 缩写）纤维是一种新型纤，其抗拉强度高、轻质，抗化学腐蚀，弹性低、模量高，低热缩、耐磨，阻燃、自熄灭。

（4）聚四氟乙烯（PTFE-Polytetrafluorethylen）纤维

聚四氟乙烯纤维是一种新型纤维，拉伸强度高，弹性变形低，轻质，耐潮湿，粘性极低，空气中不燃，耐腐蚀。

为使膜材基布纤维耐久、防水，需要对大多数纤维双面涂覆涂层。目前有多种材料作为建筑织物膜材纤维涂层，主要有以下几种：

（1）聚氯乙烯（PVC-polyvinylchloride）涂层

PVC 涂层弹性、柔性、韧性好，抗紫外线能力低、抗菌、抗腐蚀性较差，透光率高，阻燃、火焰扩散指数较低，白洁性、光泽、耐久性较差，10 年以下保质，可多色彩。

（2）聚四氟乙烯（PTFE）涂层

PTFE 涂层耐腐蚀、防潮、防菌、老化慢，耐高温、耐酸性、难燃、阻燃、火焰扩散指数低，燃烧产生有毒气体（280℃以上高温才能使 PTFE 分解），颜色仅乳白色（初始为米黄色），保质稳定期大于 30 年。

（3）硅树脂（Silicone）涂层

硅树脂涂层兼有 PVC 柔软、PTFE 耐腐等优点，具有优异的抗紫外线、长期柔软性、弹性、阻燃、各种颜色、透光率高，燃烧产生无毒气体，自洁惟较 PTFE 略差，不适宜高温焊接致使加工比较困难，粘合、缝纫是膜片主要连接方法。

（4）氟化物表面涂层

氟化物表面涂层具有自洁性、耐久性、抗菌、耐腐蚀、弹性、柔韧性均较好，常能达到 15 ～ 20 年以上保质，难燃、阻燃、火焰扩散低。

根据膜材基布纤维与涂层材料的适应性，织物膜材组合主要类型有：

（1）聚酯纤维基布 PVC 涂层膜

PVC 涂层是聚酯纤维织物膜材的常用涂层，可采用溶覆或层压粘合于基布表面。许多厂商能提供此类膜材，从用于帐篷的层合涂层膜到适合建筑的永久性厚涂层膜。PVC 膜柔软、耐腐、抗火阻燃、耐污染、抗老化，有白、红、绿、蓝等多种颜色。抗拉强度可达 200kN/m，撕裂强度 36kN/m，极限弹性拉伸 20%，透光率 0.8% ～ 4% 或更高，使用寿命可达 20 年。

（2）芳烃聚酰胺纤维基布 PVC 涂层膜

芳烃纤维基布 PVC 涂层膜是抗拉强度最高的合成纤维织物膜，破断强度达到 490kN/m，弹性模量大，尺寸稳定，极限伸长仅 5%。可用于大型建筑，气密性好是此类膜的最大优点，因此，常用于充气膜。在要求高强度，但弹性变形和透光率次要时常使用此类膜材，如展览等临时性或半永久性建筑。

（3）玻璃纤维基布 PTFE 涂层膜（PTFE/GF）

玻璃纤维基布 PTFE 涂层膜是寿命最长的涂层建筑膜之一。1974 年，首次用此类膜作为加利福尼亚拉维恩学生活动中心屋面。PTFE 膜用于永久性膜，不便从新组装利用，PTFE 膜不燃，可满足世界各国建筑 A 级防火要求。新安装的膜呈麦黄色，日照数月之后，膜会逐渐漂白。常规的 PTFE 膜伸长变形较小，拉伸强度 150kN/m，撕裂强度 1kN/m，透光率 13%，网状膜可达 65% 以上，防潮、防霉、耐污，PTFE 有微孔隙能透气。PTFE 膜一般加工中易出折痕，且难以消除，适用于大型膜结构。

（4）玻璃纤维基布硅树脂涂（Silicone）层膜

硅树脂比 PTFF 柔韧，抗弯曲性能好，因此在加工、制作与运输时不易损害。此类膜透光率高达 20% 以上，不如有微孔隙的 PTFE 膜透气。采用多层膜的屋面，既可满足日光照明，又可有效保温、隔热。早期对玻璃纤维硅树脂涂层膜所关注的技术问题，如易产生静电、吸尘导致自洁性能差，以及硅胶不能热焊合等已基本解决，同时其自洁耐污性能已提高到与 PTFE 膜相近的水平。

总体来说，涂层织物膜的基本建筑特征见表 2-5。

常用建筑织物膜材基本建筑特征　　　　　表 2-5

膜材类型	聚酯纤维织物膜			玻璃纤维织物膜	
涂层	聚氯乙烯 PVC	聚氯乙烯 PVC	聚氯乙烯 PVC	聚四氟乙烯 PTFE	硅树脂 Silicone
表面涂层	丙烯酸	层压粘合	涂覆PVDF		
寿命（年）	8～10	12～15	15～20	>30	>30
抗老化	一般	好	好	优	优
自洁性	一般	好	好	优	好
透光性	好	好	好	好	好

膜材类型	聚酯纤维织物膜			玻璃纤维织物膜	
阻燃性	好	一般	好	优	优
抗折性	优	一般	好	差	一般

热塑化合物薄膜与织物纤维膜的最大区别为化合物薄膜由热塑形成，薄膜张拉各向同性。建筑中用热塑性薄膜主要有氟化物（ETFE 和 THV）、PVC 薄膜。虽然热塑性薄膜的已有多年历史，但在建筑领域还属于新型材料，应用相对较少[41]。

第二部分

大跨度钢结构制造技术

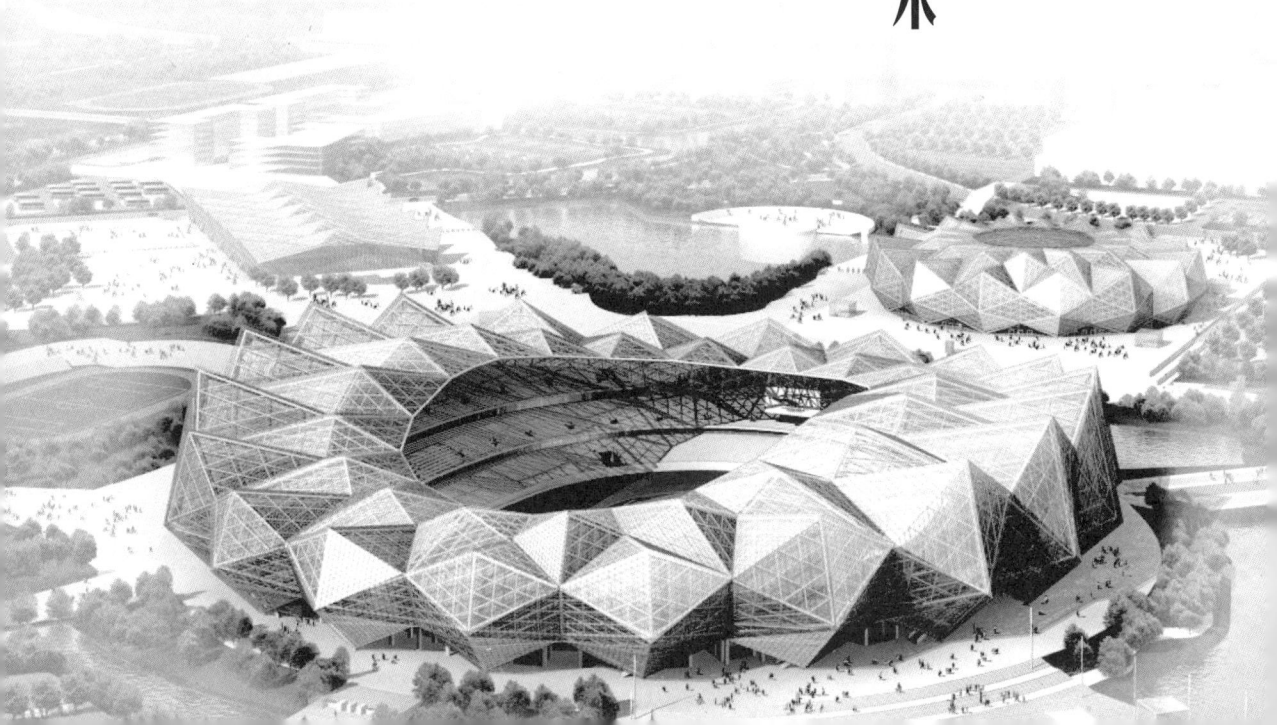

钢结构工程设计图纸完成之后，需根据其设计深度、结构体系特征、制作工艺、运输和安装条件等，继续进行深化设计，以满足加工厂制作要求以及现场安装作业要求。制造厂钢材采购完成后，依照深化设计图纸，通过矫平、切割、组立、焊接、涂装等工序进行构件的加工制造，最终形成建筑工程所需构件。

大跨度钢结构工程构件基本类型包括 H 形构件、圆管构件、箱形构件等。由于建筑造型的需要，弯扭构件、管桁架、异型铸钢件、螺栓球、焊接球、成品支座等复杂构件和节点被广泛应用，对构件制造技术提出了更高的要求。

本部分将重点阐述钢结构深化设计、加工制作准备、焊接技术、制作过程质量管理、典型构件制作以及相关的工程案例。

第 3 章 深化设计

3.1 概述

钢结构深化设计也叫钢结构二次设计，是以设计院的施工图、计算书及其他相关资料（包括招标文件、答疑补充文件、技术要求、工厂制作条件、运输条件，现场拼装与安装方案、设计分区及土建条件等）为依据，依托专业软件平台，建立三维实体模型，开展施工过程仿真分析，进行施工过程安全验算，计算节点坐标定位调整值，并生成结构安装布置图、构件与零部件下料图和报表清单的过程。作为连接设计与施工的桥梁，钢结构深化设计立足于协调配合其他专业，对施工的顺利进行、实现设计意图具有重要作用。

依据设计院施工图的深度，深化设计的工作内容可区分为如下三种情况：

（1）在建筑设计院完成建筑和其他专业施工图设计及结构方案设计的情况下，由深化设计单位直接完成结构深化施工图设计。

（2）在建筑设计院出具全套施工图但未给出结构节点大样图的情况下，由深化设计单位完成结构节点大样、构件与零部件下料图与报表清单设计。

（3）在建筑设计院出具的全套施工图已达到施工要求的情况下，由深化设计单位根据施工流程进行构件与零部件下料图与报表清单设计。

无论上述哪种情况，深化设计均应根据工程的复杂程度进行必要的施工过程仿真分析、安全验算和确定节点定位坐标调整值。

深化图纸必须满足建筑设计施工图的技术要求，符合相关设计与施工规范的规定，并达到工厂加工制作、现场安装的要求。

对于大跨度钢结构建筑，由于其空间构造体系复杂，造型多变，杆件交汇多，制造和安装难度较大，因此工程施工前的深化设计工作显得尤为关键，其重要性主要体现在以下几个方面：

（1）通过三维建模，消除大跨度钢构件的碰撞隐患；通过构件、节点坐标放样调整值计算，为钢构件准确制造、安装奠定基础；通过施工过程仿真分析和全过程安全验算，消除吊装过程中的安全隐患。

（2）通过对施工图纸的继续深化，对大跨度钢构件及节点具体的构造方式、工艺做法和工序安排进行优化调整，使深化设计后的施工图完全具备可实施性，满足钢结构工程按图精确施工的要求。

（3）通过深化设计对施工图纸中未表达详尽的构造、节点、剖面等进行优化补充，对工程量清单中未包括的施工内容进行补漏拾遗，准确调整施工预算，为工程结算提供依据。

（4）通过深化设计对施工图纸的补充、完善及优化，进一步明确钢结构与土建、屋面、幕墙及其他相关专业的施工界面，明确彼此交叉施工的内容，为各专业顺利配合施工创造有利条件。

（5）深化设计图纸可为物资采购提供准确的材料清单，并为竣工验收提供详细技术资料。

目前，大跨度钢结构建筑深化设计的主要工作内容包括以下几个方面：

（1）施工全过程仿真分析

施工全过程仿真分析，在大型桥梁、水电建筑物建设中较早就有应用。随着大跨度民用建筑日益增多，施工仿真分析逐渐成为大跨度建筑施工过程中不可或缺的内容。施工全过程仿真分析一般包括以下内容：各种安装状态下结构与施工支架联合体系的承载力、变形与整体稳定性分析与验算、结构预起拱坐标与施工工艺坐标预调值计算，安装合拢状态仿真分析与验算、施工支架卸载过程仿真分析与验算、特殊结构的施工精度控制模拟分析等。

（2）结构优化与调整

在施工过程中，因加工工艺不同会在构件和节点中产生不同的附加应力。深化设计时，需通过优化分析减小或消除这些附加应力的不利影响，确保结构安全。同时，应利用计算机图形提前检查钢结构是否与土建、屋面、机电设备、幕墙等其他专业

的安装存在冲突，以及是否存在连接节点不配套等问题。随后，根据图形检查结果对结构、构件、节点进行相应调整。

（3）节点深化

大跨度钢结构连接节点主要有：支座类（包括柱脚）节点与构件连接类节点。其中支座类节点包括各类柱脚、屋盖结构与下部结构连接的板式支座、弧形板支座、球铰支座、橡胶板支座等；构件连接类节点包括桁架连接节点、钢管相贯节点、索杆连接节点、拉索锚固节点、拉索张拉节点等，这些节点采用的形式有：螺栓球节点、焊接球节点、板式节点、构件直接相贯节点、铸钢节点和索结构特殊构造节点等。上述各类节点的设计均在施工图设计的范围内。节点深化设计是在施工图的基础上，对图纸中未进行详图设计的节点、现场构件拼接节点等进行节点设计，包括节点域承载力与相应连接计算、施工可行性复核、空间放样等。

（4）构件加工图

构件加工图包括构件组成大样图和零件图，是工厂加工制作构件的依据，也是构件质量验收的依据。构件组成大样图用于描述构件的出厂状态，其内容为在工厂内将零件组装成构件的要求，对于大跨度钢结构，通常包括零件尺寸、零件组装坐标、制孔位置与要求、坡口形式、零件连接方式等。除此之外，还应注明表面处理、防腐与包装等要求。零件图描述的是不可拆分的最小元件，如板件、型钢段、索段、钢球、铸件、连接元件等。零件图是零件下料放样和质量验收的依据。

（5）结构安装布置图

结构安装布置图用于指导现场结构安装的定位和连接。构件加工图完成后，将每个构件安装到正确的位置，并采用正确的方式进行连接，是安装图的主要内容。一套完整的安装图纸，通常包括结构平面布置图、立面布置图、剖面布置图、节点大样图、构件与节点的编号图等内容，同时还要提供详细的构件信息表，直观表达构件编号、材质、外形尺寸和重量等信息。对于大跨度结构，还需提供构件安装坐标信息以方便构件现场安装，其坐标值应包括预起拱、施工工艺坐标预调值和温度影响在内。

（6）材料表

深化详图通过材料表来对工程量进行分析和统计，材料表包含构件、零件、螺栓编号及其规格、数量、尺寸、重量和材质等信息。根据这些信息进行统计分类，可以迅速制定材料采购计划、安装计划，为项目管理和工程结算提供参考依据[42]。

3.2 常用软件

目前，国际上应用比较广泛的专业钢结构几何设计软件有 Tekla Structures，AutoCAD，Smart Plant 3D，SDS/2 等，其中，针对大跨度钢结构建筑的构造特点及施工工序，Tekla Structures 和 AutoCAD 这两款软件的应用尤为成熟，优势显著。

3.2.1 Tekla Structures

Tekla Structures 是芬兰 Tekla 软件公司开发的一款通用的钢结构详图设计软件，其核心理念是在流程化的钢结构建筑解决方案中，所有制造、施工、安装等工程信息数据都基于用户所创建的实体三维模型。在 TeklaStructures 平台中，用户可以从不同视角连续翻转缩放查看模型，更加直观的审查整个建筑结构的空间位置和逻辑关系，并且支持多用户对同一个模型进行操作和控制。模型中不仅包括零部件的几何尺寸、材料规格、材质、重量、编号等基本制造信息，还包括大量可用于工程质量管理和施工进度追踪的"用户自定义属性"信息。通过模型 Tekla Structure 能够自动读取相关信息生成零件详图、构件详图、施工布置图等图纸文件，还能够提取材料清单、数控文件等采购加工数据，对整个工程从设计、制造到施工都起着重要的指导和管理作用。

Tekla Structures 对大部分的钢结构建筑的深化设计都非常适用，其先进的核心理念，高效的协作模式，自动化、智能化、标准化的处理体系，可以使项目团队近似于一种工业化的模式流畅运行，在降本增效的同时，能够最大限度的保证工程质量，目前，是钢结构深化设计的首选软件之一[43]。图 3-1 即为该软件的工作界面示例。

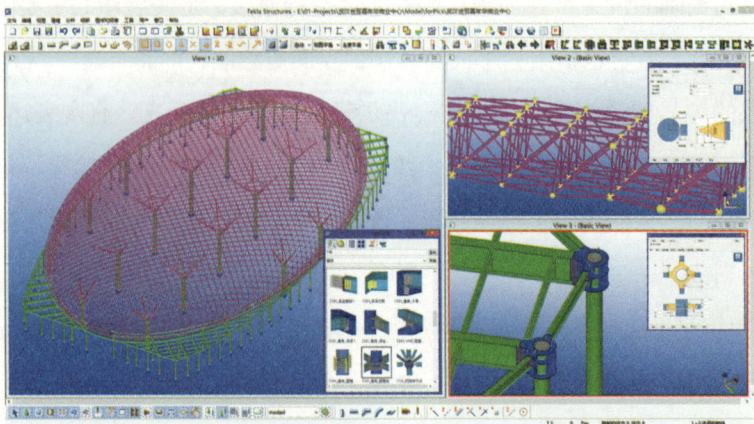

图 3-1 TEKLA 软件界面

3.2.2　AutoCAD

AutoCAD 是由美国 Autodesk 公司出品的一款经典的计算机辅助设计软件，立足于 2D 绘图，不受行业局限，拥有完善的图形绘制编辑功能，广泛灵活的操控性，深受广大用户的喜爱。随着软件新版本的不断发行，AutoCAD 在三维核心技术的研发上也日益增强，大幅提升了其三维模型的处理性能，结合配套开发的一系列辅助设计程序，AutoCAD 完全有能力应用于任何钢结构建筑的深化设计。

相对于 Tekla Structures，AutoCAD 对项目进行深化设计的模式效率较低，劳动强度偏大，但是由于 Tekla Structures 对异型变截面、空间弯扭的大跨度钢结构建筑深化设计存在一定的局限性，此时 AutoCAD 的优势更加明显，其可以虚拟任意形态的实体模型，并能完美展开，精度高数据准确，图面清晰美观，很好的解决各类制造施工难题。因而此类复杂的大跨度钢结构建筑一般都是选择 AutoCAD 来进行深化设计的。图 3-2 为该软件工作界面示例。

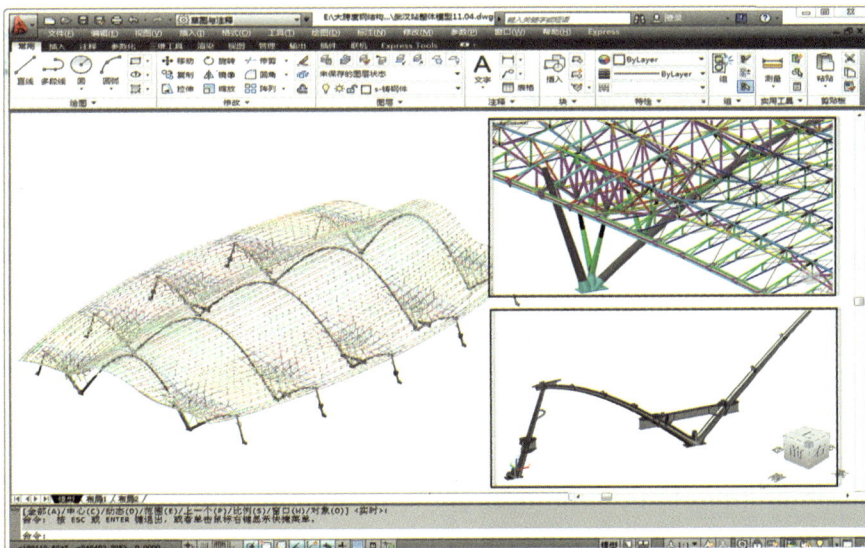

图 3-2　AutoCAD 软件界面

除了这两款软件，上文提到的 Smart Plant 3D 和 SDS/2，也是业内常用的深化设计专业软件，Smart Plant 3D 在管道工程和海洋工程钢结构领域的应用更加专业高效；SDS/2 是一款与 Tekla Structures 媲美的软件，在北美市场的应用相对广泛。

对于空间结构常用的结构设计验算软件有 SAP2000、MIDAS、STAAD PRO、Mstcad 和 sfcad 等。SAP2000 三维结构整体性能分析，空间建模方便，荷载计算功能完善，可从 CAD 等软件导入。MIDAS/Civil 是针对土木结构，特别是分析像预应力箱形桥梁、悬索桥、斜拉桥等特殊的桥梁结构形式，同时可以做非线性边界分析、水化热分析、材料非线性分析、静力弹塑性分析、动力弹塑性分析。为能够迅速、准确地完成类似结构的分析和设计，以填补目前土木结构分析、设计软件市场的空白，而开发的"土木结构专用的结构分析与优化设计软件"。Mstcad 和 sfcad 软件主要应用于网架、网壳等网格结构的设计。

3.3　设计流程与步骤

3.3.1　深化设计流程与前期准备

大跨度钢结构深化设计通常按照图 3-3 所示流程进行。

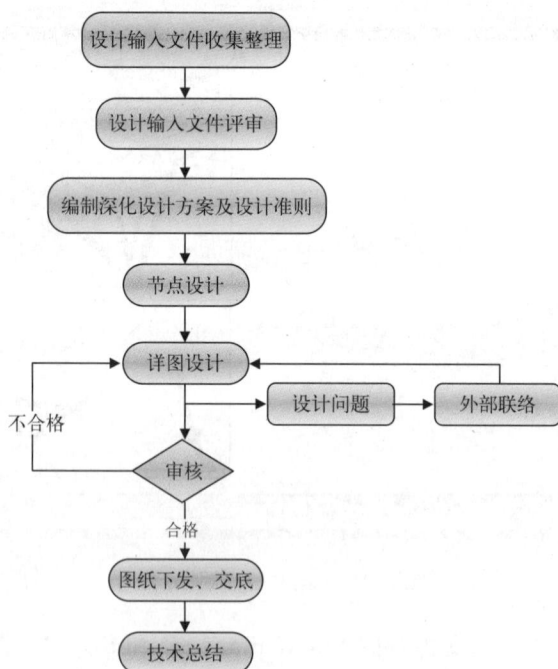

图 3-3　深化设计工作流程图

深化设计前应进行充分的技术准备工作。深化设计人员接到任务后，应首先收集完整的正式纸质设计文件（设计施工图、设计修改通知单、工程联系函、设计联络单、图纸会审记录等）和工程合同，同步收集各相关专业施工措施条件图，主要包括：

（1）安装专业的构件分段分节、起重设备方案、安装临时措施、吊装方案等；

（2）制造厂提供的工艺技术要求，包括工艺审查记录等；

（3）土建专业的钢筋穿孔、连接器和连接板，混凝土浇筑孔、流淌孔等技术要求；

（4）机电设备专业的预留孔洞技术要求；

（5）幕墙及擦窗机专业的连接技术要求等。

深化设计负责人应组织相关人员熟悉图纸及技术文件，召开技术评审会议，达到以下要求：

（1）理解设计意图，消化结构施工图；

（2）对图纸中存在疑问、不清楚的地方以联络单的形式进行汇总；

（3）开展技术评审，对不合理的点进行分析，提出合理化建议，形成书面记录；

（4）安排人员参与现场图纸会审并形成书面的图纸会审记录；

（5）编制深化设计方案和设计准则，编排深化设计进度计划；

（6）制定针对该工程的图纸编号原则及构件、零件编号原则。

3.3.2 深化设计步骤

1. 基于 Tekla Structures 软件的深化流程

本节基于 Tekla Structures 软件，以福州海峡国际会展中心展馆项目为例，介绍大跨度钢结构深化设计的相关步骤。福州海峡国际会展中心位于福州市仓山区，由会议中心和两个展馆组成，展馆屋面为立体桁架结构，弦杆为圆钢管，尺寸为 400mm×10mm、400mm×12mm、400mm×16mm、351mm×10mm 不等。

（1）建立定位轴线

深化设计计算机建模的第一步为建立定位轴线与结构几何模型，一般均按照施工蓝图的定位轴线与几何模型确定，必要时可根据需要增设辅助轴线。待轴线建立完成后，应与施工蓝图中轴线间距、编号等逐一对照核查，确保无误后生成轴线视图。轴线与几何模型一经生成不得随意变动。建立定位轴线与几何模型的界面如图 3-4 所示。

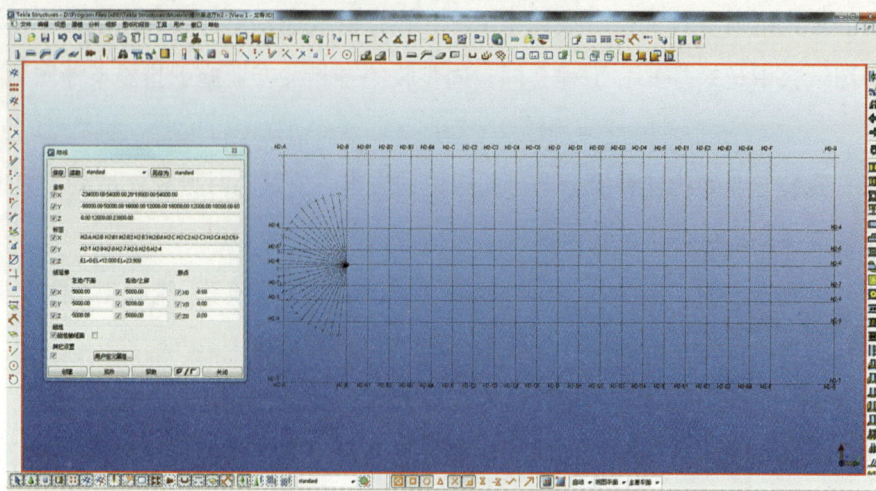

图 3-4　定位轴线创建软件界面

（2）建立结构物理模型

该工作需首先在 Tekla Structures 材料库中增加工程所需相应的材质、杆件截面、螺栓栓钉型号等基础信息，然后在结构几何模型中根据施工图纸的构件布置图和截面规格、材质等信息，进行杆件的搭设工作。在完成模型的初步搭设并经审查无误后，可导出较为准确的项目主材采购清单，包括后期构件的油漆、防火涂料的涂刷面积等，为今后的施工方案编制、生产进度的合理安排以及商务的初步算量提供技术支持。建立结构物理模型的界面如图 3-5 所示。

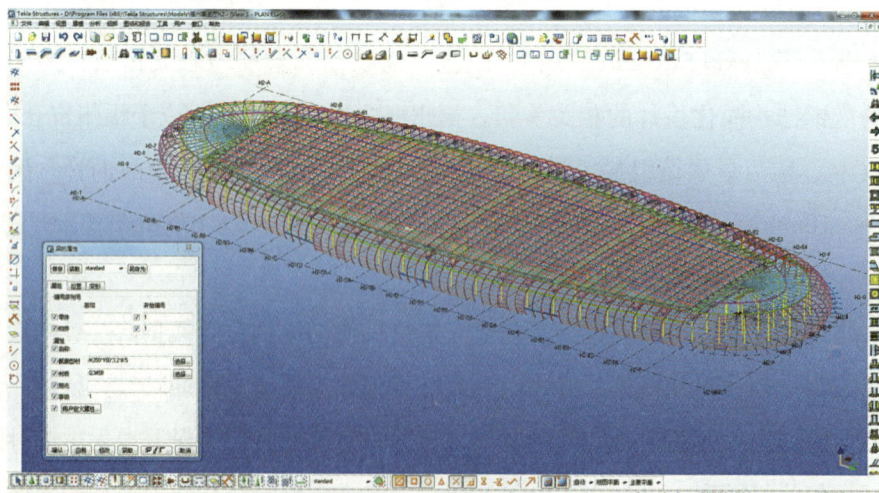

图 3-5　构件截面编辑软件界面

（3）根据施工方案确定分段分区

在项目确定主体钢结构安装方案后，需对整个结构进行分区分段，在管桁架工程中，桁架在安装过程中存在大量需现场散装的构件，合理的分段可以节约大量的现场安装时间降低安装难度，管桁架结构分段的优劣，直接影响到工程的安全、质量、进度等的要求。因此，对管桁架的分段，应该引起足够的重视，通过对施工方案、加工、运输等条件综合考虑，来选取最优的分段方案。

（4）节点与构件深化设计

节点建模应尽可能按原设计执行，若发现原设计的确不合理，应及时提出合理化建议，经原设计单位认可后方可执行。所有节点的设计，除满足强度要求外，尚应考虑结构简洁、传力清晰、工厂制作、现场安装可操作性强等。设计文件无明确要求时，刚接节点按等强连接计算，铰接节点按设计要求的相关规范进行验算，所有节点设计均须向原设计单位提交节点计算书，并取得认可后方可执行。节点建模完成后，须再次审核模型。节点深化设计界面如图3-6所示。

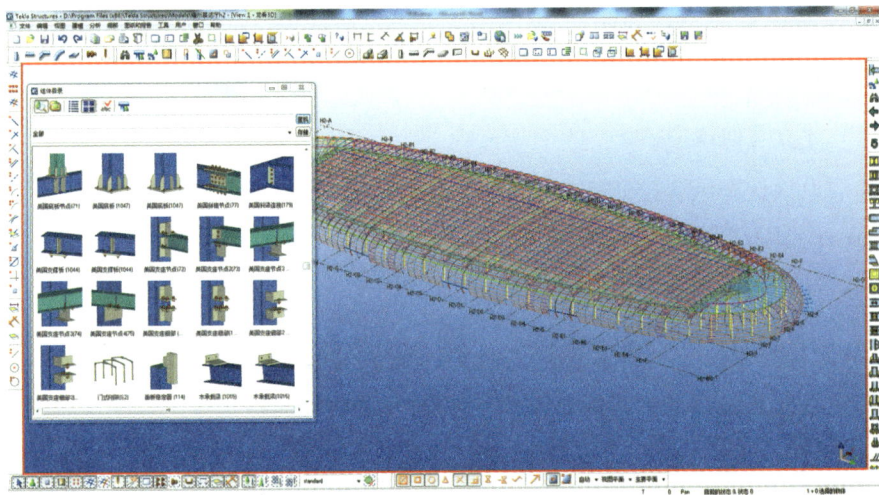

图3-6　参数化节点软件界面

（5）完成构件编号

节点的完成标志着深化设计建模任务的基本完成。此时，深化设计负责人应组织相关人员进行模型审核。待反复审核及修改无误后，由专人进行编号。Tekla Structures可根据预先设定的构件、零件编号原则进行智能顺序编号。从而大大缩短构件人工编号时间，确保编号的准确性。

每个工程针对工程的特点，制定专用的编号规则，针对大跨度结构制定的原则为区分吊装单元，轴线号，主次构件等信息，构件编号应体现构件的批次，钢柱体现平面位置轴线编号，桁架体现吊装单元，主次构件，零件编号应体现零件的批次编号和零件类型以便于施工管理。

（6）形成深化设计图纸

运用 Tekla Structures 的自动出图功能，形成节点大样图、构件与零部件大样图、构件安装布置图等。图纸可从三维模型中直接生成，准确性高。形成的图纸只需对其标注信息等进行适当修改，需要时补充部分视图后即可使用。生成的节点大样图如图 3-7 所示。

（7）深化设计图纸变更

如需对深化设计变更，应按变更要求修改模型，再次运行编号并更新图纸，编号时，宜尽量保证原编号不变。

2. 基于 AutoCAD 软件的深化流程

本节基于 AutoCAD 软件，以深圳湾体育中心项目为例（项目概况详见第 1.2 节），介绍大跨度钢结构深化设计的相关步骤。

（1）建立几何模型

读取原设计图纸各控制点的三维坐标，自动生成空间折线模型，通过运算拟合成空间网格曲线。如图 3-8 所示。

（2）建立结构物理模型

通过 CAD 插件中"定义截面"命令设定不同区域杆件的截面类型，通过颜色分层，定义网格区段截面。通过两种不同的方式拉伸网格实体。弯扭区：相交网格线切线形成的一个平面，平面外法线就作为该节点构件的法向量，通过节点间法向量，按照定义好的截面，沿中心线均匀拉伸节点间杆件，形成实体。非弯扭区：节点中心线以外一定范围内作为节点，节点为弯扭节点，节点间杆件为直段，直线段按照中央节点法向量作为全截面法向量，沿直线拉伸杆件，形成实体。如图 3-9 所示。

工程名称：长沙梅溪湖国际文化艺术中心

材料表

构件编号	零件编号	规格	下料长度(mm)	数量	材质	单重(kg)	总重(kg)	备注
蜂窝梁二	P1	PL30*1200	4012	1	Q345B	1133.8	1133.8	
	P2	PL30*1200	4027	1	Q345B	1138.0	1138.0	
	P3	PL30*840	4047	1	Q345B	800.6	800.6	
	P4	PL30*840	3926	1	Q345B	776.6	776.6	
	P5	PL30*1200	1577	1	Q345B	445.7	445.7	
	P6	PL30*1200	1521	1	Q345B	429.8	429.8	
	P7	PL30*840	1578	1	Q345B	312.2	312.2	
	P8	PL30*840	1499	1	Q345B	296.5	296.5	
	P9	PL30*1200	1516	1	Q345B	428.4	428.4	
	P10	PL30*1200	1573	1	Q345B	444.5	444.5	
	P11	PL30*840	1573	1	Q345B	311.2	311.2	
	P12	PL30*840	1499	1	Q345B	296.5	296.5	
	P13	PL30*840	1140	6	Q345B	225.5	1353.0	
	小计			18			8166.8	
	焊缝重量						122.5	
	共计						8289.3	

拼装定位坐标表

点编号	拼装坐标(X,Y,Z)	点编号	拼装坐标(X,Y,Z)
1	(-48.990,1126)	13	(0,0,0)
2	(-479.989,1226)	14	(1519,2,45)
3	(2378.890,1255)	15	(2419,2,47)
4	(3960.816,1298)	16	(3922,0,0)
5	(21.897,-69)	17	(1483,-1549,1177)
6	(1517.902,27)	18	(2392,-1531,1280)
7	(2246.902,55)	19	(1553,-1497,-20)
8	(-3925.898,61)	20	(2451,-1479,33)
9	(-69.93,1194)	21	(2407,2440,198)
10	(2516.27,1246)	22	(1507,2440,198)
11	(2415,-13,2447)	23	(1479,2378,0)
12	(3957,-87,1197)	24	(2378,2400,-22)

蜂窝梁二拼装定位图

隔板距两端100mm，余同

X向（16点入）
Y向（23点入）
基准端
0（原点）

中建钢构有限公司

大剧院

梁-展开图

制图　曾少兵
校对　彭青青
审核　吴耀

图号　Z7-NDBY-002
比例　1:5
日期　2013.10.29

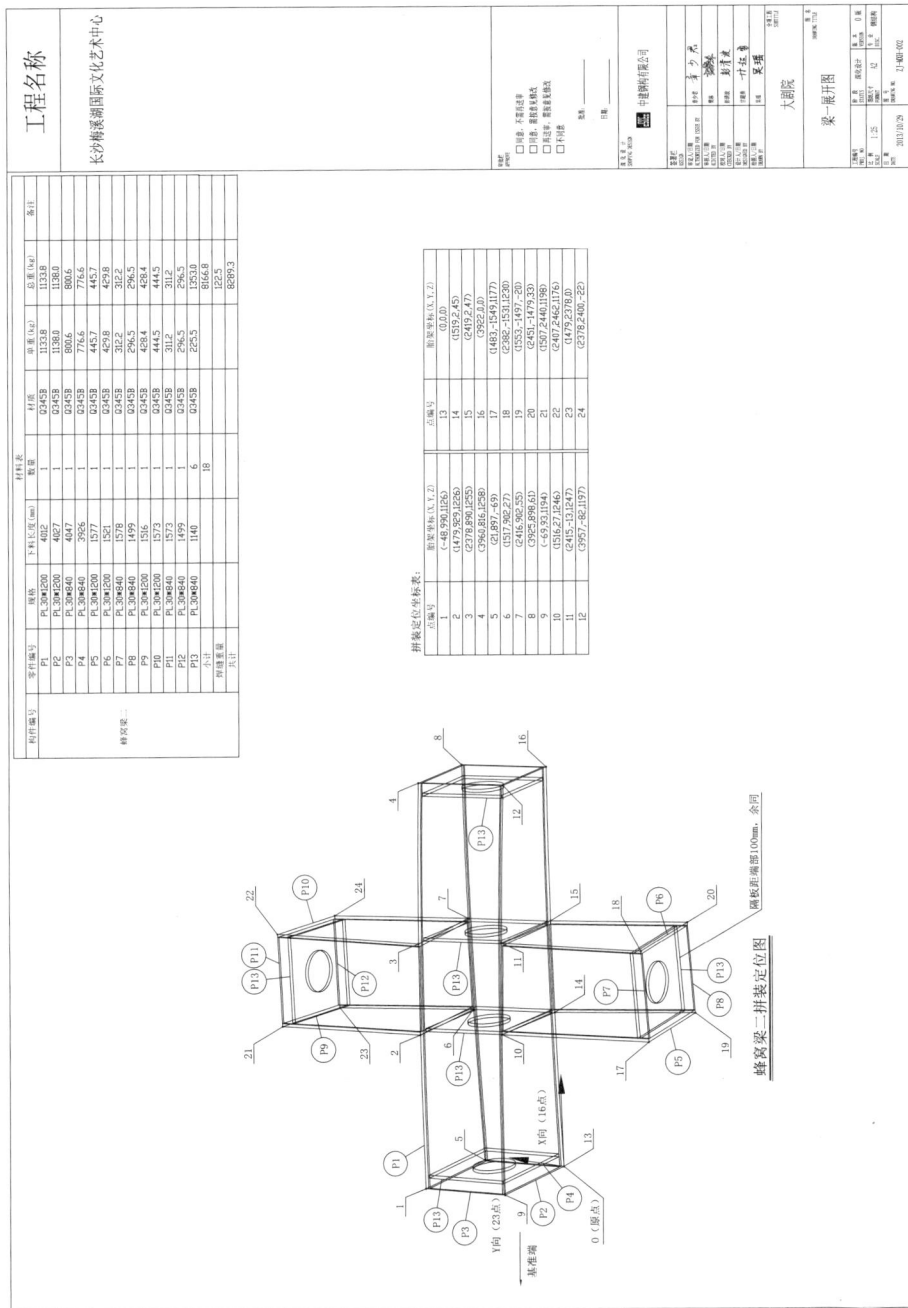

图 3-7　深化出图

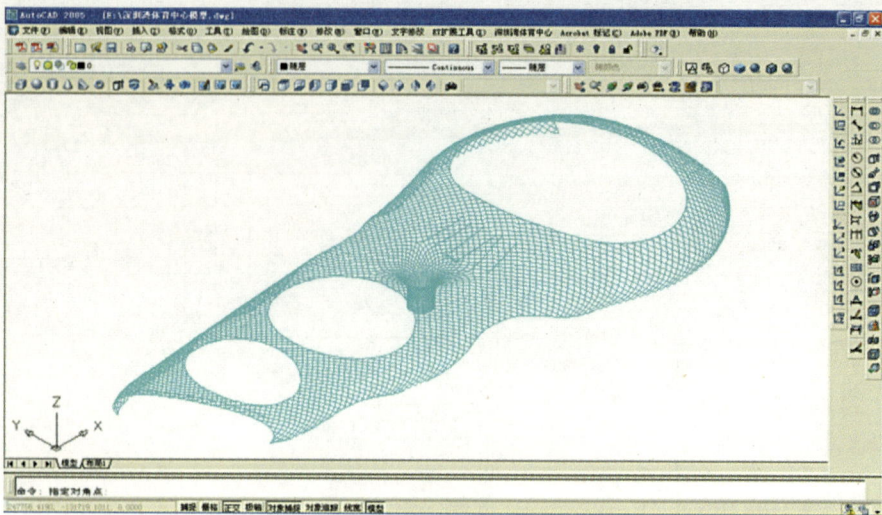

图 3-8　创建模型软件界面

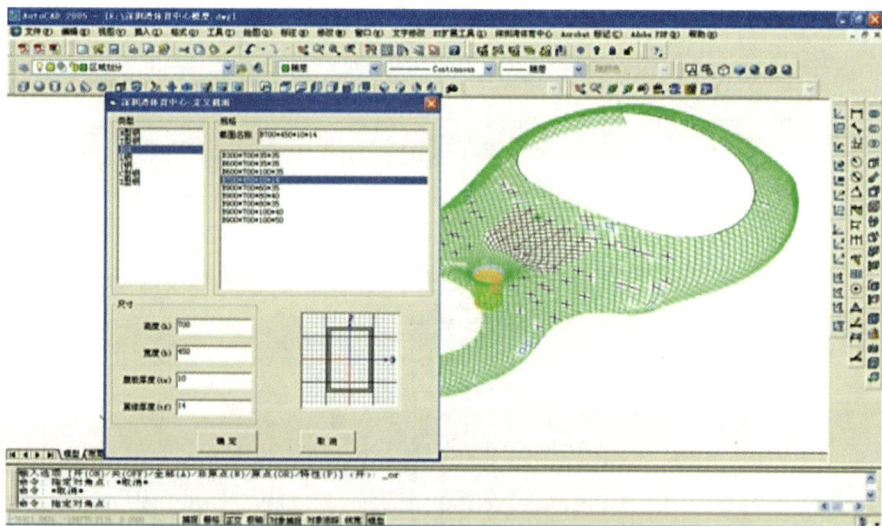

图 3-9　构件截面编辑软件界面

（3）装配形成构件及节点

在整体模型建立后，需要结合工厂制作条件、运输条件，考虑现场拼装、安装方案等条件。对每个节点及杆件进行吊装单元划分、制作单元划分、凸缘倒角装配、支座装配、隔板、加劲板、连接板、吊装耳板装配。如图 3-10 所示。

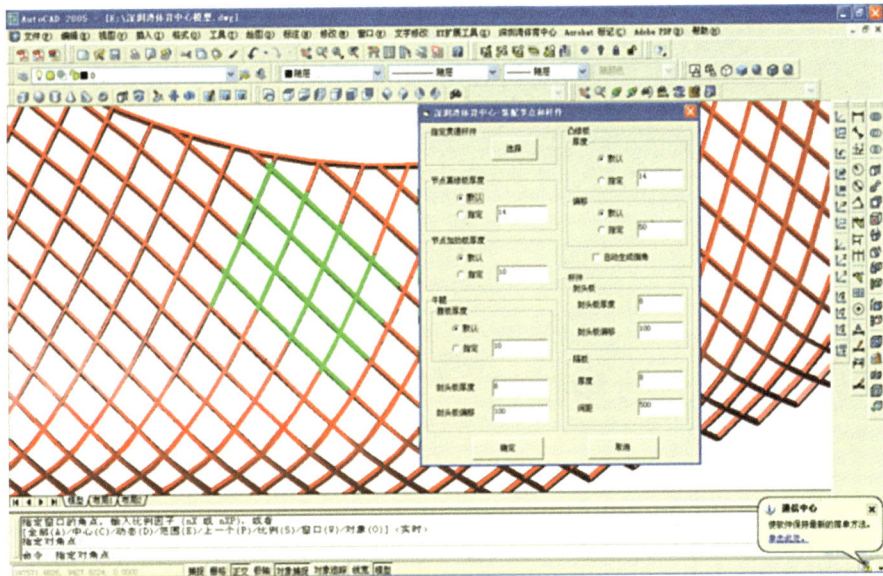

图3-10　装配节点软件界面

（4）构件自动编号

编号原则：以大树广场S40轴为界，分成Ⅰ、Ⅱ标段分别编号。吊装单元从左向右分别编号D1……Dn，同一吊装单元内构件编号Dn—Zn，表示主方向构件，同一吊装单元内构件编号Dn—Cn，表示次方向构件，同一制造单元内构件编号Dn—Zn—Ln，表示零件号。软件按照法则，自动分级编号。

（5）绘制加工图

运用CAD扩展命令实现自动绘制节点加工详图和材料明细表（包括构件加工图、板件展开图、弯扭板定位坐标、零件图、支承定位坐标、工厂整体装配定位坐标表、现场拼装定位坐标表、材料表等）。该功能可从模型中直接生成图纸，准确性高，数据全面，如图3-11、图3-12所示。

（6）材料统计

统计选定构件的用钢量，并按照构件类别、材质、构件长度进行归并和排序，同时输出构件数量、单重、总重及表面积等统计信息。软件还可将表格内的统计信息写入文本文件，以便于制作各种材料统计报表。

工程名称

长沙梅溪湖国际文化艺术中心

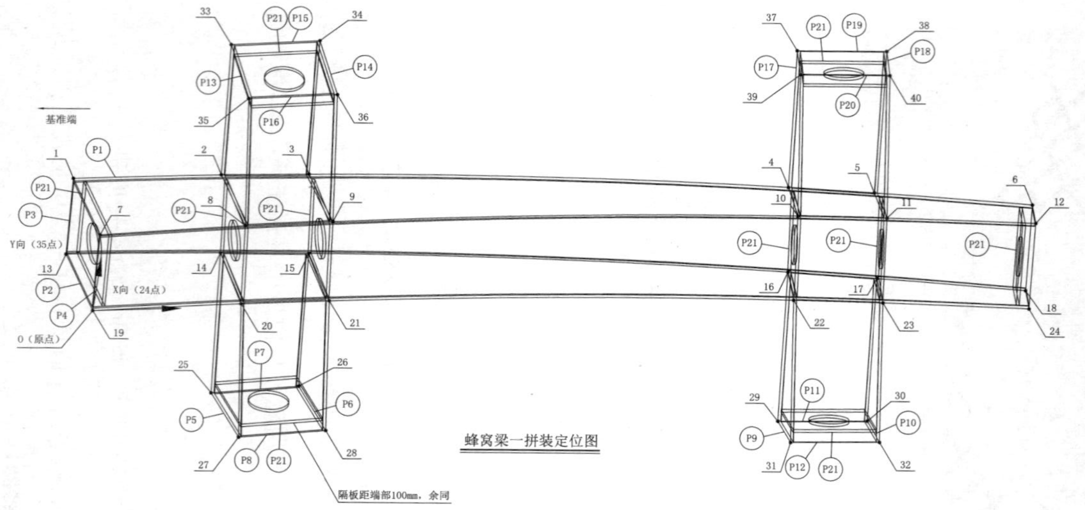

拼装定位坐标表：

点编号	胎架坐标(X, Y, Z)	点编号	胎架坐标(X, Y, Z)
1	(-127,1036,1078)	21	(2410,20,209)
2	(1390,989,1283)	22	(7097,20,202)
3	(2285,957,1374)	23	(7995,14,144)
4	(7154,736,1521)	24	(9454,0,0)
5	(8051,686,1482)	25	(1406,-1490,1337)
6	(9608,595,1369)	26	(2300,-1464,1449)
7	(22,894,-104)	27	(1556,-1486,147)
8	(1508,912,91)	28	(2449,-1460,259)
9	(2404,919,179)	29	(7109,-1698,1062)
10	(7114,910,333)	30	(8009,-1695,1055)
11	(8013,899,302)	31	(7100,-1447,-112)
12	(9506,875,206)	32	(8000,-1443,-118)
13	(-149,142,1182)	33	(1414,2498,1194)
14	(1429,88,1342)	34	(2313,2524,1231)
15	(2326,54,1405)	35	(1467,2386,0)
16	(7174,-158,1388)	36	(2365,2412,37)
17	(8070,-203,1322)	37	(7206,2166,1785)
18	(9557,-280,1162)	38	(8103,2187,1709)
19	(0,0,0)	39	(7103,2386,610)
20	(1513,14,146)	40	(7999,2407,533)

说明：1.本构件非工程用，建议箱梁主体不做全熔透，只需端头外露部分全熔透即可；
2.钢材材质为Q345B，可根据厂内钢材储备情况调整；
3.本图坐标点编号与下料图、弯板图坐标点编号并非一一对应；
4.构件制造时，请严格执行下料—弯板—上胎组装的工艺流程；
5.图中尺寸以标注为准，不得量取；
6.鉴于构件用途，其组合箱梁不宜拼接，如拼装不可避免，则各板件拼接焊缝应相互错开300mm以上；
7.为保证外观，箱梁内隔板不宜做电渣焊；
8.牛腿与主梁焊接位置，牛腿腹板开设过焊孔，待焊接完成后包角

材料表

构件编号	零件编号	规格	下料长度(mm)	数量	材质	单重(kg)	总重(kg)	备注
蜂窝梁一	P1	PL30*1200	9780	1	Q345B	2763.8	2763.8	
	P2	PL30*1200	9734	1	Q345B	2750.8	2750.8	
	P3	PL30*840	9769	1	Q345B	1932.5	1932.5	
	P4	PL30*840	9527	1	Q345B	1884.6	1884.6	
	P5	PL30*1200	1577	1	Q345B	445.7	445.7	
	P6	PL30*1200	1521	1	Q345B	429.8	429.8	
	P7	PL30*840	1578	1	Q345B	312.2	312.2	
	P8	PL30*840	1499	1	Q345B	296.5	296.5	
	P9	PL30*1200	1574	1	Q345B	444.8	444.8	
	P10	PL30*1200	1520	1	Q345B	429.6	429.6	
	P11	PL30*840	1575	1	Q345B	311.6	311.6	
	P12	PL30*840	1499	1	Q345B	296.5	296.5	
	P13	PL30*1200	1516	1	Q345B	428.4	428.4	
	P14	PL30*1200	1573	1	Q345B	444.5	444.5	
	P15	PL30*840	1573	1	Q345B	311.2	311.2	
	P16	PL30*840	1499	1	Q345B	296.5	296.5	
	P17	PL30*1200	1501	1	Q345B	424.2	424.2	
	P18	PL30*1200	1558	1	Q345B	440.3	440.3	
	P19	PL30*840	1518	1	Q345B	300.3	300.3	
	P20	PL30*840	1524	1	Q345B	301.5	301.5	
	P21	PL30*840	1140	10	Q345B	225.5	2255.2	
	小计			30			17500.5	
	焊缝重量						262.5	
	共计						17763.0	

□ 同意，不需再送审
□ 同意，需按意见修改
□ 再送审，需按意见修改
□ 不同意

批准：
日期：

中建钢构有限公司

大剧院

梁-加工详图一

深化设计　A2　1:25　0版　钢结构
2013/10/29　ZJ-MXH-001

图 3-11　构件加工图

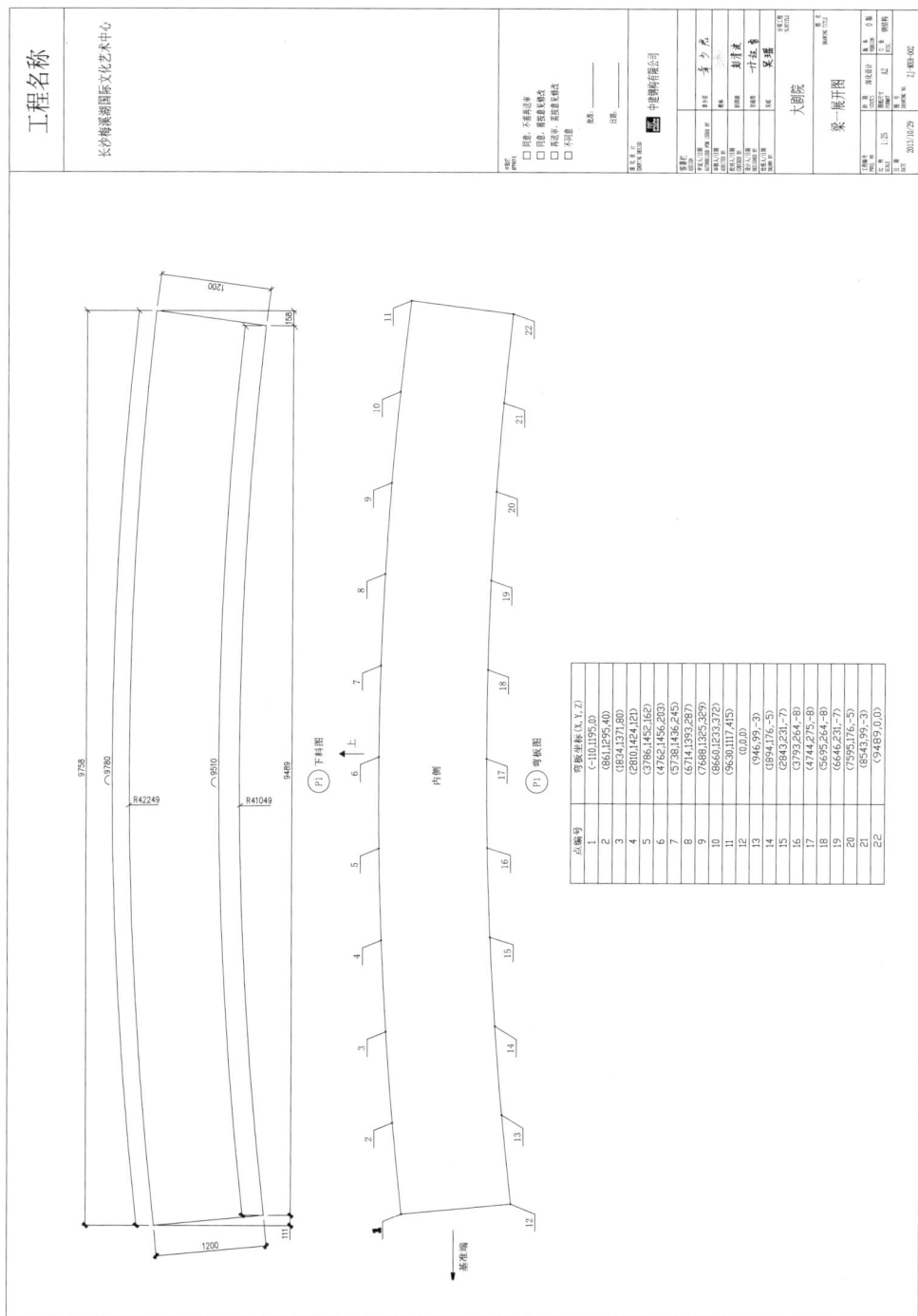

图 3-12 板件展开图

点编号	弯板坐标 (X, Y, Z)
1	(-110,1195,0)
2	(861,1295,40)
3	(1834,1371,80)
4	(2810,1424,121)
5	(3786,1452,162)
6	(4762,1456,203)
7	(5738,1436,245)
8	(6714,1393,287)
9	(7688,1325,329)
10	(8660,1233,372)
11	(9630,1117,415)
12	(0,0,0)
13	(946,99,-3)
14	(1894,176,-5)
15	(2843,231,-7)
16	(3793,264,-8)
17	(4744,275,-8)
18	(5695,264,-8)
19	(6646,231,-7)
20	(7595,176,-5)
21	(8543,99,-3)
22	(9489,0,0)

3.3.3 深化设计输出内容

深化设计成果作为构件加工和安装的指导性文件，要求其具有正确性、完整性和条理性。具体输出内容如下：

1. 钢结构深化设计总说明

钢结构深化设计总说明应在深化设计建模之前完成，并随第一批图纸发放，除原结构施工图中的技术要求外，还包括下列内容：

(1) 设计依据，包括原结构施工图、设计修改通知单、安装单位的构件分段分节（塔吊方案）以及相关现行标准等内容，图纸及技术文件均应注明编号和出处；

(2) 软件说明，包括节点计算、建模和绘图采用软件的说明及版本号；

(3) 材料说明，包括钢材、焊接材料、螺栓等的规格性能、执行标准和复验要求；

(4) 焊缝等级及焊接质量检查要求；

(5) 高强螺栓摩擦面技术要求，包括处理方法、摩擦系数等；

(6) 制作和安装工艺技术要求及验收标准；

(7) 涂装技术要求；

(8) 构件编号说明，包括工程中所有出现的构件编号代码说明，并举例说明；

(9) 构件视图说明，以典型构件说明构件绘制的视图方向；

(10) 图例和符号说明，列表说明施工详图中的常用图例和符号；

(11) 其他需加以说明的技术要求。

2. 施工过程仿真分析与安全验算计算书

3. 结构、节点坐标预调值（包括预起拱值等）

4. 图纸封面和目录

图纸封面按册编制（每册图纸应有一个图纸封面，一批图纸按多册装订时应有多个图纸封面），图纸封面图幅应与图纸相同，且应包含下列内容：

(1) 工程名称；

(2) 本册图纸的主要内容；

(3) 图纸的批次编号；

(4) 设计单位和制图时间。

图纸目录应与图纸内容相一致，包含序号、图纸编号、构件号、构件数量、单重、总重、版本号、出图时间等信息。其中，序号不得出现空号，图纸编号和构件号应按序排列，一一对应，不得重复。图纸目录的信息要随着图纸内容的变更做即时的调整与更新，图纸目录中的版本编号，随着图纸内容的变更次数需要做相应的升级版。

5. 平、立面布置图

施工详图结构布置图可分为结构平面图、立面图和剖面图等，也可在布置图中附加安装节点图、构件表和说明等内容。结构布置图的绘制应符合下列规定：

（1）应标明构件的准确空间位置关系，相对位置与原结构设计图相同；

（2）布置图应按比例绘制，且同一工程比例应一致；

（3）应绘出轴线及编号，并标注轴线间距以及总尺寸、平面和立面标高、柱距、跨度等；

（4）应将构件全数绘出，不得用对称、相反或其他省略方式表示；

（5）构件在布置图上宜用轮廓线表示，若能用单线表示清楚时，也可用单线表示；

（6）应标注每根构件的构件号，同一构件的构件号在平面图、立面图或剖面图上原则上宜标注一次，当构件在一个视图上无法表达清楚时，可在多个视图上标注编号；

（7）布置图上应编制该图所反映的所有构件的构件清单表格。

6. 构件详图

构件详图应完整表达单根构件加工的详细信息，应依据布置图的构件编号按类别顺序绘制。选择合适的视图面进行绘制，并采用剖视图的方式将构件的每个部分表达清晰，剖视图应按剖视的方向位置绘制，不得旋转。

构件图尺寸标注应包含下列信息：

（1）加工尺寸线，包括构件长和宽的最大尺寸，牛腿的尺寸等；

（2）装备尺寸线，包括零部件在主部件上的装配定位和角度；

（3）安装尺寸线，包括工安装和验收用的现场螺栓孔孔距和间距、吊装孔距等。

此外，还需对梁、柱等构件进行标高标注，对各零部件的组装焊缝予以标注，对相应工艺处理措施予以标注并说明等。

复杂构件还需增加三维轴测图，轴测图视角应以尽可能显示构件中各零件的位置关系为原则。

7. 零件图

零件图原则上应采用 1 ：1 的比例绘制，零件图应包含下列信息：

(1) 零件编号和规格；

(2) 尺寸标注，包括特征点的定位尺寸、总尺寸；

(3) 螺栓孔、工艺孔等细部标注；

(4) 材料表，包含零件的规格、数量、材质等信息；

(5) 零件所属构件列表。

复杂的零件，如折弯板、三维弯扭板等，应绘制其展开图、弯扭零件图（成型坐标图、表）、组拼定位图（组拼定位图、表）。两端带贯口的弯扭管件，应绘制两端贯口的角度定位图。

8. 清单

三维模型完成后，应生成钢材材料清单、螺栓/栓钉清单、构件清单等报表。

(1) 钢材材料清单应包括材料规格、材质、Z 向性能、重量（分净重、毛重，线材还须提供长度）等，以及材料依据、钢材技术标准及其他特殊要求等。

(2) 螺栓/栓钉清单应包括规格、长度、标准、数量等信息。

(3) 构件清单应包括构件号、构件名称、数量、单重、总重、所在图号等信息。

3.4　典型节点、构件深化设计

大跨度钢结构节点、构件形式复杂，具有杆件交汇多、节点分肢多、构件样式多变的特点，常用节点形式包括螺栓球节点、焊接球节点、钢管相贯节点、支座节点、多杆件交汇铸钢节点等，其中焊接球节点、螺栓球节点以及支座节点为成品件，在深化设计中无需着重处理，故在本章中不做详细说明。同时，大跨度钢结构中通常包括大量弯扭构件，这些特殊的节点和构件，在深化时需要重点关注。

3.4.1　桁架节点

大跨度钢结构一般外形尺寸复杂，在进行深化设计时，必须将其与制造、安装方案结合起来，为安装创造条件，其中重点考虑内容包括大跨度构件起拱、圆管相贯焊接深化以及节点加固。深圳机场 T3 航站楼（图 3-13）加强桁架即采用该设计理念。

图 3-13 深圳机场 T3 航站楼加强桁架

1. 深化起拱

大跨度钢结构工程中，屋面造型一般为规则或不规则的弧形曲面，为了消除屋面结构在恒荷载作用下的变形，使安装完成后的屋面曲线达到设计要求，在施工前需通过计算对屋面结构如管桁架等进行预起拱设计，以便在工厂加工或现场拼装时达到预拱度，满足变形要求。

当网架或立体桁架跨度较大时，可考虑起拱。起拱值可取不大于短向跨度的 1/300。此时杆件内力变化较小，设计时可按不起拱进行计算。根据以往国内外工程实例分析，部分工程在制作或安装时对起拱度要求过高，反而出现在安装完成进入使用阶段后，原为改善外观和使用条件而采取的预起拱，在实际荷载作用下产生的变形尚未消除预起拱值，导致与原设计的变形不符。

预起拱值较大时，在工艺下料应考虑加工余量，并在制作时构件直接达到起拱值；起拱值较小时，由现场地面拼装时直接起拱。

2. 相贯焊接

在大跨度钢结构中，管桁架一般应用的比较多，在管桁架相贯节点中，同一相贯点位置的杆件一般都较多，腹杆与腹杆间两两相贯，且相贯位置空间狭小，导致腹杆与弦杆间局部焊缝（即腹杆相贯重叠位置）无法施焊。

针对大跨度钢结构的这些特点，空间桁架在相贯节点深化设计时应注意以下构造要求：

（1）为保证节点连接的质量和强度，钢管节点的构造应符合下列要求：

1）主管的外部尺寸不应小于支管的外部尺寸，主管的壁厚不应小于支管壁厚，支管端部应经过精密加工，直接焊于主管外壁上，而不得将支管插入主管内，以保证节点处主管的连续性。

2）主管和支管或两支管轴线之间的夹角不宜小于30°，以便于施焊，使焊根熔透。

3）支管与主管的连接节点处，除搭接型节点外，应尽可能避免偏心。

4）支管与主管的连接焊缝，应沿全周连续焊接并平滑过渡，以免因断续施焊产生咬边、夹渣以及造成不均匀热影响区的材质缺陷，从而恶化焊缝性能。

5）支管端部形状及焊缝坡口形式随支管和主管相交位置、支管壁厚不同以及焊接条件变化而异，在现有条件下的管端切割及坡口加工宜使用自动切管机，以充分保证装配和焊接质量，但支管壁厚小于6mm时可不切坡口。

（2）在有间隙的K形和N形节点中，支管间隙 a 应不小于两支管壁厚之和的要求，平移腹杆工作点，避免腹杆两两相贯致使焊缝重叠，既保证腹杆与弦杆间施焊可操作性，且可防止焊接残余应力，如图3-14所示。

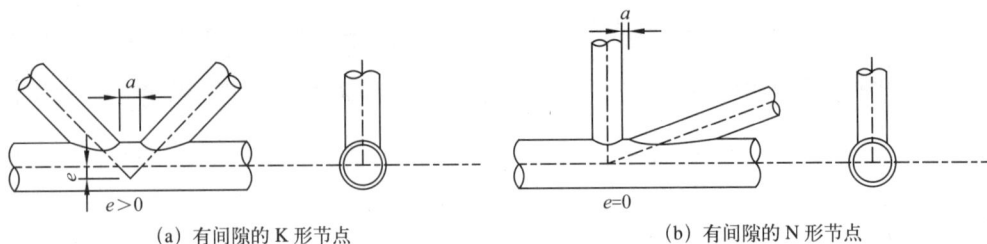

(a) 有间隙的K形节点   (b) 有间隙的N形节点

图3-14 K形和N形节点

（3）在搭接节点中，当支管厚度不同时薄壁管应搭在厚壁管上，当支管钢材强度等级不同时，低强度管应搭在高强度管上[44]。

（4）一般支管的壁厚不大，宜采用全周角焊缝与主管连接，当支管壁厚较大时，宜沿焊缝长度方向部分采用角焊缝、部分采用熔透的对接焊缝。支管管壁与主管管壁之间的夹角大于或等于120°的区域，宜用对接焊缝或带坡口的角焊缝。角焊缝焊脚尺寸均不宜大于支管壁厚的2倍。由于一般支管壁厚较小，如此控制角焊缝尺寸是为了使其不致产生过大的焊接应力和"过烧"现象。

（5）在搭接节点中，当支管厚度不同时薄壁管应搭在厚壁管上，当支管钢材强度等级不同时，低强度管应搭在高强度管上。

（6）一般支管的壁厚不大，宜采用全周角焊缝与主管连接，当支管壁厚较大时，宜沿焊缝长度方向部分采用角焊缝、部分采用熔透的对接焊缝。支管管壁与主管管壁之间的夹角大于或等于 120°的区域，宜用对接焊缝或带坡口的角焊缝。角焊缝焊脚尺寸均不宜大于支管壁厚的 2 倍。由于一般支管壁厚较小，如此控制角焊缝尺寸是为了使其不致产生过大的焊接应力和"过烧"现象。

3. 节点加固措施

当节点不满足设计承载力要求，而又不能改变节点几何形式或构造尺寸时，一般是对管件采取局部加强措施以提高节点的强度，加强措施根据管节点可能出现的破坏模式而定。通常加强措施如下：

（1）在主管上加设加强板以增加主管的厚度如图 3-15 所示。

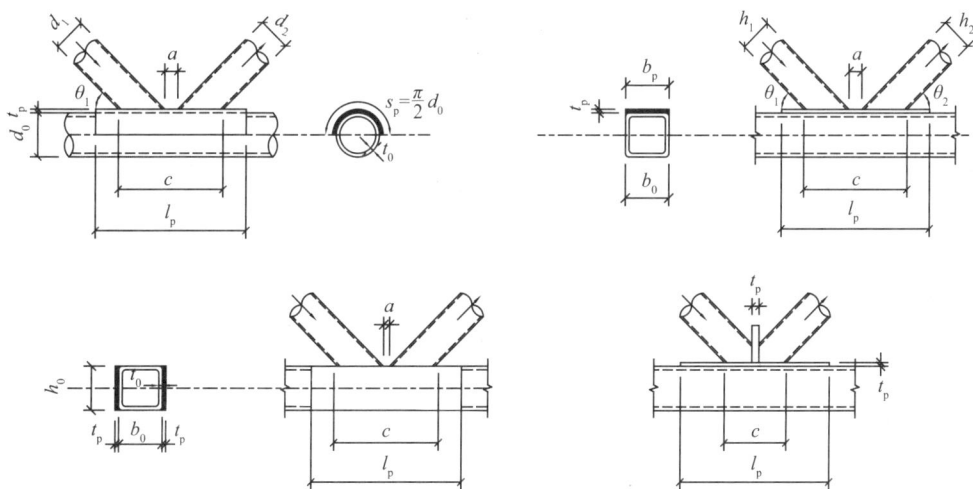

图 3-15 主管加设加强板

（2）加强管段，即在节点区镶入管壁加厚或高强度的管段，将其与原有管件对接焊接。而其长度应满足下列要求：

1）对主管的加强管段：尺寸小于 1/4 管径或 300mm。

2）对支管端部的加强管段：尺寸小于管径或 600mm。

3）管内注入混凝土，形成钢管混凝土构件，主要用于支管受压的 X 形节点。这时，在矩形主管内填充混凝土可显著改善其横向受压的性能[45]。

4. 构件分段

大跨度钢结构因为其跨度较大，造型也较为复杂，桁架结构分段的优劣，直接

图 3-16 深圳机场 T3 航站楼桁架分段

影响到工程的安全、质量、进度等的要求。因此，对桁架的分段，应该引起足够的重视，通过对施工方案、制造、运输等条件综合考虑，来选取最优的分段方案，图 3-16 为深圳机场 T3 航站楼吊装分段。

在对大跨度桁架结构进行分段时要坚持以下几个原则：

（1）钢桁架分段的断开点应尽量设在结构受力较小的位置；

（2）钢桁架分段的吊装重量不能超出起重机的提升能力；

（3）钢桁架分段应有足够多的绑扎位置，一般设在刚度大，便于调节索具的节点附近；

（4）钢桁架分段的划分也要考虑钢桁架分段间的相互影响；

（5）网格由上下弦杆，斜腹杆和竖向腹杆组成（图 3-17），各杆件相互紧靠时可在上下弦杆的节点工作点约 1.2m 处分开，同向斜腹杆逐一布置时可在上下弦杆的相邻两节点附近分开，分段之间空一个节间。

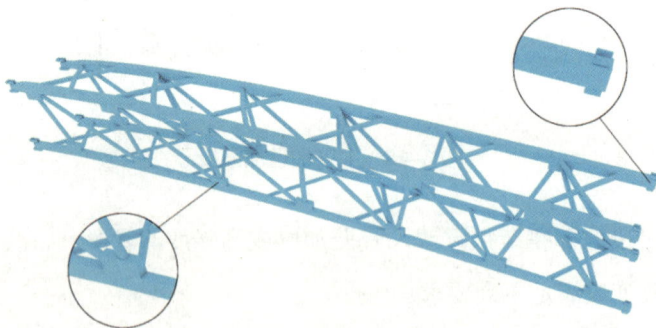

图 3-17 桁架示意图

3.4.2 弯扭构件

许多大跨度屋面以复杂空间曲面为主，构件空间弯扭，弯扭构件的深化是大跨度结构深化的重点，在整个工程中起决定性的作用，图 3-18 所示构件为深圳湾体育中心弯扭构件。

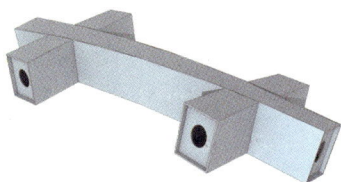

图 3–18　深圳湾体育中心弯扭构件

　　弯扭构件的制作、预装、现场安装，如图 3-19 是在不同的工况下进行，各自需有独立的三维坐标系来支持。因制作过程中要求提供的数据和制约条件多，所以制作用的坐标系的位置选定更为首要。因此弯扭构件在图面上表达时，要使构件的两端截面中心点处于同一高度，两中心点的连线即为 X 轴的方向，而后以连线为轴转动构件使构件处于下垂状态，最终使外凸的翼板两端口对角线处于水平线的两侧且角度相等。

图 3–19　弯扭构件吊装单元

　　弯扭构件的三维坐标依据上面描述的要求进行定位，采用三维轴测图表达，其特点如下：

　　（1）构件的轴测图中各端口、加劲板的位置采用三维坐标定位，且有各端口间的测量尺寸，此图可用于构件的制作和检测；

　　（2）当构件制作完成后，可用全站仪测量实体各点的三维坐标，然后将数据输入此图进行外形比较，判断制作构件的误差，用于构件的修正（图 3-20）；

图 3-20 深圳湾弯扭构件全站仪测量

（3）由于采用了此种坐标表达方式，使构件的两端几乎一般高，便于构件支承的设置、构件的制造和测量，同时构件施工高度最小，占地面积合理，施工辅材利用率高[46]。

3.4.3 铸钢节点

铸钢节点用于杆件交汇数量多、交角小、制作复杂或承载力大、受力要求高的节点，尤其是采用焊接等连接方式难以实现或易造成过大焊接残余应力而又不便消除的情况，可以避免较大的焊接残余应力集中，且外形美观简要，如图 3-21 所示。

图 3-21 深圳 T3 钢拉杆端头铸钢节点

相较于节点的常规做法，铸钢节点有如下优势：

(1) 铸钢节点在工厂内整体浇铸，可免去焊缝密集引起的应力集中；

(2) 具有良好的适应性，节点设计自由度大；

(3) 具有美观的流线型外形；

(4) 大大降低节点部分的制造、安装难度。

当然，铸钢节点也有诸多不足之处，如自重大、成本高，造型各异，不利于批量生产等。

在多个杆件交汇连接时，宜采用铸钢节点。对于此类节点的设计，应尽量使杆件重心线在节点处交汇于一点，避免偏心，同时应尽可能使节点构造与计算假定相符，以避免因节点构造不合理而使杆件产生次应力，引起杆件内力的变化。铸钢节点设计计算时，材质、节点构造如不满足规范条件，将会给铸钢节点的受力带来极大风险，给结构安全带来严重隐患，所以节点的设计不仅须满足承载力要求，同时还应考虑铸造、制作及焊接工艺方面的要求。

为保证良好的焊接性能，铸钢件与其他构件连接时，受拉为主的焊缝应全熔透。且在节点构造上，要尽量避免铸钢本体直接与构件焊接，宜采用铸钢本体伸出台阶与厚板部件连接，伸出的台阶壁厚不得急剧变化，其壁厚变化斜率应小于1:5。铸钢节点细部设计应避免尖角或直角，且应有利于气体的排出。对于焊接过程中可能出现的应力过大、裂纹等问题，可采取合理的焊接工艺措施，从根本上减小或消除焊接问题。

典型的铸钢制作及相关节点如表 3-1 所示。

铸钢支座及相贯节点示例   表 3-1

项目	图例	说明
深圳大运会主体育场（一标段）工程		铸钢球面柱脚节点
深圳湾体育中心		铸钢球面柱脚节点

续表

项目	图例	说明
福州奥体中心		铸钢球面柱脚节点
贵阳奥体中心		多杆交汇支座节点
武汉火车站		异形柱脚节点

3.4.4 其他异形节点示例

大跨度工程中一般都存在很多特殊的节点：树杈柱脚节点、多根钢管柱交汇节点，以及张力钢结构中包括拉索连接节点、拉索张拉节点、拉索贯穿节点等，如表3-2所示。每个节点因空间相交角度不同而形式各异，同时部分节点由于节点受力大，构造复杂。在深化过程中，尽可能做到使节点传力明确，构造简单，便于施工。

异形节点示例　　　　表3-2

项目	图例	说明
贵阳奥体中心		看台区分叉柱节点构件重量26.8吨，外围尺寸10.1m×3.5m×1.7m，柱内设多重加劲，焊接难度大
贵阳奥体中心		看台区异形支撑结构节点，构件重量16.8吨，外围尺寸6.1m×4.3m×2.5m，柱内设多重加劲，焊接难度大

续表

项目	图例	说明
重庆国际博览中心		树杈柱与钢管插板连接和相贯连接节点，杆件交汇较多，连接方式多样
深圳机场T3航站楼		圆管与异形截面相贯节点，节点重量1.4吨，节点所连接杆件较多，箱型内部加劲多且密，焊接变形大
青岛北客站		张拉结构节点，及拉索节点，连接方式多为空间杆件，放样过程复杂，连接件定位难度大

3.5　工程案例

3.5.1　工程概况

深圳机场 T3 航站楼总用钢量约 4 万吨。本工程主要由主楼大厅和十字指廊两个区域及登机桥组成，整体模型如图 3-22 所示。其中十字指廊钢结构主要由双层加强桁架、斜交斜放钢管网架、V形柱、钢拉杆、铸钢支座、粘滞阻尼器、TMD 阻尼器等组成，屋顶大部分为规则筒壳，局部区域存在凹陷区，主要由 67

图 3-22　深圳 T3 航站楼整体模型

片带加强桁架的斜交斜放网架组成，每榀加强桁架由四根异型曲线焊接箱型截面弦杆和若干钢管腹杆组成，桁架端部通过铸钢支座直接支承在 4.4m 层高的异型混凝土柱上。

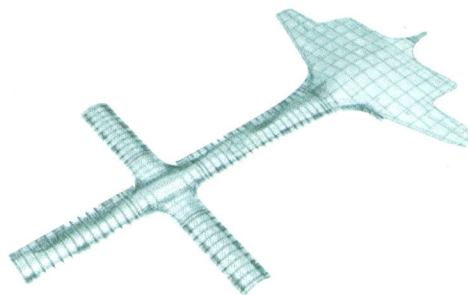

本工程钢结构约有 22 万根杆件、3800 个铸钢球、17500 个焊接球、300 个铸钢支座、40 个登机桥；截面形式多样，有箱形弯管、锥形圆管柱、圆管、圆钢等。各类构件形式如表 3-3 所示。

典型构件示例 表 3-3

弧形箱型构件：截面最小为□250mm×200mm×10mm×10mm，最大为□600mm×400mm×50mm×50mm	加强桁架：管规格最小为$\phi 89 \times 4.5mm$，最大为$\phi 480 \times 60mm$
V形柱：在工厂与柱底铸钢节点焊接在一起，整根制作，预留1000长牛腿工厂与铸钢件焊接	大厅部分摇摆柱：管直径1000mm、1100mm，管壁厚均为30mm，总量244吨
钢拉杆：构件包括柱底和柱顶与之连接的端板及销轴耳板	变截箱形构件：登机桥、钢连桥主梁，最小截面为□150mm×150mm×8mm×8mm，最大截面为1500mm×750mm×30mm×30mm，总量约为3268吨

3.5.2 结构深化设计

本工程屋顶采用曲面空间网架，结构为异型空间结构，桁架跨度大、节点复杂，较复杂的节点及深化设计建模重点关注点主要有：锥形钢管柱柱顶节点、加强桁架相关节点、大厅网壳腹杆相碰节点、核心筒钢柱柱顶、铸钢节点。节点形式多样，结构复杂，而且各部分尺寸不一样。

1. 空间桁架的深化

本工程加强桁架共71榀，每榀加强桁架由两片平面桁架及之间的连系杆件组合而成，形状为拱形，是整个工程的主要支撑结构，单片平面桁架的腹杆及平面桁架之间的连系杆为钢管，工厂加工制作主要为相贯线切割。两片平面桁架的上、下弦杆均为变截面箱型构件。

桁架结构的杆件由拉杆和压杆组成，按轴力相交于节点中心的铰接桁架进行设计。为避免次应力的发生，通常的做法是调整节点，使斜腹杆中心线相交于主杆（弦杆）的中心线上，而连接处的焊缝应据构件所传递力的大小来设计。在实际的桁架中，由于弦杆的连续性和节点处的焊接连接、节点固有的刚性在弦杆内将产生次弯矩。此外，为了焊接需要，在节点处杆件之间需留有一定的间隙或搭接，使节点产生偏心相交，从而产生偏心弯矩。有关钢管相贯焊接节点的实际工程中，杆件不可能做到理想的正交，其偏心连接在所难免。在深化时要考虑到在满足焊接要求的同时尽量减小偏心弯矩，且符合规范要求。表 3-4 为本工程典型的桁架节点。

桁架节点示例   表 3-4

两榀加强桁架之间管桁架整体示意图	加强桁架相关节点，加强桁架弦杆节点处管相贯数量较多，最多达6根管
单榀加强桁架示意图	加强桁架相关内部多重加劲，方便传力，防止变形

（1）建立结构物理模型

机场航站楼规模大、体量大，而且航站楼建筑外部造型独特，这给建模造成很大困难，显然不能像一般工程一样逐根搭建模型。这就需要用到 TEKLA 导入功能，并结合 CAD 导入插件，用设计提供的 CAD 线模按截面分层导入 TEKLA 模型，所有杆件的定位和截面信息均可导入模型中，这使建模更加快捷方便。

（2）根据施工方案确定分段分区

根据加强桁架的结构特点，充分结合工地现场的吊装要求及工厂运输条件，在深化设计建模时需要考虑加强桁架合理的单元划分，并遵循以下原则：

1）杆件分段必须满足相关设计及规范要求；

2）杆件分段后满足制作及运输要求；

3）杆件分段满足现场拼装、焊接操作空间及焊缝探伤要求；

4）焊接球应在工厂焊接成形后运至现场与次杆件焊接；

5）分段杆件应按安装要求设置临时连接板；

6）构件分段长度尽量大于 15m，小于 20m。

（3）节点深化设计

机场航站楼其屋面主要采用的是网架结构，其工程体量巨大，网架结构使用杆件和球数量非常多，如果采用全手动上节点的方式，将需要耗费巨大的人力。结合本工程的特点，此工程首先用 TEKLA 自定义节点功能，创建一个细部节点，在每个杆件的两端生成球，然后框选所有杆件自动生成球节点。最后再用碰撞检查工具将多余球删除即可。

网架结构屋面主要采用焊接球节点，这些球的节点在深化时利用 TEKLA 的扩展功能，开发出相应的插件，即可方便快捷的批量化实现。

（4）形成深化设计图纸

空间桁架的吊装单元的现场安装是在实际工况下进行，各自需有独立的三维坐标系来支持。因此在图面上表达时，要使吊装单元最低的三点处于同一高度，以此为基础建立坐标系，分别得到支承坐标和现场坐标，如图 3-23 所示。现场拼装坐标可以从模型中直接获取，支承拼装坐标就需要转换了，此工程利用 TEKLA 自带的坐标转换命令来实现，首先用三点设置工作面的命令将需要用作支承的基准面设置好，然后用 TEKLA 报表将这些球节点的坐标值读出，再写入用户定义属性中，最后在图纸模板中调用用户自定义属性直接生成。

桁架拼装坐标表			
序号	标记号	坐 标	球径及类型
1	NE2-2-Q-007	15751,0,2885	300焊接球
2	NE2-2-Q-008	0,0,0	300焊接球
3	NE2-3-Q-009	2250,-2250,92	300焊接球
4	NE2-2-Q-010	1,-2250,2879	300焊接球
5	NE2-2-Q-011	2251,0,2813	300焊接球
6	NE2-2-Q-012	4500,0,26	300焊接球
7	NE2-2-Q-013	6751,0,2839	300焊接球
8	NE2-2-Q-014	11251,0,2883	300焊接球
9	NE2-2-Q-015	2250,2250,-70	300焊接球
10	NE2-2-Q-016	0,4500,-171	300焊接球
11	NE2-3-Q-017	2250,6750,-249	300焊接球
12	NE2-2-Q-018	2251,4500,2643	300焊接球
13	NE2-2-Q-019	0,6750,2537	300焊接球
14	NE2-3-Q-020	4500,4500,-144	300焊接球
15	NE2-2-Q-021	11250,2250,-19	300焊接球
16	NE2-2-Q-022	9000,4500,-118	300焊接球
17	NE2-2-Q-023	11250,6750,-196	300焊接球
18	NE2-2-Q-024	4501,2250,2744	300焊接球
19	NE2-2-Q-025	6751,4500,2670	300焊接球
20	NE2-2-Q-026	9000,2250,2769	300焊接球

桁架拼装坐标表			
序号	标记号	坐 标	球径及类型
21	NE2-2-Q-027	11250,4500,2695	300焊接球
22	NE2-2-Q-028	9000,6750,2591	300焊接球
23	NE2-2-Q-029	13500,2250,2792	300焊接球
24	NE2-2-Q-030	13500,6750,2616	300焊接球
25	NE2-2-Q-031	9001,-2250,2929	400焊接球
26	NE2-2-Q-032	13500,-2250,2961	400焊接球
27	NE2-2-Q-033	6750,-2250,117	400焊接球
28	NE2-2-Q-034	11250,-2250,140	400焊接球
29	NE2-2-Q-035	4500,-2250,2905	400焊接球
30	NE2-2-Q-036	6750,6750,-222	400焊接球
31	NE2-2-Q-037	13500,0,74	400焊接球
32	NE2-2-Q-038	15751,2249,3	600焊接球
33	NE2-2-Q-039	15751,-2251,161	600焊接球
34	NE2-2-Q-040	15751,6749,-172	600焊接球
35	NE2-2-Q-041	1,2249,2728	200螺栓球
36	NE2-2-Q-042	6751,2249,-47	200螺栓球
37	NE2-2-Q-043	9001,-1,49	220螺栓球
38	NE2-2-Q-044	15750,4500,2721	220螺栓球
39	NE2-2-Q-045	4501,6749,2573	220螺栓球
40	NE2-2-Q-046	13501,4499,-96	300螺栓球

图 3-23 支承拼装坐标表

2. 铸钢节点深化

（1）三维建模

本工程大厅桁架节点、加强桁架底部节点以及交叉指廊钢柱底部节点全部为铸钢节点，如表 3-5 所示。铸钢件数量多，重量大，分肢多。铸钢节点结构形式的确定也是深化设计的关键环节。

铸钢节点的结构形式需要满足下列要求：铸钢节点保证原设计的外部造型及整体受力要求；铸钢节点符合铸造工艺的要求。采用三维造型软件、受力分析（非铸造单位）软件、计算机凝固模拟分析软件协同作业，在原设计的基础上进一步深化，设计出满足上述要求的铸钢节点结构形式（铸钢节点三维实体模型）。

铸钢节点示例　　　　　　　　　　　　　　　　　表 3-5

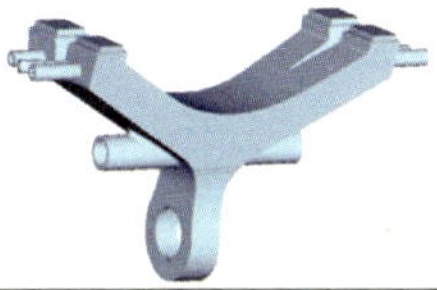	
加强桁架铸钢支座	钢拉杆端头铸钢节点

圆管柱顶焊接球节点、V形柱柱顶支座--铸钢节点	铸钢球节点

铸钢节点的深化设计建模要点：

1）根据设计院提供的初步设计资料、节点轴线图，各肢杆相交于空间坐标原点，避免产生偏心扭矩；

2）节点肢杆和桁架杆件间为对接熔透焊缝，节点各肢杆在端面做适当坡口；

3）为避免模型在断面突变处产生过大的应力集中，壁厚应避免急剧变化，采用平滑面过渡（节点壁厚变化斜率 1/4）；

4）除注明倒角尺寸外，其余为构造倒角（按建筑用铸钢节点技术规程送审稿执行）；

5）铸钢件支管间的净距要满足焊接的操作空间（杆件之间的边缘距离不小于 400mm）；

6）铸钢节点圆管相贯支管优先贯通原则。

（2）绘制加工图

铸钢节点的图纸一般通过建立 CAD 实体模型直接生成，并标示各个端口的三维坐标，如图 3-24 所示。

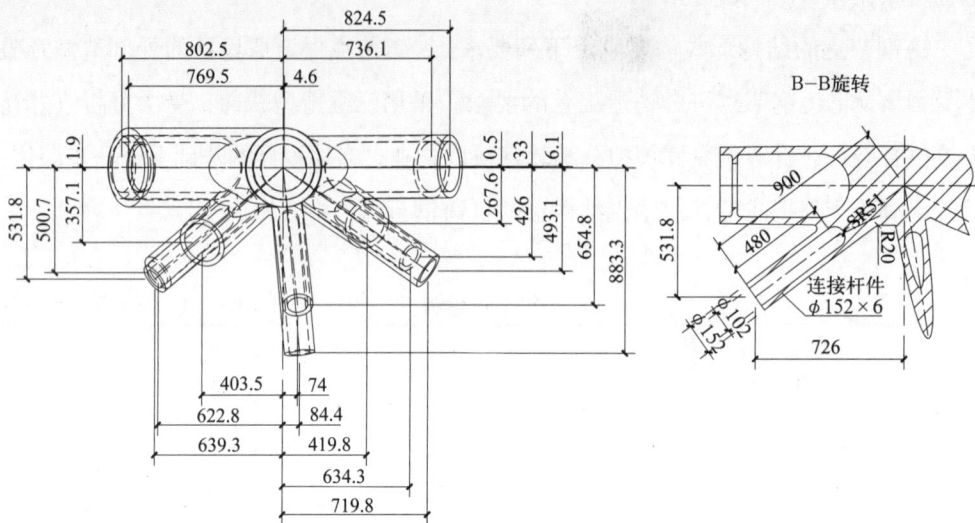

图 3-24　铸钢加工图

3.6　BIM 技术

3.6.1　简介

建筑信息模型（Building Information Modeling）是以建筑工程项目的各项相关信息数据作为模型的基础，进行建筑模型的建立，通过数字信息仿真模拟建筑物所具有的真实信息。它具有可视化，协调性，模拟性，优化性和可出图性五大特点。

1. 可视化

BIM 提供了可视化的思路，让人们将以往的线条式的构件形成一种三维的立体实物图形展示在人们的面前。在 BIM 建筑信息模型中，由于整个过程都是可视化的，所以可视化的结果不仅可以用来效果图的展示及报表的生成，更重要的是，项目设计、建造、运营过程中的沟通、讨论、决策都在可视化的状态下进行。

2. 协调性

BIM 建筑信息模型可在建筑物建造前期对各专业的碰撞问题进行协调，生成协调数据，提供出来。当然 BIM 的协调作用也并不是只能解决各专业间的碰撞问题，它还可以解决例如：电梯井布置与其他设计布置及净空要求之协调，防火分区与其他设计布置之协调，地下排水布置与其他设计布置之协调等。

3. 模拟性

在设计阶段，BIM 可以对设计上需要进行模拟的一些东西进行模拟实验，例如：节能模拟、紧急疏散模拟、日照模拟、热能传导模拟等；在招投标和施工阶段可以进行 4D 模拟（三维模型加项目的发展时间），也就是根据施工的组织设计模拟实际施工，从而来确定合理的施工方案来指导施工。同时还可以进行 5D 模拟（基于 3D 模型的造价控制），从而来实现成本控制；后期运营阶段可以模拟日常紧急情况的处理方式的模拟，例如地震人员逃生模拟及消防人员疏散模拟等。

4. 优化性

（1）项目方案优化：把项目设计和投资回报分析结合起来，设计变化对投资回报的影响可以实时计算出来；这样业主对设计方案的选择就不会主要停留在对形状的评价上，而更多的可以使得业主知道哪种项目设计方案更有利于自身的需求。

（2）特殊项目的设计优化：例如裙楼、幕墙、屋顶、大空间到处可以看到异型设计，这些内容看起来占整个建筑的比例不大，但是占投资和工作量的比例和前者相比却往往要大得多，而且通常也是施工难度比较大和施工问题比较多的地方，对这些内容的设计施工方案进行优化，可以带来显著的工期和造价改进。

5. 可出图性

BIM 是通过对建筑物进行了可视化展示、协调、模拟、优化以后，可以帮助业主出如下图纸：

（1）综合管线图（经过碰撞检查和设计修改，消除了相应错误以后）；

（2）综合结构留洞图（预埋套管图）；

（3）碰撞检查侦错报告和建议改进方案。

3.6.2 深化设计中的 BIM 技术应用

1. 主要内容

基于 BIM 技术的钢结构深化设计的主要内容是，利用 BIM 技术进行三维建模以及详图绘制，服务于车间、现场及其他相关单位。

建模时要严格按照统一建模规则，依据结构设计图纸放样，可以得到偏差在误差允许范围内的实体模型，达到与其他专业安装相互协调、完美配合的效果。也可以用于材料采购、商务算量，根据需要调制好报表格式，生成钢材材料清单、螺栓清单、构件清单等报表，避免人工繁琐且不稳定的计算，提高了效率并能确保数据准确。

详图绘制时要遵循统一出图原则，得到统一标准的用于制造厂加工制作的施工详图。其中零件图主要用于工艺排版、数控下料切割；构件图主要用于零件定位组装；平、立面布置图用于现场安装定位。

2. 模型数据要求

（1）构件编号唯一性。钢结构深化设计软件零构件编号时，要求一个零构件只能对应一个零构件号，当零件的材质、截面发生变化时，需赋予零构件新的编号，防止零构件的模型、图纸信息发生冲突。

（2）零件截面类型要相匹配。在钢结构深化设计软件内有一个钢材的截面库，对模型中的每一种截面的材料都会指定唯一的截面类型与之对应，如此才可保证各种零构件对应的材料在平台内名称的唯一性。对于大项目来说，零件数量特别多，导致截面信息匹配工作量繁重，为了减少模型截面数据输入工作量，需要制定统一的截面代码规则，做到规范、正确选用截面类型。

（3）确保模型材质相匹配。BIM模型中每一个零件都有其对应的材质，为保证模型信息准确无误，需指定统一的材质命名规则。

3. 常用软件

基于BIM技术的大跨度钢结构深化设计中经常使用Tekla Structures、Revit、AutoiCAD、3Ds Max等工具软件。

4. 建模方法

以下以利用Tekla Structures软件为例，说明基于BIM技术的钢结构深化设计中BIM模型的建模方法。

（1）工程属性录入

选择服务器，录入工程基本的有关信息，如：工程编号、工程名称、模型负责人、设计信息等。

（2）结构整体定位轴线建立

建立结构整体定位轴线，结构轴网应严格按设计图纸中轴网定位绘制，确认无误后生成轴线视图，轴线不得随意修改、调整。遇到较为复杂的轴线时，可运用系统自带宏进行建立，并在必要时借助辅助线。

（3）定义模型截面库、材质库等

将工程所需截面汇总，在满足建筑要求的前提下可结合市场供应，可与设计、业主沟通对截面进行优化。

（4）结构整体三维模型建立

建立结构整体三维模型时，需要在截面库中选择截面，根据施工图纸的构件布置图和截面规格、材质等信息，进行钢结构柱、梁及桁架等杆件模型的搭建。搭建完成并审核后，在各连接的杆件间创建节点。可采用软件节点库中的节点建模，当节点库中无该节点类型，而在本工程中又大量存在时，可在软件中创建人工智能参数化节点，或进行二次节点开发以达到节点设计要求。节点建模应尽可能按原设计执行，若发现原设计的确不合理，应及时提出合理化建议，经原设计单位认可后方可执行。所有节点的设计，除满足强度要求外，尚应考虑结构简洁、传力清晰、工厂制作、现场安装可操作性强等。

（5）模型校审

模型及节点建好之后需要进行校审，需有专人负责审核模型轴网、截面库、材质库，钢构件的信息（截面、材质、定位等）与原设计文件、国家规范标准等是否相符，以及是否存在钢构件错、漏、缺等情况，并修改完成。待确认模型准确无误之后需进行编号，根据每个工程针对工程结构特点，制定专用编号规则，制定的原则为区分构件、状态、区域等基本信息，方便施工管理。每项工程的编号规则制定后应组织评审，且需安装施工单位认可。

（6）出材料表、清单报告

材料表自动统计功能，包括零件清单、构件清单、螺栓清单等，自动获取零件的型材、规格、材质、长度、重量、面积、数量、编号等信息。也可根据需求制作相应清单报表模板，获取所需报表，杜绝人工统计差错。

（7）出深化详图

对准确的BIM模型进行编号，根据项目要求对图纸属性进行设置，设置好属性之后便能选择模型直接生成图纸，经过绘制图纸类别、图幅大小、比例、定位尺寸等信息，必要时进行适当修改标注信息及补充视图即可形成准确性高的节点大样图、构件与零部件大样图、构件安装布置图等。如果有设计变更，按照变更要求修改模型，保证原有编号不变的情况下再次运行编号，并对需要更新的图纸进行更新，因为模型是图纸的唯一信息源，图纸随着三维实体模型改变而改变，只需对图纸进行更新，便能够保证图纸的准确性。

5. 应用价值

利用 BIM 技术，可以进一步推进工程施工的精细化管理，具体体现在：

（1）全新的信息交流模式。即转变了传统管理中"3D-2D-3D"的信息交流模式，在初始建模、模型处理及其他管理阶段，录入并丰富、完善模型 5D 共享信息，使工程管理与模型处理工作紧密结合。

（2）全生命周期的信息跟踪。即基于深化设计阶段所搭建的 BIM 模型、通过物联网等采集手段，实现对材料采购、加工制作、构件安装等各个环节跟踪，确保信息的实时共享。

（3）可追溯的质量保障。即通过 BIM 技术建立从原材料到建筑运维阶段的全生命周期质量保障体系，实现材料及零构件的可追溯、全方位管理。如可以实现材料炉批号跟踪，堆放追踪管理，经手人操作记录等。

（4）实时的报表分析。即可以对进度报表、造价报表、材料报表等相关报表的汇总分析，并实时生成数据，避免以往人工填表逐级报送的低效和数据不真实。

（5）量化的工程数据分析。即实现了从工程深化设计到建设竣工全过程精细化成本管理，将分部分项分批成本分析深入到零构件层次；将各项目人工费、材料费、机械费、运输费、管理费管理的更精细，可以为产量分析、质量管控、安全考评、工效量化、成本考核等提供数据支撑。

第4章 加工制作准备

4.1 典型复杂钢构件介绍

随着社会商业、文化、体育事业的发展，大跨异形钢结构建筑的不断涌现，各类大、重、异、不规则的构件与节点应运而生，致使传统的制作技术、加工工艺、精度控制已不能满足市场发展的要求，钢结构加工制作必须向工厂化、自动化、精细化、标准化的生产技术发展。以下为几个典型复杂钢结构工程及其节点形式的介绍，以期读者体会其加工制作的难度和精准要求。

贵阳奥体中心位于贵阳市金阳新区中心地带，看台部分是采用钢骨混凝土现浇框架结构，钢骨柱截面多为箱体构件，其中"Y形"箱形构件（图4-1（a））内部被结构隔板分隔成复杂空间，不能采用电渣焊进行焊接，在对隔板及劲板进行焊接时，需施焊人员进入箱体内部进行焊接，该类型构件内部隔板多，焊接工作人员操作空间极小，焊接质量要求高，整体外观成形控制难度高；屋盖桁架采用斜交平面弧形

(a) Y形柱   (b) 屋盖桁架

图4-1 贵阳奥体中心典型构件

桁架构成空间受力结构体系（图 4-1 (b)），所有组成桁架的上、下弦圆管构件都需要进行三维方向的弯曲，并且每根构件的弯曲度都不一样，需控制多个三维坐标点，对制作工艺提出了相当高的要求[47]。

深圳机场 T3 航站楼大厅屋顶结构为带双向加强桁架的斜交斜放网架，加强桁架（图 4-2 (a)）设置在屋顶支承结构的柱网上，大部分间距为 36m，在体形变化处加强桁架间距也相应调整。屋顶支承结构由钢管柱、核心筒、过渡区的拱形加强桁架组成。其中钢管柱有两种类型，第一种类型为下端铰接、上端与加强桁架刚接的倒锥形钢管柱，与加强桁架形成框架体系，为屋顶的主要抗侧力体系之一；第二种类型为等截面钢管柱（图 4-2 (b)），包括坐落在市政桥上的摇摆柱和支承拱形加强桁架的摇摆柱以及大厅内较短的两根悬臂钢管柱。走廊屋顶也是带加强桁架的斜交斜放网架，其中加强桁架间距 18m。另外，在交叉走廊区，设有摇摆柱和钢拉杆，在跨度较大的过渡区设有摇摆柱支承屋顶。

(a) 加强桁架 (b) 圆管柱

图 4-2 深圳机场 T3 航站楼典型构件

重庆国际博览中心（一标段）总计有 390 根树杈柱（图 4-3 (a)），柱顶节点复杂，焊缝密集，焊接空间狭小，柱顶有弧形压弧封板，焊接难度较大，其树枝的定位精度控制是工程难点之一。另外，本工程屋面桁架为倒三角形截面立体桁架（图 4-3 (b)），跨度达 70.2m，总重约 5000 吨，钢管最大截面为 $\phi 1000mm \times 30mm$，采用直管与直管、锥管与直管相贯焊接，其中相贯线切割采用 5 维和 6 维自动化切割机进行。该类相贯节点内隔板密集，焊缝集中，为此，必须采取有效措施，确保焊接质量达到设计要求。

(a) 树杈柱

(b) 倒三角桁架

图 4-3　重庆国际博览中心典型构件

福州奥体中心主体育场地上 4 层，混凝土看台最高点高度 30.78m，钢罩棚悬挑最大长度 71.2m，最高点高度 52.83m。下部混凝土结构采用钢筋混凝土框架剪力墙结构；上部钢结构屋盖采用四边形环索弦支 - 张弦组合结构及平面主次桁架结构，钢结构墙面采用单层菱形交叉网格结构，钢结构罩棚采用双向斜交斜放网格空间结构体系（图 4-4（a））。东、西两个钢罩棚杆件共 29 种规格，最大的规格为 P750mm×36mm，最小的规格为 P127mm×6mm。网格墙埋入柱（图 4-4（b））为不规则十字转多角度菱形箱体钢柱，结构复杂，截面形式转变多样化，单根钢柱涉及十字→梯形→箱形三个阶段转换，且每根钢柱转换角度均不一致，对零件下料、组装、矫正带来很大难度。铸钢节点分支多且方向不规则，加工和运输难度大，其几何尺寸和表面质量控制的好坏，直接关系着整个结构的安装精度和建筑美观，因此对铸钢件的精度要求、外观成型质量要求很高。本工程墙面与屋面间的转换网架为三维空间弯曲构件，其精度控制及外观成型为本工程重点、难点[48]。

(a) 墙面桁架

(b) 十字转箱体钢柱

图 4-4　福州奥体中心典型构件

深圳湾体育中心屋盖由单层网壳、双层网架（综合馆和游泳馆）及竖向支撑系统构成，平面长约 500m，宽约 240m。单层网壳主要由弯扭箱形构件（图 4-5）组成，弯扭构件约占钢结构总量（未包括铸钢件）的 60%，弯扭构件的三维精度控制为本工程的难点与重点。双层网架结构主要由钢管、焊接空心球组成，占钢结构总量（未包括铸钢件）的约 9%。劲性框架结构由钢管构件、常规箱形构件、H 形构件组成，约占钢结构总量（未包括铸钢件）的 21%。附属等结构占约 10%[49]。

(a) 工厂预拼装　　　　　　　　(b) 涂装后成品

图 4-5　深圳湾体育中心典型构件

4.2　制作准备

随着社会的发展，钢结构的节点和构件的加工制作正在向工厂化、自动化、标准化、精细化方向发展。为确保钢结构工程质量，必须在加工制作前进行周密细致的准备工作。

4.2.1　材料计划的编制与采购

材料采购计划作为工程备料的依据，直接影响工程用料是否充足、材料是否满足加工制作要求、材料损耗控制效果是否良好。必须严格保证采购计划的及时性、准确性以及合理性。

（1）编制依据

材料采购计划编制的依据包括深化设计的材料清单、深化设计图纸、深化设计总说明以及国家相关标准、规范等。责任人员在编制材料采购计划前，必须仔细研读并理解设计总说明及国家标准中相关的要求等。在采购计划中须具体、清晰地标出材料的性能要求及其质量标准、质检标准等。

材料采购清单的编制应遵循节约的原则。在满足工程用料的前提下，应尽量减少材料富余量；应根据工艺原则进行零件组合排版，排版时试验用钢材应纳入排版图，尽量减少余量并尽可能使用余量制作较小的零件；尽量采购标准材料，降低采购成本。

（2）校审

为保证材料采购计划的准确性、合理性，须由相关负责人严格校审采购部门编制的采购计划。

（3）清单修正

在材料采购阶段，责任工艺师及材料库管人员应实时监督，发现问题及时反馈、纠正。首先，在招标期间，因现货采购不能满足定制的板幅要求时，需根据理论需求量和新板幅进行最新采购量换算，避免出现采购量不足的情况；其次，当某种材料对应的材料或规格购买不到时，在征得设计部门同意并得到相关变更通知后进行相应的采购变更；再次，由于实际板幅、损耗控制、下料失误、材料挪用、设计变更等引起材料量增加时，应根据相关要求及时进行增补采购。

采购的材料包括钢材、焊材、栓钉、油漆等所有施工中用到的材料，其中钢材的采购成本占整个制作成本的大部分，其采购存在不确定性，需随着工程进度适时跟进，保证供应。

4.2.2 材料验收、存储与领用

1. 材料验收

各种原辅材料的进厂验收控制按表 4-1 进行。

原辅材料主要验收内容 表 4-1

原辅材料名称	主要验收内容
钢板、型钢	质保书信息、外观及几何尺寸、数量（对于20mm以上板材则要进行100%无损探伤）
栓钉	质保书信息、合格证、外观（包括裂纹等缺陷）、几何尺寸、重量
油漆	质保书信息、外观、生产日期、重量
焊丝、焊条	质保书信息、合格证、生产日期、外观、型号规格、重量
焊剂	质保书信息、外观、机械夹杂物、重量

验收结果采取用验收表格记录填写，验收完成后对验收记录进行统一管理存档，以备查询，对每一批进场材料都做到信息化实时监控管理（图4-6）。

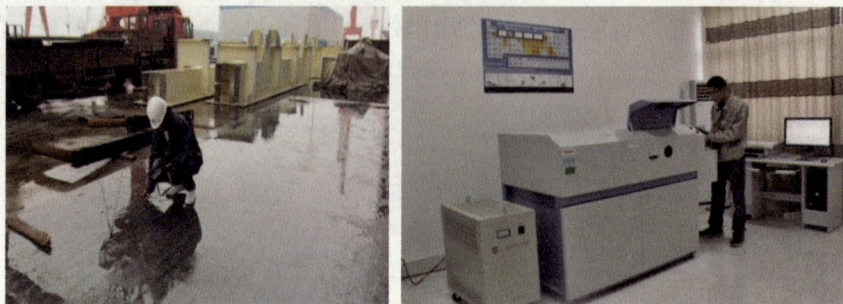

（a）钢板无损探伤验收　　　　　　　　（b）化学成分复验测试

图4-6　原、辅材验收与检测

验收主要流程：

（1）库管员通知材料进场，并填写《材料进货验收记录表》，质量管理部材料验收员会签。

（2）材料验收员填写《原材进场验收记录》、《焊丝及焊条进场验收记录》、《焊剂进场验收记录》和《油漆进场验收记录》，出具《超声波钢板检测报告》。

（3）库管员和材料验收员共同核实品名、规格、批号、数量及产品出厂检验报告等。对不符合验收规定的产品执行拒收。

（4）材料验收员按照材料标准、合同要求、工程设计总说明等对原辅材料进行抽检，并记录检验结果。验收过程保留影像资料。

（5）验收结果合格的，通知相关人员可以使用该材料；检测结果不合格的，将此材料做明显标识并隔离，等待处理。

（6）验收记录的纸质版和电子版分别汇总、整理。

2. 材料存储

库存管理主要目的是在保证材料的安全性、材料信息准确性、账物相符性等方面，确保生产需要。

钢材应按工程、规格、材质堆垛，堆码时必须垫放枕木保证离地高度在300mm以上。钢材出库时采取先进先出原则，尽量减少钢材的库存时间。钢材应堆码整齐，在堆垛时注意防止薄板的压弯，钢板侧部应喷漆记录钢材规格、材质及工程名称，按钢材材质不同进行喷涂不同颜色的油漆。此外，仓库管理人员应定期盘点，做好账物相符。

钢材堆放图片如图 4-7 所示。

图 4-7　钢材堆放

焊材必须在干燥通风性良好的室内仓库中堆放，焊材库房内不允许放置有害气体及腐蚀性介质，室内应保持清洁。焊条应摆放在货架上，距离地面高度不低于300mm，离墙壁距离不小于 300mm。堆放时应按种类、牌号、批次、规格及入库时间分类堆放，每垛均应标识清楚，避免混乱。焊条贮存库内应放置温度计和湿度计。低氢型焊条室内温度不低于 5℃，相对空气湿度低于 60%。

焊剂储存一般为袋装，在装卸搬运时应注意，防止包装破损，焊剂应存放在干燥的房间内，防止受潮而影响焊接质量，其室温为 5 ~ 50℃，不能放在高温、高湿度的环境中。使用前，焊剂应按说明书所规定的参数进行烘焙。烘焙时，焊剂散布在盘中，厚度最大不超过 50mm。

焊剂烘干及焊剂仓储如图 4-8 所示。

图 4-8　焊剂烘干及存储

油漆库房应加强明火管理，应有"禁止烟火"或"禁带火种"等明显标志，并备用相应的消防器材。油漆库房内应干燥、阴凉、通风，防止烈日暴晒。库房内温度一般保持在 18 ~ 25℃，相对湿度 55% ~ 75%。在使用时应做到先进先出，确保油漆均能在有效期内使用。油漆仓库部分图片如图 4-9 所示。

栓钉仓库应保持干燥，按规格、型号分类储放，堆放时底下应垫放托盘，严禁直接堆放在地面上，避免栓钉的受潮、生锈以影响其质量。栓钉在开箱后不得混放、串放，并应做好标识（规格型号、项目、进场日期、生产厂家等），堆码应符合堆垛原则，不宜过高。

图 4-9 油漆存放

3. 材料领用

材料的领用和发放时，工艺技术人员应依照材料采购计划中定制的材料规格进行排版套料，并开具材料领用单；材料发放人员应依照材料领用单发放材料；车间人员应依照材料领用单核对所接材料，核实无误后双方签字确认。

下料过程中产生的余料还可能在本工程现场施工中继续使用。为此，对车间退料，宜按照规定的流程进行收料、登记，建立专门的台账，并按照工程项目、类别进行存放，保证场地清晰、易查询、易吊运，便于工艺技术部门再次发料使用。

4.2.3 制作工艺设计

1. 制作工艺设计内容

制作工艺设计文件一般包括文件目录、工艺流程、工位/工序卡片、工艺变更表等内容。

文件目录为工艺设计及其执行过程中所有文件的目录，包括对同一文件修订的不同版本，特别应标明被修订文件的当前有效版本。

工艺流程的设计内容包括划分制作工序、确定工序内容与工序顺序、明确工人工种及其资质要求、配套工具设备及其精度要求、计算工序工作时间、明确工序操作要点、建立质量标准等。

工位／工序卡片的内容包括：每道工序中每个工位的名称，前工位（或工序）名称，后工位（或工序）名称，用什么材料，用什么工具，操作中要注意哪些事项，执行要达到什么标准，更主要的内容是操作步骤、顺序和方法。

变更记录的内容通常是指在工艺执行过程中，对设计文件内容进行变更后，对变更流程的记录，包括变更的内容名称、变更的依据文件等。

2. 关键工序工艺设计要点

(1) 切割下料

常用的钢材切割方法有机械切割、火焰切割（气割）、等离子切割等。机械切割是指使用机械设备，如剪切机、锯切机，砂轮切割机等对钢材进行切割，一般用于型材及薄钢板的切割。火焰切割（气割）是指利用气体（氧气－乙炔、液化石油气等）火焰的热能将工件切割处预热到一定温度后，喷出高速切割氧流，使材料燃烧并放出热量实现切割的方法，主要用于厚钢板的切割。等离子切割是利用高温等离子电弧的热量使工件切口处的金属局部熔化（和蒸发），并借高速等离子的动量排除熔融金属以形成切口的一种加工方法，通常用于不锈钢、铝、铜、钛、镍钢板的切割。

钢板的下料一般采用火焰切割(图 4-10)，下料的精度直接关系着构件制作的质量。

图 4-10　火焰切割下料

（2）坡口切割

开设焊接坡口的目的在于保证焊缝截面根部可以焊透，使焊缝两边的金属与焊料在焊件厚度范围内均匀熔合在一起。合理的焊接坡口一方面可以减少填充量、节约焊材，另一方面还可以防止层状撕裂、减少焊接变形、降低焊接缺陷的发生。焊接坡口的类型、角度与余高根据焊接方法、熔透形式、母材钢种及厚度、焊接接头构造特点及加工坡口（图4-11）的设备能力等因素确定。

图 4-11　坡口加工

（3）构件组装

构件是由多个零件组合而成，在确定构件的组装方案前，首先应将构件进行分解，确定最基本的组装部件，然后按照一定的顺序再组成构件（图4-12）。构件组装要求如下：

1）构件组装宜在组装平台、组装支承或专用设备上进行。组装平台或组装支承应有足够的强度和刚度，并且便于构件的装卸与定位。在组装平台或组装支承上应画出构件的中心线、端面位置线、轮廓线和标高线等基准线。

2）构件组装可采用地样法、仿形复制装配法、胎膜装配法和专用设备装配法等方法；组装时可采用立装、卧装等方式。

3）焊接构件组装时应预放焊接收缩量，并应对各部件进行合理的焊接收缩量分配。对于重要或复杂构件宜通过工艺性试验确定焊接收缩量。

4）设计文件规定起拱或施工要求起拱的钢构件，应在组装时按规定的起拱量做好起拱，并考虑工艺、焊接与自重等影响。

5）拆除临时工装夹具、临时定位板与临时连接板时严禁用锤击落，应在距构件表面 3 ～ 5mm 处用氧 - 乙炔火焰切割，对残留的焊疤应打磨平整，不得损伤母材。

6）钢构件组装的尺寸偏差，应符合设计文件和现行国家规范《钢结构工程施工质量验收规范》（GB 50205）的规定。

图 4-12　构件组装

（4）焊接

工程开工前，组织相关焊接技术人员，在认真熟悉和分析图纸的基础上，首先制定焊接工艺评定方案。焊接工艺评定方案的内容要尽可能覆盖工程所涉及的产品材料种类、厚度、焊接位置以及接头形式。在构件制作前，复杂构件均应编制焊接专项方案，内容包括焊接通用工艺、复杂构件焊接工艺、厚板焊接工艺、焊接工艺评定，以及焊接检验要求等，相关技术详见第 5 章。

（5）预拼装

为检验构件制作精度、保障现场顺利安装，应根据设计要求、构件的复杂程度选定需预拼装的构件，并确定预拼装方案。构件预拼装方法主要有两种，一种是实体预拼装，一种是用计算机辅助的模拟预拼装。实体预拼装效果直观，被广泛采用，但其费时费力、成本较高。随着科技的进步，模拟预拼装也日趋成熟，由于其具有效率高、成本低等优点，目前已被逐步推广应用。

1）实体预拼装

实体预拼装是将构件实体按照图纸要求，依据地样逐一定位，然后检验各构件实体尺寸、装配间隙、孔距等数据，确保满足构件现场安装精度（图 4-13）。实体预拼装主要有卧式拼装和立式拼装两种。具体采用哪种方法可依据设计要求及结构整体尺寸等综合确定。

图 4-13　实体预拼装

实体预拼装基本要求如下：

①构件预拼装应在坚实、稳固的支承上进行。

②预拼装中所有构件应按施工图控制尺寸，各杆件的重心线应交汇于节点中心，不允许用外力强制汇交。单构件预拼时不论柱、梁、支撑均应至少设置两个支承点。

③预拼装构件控制基准线、中心线应明确标示，并与平台基线和地面基线保持一致。控制基准应与设计要求基准一致，如需变换预拼装基准位置，应得到工艺设计认可。

④所有需进行预拼装的构件，制作完毕后必须经质检员验收合格后才能进行预拼装。

⑤高强度螺栓连接件预拼装时，可采用冲钉定位和临时螺栓紧固，不必使用高强度螺栓。

⑥在施工过程中，错孔的现象时有发生。如错孔在 3.0mm 以内时，一般采用绞刀铣或锉刀锉扩孔。孔径扩大不应超过原孔径的 1.2 倍；如错孔超过 3.0mm，一般采用焊补堵孔或更换零件，不得采用钢块填塞。

⑦构件露天预拼装的检测时间，建议在日出前和日落后定时进行。所使用卷尺精度应与安装单位相一致。

⑧预拼装检查合格后，对上、下定位中心线、标高基准线、交线中心点等应标注清楚、准确；对管结构、工地焊接连接处，除应标注上述标记外，还应焊接一定数量的卡具、角钢或钢板定位器等，以便按预拼装结果进行定位安装。

2）模拟预拼装

模拟预拼装是采用全站仪对构件关键控制点坐标进行测量，经计算机对测量数据处理后与构件计算模型数据进行对比，得出其偏差值，从而达到检验构件精度的方法。

模拟预拼装的要求如下：

①依据构件结构尺寸特征，确定各关键测量点。测量点一般选择在构件各端面、牛腿端面等与其他构件相连的位置，且每端面应选择不少于3个测量点。

②构件应放置在稳定的平台上进行测量，并保持自由状态。测量时应合理选择测量仪器架设点，以尽量减少转站而带来的测量误差。

③通过计算机，利用测量数据生成实测构件模型。对实测构件模型和计算模型构件进行复模对比，如发现有超过规范要求的尺寸偏差应对实体构件进行修整。构件修整完成后，应重新进行测量、建模、复模等工作，直至构件合格为止。

④所有参与模拟预拼装的构件，必须经验收合格后才能进行预拼。

⑤预拼时应建立构件模拟预拼装坐标系，并根据该坐标系确定各构件定位基准点坐标。预拼时将预拼构件的各制作组件按实测坐标放入模拟预拼装坐标系的指定位置，检验各连接点尺寸是否符合要求，包括装配间隙、定位板位置、连接孔距等。

⑥构件模拟预拼装检查合格后，应对实体构件上、下定位中心线、标高基准线、交线中心点等进行标注，以便按预拼装效果进行安装工作。

近年来，模拟预拼装技术得到了进一步发展，通过扫描设备对构件表面进行扫描，得出构件的坐标属性，进而实现构件的模拟预拼装，使工作效率及精度得以提升。

（6）相贯线编程

圆管相贯口的编程工作可利用PIPE2002软件系统和Autocad2002或Autocad2004完成。主要工作内容包括管口坡口设定、管焊接间隙设定、划分单榀主次桁架、生成相贯线实体模型、确定切管与交管、生成相贯线程序、制作报表等。

1）工作流程

参数设定→生成实体模型→生成相贯线程序→编制报表、审核→排版、下发

2）编制方法

①仔细审查图纸及设计总说明，制定相关工艺、贯口坡口角度及焊接间隙，明确管对接数量、长度及对接位置要求。

②根据设计图纸及生产计划安排，划分批次、确定每榀桁架杆件清单。同时根

据设计院提供布置图、线模型、深化图纸进行编程工作。点击主界面右下角小窗口，出现对话框→输入相应管径，点击"确定"选项→单击鼠标左键→单击鼠标右键→框选圆管中心线→单击鼠标右键，生成管实体模型。

③点击"轮廓"选项，将切管壁厚及相应的参数输入如下对话框，若无特殊要求，坡口形式一般选择"定角坡口"，若切管为弯管，需选择"弧形管切割"选项，若切管左右端坡口不一致，需选择"指定起终点"选项，起点对应左端坡口，终点对应右端坡口。

(a) 相贯线编程界面   (b) 贯口示意图

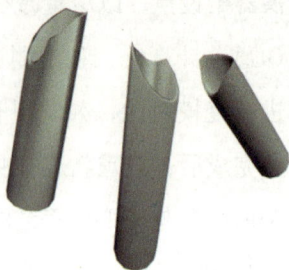

图 4-14　相贯线编程

④确定切管与交管，若设计无特殊要求，相贯线编程中需按照"小管交大管、薄管交厚管、次管交主管"的原则进行编程（图 4-14），点击"切管"选项，单击鼠标左键，选择模型中需编程管实体→单击鼠标右键，点击"交管"选项→单击鼠标左键，选择模型中与切管相交且管径大于切管的管实体→单击鼠标右键，出现对话框，点击"是"选项→点击"轮廓"选项，出现对话框，将贯口多余线删除后点击"确定"选项，出现对话框，输入切管零件号，选择相应文件夹，点击"保存"选项，程序编完后需在设计图纸上将此管标识，按顺序编程。

⑤整榀桁架程序编制完成，需制作相应报表，点击 PIPE2002 主界面"工艺-统计工艺数据"选项，出现对话框，选择相贯线程序所在文件夹下 tech 文件夹，输入工艺报表名称，选择工艺报表选项，单击确定即生成工艺报表，工艺报表在 tech 文件夹内。

⑥工艺报表制作完成后需要严格的自核与互核，主要核对内容包括件号、管外径、壁厚、数量、中心距、左右端坡口角度及备注，核对无误后方可排版开料。

⑦排版与开料，确定管对接数量、长度及对接位置，根据报表中管件最长排版，排版时，管与管之间一般加设 15mm 的切割余量，排版完成后编制领料单及排版说明。

4.2.4 工艺性审查

1. 目的

通过工艺性审查，及时调整和解决工艺性方面的问题，加快工艺技术文件编制的速度，缩短产品生产准备周期，提前安排定货和准备关键零件或关键加工工序所需的设备和工装，减少或避免在生产过程中发生重大技术问题。

2. 审查程序

（1）在深化设计阶段，由深化设计部门会同工艺技术部门组织质量、生产、物资等管理部门和车间相关人员对关键结构构件、复杂节点，如多管相贯节点、球铰节点、铸钢件、管球节点等关键位置的深化设计方案进行讨论，提出合理的工艺优化建议，确保深化设计的工艺可行性。

（2）收到结构图后，工艺技术部门相关工艺人员应提前做好工艺性审查准备工作，熟悉原设计图纸，整理好设计总说明、构件节点的特征信息，及时组织相关部门和人员进行工艺性审查，对产品结构重、难点进行分析，提出应对措施，并进行产能分析和工艺过程分析，及时将工艺性审查信息反馈给深化设计部门相关责任人，便于深化设计及时处理。

3. 审查内容

（1）检查结构图和深化设计详图是否符合国家制图标准中的有关规定，装配图、部件图以及零件图是否表达清楚、尺寸是否齐全，是否有一定的绘图比例。

（2）查看了解相关材质、制作、焊接、制孔、涂装等技术信息并从材料采购、复验、加工、运输等方面提出合理化建议，结合具体的生产条件来考虑整个生产工艺能否适应产品制作的技术要求。

（3）从降低应力集中的角度分析结构的合理性。尽量避免焊缝过于集中，采用合理的接头形式。如应尽可能将角接接头和 T 形接头，转化为应力集中较小的对接接头。

（4）从减小焊接应力与变形的角度分析结构合理性。尽可能地选用对称的构件截面和焊缝位置。同时，采用合理的装配焊接顺序，对复杂的结构应采用分部件装配法，尽量减少总装焊缝数量并使之分布合理，减少结构的变形。

第5章 焊接技术

5.1 大跨度钢结构焊接特点及焊接方法

5.1.1 焊接特点

钢结构采用的结构类型基本决定了其焊接方法和焊接工艺，大跨度钢结构的焊接特点如下。

1. 结构造型复杂，焊接操作难度大

大跨度钢结构支撑部位常采用箱型柱或圆管柱，在柱的端部设计为分权形式，支撑柱结构复杂，内部隔板、加劲板以及外部牛腿较多，焊缝密集，焊接空间狭小，易造成焊接扭曲和应力集中，焊接操作难度大。图5-1为大跨度复杂支承节点示意。

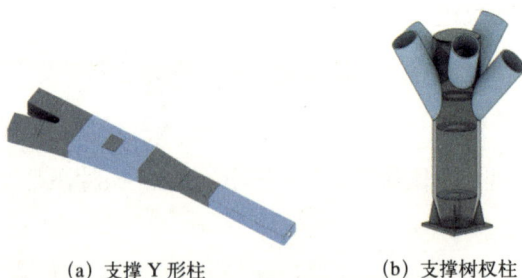

(a) 支撑 Y 形柱　　　　　　　　(b) 支撑树权柱

图5-1　大跨度复杂支承节点

2. 网格结构杆件细长，节点杆件交汇众多，焊接变形不易控制

网格结构杆件主要承受轴向拉力或压力，相比钢梁其长细比较大，对其进行焊接时残余应力与变形也较大。另外该类结构的节点一般交汇多根杆件，形状复杂，

节点与杆件的连接线经常为弧形、弯扭、曲折等空间曲线状态，若其杆件尺寸下料不准或有损伤变形将直接影响结构拼装的焊接，导致装配不上或装配间隙过大等质量问题。特别是钢管立体桁架，管管相贯焊缝特别密集，焊接变形较难控制，为此常需设置专用支承、夹具，并采用合理的焊接顺序来控制焊接变形。图 5-2 为典型大跨度立体桁架拼装焊接示意图。

图 5-2　大跨度立体桁架

3. 焊接位置多变，焊工技能要求高

大跨度网格结构的主要焊缝类型有：管球对接焊缝、圆（方）管对接环缝、管管相贯焊缝、复杂管板焊缝、铸钢节点焊缝等。焊接所涉及的工位有板材的平、横、立、仰焊，球管的 360° 围焊，管材的平焊、横焊、全位置焊接、斜 45° 全位置焊接等。尤其是网格结构现场组装焊接时，不能随意翻身，只能变换操作工位，其操作难度很大。为此，从事大跨度钢结构现场拼装的焊工，除必须具有有效的焊工合格证书外，还须进行专项技能培训，经考试合格后，才能上岗。图 5-3 为两种典型的大跨度焊接节点形式。

(a) 内管管 T、K、Y 节点相贯焊接　　　　(b) 安装现场管管全位置焊接

图 5-3　大跨度典型焊接节点

4. 铸钢节点焊接性差，焊接工艺要求高

大型体育场馆、会展中心、车站广场等大跨度空间结构往往采用铸钢节点。由于铸钢件本身碳当量较高，尤其是 S、P 杂质含量较高，铸态组织晶粒粗大，导致铸钢件焊接性能较差[50]。故铸钢件的焊接工艺与常规钢结构不同，需要进行专项焊接工艺评定。铸钢件的焊接除了选择正确的焊接方法和焊接材料外，还需认真进行预热、层间温度监测和后热等辅助焊接工序。图 5-4 为两种典型的大跨度铸钢节点。

图 5-4　大跨度典型铸钢节点

5.1.2　焊接方法

大跨度钢结构工程施工中涉及的焊接方法主要有焊条电弧焊、CO_2 气体保护焊、自动埋弧焊、栓钉焊和电渣焊。

1. 焊条电弧焊

焊条电弧焊是手工操作焊条进行焊接的一种电弧焊。焊条电弧焊时，利用焊条和工件之间产生的电弧将焊条和工件局部加热到熔化状态，焊条端部熔化后的熔滴和熔化的母材熔合一起形成熔池。熔池液态金属逐步冷却结晶，形成焊缝[51]。图 5-5 为焊条电弧焊焊接的情景。

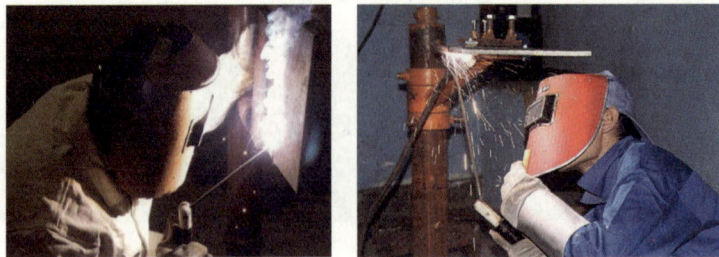

图 5-5　焊条电弧焊

焊条电弧焊的特点是设备简单，操作灵活方便，适应性强，不受场地和焊接位置的限制。但是焊条电弧焊劳动条件差，熔敷速度慢，效率低，对焊工操作水平要求高。

大跨度钢结构工程施工过程中，焊条电弧焊主要用于狭小空间位置（其他焊接方法不易施焊）的焊接、缺陷焊缝的返修以及装配时的构件焊接。

2. CO_2 气体保护焊

CO_2 气体保护焊是在焊丝与母材间产生的电弧熔化焊丝及焊缝处母材形成熔池金属的同时，焊枪喷出 CO_2 气体，在熔池周围形成气体隔离层保护熔池金属不受空气中有害气体的侵入，最后获得高质量焊缝的焊接方法。图 5-6（a）、（b）分别为 CO_2 气体保护焊焊接工艺评定与构件焊接的实景。

（a）焊接工艺评定　　　　　　　　　（b）构件焊接

图 5-6　CO_2 气体保护焊

CO_2 气体保护焊的特点是焊接热输入低，焊接变形小，生产效率高，操作简单，容易掌握，适合于全位置焊接。但是 CO_2 气体保护焊抗风能力差，必要时需要采取防风措施。

CO_2 气体保护焊可用于节点复杂、空间狭小，操作难度大的部位焊接。

3. 埋弧自动焊

埋弧焊是在颗粒焊剂层下，由焊丝和工件之间放电而产生的电弧热，使焊丝的端部及工件局部熔化，形成熔池，熔池金属凝固后即形成焊缝[52]。

埋弧焊的特点是焊接热输入高，电弧热量集中，熔深大，生产效率高；焊接过程中无飞溅、无弧光刺激，劳动条件好；易于实现自动化和机械化操作，焊接过程稳定，焊接质量易于保证。但是埋弧自动焊对焊件的装配精度要求高，并只适用于平位置和横位置的焊接。

大跨度钢结构工程施工过程中，埋弧自动焊主要用于构件长直主焊缝的焊接。图 5-7（a）、(b) 分别为利用埋弧焊进行焊接工艺评定与构件焊接的实景。

(a) 焊接工艺评定   (b) 构件焊接

图 5-7 埋弧焊

4. 栓钉焊

在栓钉的柱端与另一板状工件之间利用电弧热使之熔化并施加压力完成焊接的方法为栓钉焊。栓钉焊是栓钉柱端面全截面的焊接，较用焊条电弧焊的角焊缝连接承载力高、焊接效率高、成本低。

大跨度钢结构工程施工过程中，栓钉焊主要用于构件上布置栓钉的焊接。图 5-8 为栓钉焊实景。

(a) 栓钉焊（施焊中）   (b) 栓钉焊（焊接完毕）

图 5-8 栓钉焊

5. 电渣焊

电渣焊是利用电流通过熔渣所产生的电阻热作为热源，将填充金属和母材熔化，

凝固后形成金属原子间牢固连接。它是一种用于立焊位置的焊接方法。

与其他熔化焊接方法相比，电渣焊的主要优势在于可以一次焊接很厚的工件，工件也不需要开设坡口，同时由于处于立焊位置，金属熔池上始终存在一定体积的高温熔池，使熔池中的气体和杂质较易析出，故一般不易产生气孔和夹渣等缺陷。

大跨度钢结构工程施工过程中，电渣焊主要用于箱型构件狭小空间（人工很难操作）内部加劲板的焊接。图 5-9（a）、（b）分别为利用电渣焊进行焊接工艺评定与构件焊接的实景。

(a) 焊接工艺评定   (b) 构件焊接

图 5-9 电渣焊

5.2 焊接人员资质

5.2.1 焊工入职

拥有一支稳定优良的焊接操作队伍，是保证构件加工质量的前提。企业应成立专门负责焊工管理的机构并出台相应的焊工管理办法，严把焊工准入条件，对新入职的焊工按照相应的焊工管理办法进行焊工理论和实操培训，两项考试均合格后方能正式入职。

5.2.2 焊工培训及取证

焊接培训包括理论与工艺操作两部分，如图 5-10 所示。焊接工人应首先获得焊工上岗合格证，对焊接工艺复杂的焊接应结合工艺评定进行专项培训。

（a）焊工理论培训　　　　　　（b）焊工实操培训

图 5-10　焊工培训

对于企业所有的焊接操作人员（焊工、焊接操作工和定位焊工）都要求持证上岗，并在资格证允许的范围内施焊，坚决不允许低资质焊工施焊高级别的焊缝。

对于无证或资格证过期的焊工和焊接机械操作工，应同等对待，按照现行《钢结构焊接从业人员资格认证标准》（CECS 331）进行理论和操作技能培训与考试，认证合格后，方可从事与资格认证相符的焊接操作。图 5-11（a）、（b）分别为焊工理论考试和操作技能考试的情景。

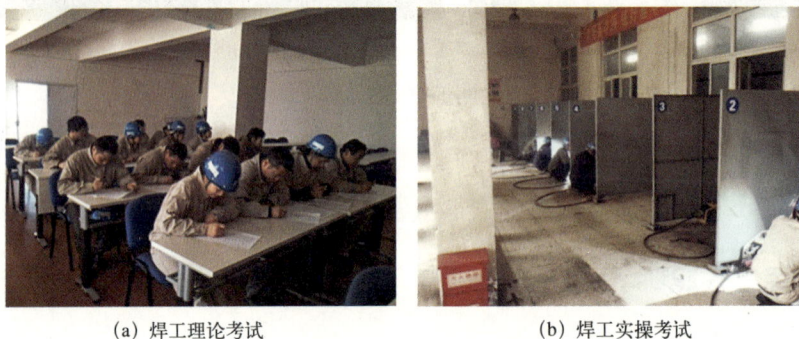

（a）焊工理论考试　　　　　　（b）焊工实操考试

图 5-11　焊工考试取证

5.2.3　焊工动态管理

企业应建立"焊工动态管理机制"，对公司所有的焊工建详细的焊工档案，并及时更新。焊工档案应详细记录焊工的基本资料、持证情况、操作范围以及每月的焊接质量情况。

焊工档案可以更好帮助车间管理层了解目前车间的焊工技能水平，合理分配

和调动焊工从事焊接操作，也可以作为公司人事部门招聘焊接操作人员的重要参考。

"焊工动态管理机制"使焊工管理始终处于受控状态，一方面使焊工的技术水平得到了检验和监督；另一方面也为保证产品焊接质量奠定基础。

5.3　焊接工艺评定

在构件制造加工前，应对工厂焊接和工地焊接分别进行焊接工艺评定，焊接工艺评定试验条件应与构件实际生产条件相对应，并采用与实际结构相同的母材与焊材。焊接工艺评定试验应按照《钢结构焊接规范》（GB50661）的规定实施。

5.3.1　焊接工艺评定人员资质

参加焊接工艺评定的人员的具体要求为：

（1）主持"评定"的管理人员必须是从事焊接技术工作的焊接工程师或焊接技师。

（2）参与评定方案制定的人员（包括编制、审核）应由焊接工程师担任。

（3）工艺评定试件的施焊，应由具有一定焊接基本知识和实际操作水平较高且实践经验丰富的焊工担任。

（4）工艺评定试件无损检测人员应由具有二级资质以上的人员担任；其他检验人员应由经资格认证符合要求的人员担任。

（5）试件检验结果的综合评定结论,应由评定主持人、评定方案编制人共同分析、汇总编写。

5.3.2　焊接工艺评定流程

焊接技术负责人根据具体工程的设计文件、图纸规定的施工工艺和验收标准，并结合工程的结构特点、节点形式等编制焊接工艺评定试验方案，经业主或监理认可后实施。具体的焊接工艺评定流程如图 5-12 所示。

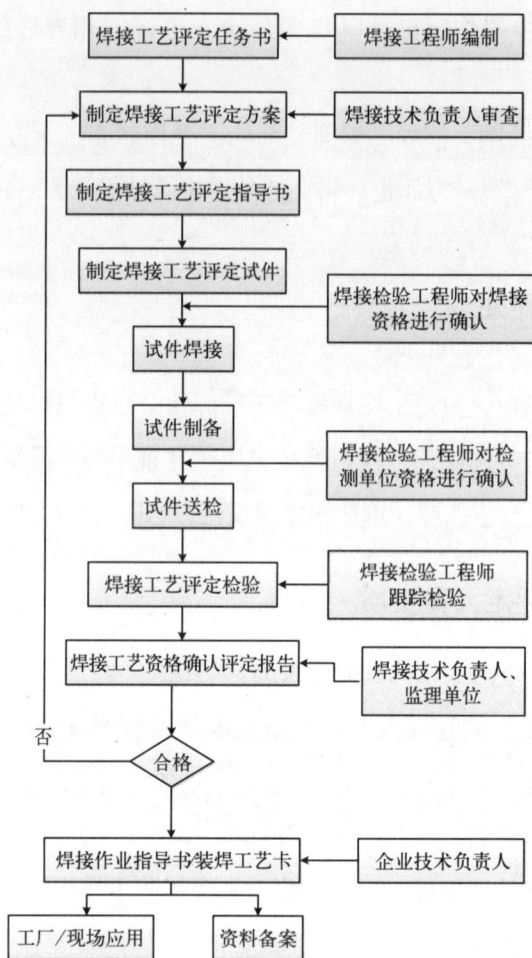

图5-12 焊接工艺评定流程

焊接工艺评定在制作厂进行，监理工程师旁站。制作厂相关部门负责组织好工艺评定的场地、材料、机具、检测器具及评定记录表格。施焊过程中应作好各种参数的原始记录工作。

焊接完毕后对试样进行标识、封存运送到检测单位。经检测单位检测合格后根据试验结果出具检测结果作为焊接工艺评定报告的主要附件。

焊接工程师根据现场记录参数、检测报告确定出最佳焊接工艺参数，整理编制完整的《焊接工艺评定报告》并报有关部门审批认可。《焊接工艺评定报告》批准后，焊接工程师再根据焊接工艺报告结果制定详细的工艺流程、工艺措施、施工要点等编制成《焊接作业指导书》用于指导实际构件的焊接作业，并对从事本工程焊接的

人员进行焊接施工技术专项交底。

大跨度钢结构一般涉及立体桁架节点、网架节点、焊接球节点、铸钢件节点等，所以其焊接工艺评定形式主要分为管管相贯、管板相贯、管球对接、管管对接、板板对接和铸钢件与普通钢材焊接等几种情况。如图 5-13 所示。

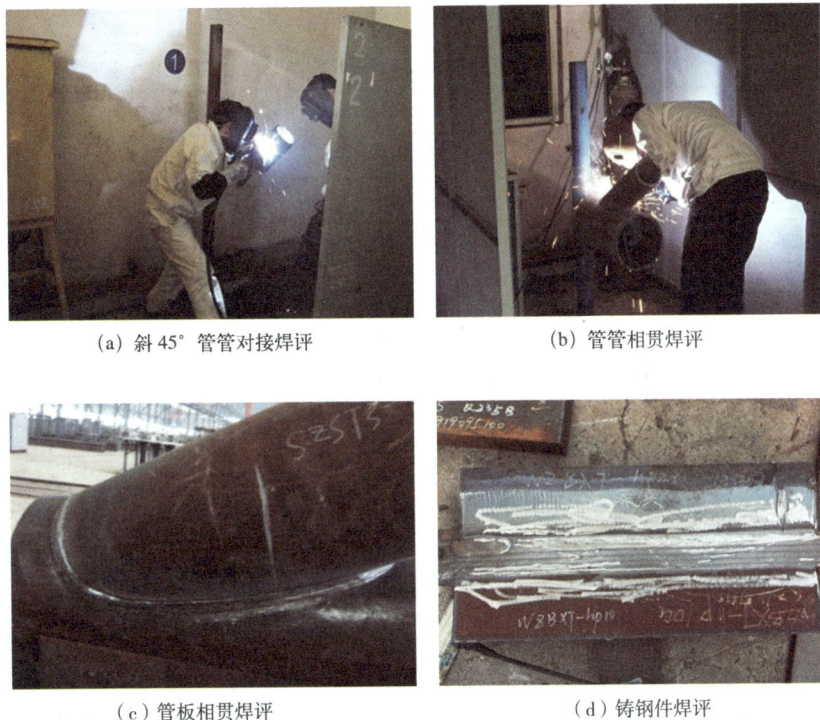

(a) 斜 45°管管对接焊评

(b) 管管相贯焊评

(c) 管板相贯焊评

(d) 铸钢件焊评

图 5-13　焊接工艺评定实例

5.4　焊接流程与工艺要点

5.4.1　备料

1. 焊材采购

（1）选用的焊接材料应与主体金属强度相适应，且熔敷金属的机械性能不应低于母材的机械性能。

（2）焊接材料（焊丝、焊条、焊剂等）采购应符合现行国家及行业标准的要求，如表 5-1 所示。当两种不同钢材相连时可采用与低强度钢材力学性能相适应的焊接材料。焊接材料的种类和型号要根据焊接工艺评定试验结果来确定。

（3）购入的焊接材料应具有钢厂和焊接材料厂出具的质量证明书或检验报告，其化学成分、力学性能和其他质量要求必须符合国家现行标准规定。

（4）购入的焊接材料应按现行国家相关标准进行复验，合格后方准发放使用。

（5）需要烘焙的焊接材料使用前，须按使用说明书上所列要求进行烘焙等措施，符合要求后方可发放使用。

焊接材料对应标准一览表　　　　　　　　　表 5-1

焊接材料名称	标准	标准号
手工电弧焊用焊条	《非合金钢及细晶粒钢焊条》	GB/T5117
	《热强钢焊条》	GB/T5118
CO$_2$ 药芯焊丝	《低合金钢药芯焊丝》	GB/T17493
CO$_2$ 药芯焊丝	《碳钢药芯焊丝》	GB10045
CO$_2$ 实芯焊丝	《气体保护电弧焊用碳钢、低合金钢焊丝》	GB/T8110
埋弧焊用焊丝及焊剂	《埋弧焊用碳钢焊丝和焊剂》	GB/T5293
	《埋弧焊用低合金钢焊丝及焊剂》	GB/T12470
	《低合金钢埋弧焊用焊剂》	GB/T12470

2. 焊材验收

焊材的包装应完好无损，送货清单及材质证明书应与实物相符，焊材应无外观缺陷：焊条不应有药皮脱落、焊芯生锈的缺陷，焊丝表面应光滑平整，不应有毛刺、划痕、锈蚀和氧化，镀铜层应均匀牢固，无起鳞和脱落现象等（图5-14）。其包装运输均应符合国家安全与环境的相关条例。焊剂的各项技术性能指标应符合现行《碳素钢埋弧用焊剂》（GB/T5293）的要求，不应存在受潮结块的现象。

图 5-14　焊材验收

3. 焊材管理

（1）焊材必须在干燥通风性良好的室内仓库中堆放，焊材库房内不允许放置有害气体及腐蚀性介质，室内应保持清洁。焊条应摆放在货架上，距离地面高度不低于 300mm，离墙壁距离不小于 300mm，如图 5-15 所示。堆放时应按种类、牌号、批次、规格及入库时间分类堆放，每垛均应标识清楚，避免混乱。焊条贮存库内应设置温度计与湿度计，用于监测库内温度与湿度。低氢型焊条室内温度不低于 5℃，相对空气湿度应低于 60%。焊材应由专人保管、烘干、发放和回收，并有详细记录。

(a) 焊材存放—盒装　　　　　　(b) 焊材存放—盘装

图 5-15　焊材存放

（2）焊材的保存、烘干应符合下列要求：

1）焊条使用前应在 300-400℃烘焙 1～2h，或按厂家提供的焊条使用说明书进行烘干。焊条放入时烘箱的温度不应超过最终烘焙温度的一半，烘焙时间以烘箱到达最终烘焙温度后开始计算；

2）烘干后的低氢焊条应放置于温度不低于 120℃的保温箱中存放、待用，使用时应置于保温筒中，随用随取；

3）焊条烘干后在大气中放置时间不应超过 4h，重新烘干次数不超过 1 次；

4）焊剂使用前按制造厂家推荐的温度进行烘焙，已受潮的焊剂严禁使用；

5）焊丝表面应保持无油污、无锈蚀。

5.4.2　焊件下料与加工

焊件应按深化设计图纸进行切割下料，并应根据焊接工艺考虑焊接收缩量。焊件下料后，应根据设计图纸要求开设焊缝坡口。

可采用机加工、热切割、碳弧气刨、铲凿或打磨等方法进行焊缝坡口的加工或焊接缺欠的清除。切割后,坡口面的割渣、毛刺等应清除干净,坡口面应无裂纹、夹渣、分层等缺陷并应打磨坡口至露出金属光泽。坡口加工示意如图5-16所示。

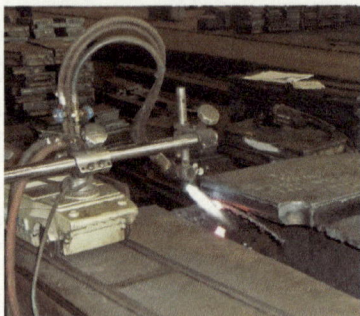

<table>
<tr><td>(a) 热切割开设坡口</td><td>(b) 机械加工开设坡口</td></tr>
</table>

图5-16 坡口开设

焊接时焊缝坡口处及距其边缘30mm范围内应保持均匀、光洁,无氧化皮、锈蚀、油脂、水等有害杂质。

焊件坡口应按设计要求进行开设,必要时还需通过焊接工艺评定确认,组装后坡口尺寸允许偏差应符合表5-2规定,如超过表5-2要求但同时不大于较薄板厚度2倍或20mm(取其较小值)时,可在坡口单侧或两侧进行分层堆焊处理,严禁在坡口中填塞焊条头、铁块等杂物。

坡口尺寸组装允许偏差　　　　　　　表5-2

序号	项目	背面不清根	背面清根
1	接头钝边	±2mm	—
2	无衬垫接头根部间隙	±2mm	+2~3mm
3	带衬垫接头根部间隙	+6~2mm	—
4	接头坡口角度	+10°~5°	+10°~5°

对接接头的错边量不应超过《钢结构焊接规范》(GB50661)的规定。当不等厚部件对接接头的错边量超过3mm时,较厚部件应开设不大于1:2.5坡度平缓过渡(图5-17)。

图 5-17 不等厚板焊接

采用角焊缝及部分焊透焊缝连接的 T 形接头，两部件应密贴，根部间隙不应超过 5mm；当间隙超过 5mm 时，应先在待焊板表面堆焊并修磨平整使其间隙符合要求（图 5-18）。T 形接头的角焊缝连接部件的根部间隙大于 1.5mm 且小于 5mm 时，角焊缝的焊脚尺寸应按根部间隙值而增大。

图 5-18 T 形接头对接

钢衬垫应与接头母材金属的接触面紧贴，实际装配时控制间隙在 1.5mm 以内（图 5-19）。

(a) 垫板与面板的组装   (b) 垫板与面板间隙控制

图 5-19 钢衬垫装配

5.4.3　焊接环境

当焊接处于下述情况时，不应进行焊接：

（1）焊接作业区的相对湿度大于90%；

（2）被焊接面处于潮湿状态，或暴露在雨、雪和高风速条件下；

（3）采用手工电弧焊作业（风力大于8m/s）和CO_2气体保护焊（风力大于2m/s）作业时，未设置防风棚或没有措施的部位前情况下；

（4）焊接作业条件不符合现行国家标准《焊接与切割安全》（GB9448）的有关规定；

（5）焊接环境温度低于0℃但不低于−10℃时，应采取加热或防护措施（图5-20），应确保接头焊接处各方向大于等于2倍板厚且不小于100mm范围内的母材温度不低于20℃或规定的最低预热温度（二者取高值），且在焊接过程中不应低于这一温度。焊接环境温度低于−10℃时，必须进行相应焊接环境下的工艺评定试验，并应在评定合格后再进行焊接，如果不符合上述规定，严禁焊接。

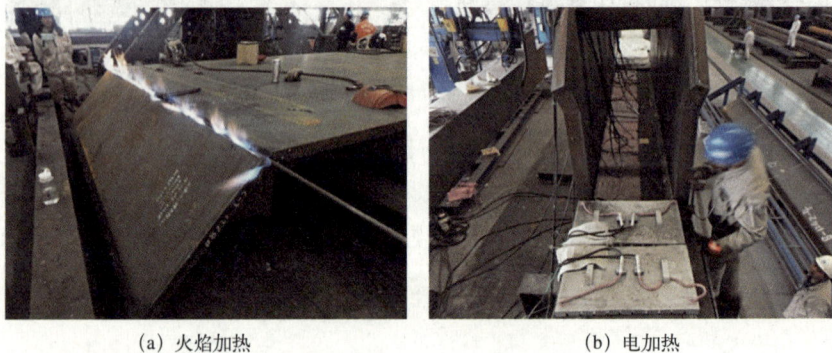

（a）火焰加热　　　　　　　　　　　　　（b）电加热

图5-20　T形接头对接

5.4.4　定位焊

定位焊对焊工、焊接材料、焊接工艺及焊接质量要求应与正式焊缝的要求相同。

定位焊缝厚度不应小于3mm，长度不应小于40mm，其间距宜为300-600mm；定位焊焊缝的焊接应避免在焊缝的起始、结束和拐角处施焊；定位焊产生的弧坑应填满，严禁在焊接区以外的母材上引弧和熄弧。定位焊实景图如5-21所示。

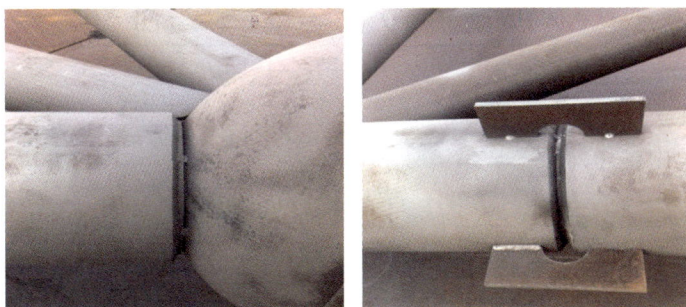

(a) 构件定位焊（焊接球）　　　　(b) 构件定位焊（圆管对接）

图 5-21　构件定位装配

采用钢板衬垫的接头，定位焊宜在坡口内进行；对于双面坡口焊缝，定位焊缝宜尽可能设在清根侧；定位焊焊缝存在裂纹、气孔等缺陷时，应完全清除、重新施焊。

对厚板进行定位焊时，由于焊缝处的温度冷却过快，易造成局部应力集中过大，或诱发裂纹，对材质造成一定的损伤，所以应提前采取以下预防措施：将预热温度提高 20～50℃；将定位焊的电流比正常焊接的电流增大 15-20%；保证或适当加大焊脚尺寸及焊缝长度，避免急冷致裂问题。定位焊尺寸如表 5-3 所示。

定位焊尺寸参照表　　　　　　　　　　　表 5-3

母材厚度（mm）	定位焊焊缝长度（mm）		焊缝间距（mm）
	手工焊	自动、半自动	
$t \leqslant 20$	40～50	50～60	300～600
$20 < t \leqslant 60$	50～60	50～70	300～600
$t > 60$	50～60	70～100	300～600

5.4.5　预热和道间温度

（1）预热温度和道间温度应根据钢材的化学成分、接头的拘束度、热输入大小、熔敷金属含氢量水平及所采用的焊接方法等综合因素确定，或通过焊接工艺评定确定。

（2）钢材采用中等热输入焊接时，最低预热温度宜符合表 5-4 的规定。

大跨度构件母材最低预热温度要求（℃）　　　　　表 5-4

钢材类别	接头最厚部件的板厚t（mm）				
	$t \leqslant 20$	$20 < t \leqslant 40$	$40 < t \leqslant 60$	$60 < t \leqslant 80$	$t > 80$
I	—	—	40	50	80
II	—	20	60	80	100
III	20	60	80	100	120
IV	20	80	100	120	150

注：1. I 类钢材为 Q235、Q295 牌号钢材，II 类钢材为 Q345 牌号钢材，III 类钢材为 Q390、Q420 牌号钢材，IV 类钢材为 Q460 牌号钢材；
2. "/"表示可不进行预热；
3. 当采用非低氢型焊接材料或焊接方法焊接时，预热温度应该比该表规定的温度提高 20℃；
4. 当母材施焊温度低于 0℃时，应该按表中母材预热温度增加 20℃，且应在焊接过程中保持这一最低道间温度；
5. 中等热输入是指焊接热输入为 15~25kJ/cm，热输入每增加 5kJ/cm，预热温度可降低 20℃；
6. 焊接接头板厚不同时，按接头中较厚板的板厚选择最低预热温度和到间温度；
7. 焊接接头材质不同时，按接头中较高强度、较高碳当量的钢材选择最低预热温度和道间温度。

（3）焊接过程中，最低道间温度不应低于预热温度，焊接过程中的最大道间温度一般不宜超过 250℃，如果遇特殊焊接材料时，道间温度要根据焊接工艺评定的结果来确定。

（4）当环境温度低于 0℃时，应提高预热温度 15~25℃。

（5）预热及道间温度控制应符合下列规定：

1）全熔透 I 级焊缝的焊前预热、道间温度控制可采用电加热法，加劲板的焊缝可采用火焰预热，如图 5-22 所示。

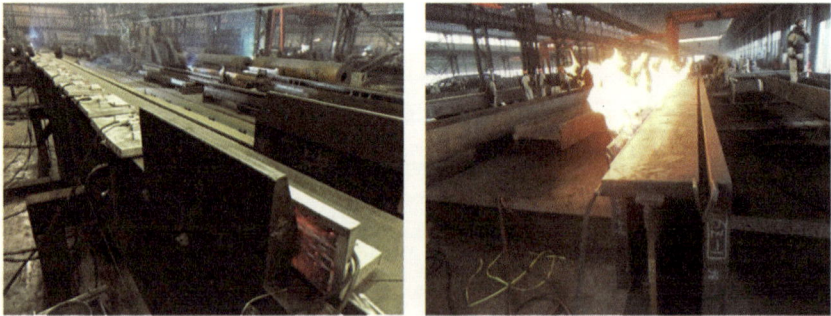

图 5-22　电加热预热及火焰预热

2）预热的加热区域应在焊缝坡口两侧，宽度应为焊件施焊处板厚的 1.5 倍以上，且不应小于 100mm；预热温度宜在焊件受热面的背面测量，测量点应在离电弧经过前的焊接点各方向不小于 75mm 处；当采用火焰加热器预热时正面测温应在火焰离

开后进行。

3）当焊缝较长或焊件为厚板时，会导致焊后急冷致裂问题，为此应在焊接过程中特别是分道焊接时，保持持续加热或焊后保温措施，如焊后立即盖上保温板或者覆盖石棉布等。

5.4.6　焊接工艺控制要点

（1）定位焊可采用手工电弧焊或 CO_2 气体保护焊，完成后不得存在裂纹、夹杂、气孔、焊瘤等缺陷。如出现开裂现象，须先查明原因，然后采用碳弧气刨清除干净，再由装配人员重新定位，最后补焊。定位缺陷实例如图 5-23 所示。

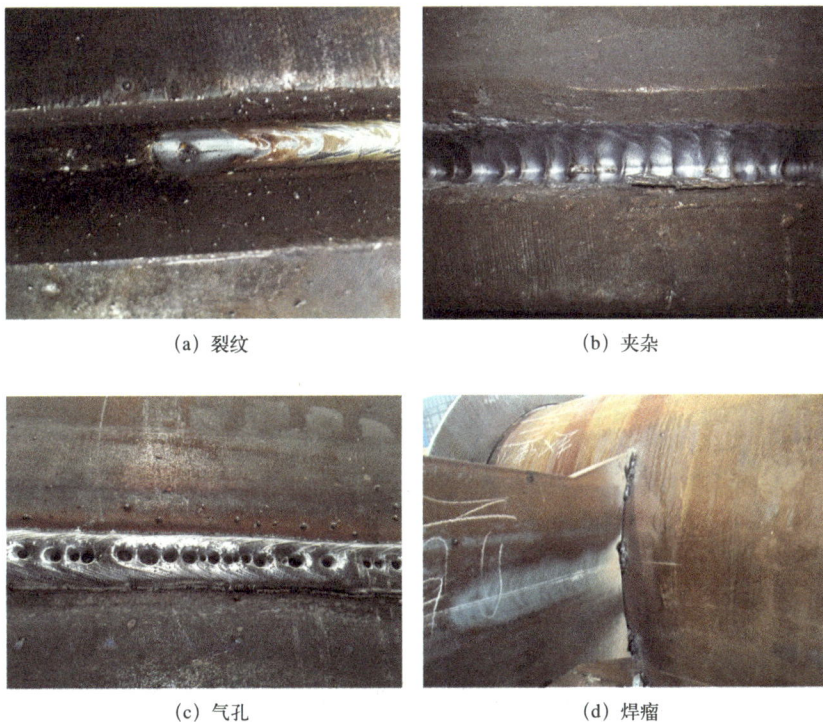

(a) 裂纹

(b) 夹杂

(c) 气孔

(d) 焊瘤

图 5-23　定位焊缺陷实例

（2）严禁在焊缝以外的母材上随意引弧。有些焊工有不良焊接习惯，当采用焊条引弧时，习惯在焊缝周围的钢板表面四处敲击引弧，而这一引弧习惯对母材的伤害较大，为此在焊接过程中，必须"严禁这种不规范"的行为。应该设置引弧板如图 5-24 所示。

图 5-24　焊接引弧板设置

（3）角焊缝的转角处包角应良好（图 5-25），焊缝的起落弧应回焊 10mm 以上。

图 5-25　规范包角

（4）埋弧自动焊如在焊接过程中出现断弧现象，必须将断弧处刨成 1：5 的坡度，搭接 50mm 后施焊。埋弧自动焊剂覆盖厚度宜控制在 20 ～ 40mm 范围，焊接后应待焊缝冷却后再敲去熔渣。

（5）焊接过程中应采用测温仪严格监控道间温度（图 5-26）。

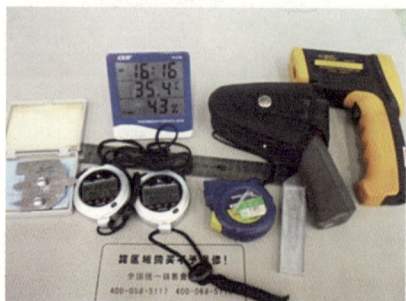
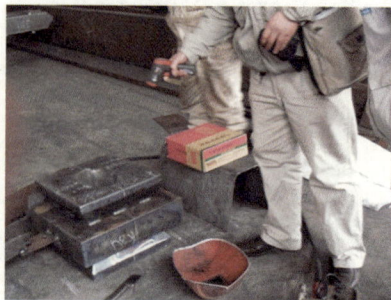

（a）温控设备　　　　　　　　　　（b）温度监测

图 5-26　道间温度控制

（6）在厚板焊接中应采用多层多道焊，严禁摆宽道焊接（图5-27）。

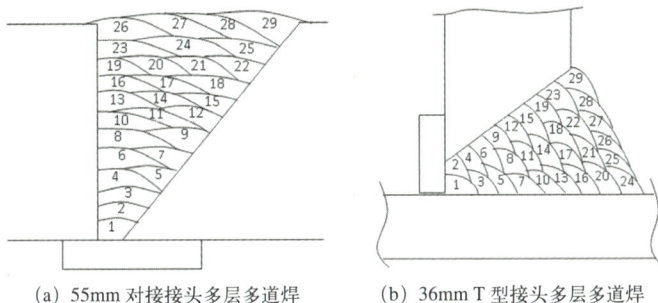

(a) 55mm 对接接头多层多道焊　　(b) 36mm T 型接头多层多道焊

(c) 多层多道焊缝实景照片

图 5-27　多层多道焊

（7）应定时定点进行焊接工艺流程与质量检查。特别是厚板的焊接，常常需要几个小时甚至几十小时才能焊完一个构件，为此必须进行多次中间检查，才能及时发现问题，确保焊接质量。中间检查不能停工进行，应是边施工、边检查。

（8）施工人员在施工过程中，如果发现焊缝出现裂纹或其他比较严重的缺陷时，应及时通知工艺人员，工艺人员在查明原因后制定工艺方案，工艺方案经监理工程师审核通过后才能实施。

（9）焊后及时清理熔渣及飞溅物。对于有后热要求的，还要严格按照工艺要求进行后热。

5.4.7　焊接后热

对于板厚 ≥ 40mm 的对接接头焊后应立即进行后热处理（图5-28），后热处理优先采用电加热，结构形状不适用电加热时，可对焊缝进行火焰加热，火焰加热应均匀，同时作好温度监测，加热温度应达到 250 ～ 300℃时开始保温，保温时间按 1.5 ～ 2.0min/mm 计算，且总保温时间应大于 1h，达到保温时间后再缓冷至常温。

通常采用红外线测温仪测量后热温度，当温度升至 200 ～ 250℃时应通过调节电流或气体阀门维持恒温至额定保温时间，必要时也可采用石棉布覆盖辅助保温。

后热必须由专人负责管理、操作，并如实填写后热温度、时间、操作者，焊接结束后，后热记录表回收归档管理。

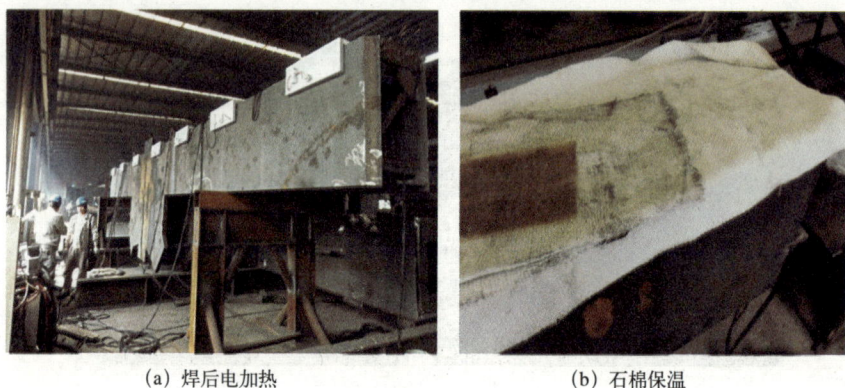

(a) 焊后电加热   (b) 石棉保温

图 5-28　后热处理

5.4.8　焊缝返修

（1）焊缝金属和母材的缺陷超过相应的质量验收标准时，可采用砂轮打磨、碳弧气刨、铲凿或机械等方法彻底清除缺陷，并进行返修。对焊缝进行返修时，应按下列要求进行：

1）返修前，应清洁修复区域的表面；

2）焊瘤、凸起或余高过大，采用砂轮或碳弧气刨清除过量的焊缝金属；

3）焊缝凹陷或弧坑、咬边、未熔合、焊缝气孔或夹渣等应在完全清除缺陷后进行焊补；

4）焊缝或母材的裂纹应采用磁粉、渗透或其他无损检测方法确定裂纹的范围及深度，用砂轮打磨或碳弧气刨清除裂纹及其两端各 50mm 长的完好焊缝或母材，而后进行表面整平或气刨渗碳层磨除，再用渗透或磁粉探伤方法检测裂纹是否已彻

底清除，最后重新进行焊补。对于拘束度较大的裂纹在用碳弧气刨清除前，宜在裂纹两端钻止裂孔；

5）返修焊接的预热温度应比相同条件下正常焊接的预热温度提高 $30 \sim 50℃$，并应采用低氢焊接方法与材料进行焊接；

6）返修部位应连续焊成。如中断焊接时，应采取后热、保温措施，以防产生裂纹。厚板返修焊宜采用消氢处理；

7）焊接裂纹的返修，应由焊接技术人员对裂纹产生的原因进行调查和分析，制定专门的返修工艺方案后进行；

（2）返修焊的焊缝应按原焊缝检测方法和质量标准进行检测验收，填报返修施工记录及返修前后的无损检测报告，作为工程验收及存档资料。

5.4.9　焊接变形控制

大跨度钢结构涉及很多桁架单元和异型弯扭以及厚板结构的制作，除预防与避免层状撕裂外，还必须注意避免构件的焊接变形，否则构件尺寸精度将难以满足拼装要求，此时必须通过矫正加以修正。特别是对一些异型弯扭构件，矫正难度大，耗时费力，稍有不慎，还有可能出现变形构件报废的现象。

为了预防与减少焊接变形，可以采取以下控制方法及措施：

1. 设置反变形、预留焊接收缩变形余量

对 H 形构件，将上下翼缘板预先进行反变形加工（图 5-29），可减少焊接角变形，同时针对不同的板厚、不同的截面、不同的坡口形式，可预留焊接纵向变形和横向变形的收缩余量，抵消焊接变形，提高构件加工的尺寸精度。

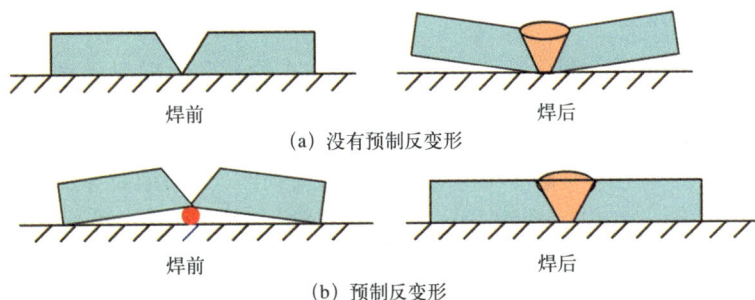

（a）没有预制反变形

（b）预制反变形

图 5-29　反变形设置示意图

2. 设置工装夹具约束变形

设置工装夹具，以约束构件焊接变形（图 5-30）。此类方法一般适用于异型厚板构件。异型厚板构件，因造型奇特、异型、断面尺寸各异，如在自然状态下焊接，其尺寸与精度难以保证，这就需要根据构件的形状，制作工装夹具，使构件处于固定状态下进行装配、定位，再选用合理的焊接工艺和焊接方法对其焊接，使焊接变形降至最低限度。

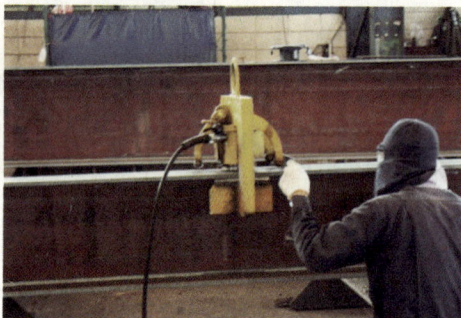

图 5-30　反变形夹具

3. 采用合理的焊接接头

在满足施工图设计要求的条件下，深化设计的焊接接头应尽可能采取，以下几种措施：

（1）尽量采用双面坡口，减少焊接应力；

（2）构件装配时尽量设置小的间隙，减少焊缝金属填充量；

（3）尽量减少构件上的焊缝数量及焊脚尺寸。

4. 采取合理的焊接顺序

（1）钢构件的制作、组装应该在一个标准的水平平台上进行，应确保组件具有足够的承受自重的能力，并不会出现组件下挠或失稳现象，以满足构件组装的基本要求。组装过程中应尽可能先装配成整体再焊接。

（2）对截面形状、焊缝布置均匀对称的钢结构构件，应采用对称焊接（图 5-31）。对不对称布置的焊缝则应先焊焊缝少的一侧，后焊焊缝多的一侧，以减少总体焊接变形。

图 5-31　对称焊接

（3）对于长焊缝,在可能的情况下将连续焊改成分段焊,并适当地改变焊接方向,使局部焊缝造成的变形适当减少或相互抵消。

5. 减小焊缝在焊接时的拘束度

在焊接较多的组装条件下,应根据构件形状和焊缝的布置,采取先焊收缩量较大的焊缝,后焊收缩量较小的焊缝;先焊拘束度较大而不能自由收缩的焊缝,后焊拘束度较小而能自由收缩的焊缝以达到减小焊接应力的目的。为了减少变形必须对每条焊缝正反两面分阶段反复施焊,或同一条焊缝分两个时间段施焊,同时必须加强焊缝预热的控制工作。

6. 采用补偿加热法

补偿加热法是一种按焊接热量在焊接位置的反面"均匀、对称"补偿加热、控制焊接变形的方法。当厚板结构整体焊接存在不对称时,极易造成构件扭曲、旁弯等变形,且难以进行矫正,采用补偿加热法可基本消除厚板的这种焊接变形。

5.4.10　焊接应力控制与削减

焊接过程形成的不均匀温度场和热塑性变形,使焊后焊件(包括焊缝)在冷却过程中的不均匀收缩受到约束而产生的内应力称为焊接残余应力,简称为焊接应力。焊接残余应力为三向应力,包括沿焊缝长度方向的纵向残余应力、沿焊缝宽度方向的横向残余应力和沿厚度方向的竖向残余应力,钢板厚度较薄时,厚度方向的焊接残余应力很小可不考虑其影响[53]。

存在焊接应力的焊接构件,当外力产生的工作应力与焊接应力方向相同时其应力互相叠加,相反时则互相抵消;因残余应力为三向自平衡力系,致使构件内"有应力增加的地方就必然有应力减少的地方"；构件还会因残余应力改变自身的应力状态，如从单向应力状态变为双向或三向应力状态。可见，焊接应力不仅会改变屈服顺序、截面刚度，也会改变构件的应力分布状态，从而降低构件的刚度、稳定承载力、韧性性能和疲劳承载力。为此，必须在焊接过程中采取措施减小或消除焊接应力的影响。

1. 焊接应力控制

控制焊接应力的目标是降低焊接应力的峰值并使其均匀分布，具体措施有以下几点：

（1）减小焊缝尺寸

在满足施工图设计要求的条件下，深化设计，应对其焊缝坡口及尺寸进行优化，选用合理的焊缝坡口形式，如尽量采用双面坡口、不随意加大焊缝尺寸和余高等。

（2）减小焊接拘束度

拘束度越大，焊接应力越大，首先应尽量使焊缝在较小拘束度下焊接。如长构件需要拼接板条时，要尽量在自由状态下施焊，不要等到组装时再焊，若组装后再焊，则因其无法自由收缩，拘束度过大而产生很大焊接应力。

（3）采取合理的焊接顺序

在工件放置条件允许或易于翻转的情况下，应双面对称焊接；对称截面的构件，应对称焊接；非对称的双面坡口焊缝，应先焊接深坡口一侧至一定焊缝高度，然后焊满浅坡口一侧、最后完成深坡口一侧的焊缝。板厚 ≥ 80mm 的超厚板应采用双面分层对称焊接，板越厚焊缝分层数应越多；长焊缝应采用分段退焊法或跳焊法施焊，避免热量过分集中；构件装配焊接时，应先焊有较大收缩量的接头，后焊收缩量较小的接头。

（4）采用补偿加热法

当构件上某一条焊缝经预热施焊时，构件焊缝区域温度非常高，伴随着焊缝施焊的进展，该区域内必定产生热胀冷缩的现象，而该区域仅占构件截面中很小一部分，区域外的母材均处于冷却（常温）状态，必然对焊接区域产生巨大的刚性拘束，导致产生很大的焊接应力，甚至产生裂纹。若此时在焊缝区域的对称部位进行加热，温度略高于预热温度，且加热温度始终伴随着焊接全程，则上述应力状况将会大为减小，构件变形亦会大大改观。

（5）对构件进行分解施工

对于大型结构（管桁架、复杂树权柱等）宜采取分部组装焊接。结构各部分分别施工、焊接，矫正合格后再总装焊接。

2. 焊接应力的消减

尽管采取以上措施来控制焊接应力，但是焊接完工后，许多构件依然存在相当大的焊接应力。为此当必要时，可从以下几个方面来采取措施，进一步消减构件的焊接应力。

（1）利用对零件整平消减应力

钢板在切割过程中由于切割边所受热量大、冷却速度快，因此切割边缘时也会留下较大的收缩应力，如中、薄板切割后产生扭曲变形，便是这些应力作用的结果。对于厚板由于其抗弯截面大，不足以产生弯曲，但收缩应力依然客观存在。为此在整平过程中加大对零件切割边缘的反复碾压，可有效消减热加工过程形成的残余应力（图5-32）。

图 5-32　钢板整平

（2）进行局部烘烤释放应力

构件完工后在其焊缝背部或焊缝二侧进行烘烤（图5-33），可消除部分焊接应力。此法过去常用于对"T"形构件焊接角变形的矫正中，不需施加任何外力，构件角变形即可得以校正，焊接应力也随之减小。

图 5-33 局部烘烤

（3）采用超声波振动消减应力

超声冲击（UIT）的基本原理是利用大功率超声波振动工具以 20000/s 以上的频率冲击金属物体表面。由于超声波的高频和聚焦下的大能量，使金属表面产生较大的压塑变形，从而改变了原有的应力场，在焊接拉应力区产生一定数值的压应力使该区域的焊接拉应力大幅降低，从而达到消减焊接应力的目的。图 5-34 为超声波冲击消除应力的示意图。

图 5-34 超声冲击

图 5-35 冲砂除锈

（4）利用冲砂除锈的工序进行消减应力

冲砂除锈时，喷出的铁砂束压力高达 $2500MPa/cm^2$。用铁砂束对构件焊缝及其热影响区反复、均匀的冲击，除了达到除锈效果外，也可对构件的焊接应力进行消减。图 5-35 为利用冲砂除锈的工序进行消减应力。

（5）采用振动时效法消减应力

振动时效的原理就是给被时效处理的工件施加一个与其固有谐振频率相一致的周期激振力，使其产生共振，从而使工件获得一定的振动能量，使工件内部产

生微观的塑性变形，从而使造成残余应力的歪曲晶格被逐渐的恢复平衡状态，晶粒内部的错位逐渐滑移并重新缠绕钉扎，使得残余应力得以被消减和均化。振动时效法具有周期短、效率高、无污染的特点，且不受工件尺寸、形状、重量等限制（图 5-36）。

图 5-36　振动时效法消应力

5.4.11　焊后质量检验

焊缝施工质量检测总体上包含三方面内容：焊缝内部质量检测、焊缝外观质量检测和焊缝尺寸偏差检测等。

焊缝质量检测方法和指标应按照现行国家标准《钢结构工程施工质量验收规范》（GB50205）和《钢结构焊接规范》（GB50661）的规定执行。

1. 焊缝内部质量检测

焊缝内部质量缺陷主要有裂纹、未熔合、根部未焊透、气孔和夹渣等，检验主要是采用无损探伤的方法，一般采用超声波探伤，当超声波不能对缺陷作出判断时，应采用射线探伤。

2. 焊缝外观质量检测

常见的焊缝表面缺陷如图 5-37 所示，其质量检验标准如表 5-5 所示。外观检验主要采用肉眼观察或使用放大镜观察，当存在异议时，可采用表面渗透探伤（着色或磁粉）检验。

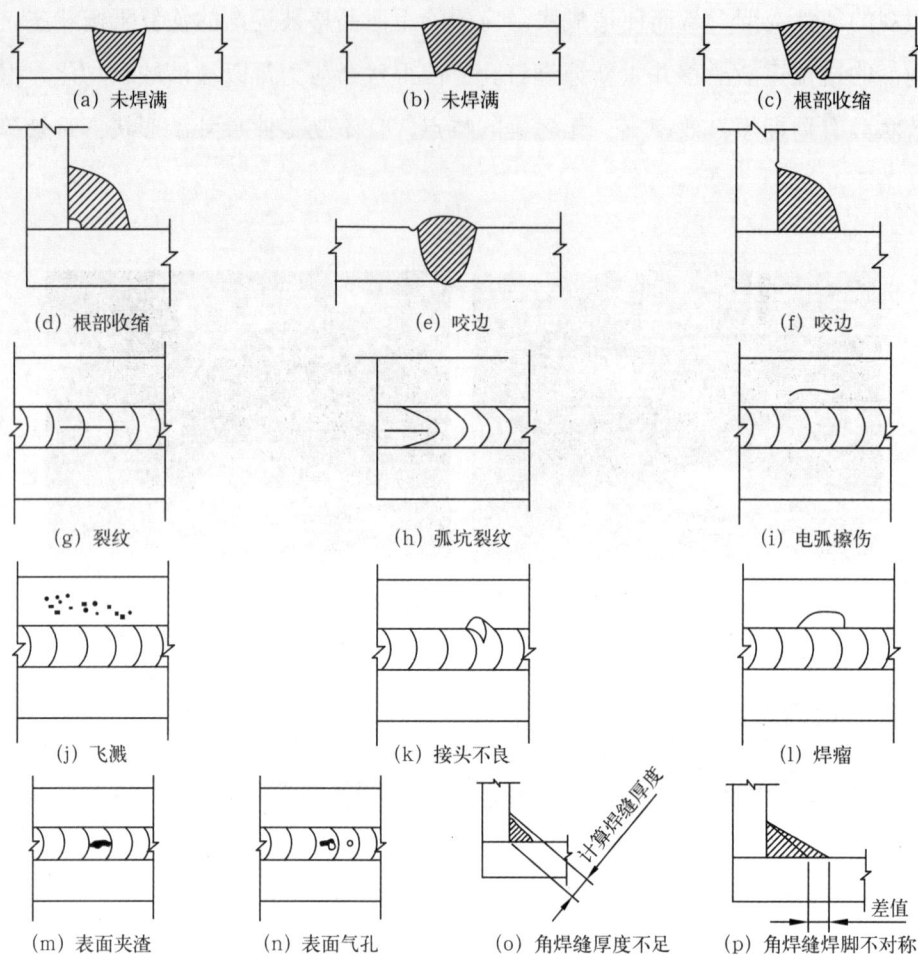

（a）未焊满　　　　　　　（b）未焊满　　　　　　　（c）根部收缩

（d）根部收缩　　　　　　（e）咬边　　　　　　　　（f）咬边

（g）裂纹　　　　　　　　（h）弧坑裂纹　　　　　　（i）电弧擦伤

（j）飞溅　　　　　　　　（k）接头不良　　　　　　（l）焊瘤

（m）表面夹渣　　　　　　（n）表面气孔　　　　　　（o）角焊缝厚度不足　　　　（p）角焊缝焊脚不对称

图 5-37　常见焊缝表面缺陷示意

承受静载的结构焊缝外观质量要求　　　　　　　　　表 5-5

焊缝质量等级 检验项目	一级	二级	三级
裂纹	不允许		
未焊满	不允许	≤0.2+0.02t且≤1mm，每100mm长度焊缝内未焊满累积长度≤25mm	≤0.2+0.04t且≤2mm，每100mm长度焊缝内未焊满累积长度≤25mm
根部收缩	不允许	≤0.2+0.02t且≤1mm，长度不限	≤0.2+0.04t且≤2mm，长度不限
咬边	不允许	≤0.05t且≤0.5mm，连续长度≤100mm，且焊缝两侧咬边总长≤10%焊缝全长	≤0.1t且≤1mm，长度不限
电弧擦伤	不允许		允许存在个别电弧擦伤

续表

焊缝质量等级 检验项目	一级	二级	三级
接头不良	不允许	缺口深度≤0.05t且≤0.5mm，每1000mm长度焊缝内不得超过1处	缺口深度≤0.1t且≤1mm，每1000mm长度焊缝内不得超过1处
表面气孔	不允许		每50mm长度焊缝内允许存在直径<0.4t且≤3mm的气孔2个；孔距应≥6倍孔径
表面夹渣	不允许		深≤0.2t，长≤0.5t且≤20mm

3. 焊缝尺寸偏差检测

焊缝尺寸偏差主要是采用焊缝尺寸圆规进行检验，见图 5-38。焊缝焊脚尺寸、焊缝余高及错边等尺寸偏差应满足表 5-6 和表 5-7 的要求。

角焊缝焊脚尺寸允许偏差　　　　表 5-6

序号	项目	示意图	允许偏差（mm）	
1	一般全焊透的角接与对接组合焊缝		$h_f \geqslant \left(\dfrac{t}{4}\right)^{+4}_{0}$ 且≤10	
2	需经疲劳验算的全焊透角接与对接组合焊缝		$h_f \geqslant \left(\dfrac{t}{2}\right)^{+4}_{0}$ 且≤10	
3	角焊缝及部分焊透的角接与对接组合焊缝		h_f≤6时 0～1.5	h_f>6时 0～3.0

注：1. h_f>17.0mm的角焊缝其局部焊脚尺寸允许低于设计要求值1.0mm，但总长度不得超过焊缝长度的10%；

　　2. 焊接H形梁腹板与翼缘板的焊缝两端在其两倍翼缘板宽度范围内，焊缝的焊脚尺寸不得低于设计要求值。

焊缝余高和错边允许偏差　　　　　　　表 5-7

序号	项目	示意图	允许偏差（mm）	
			一、二级	三级
1	对接焊缝余高（C）		$B<20$时，C为$0\sim3$； $B\geqslant20$时，C为$0\sim4$	$B<20$时，C为$0\sim3.5$； $B\geqslant20$时，C为$0\sim5$
2	对接焊缝错边（d）		$d<0.1t$ 且$\leqslant2.0$	$d<0.15t$ 且$\leqslant3.0$
3	角焊缝余高（C）		$h_f\leqslant6$时C为$0\sim1.5$mm； $h_f>6$时C为$0\sim3.0$mm	

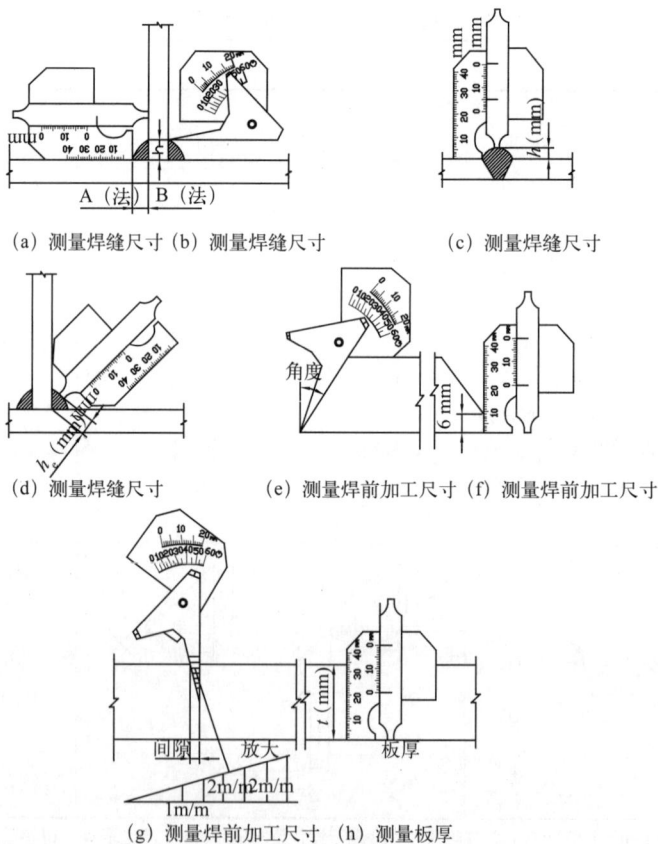

(a) 测量焊缝尺寸 (b) 测量焊缝尺寸　　　　(c) 测量焊缝尺寸

(d) 测量焊缝尺寸　　　　(e) 测量焊前加工尺寸 (f) 测量焊前加工尺寸

(g) 测量焊前加工尺寸　(h) 测量板厚

图 5-38　用量规检查焊缝质量示意

(a)～(d) 为测量焊缝尺寸；(e)～(g) 为测量焊前加工尺寸；(h) 为测量板厚

4. 栓钉焊机焊接接头的质量检测

采用专用的栓钉焊机所焊的接头，焊后应进行弯曲试验抽查，具体方法为将栓钉弯曲 30°后焊缝及其热影响区不得有肉眼可见的裂纹。对采用其他电弧焊所焊的栓钉接头，可按角焊缝的外观质量和外型尺寸的检测方法进行检查。

5. 无损检测

在完成焊接 24h 后，应对焊缝进行探伤检验，检验方法需按照《钢结构焊接规范》(GB50661)和《钢焊缝手工超声波探伤方法和探伤结果分级》(GB11345)的规定进行。

缺欠等级评定应符合表 5-8 的规定。

超声波检测缺欠等级评定   表 5-8

评定等级	检验等级		
	A	B	C
	板厚t（mm）		
	3.5～50	3.5～150	3.5～150
I	$2t/3$；最小8mm	$t/3$；最小6mm　最大40mm	$t/3$；最小6mm　最大40mm
II	$3t/4$；最小8mm	$2t/3$；最小8mm　最大70mm	$2t/3$；最小8mm　最大50mm
III	$<t$；最小16mm	$3t/4$；最小12mm　最大90mm	$3t/4$；最小12mm　最大75mm
IV	超过III级者		

5.5　大跨度钢结构典型焊接技术

5.5.1　网格结构的焊接

1. 管管对接焊接

网格结构的压杆长度不够时允许拼接一次。拼接焊缝通常采用全熔透焊接，其相关要求应符合设计说明及规范的规定。

焊接时可将圆管分为四等分，采用半自动 CO_2 气保焊依次焊接，焊接位置采用立焊、爬坡焊进行，如图 5-39 所示。注意应采用分层多道焊接，每层的接头起熄弧处宜错开 30 ～ 50mm。

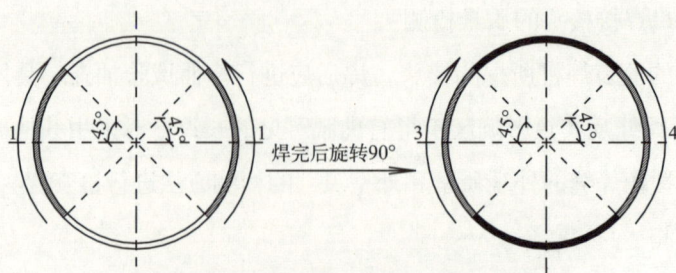

（a）对接环缝焊接顺序示意图

（b）对接环缝焊缝成形示意图

图 5-39　管管环缝对接

2. 钢管相贯线焊缝

钢管相贯焊缝（包括钢管与节点板及焊接球相贯连接焊缝）要求如下：

相贯焊缝应沿全周连续焊接并平滑过渡；当多根支管同时交于一节点，且与主管同时相贯时，焊接顺序应优先直径大和壁厚厚的支管。支管与主管相贯处一律满焊。

圆管相贯时，支管端部的相贯线焊缝位置沿支管的相贯线位置分为 A（趾部）、B（侧面）、C（踵部）三个区域，如图 5-40 所示。

当支管壁厚 ≤ 6mm 时，采用全周角焊缝。

当支管壁厚 > 6mm 时，所夹锐角 ≥ 75° 时，采用全周带坡口的全熔透焊缝。

当支管壁厚 > 6mm 时，所夹锐角 < 75° 时，A、B 区采用带坡口的全熔透焊缝，C 区采用带坡口的部分熔透焊缝（当夹角 < 35° 时可采用角焊缝），各区相接处坡口及焊缝应圆滑过渡。

对全熔透和部分熔透焊缝，其有效焊缝高度 $h_e > 1.15t$，且 $h_e < 1.25t$），最小焊脚尺寸 s 为 $1.5t$（t 为支管的壁厚）。

（a）
圆管相贯节点焊接

（b）
A处焊缝详图

（c）
C处焊缝详图

（d）圆管B处焊缝详图

$d_1 < \frac{2}{3} d_0$　　　　$d_1 > \frac{2}{3} d_0$

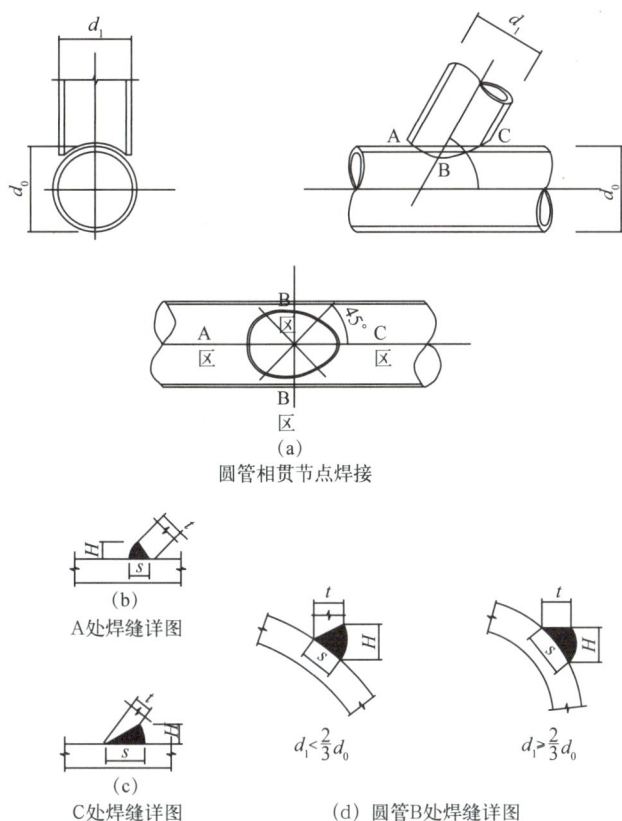

图 5-40　相贯线焊缝焊接

5.5.2　倾斜钢管对接

钢管固定在倾斜位置实施现场拼接时，需进行平焊、立焊、仰焊三种位置的焊接，其焊接工艺复杂，技术难度较大。下面以规格为 $\phi 159\text{mm} \times 8\text{mm}$，长度为 150mm 的圆管试件倾斜45°拼接焊为例来说明其焊接工艺（图 5-41）。

1. 焊前准备

试管规格：截面为 $\phi 159 \times 8$，长度为 150mm；材质：Q345B；坡口形式：V 形坡口单侧 $32° \pm 1°$；钝边 0.5mm；电源类型

图 5-41　斜 45°拼接焊

与极性：直流反接；焊丝干伸长 15 ~ 20mm；焊丝型号及规格：E501T-1、ϕ1.2mm；保护气体：CO_2（其纯度不低于 99.5%）。

试件组对：试件组对前应进行坡口清理，清除坡口两侧各 20mm 内的油、水、锈等杂质，使其露出金属光泽；坡口根部间隙为 2.5 ~ 3.5mm，定位焊处间隙为 2 ~ 5mm，必须保证其径向对应处间隙为 3.5mm。定位焊前认真检查试件错边量，将错边量控制在小于 1mm 范围内。定位焊后用角向磨光机将定位焊缝打磨呈缓坡状，注意将收弧处缩孔磨穿，确保定位焊缝内无残留缺陷，定位焊缝长度不得超过 20mm、厚度不得超过 4mm。将试件固定在试件夹上，使试件轴线与水平面之间呈 45°夹角。

2. 焊接操作

焊接分左右两个半周进行，焊接方向由下向上，从仰焊位置起焊，在平焊位置收弧，先焊哪一侧可根据自身习惯选择。焊工宜双手持焊枪，以保证焊枪快速、稳定的运动。主要焊接参数如表 5-9 所示。

焊接层次	焊丝直径（mm）	焊接电流（A）	焊接电压（V）	气体流量（L/min）	备注
打底层	1.2	160-170	21-23	18-20	
填充、盖面层	1.2	200-210	24-26	18-20	

主要焊接参数   表 5-9

（1）打底层焊接

按图 5-42 所示的焊枪角度，在仰焊部位 5 点钟（或 7 点钟）位置处引弧，起焊时在焊缝的上侧坡口引燃电弧，当坡口根部熔化、熔池形成后，快速将电弧移动到下侧坡口根部，搭桥形成一个背面成形完整的熔池，待下侧坡口熔合后迅速回拉灭弧，如图 5-43 所示。随即快速将焊枪移至上侧坡口，再次引弧，向下侧坡口移动，熔合下侧坡口后灭弧，依次循环。当焊至 12 点钟位置定位焊缝斜坡处时，应加快灭弧速度，减少填充金属量，使打底焊道与定位焊接头圆滑过渡，当接头处熔池被覆盖后，再断弧添加两滴铁水，迅速采用连弧焊法焊至定位焊缝另一侧斜坡处收弧。焊完前半周后，转至钢管的另一侧施焊，后半周的打底焊与前半周方向相反，引弧点应在时钟 6 点钟位置靠上侧坡口处，以保证与前半周焊缝重叠，连弧焊接至坡口根部间隙处，击穿第一个熔孔后，迅速采用与前半周相同的灭弧焊法进行打底焊

接。注意打底焊即将完成时，在接头合拢处收弧前应连续快速填充 2-3 滴熔敷金属，以免出现缩孔。

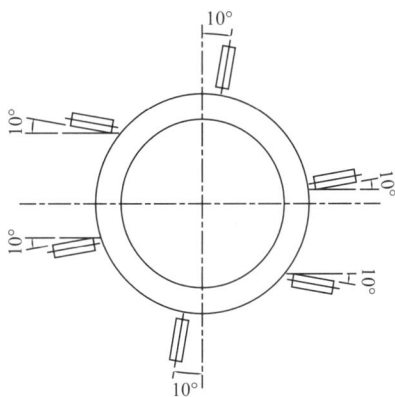

图 5-42 焊枪角度图

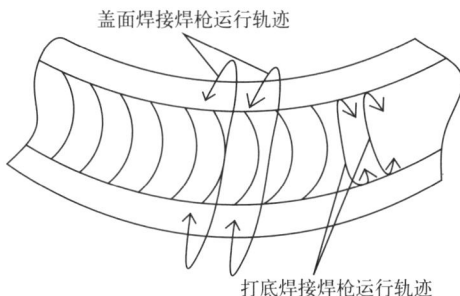

图 5-43 焊枪运行轨迹

打底层焊接过程中要控制好熔孔的直径，熔孔以两侧坡口根部各熔化 0.5～1mm 左右为宜，并始终使电弧处于熔池的最前端，以便得到内部凸起、外部扁平、成形良好的打底焊缝。当半周打底完成或中途操作不便灭弧时，应用角向磨光机将起弧、收弧处焊缝金属磨去一部分，使其呈缓坡状，并彻底清除气孔、缩孔等缺陷。该层焊道厚度约 5～7mm，仰焊处焊道略薄，向上至平焊处逐渐加厚。

（2）盖面层焊接

盖面焊前应将打底焊道清理干净，将打底焊道的局部凸起处修磨平整。盖面焊同样采用灭弧焊法，起焊点位置与打底焊基本相同，在焊道上接近上侧坡口边缘 3～5mm 处引燃电弧，快速移动到上侧坡口处，如图 5-43 所示。将坡口边熔化形成熔池，稍作停顿后匀速将电弧斜拉（向焊接方向）至下侧坡口，待电弧将坡口边缘熔化后，将电弧向后上方回拉约 5mm 迅速灭弧，随即移动焊枪至上侧坡口，压住第一个焊波引燃电弧，运动焊枪重复前一焊接程序直至前半周焊接完成。后半周焊接前应先将起弧和收弧处焊缝进行修磨，使其呈缓坡状，并彻底清除气孔、缩孔等缺陷。后半周的盖面焊缝与前半周方向相反，其他操作要求相同。

盖面层焊接过程中，焊枪摆动幅度较打底焊大，焊接速度较快，需保证熔池两侧与坡口边熔合良好。焊枪摆动到两侧坡口边缘处均应作适当停顿，控制坡口每侧增宽 0.5～1.5mm，同时达到控制焊缝表面宽度差要求。单侧焊缝从仰焊起焊点开始，连续焊至 12 点钟定位焊处，尽量减少焊道接头数量，如有特殊情况必须停顿，接头时需同仰焊或平焊处接头一样进行前处理，以确保接头质量。

5.5.3 铸钢件焊接工艺

铸钢节点因其特有的性能，如良好的加工性能、随意的几何造型等，在一些大跨度立体管桁架中被大量使用，特别是在处理大型体育场馆、会展中心的复杂交汇节点上，铸钢节点有着较大的适用性，如国家体育场"鸟巢"中就有多处节点采用了铸钢节点。然而，铸钢节点也有一些不足，如碳当量较高，尤其是 P、S 杂质含量难以控制，铸态组织晶粒粗大导致铸钢的焊接性能较差等。为此当铸钢节点与其他种类的钢材焊接时必须进行专门的焊接工艺评定，采用精细的焊接工艺参数，才能确保其焊接质量，图 5-44 为铸钢件焊接。

图 5–44　铸钢件焊接

1. 克服焊接性能的差异性

铸钢与低合金钢的化学成分、力学性能和物理性能存在差异，焊接时很容易产生淬硬组织以及焊接气孔、裂纹等缺陷。高强低合金钢 Q460E-Z35（110mm）和铸钢 GS20Mn5V（100mm）的化学成分和力学性能如表 5-10、表 5-11 所示。

铸钢 GS20Mn5V 与 Q460E-Z35 化学成分　　　　　　　　表 5-10

牌号	化学成分（质量分数）（%）									
	C	Si	Mn	P	S	V	Mo	Cr	Cu	Ni
Q460E-Z35	0.14	0.40	1.60	0.03	0.03	0.06	0.07	0.25	0.35	0.25
GS20Mn5V	0.18	0.58	1.20	0.020	0.015	—	—	0.30	—	0.40

铸钢 GS20Mn5V 与 Q460E-Z35 力学性能　　　表 5-11

牌号	屈服强度R_{eH}（MPa）	抗拉强度R_m（MPa）	断后伸长率A（%）	冲击（J）室温	参照标准
Q460E-Z35	≥400	550～720	≥17	A_{KV}≥34	《焊接结构用铸钢件》（GB/T 7659-2010）
GS20Mn5V	≥300	500～650	≥24	A_{KV}≥50	《优质碳素结构钢》（GB/T 699-1999）

2. 焊接方法

Q460E-Z35（低合金钢）与 GS20Mn5V（铸钢）的现场焊接时，为了提高焊接效率，保证焊接质量，仰焊采用手工电弧焊，其他位置采用手工电弧焊打底，CO_2 气保焊填充的工艺。

异种钢焊接主要考虑是焊缝金属的成分和性能，焊缝金属的成分取决于填充金属的成分、母材的组成以及熔合比。通常以熔敷焊接材料的化学成分作为焊缝金属的基本成分，将熔入的母材引起焊缝中的合金元素所占比例称为稀释率。

采用手工电弧焊打底，一方面降低焊缝稀释率，另一方面也降低焊缝产生裂纹的可能性，从而提高了焊接质量。

3. 选用合适的焊接材料

铸钢与其他种类的钢材焊接时，应通过工艺评定试验选择其焊接材料。所选的焊接材料应与强度较低的钢材相适应，同时应考虑焊缝金属具有良好的力学性能、致密、无气孔与夹渣等缺陷；焊接接头区域对冷、热裂纹不敏感；适合实际焊工操作及作业环境等因素[54]。

如针对国家体育场"鸟巢"的铸钢（GS20Mn5V）与低合金钢（Q460E-Z35）的焊接材料的选择，首先考虑了铸钢 GS20Mn5V 强度上的要求，同时也考虑了低合金钢 Q460E-Z35 具有淬硬倾向大、抗裂性能差的特点，在大量工艺试验的基础上选择 CHE507RH、JM58、TWE-711Ni1 等焊接材料作为二者的试验焊材。在焊材的选择中重点通过调节焊条中微合金元素的种类与含量达到既保证焊缝金属强度，又使焊缝金属具有良好塑性和韧性性能的机理，克服低合金钢淬硬倾向大、抗裂性能差的不利影响。

4. 采用精细的现场焊接工艺

（1）焊前预热

焊前预热主要作用在于延长焊缝金属从峰值温度降到室温的冷却时间，使焊缝中的扩散氢有效溢出,避免冷裂纹的产生。同时延长焊接接头从 800 ~ 500℃的冷却时间,改善焊缝金属及热影响区的显微组织,降低热影响区硬度,提高抗裂性能。

根据 C 当量估算预热温度:

化学成分影响的碳当量:[C] 化 =C+Mn/9+Cr/9+Ni/18+Mo/13   (5-1)

本接头板厚较大,考虑厚度因素,其厚度碳当量按下式计算:

板厚(δ)影响的碳当量:[C] 厚 =0.005δ[C] 化   (5-2)

总的碳当量为:[C] 总 =[C] 化 +[C] 厚;   (5-3)

焊接预热温度的经验公式为:T=350([C] 总 − 0.25)1/2   (5-4)

按式(5-4)计算,铸钢 GS20Mn5V(110mm)与 Q460E-Z35(100mm)钢预热温度如表 5-12 所示。

预热温度   表 5-12

材质	[C]化（%）	[C]厚（%）	[C]总（%）	T（℃）
Q460E-Z35	0.261	0.14355	0.40455	137.6
GS20Mn5V	0.2875	0.1438	0.4313	149

异种钢焊接时,预热温度应以预热温度高的钢材一侧为最低预热温度,故焊接前预热温度取 ≥ 150℃,但为了不使焊缝及热影响区晶粒粗大,预热温度应控制在 200℃内,以保证层温控制在 150 ~ 200℃之间。

(2)后热

为保证焊后氢能及时溢出,防止产生冷裂纹,焊后紧急后热处理,后热温度为 300 ~ 350℃,后热时间为 3h。后热完成,采用石棉布保温缓冷至环境温度。

(3)焊接工艺参数

根据焊接工艺评定选定的焊接工艺参数如表 5-13 所示。

焊接工艺参数   表 5-13

焊接位置	道次	焊接方法	焊材牌号	直径	焊剂或保护气体	保护气体流量L（min）	电流（A）	电压（V）	焊接速度（cm/min）
横焊	打底	SMAW	CHE507RH	3.2	—	—	130～150	22～26	6～10
	填充	SMAW	CHE507RH	4.0	—	—	150～180	22～24	6～25

焊接位置	道次	焊接方法	焊材牌号	直径	焊剂或保护气体	保护气体流量L(min)	电流(A)	电压(V)	焊接速度(cm/min)
横焊	盖面	SMAW	CHE507RH	4.0	—	—	150~180	22~24	6~25
仰焊	打底	SMAW	CHE507RH	3.2	—	—	110~130	20~25	4~10
	填充	SMAW	CHE507RH	4.0	—	—	140~170	22~28	4~35
	盖面	SMAW	CHE507RH	4.0	—	—	140~160	22~28	18~35
立焊	打底	SMAW	CHE507RH	3.2	—	—	110~130	20~25	8~20
	填充	GMAW	JM56	1.2	CO_2	25	130~180	16~20	8~18
	盖面	GMAW	JM56	1.2	CO_2	25	130~180	18~22	10~16

（4）焊接技术要求

焊接过程中严格执行多层多道焊，窄焊道薄焊层的焊接方法，在平、横、仰焊位禁止焊枪摆动，立焊位置焊枪摆幅不得大于 20mm，每层厚度不得大于 5mm。层间清理采用风动打渣机清除焊渣及飞溅物，同时对焊缝进行锤击，起到消除应力的作用。

5.5.4　高强钢厚板焊接技术

1.焊接特点

（1）该类钢材碳当量高、有淬硬倾向，对预热温度和层间温度要求较高（150～200℃），需要在控制好焊接热量输入、抑制焊缝金属淬硬倾向的同时防止其冲击韧性的下降。

（2）高强钢厚板焊接变形及残余应力控制难度较大。

（3）厚板焊接时（图 5-45），操作不当易产生焊接裂纹。

（4）需采取有效的预热及后热措施，以充分保证残余氢的溢出，并降低冷裂纹的敏感性。

2.焊接工艺流程及操作要点

（1）焊接工艺流程

焊接过程中应严格监控，发现异常，及时

图 5-45　厚板焊接

停工,并通过改变焊接顺序或进行加热校正等方法处理异常现象。具体的工艺流程如图 5-46 所示。

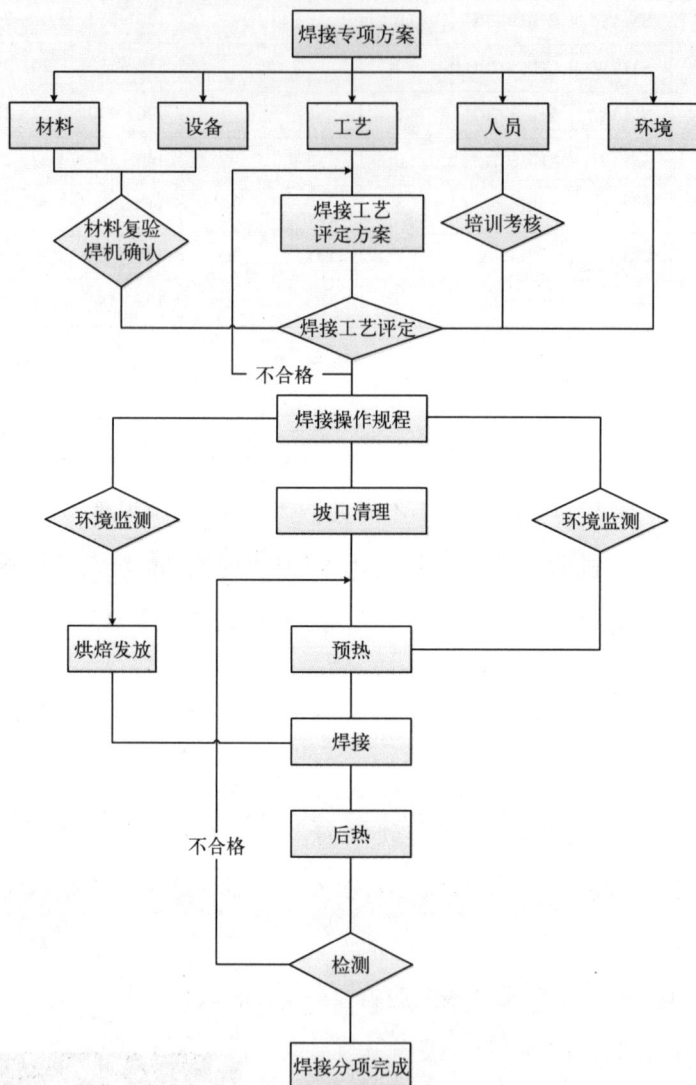

图 5-46 焊接工艺流程

(2) 焊接操作要点

1) 严格控制母材质量:母材应按同一生产厂家、同一牌号、同一质量等级、同一厚度和规格、同一交货状态,且重量不大于60吨,为一批进行质检。质检合格后,才能进入下一道加工工序。

2）选择合理的焊接顺序：焊接顺序的选择应考虑焊接变形的因素，尽量采用对称焊接，以减少收缩量。

3）均衡热量输入，焊接拘束大的部位应先焊，焊接过程中要平衡加热量，使焊接变形和收缩量减小。

4）利用支承约束焊接变形：在操作平台上采用专用焊接设备进行节点焊接时，可采用支承局部固定约束变形的方法控制焊接变形。

5）采取全过程加热与保温：加强焊接前、焊接中和焊接后的加热与保温控制层间温度和焊接前后的温度。

6）减少吊装焊接：尽可能在工厂或现场地面将构件组装成较大的组件，以减少高空焊接。

7）选择合理的焊接顺序：焊接顺序应采取先焊接主约束后焊次约束的方法。

8）采用大能量、低热输入的焊接方法：在焊接方法上采取加大能量密度，减少热输入的工艺措施，以减少焊接应力。

3. 焊接施工工艺

高强钢厚板的焊接宜采用 CO_2 气体保护焊焊接，使用的焊丝有实心焊丝（CHW50C8、CHW60C）、药芯焊丝（CHT81K2），其直径宜选用 $\phi1.2mm$。整个焊接过程须一次完成，严禁中途停焊，必须从组对、校正、复验、预留焊接收缩量、焊接定位、焊前防护、清理、预热、层间温度控制、焊接、后热、保温、质检等各个工序严格控制，确保接头焊后质量达到设计要求及规范规定，各阶段的措施如表5-14所示。

各阶段措施安排　　　　　　表 5-14

阶段	项目	措施
准备	方案编制及技术交底	方案编制报技术负责人审批，对操作者进行书面及现场口头交底
焊前	坡口清理	采用角向磨光机打磨坡口至露出金属光泽，打磨厚度2mm
	坡口尺寸	确保350+8mm的坡口尺寸
	焊材烘焙	350℃×2h，保温150℃
	预热控制	火焰加热，焊缝背面预热150～200℃，测量采用红外线测温仪，测点位于坡口底部
	防风措施	采用防风棚维护

续表

阶段	项目	措施
焊中	层间温度控制	150~200℃，测温采用红外线测温仪，测点位于焊道表面，距收弧端300mm以上
	焊接规范	严格执行焊接工艺评定的规范要求
焊后	后热保温方式	焊后后热温度350℃×2h，测温采用红外线测温仪，测点位于焊道表面。后热完成，石棉被保温缓冷

4.现场分层焊接

（1）焊口清理

焊接前先采用角向磨光机、砂布、盘式钢丝刷，将坡口打磨至露出金属光泽，坡口的清理是工艺重点。清除待焊处表面的水、氧化皮、锈、油污，坡口表面不得有不平整、锈蚀等现象。错口现象必须控制在允许范围内。

（2）焊前预热

钢材焊接前采用氧乙炔火焰进行均匀加热，如图5-47所示。预热区在焊道两侧，每侧宽度均应大于焊件厚度的1.5倍以上，且不应小于100mm，当预热温度范围均达到预定温度后，保持恒温20～30min。

图5-47 圆管柱焊接前预热

（3）封底焊接

对于管管相贯对接接头，在焊接根部时，按照预定的焊接顺序，从焊口的最低处中心线10mm处起弧，分别按顺时针及逆时针焊至管口的左右端线超出中心线10mm止，完成半个焊口的封底焊。另半个焊口的封底焊，焊前应将前半个焊口封底焊的起弧与灭弧处用角向磨光机修磨成缓坡状并确认无焊接缺陷后，在前半个焊

口的封底焊缝上起弧，直至完成整个管口的封底焊接（图 5-48（a））。

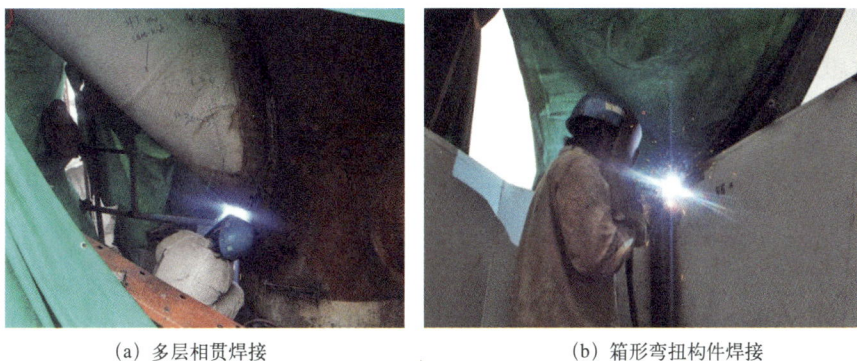

(a) 多层相贯焊接　　　　　　　　　(b) 箱形弯扭构件焊接

图 5-48　高强厚板现场焊接

箱形截面对接接头封底焊接时，应在焊缝起点前方 50 mm 处的引弧板上引燃电弧，然后运弧进行焊接施工（图 5-48（b））。熄弧时，电弧不允许在接头处熄灭，而是应将电弧引至超越接头处 50mm 的熄弧板上熄弧，并填满弧坑，运弧采用往复式运弧手法，在两侧稍加停留，避免焊肉与坡口产生夹角，达到平缓过度的要求。

（4）填充层焊接

在进行填充焊接前应剔除首层焊道上的凸起部分与粘连在坡壁上的飞溅及粉尘，仔细检查坡口边沿有无未熔合及凹陷夹角，如有上述现象必须采用角向磨光机除去，并不得伤及坡口边沿。焊接时注意每道焊道应保持在宽 8 ~ 10mm、厚 3 ~ 4mm 的范围内。运焊时采用小八字方式，仰爬坡时电流逐渐增大，在平焊部位再次增大电流密度焊接，在坡口边注意停顿，以便于焊缝金属与母材的充分熔合。每一填充层完成后都应做与根部焊接完成后相同的处理方法进行层间清理，在接近盖面时应注意均匀留出 1.5 ~ 2mm 的坡口深度，不得伤及坡口边，为面缝焊接做好准备。

（5）面层焊接

面层焊缝焊接直接关系到焊接接头的外观质量能否满足质量要求，因此在面层焊接时应注意选用适中的电流、电压值并注意在坡口边熔合较长时间。水平封口时不宜采用多道面层。垂直与斜向封口须应采用多层多道焊，并应严格执行多道焊接的原则，面层焊缝严禁超宽（应控制在坡口以外 2 ~ 2.5mm 内）超高（保持左 0.5 ~ 3mm）施焊[55]。概括起来，面层焊缝焊接的重点主要有以下 4 点：

1）在面缝焊接时，为防止焊道太厚造成焊缝面层超高的现象，应选用较大的焊接电压进行焊接。

2）为控制焊缝内金属的含碳量增加，在焊道清理时尽量少使用碳弧气刨以免刨后焊道表面附着的高碳晶粒无法完全清除，致使焊缝内含碳量增加，出现延迟裂纹。

3）为控制线能量，应严格执行多层多道的焊接原则，特别是面层焊接，焊道更应控制其宽度不得大于 8 ~ 10mm。焊接参数应严格按规定热输入量执行。

4）焊缝成型后要求均匀、圆滑过渡、饱满、无咬肉、无夹渣、无气孔、无裂纹。

（6）后热与保温

焊接节点完成后，为保证焊缝中氢的扩散有足够的时间逸出及焊接收缩产生的应力得以释放，从而避免产生延迟裂纹的出现，焊后必须立即进行后热与保温处理。后热时采用氧 - 乙炔中性焰在焊缝两侧 1.5 倍焊缝宽度（且不小于 100mm）内全方位均匀烘烤，并有意识将最后加热处放置在始焊处。经表面温度计在离焊缝宽度 1.5 倍附近测试达到 200 ~ 250℃后，用不少于 4 层石棉布紧裹并用扎丝捆紧，保温至少须达 4 小时以上，确保接头区域达环境温度后方能拆除。

（7）焊后外观检查、清理

焊接完成后采用角向磨光机认真除去金属飞溅物与焊渣，采用焊缝量规、放大镜等器具对焊缝外观进行检查，不得有凹陷、咬边、气孔、未熔合、裂纹等缺陷，并做好焊后自检记录。

（8）焊缝的无损检测

焊缝在外观检查合格的前提下，经焊后 ≥48h 冷却，使钢材晶相组织稳定后，按图纸要求对焊缝进行超声波无损检测，其内部缺陷分级及探伤方法应符合现行国家标准《钢焊缝手工超声波探伤方法和探伤结果分级法》（GB11345）或《钢熔化焊对接接头射线照相和质量分级》（GB3323）的规定，并按规定的检验等级出具探伤报告。

(9) 焊接防护

现场焊接作业时，环境较工厂复杂。为保证良好的作业环境，可在工人操作位置处搭设焊接防风棚或防风罩，如图 5-49 所示。

(a) 焊接防风棚

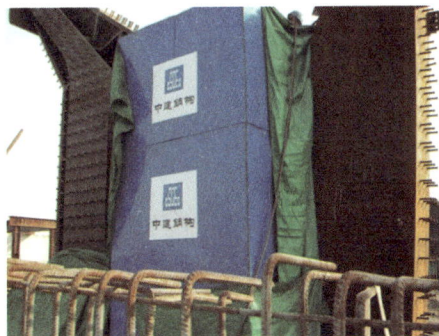

(b) 施焊中加设焊接防风罩

图 5-49　焊接防风

第6章 制作全过程质量管理

6.1 原材管控

钢材在正式入库前必须严格执行检验制度，经检验合格的钢材方可办理入库手续。检验包括以下内容：

（1）钢材的数量和种类应与订货合同相符；

（2）每批钢材必须具备生产厂提供的产品合格证书，其内容应特别注明钢材的炉号、钢号、化学成分、机械性能等性能指标。进场时，应首先核对钢材上喷号与质保证书一致，其性能指标应根据现行国家标准逐一核对；

（3）逐一检测核对钢材的规格尺寸、外观质量，其容许偏差、表面锈蚀程度应按现行国家标准验收；

（4）钢材收料后，应按现行国家标准进行取样复验，厚板应按规定进行探伤，复验合格后，再办理入库手续。针对具体工程项目的材料，需要第三方检测或监理见证取样时，应按国家标准的要求进行。

6.2 工序质量检查

6.2.1 设备检定

制作前，所有设备和测量工具应经计量检定单位检定合格并贴上合格标签后才允许投入使用。

6.2.2　切割工序

切割前，再次核查切割设备是否满足精度要求；再次确认原材料的钢号及规格、材质是否满足要求；核准切割工艺的技术要求，包括各种工艺参数、割缝留量等。

正式切割前，数控切割应进行空走试验，抽直条应有专人对划线尺寸进行检查。在切割完首件后应进行首件验收，确保后续批量生产的合格。特别是大跨度中的相贯线切割，

图 6-1　相贯线切割示意图

如图 6-1，需要确保程序设定正确，首件验收显得尤为重要。

切割后重点复核几何尺寸，如图 6-2（a）所示，偏差应符合相关国家规范要求；及时清理切割氧化物，做好钢板信息移植，如图 6-2（b）所示，形成质量检查记录。

(a) 切割后尺寸检查　　　　　　　　(b) 切割标识移植

图 6-2　切割质量控制

6.2.3　弯管或折弯工序

切割工序完成后，有些项目需要进行弯管或折弯钢板工序（图 6-3）。

弯管质量要求：弯管后管件表面应平滑过渡，不得出现折痕、凹凸不平现象；弯管前后材质不得有明显改变，不得有弯裂、翘曲、擦伤等缺陷；成型的两轴外径与设计外径的差值不得大于 ±3mm 与设计外径 ±1% 中的较小值；壁厚与设计壁厚的差值不得大于 ±1mm 与设计壁厚 10% 中的较小值；其他弯管尺寸允许偏差如表 6-3 所示。

图 6–3 中频弯管

弯曲后管件端头毛刺应打磨干净，必须满足后续工艺要求。弯扭板材加工成型后的检查，可采用套膜检查或采用全站仪精确测量检查，弯管尺寸检查方法及允许偏差如表 6-1 所示。

弯管尺寸允许偏差（mm） 表 6-1

项目	允许偏差（mm）	检查方法
弯曲直径	±3.0	直尺、卷尺
管口圆度	d/500且不大于3.0	
管件长度（弦长）	±3.0	卷尺
管口垂直度	±3.0	依实样或坐标、直尺、卷尺、吊线
壁厚减薄量	不大于1.5	直尺、游标卡尺
弯曲矢高	±10	拉线、直尺、卷尺
平面度（扭曲、平面外弯曲）	不大于10	拉线、直尺、水准仪检查

6.2.4 组装工序

将钢元件组装成钢构件或节点时，严格按照装焊工艺卡中的装配顺序进行组装。

组装支承搭设完成后，应采用全站仪核对支承在地面上的平面坐标尺寸、支承顶部的标高，并做好记录，其偏差均应控制在 ±1mm 内发现不合格的（超过 ±1mm）应及时调整，直至满足支承图纸要求。

箱型构件装配中应注意内外隔板的装焊顺序，需要临时点焊位置应点焊牢固，以免弯扭应力破坏定位焊缝；组装过程必须保持底板与侧板下部密贴。

熔透焊缝完成后应打磨至金属光泽；角焊缝完成后应清理至无残余的氧化物。

组装接缝处应先行打磨，再用定位焊临时固定，定位焊焊缝长度不宜小于 40mm 和接头中较薄部件厚度的 4 倍，间距 300 ～ 600mm，定位焊焊缝厚度不小于 3mm，也不宜超过设计焊缝厚度的 2/3，定位焊焊接时预热温度宜高于正式施焊预热温度 20 ～ 50℃。

6.2.5　焊接工序

1. 焊接准备

（1）焊工

焊工必须考取国家机构认可部门颁发的"焊工资格等级"合格证，合格证中应注明施焊条件、资格等级、有效期限，并只能从事相应等级或低于该等级资格的焊接工作。如停焊时间超过六个月，应重新考证。

（2）焊接技术人员

大跨度钢结构焊接的全过程，均应在焊接责任工程师的指导下进行。焊接责任工程师应具备适合的资质，相关的焊接经验。

（3）工艺评定试验

对首次采用的钢材、焊接材料、焊接方法、焊接接头形式、焊后热处理等必须进行焊接工艺评定试验（如图 6-4 所示），其试验标准、内容及其结果均应得到有关监督部门（指第三方或业主指定监理）认可。焊接工艺评定试验的结果应作为焊接工艺编制的依据。

（4）焊接材料

焊接材料的选择应与母材的机械性能相匹配。对低碳钢一般按焊缝金属与母材等强度的原则选择焊接材料；对低合金高强度结构钢一般应使焊缝金属与母材等强或略高于母材，但不应高出 50MPa，同时焊缝金属必须具有优良的塑性、韧性和抗裂性；当不同强度等级的钢材焊接时，宜采用与低强度钢材相适应的焊接材料。

图 6-4　焊接工艺评定试验

焊接材料应存放在通风干燥、适温的仓库内，不同类别焊材应分别堆放。存放时间超过一年者，其工艺及机械性能原则上应进行复验。

焊接材料使用前应仔细检查，凡发现有药皮脱落、污损、变质、吸湿、结块和生锈的焊条、焊丝、焊剂等焊接材料不得使用。

焊条、焊剂、电渣焊的熔化嘴、栓钉焊保护瓷圈等焊接材料在使用前应按技术说明书规定的烘焙时间进行烘焙，然后存入保温箱。低氢型焊条经烘焙后使用时放入保温桶内随用随取。

（5）母材的清理

母材的焊接坡口及两侧 30～50mm 范围内，在焊前必须彻底清除气割氧化皮、熔渣、锈、油、涂料、灰尘、水分等影响焊接质量的杂质。

（6）定位焊

定位焊工（一般由装配工代行定位焊接）也必须考取国家机构认可部门颁发的"焊工资格等级"合格证。

定位焊缝不允许存在裂纹等缺陷；应避免容易出问题的棱角和端部的部位进行定位焊；T 形接头定位焊，应在两侧对称进行；坡口内尽可能避免进行定位焊。

定位焊采用的焊接材料型号，应与母材材质相匹配；焊缝厚度不宜大于设计的 2/3，且不应小于 3mm。

定位焊的长度和间距，应视母材的厚度、结构形式和拘束度来确定，无特别指定时按一般规定进行。定位焊实景图如图 6-5 所示。

图 6-5　构件组装定位焊

（7）预热

钢结构焊接前，应视被焊构件的钢种、板厚、焊缝拘束度、焊缝金属含氢量、焊接方法等因素来确定合适的预热温度及预热方法。预热温度宜在 100 ～ 150℃。预热区在焊道两侧，其宽度各为焊件厚度的 2 倍以上，且不应小于 100mm，预热测温点应设在加热侧的背面，距焊缝 75mm 处。

定位焊、返修焊的预热温度应高于正常预热温度 20 ～ 50℃左右，其预热区域也应适当加宽，以防止发生焊接裂纹。合同、图纸有要求或焊接条件需要时，焊件应作焊后热处理。

（8）焊前检查

施焊前，焊工应复查工件的坡口尺寸和接头的组装质量及焊接区域的清理情况，如不符合要求，应修整合格后方允许施焊。

正式焊接开始前或正式焊接中，发现定位焊有裂纹，应彻底清除定位焊后，再进行正式焊接。

（9）气温、天气及其他

因降雨等使母材表面潮湿（相对湿度）80％或大风天气，不得进行露天焊接；但焊工及被焊接部分如果被充分保护且对母材采取适当处置（如加热、去潮）时，可进行焊接。

气温在 0℃以下时，原则上不得进行焊接，但若把自焊接部位算起，距离焊缝 100mm 以内的母材部分加热至 36℃以上时，仍允许进行焊接。

当采用 CO_2 半自动气体保护焊时，环境风速大于 2m/s 时原则上应停止焊接，但若采用适当的挡风措施或采用抗风式焊机时，仍允许焊接（药芯焊丝电弧焊可不受此限制）。

2. 焊接施工过程控制

（1）引弧和熄弧

引弧时应在操作上注意防止产生熔合不良、弧坑裂缝、气孔和夹渣等缺陷的发生，引熄弧板加设如图 6-6 所示。

当电弧因故中断或焊缝终端收弧时，应防止发生弧坑裂纹，一旦出现裂纹，必须彻底清除后方可继续焊接，焊缝终端的弧坑必须填满。

图 6-6　引熄弧板加设

（2）焊接顺序及参数

严格按照焊接工艺卡的顺序施焊，并注重焊接过程的反变形处理；使用焊接工艺评定的参数，并注重焊道层间清理与温度控制。

（3）完工焊缝的清理

焊接完毕，焊工应清理焊缝表面的熔渣及两侧的飞溅物，检查焊缝外观质量。

（4）不良焊接的修补

焊缝同一部位的返修次数，不宜超过两次，超过两次时，必须经过焊接责任工程师及经理工程师核准后，方可按返修工艺进行返修。

焊缝出现裂纹时，焊工不得擅自处理，应及时报告焊接技术负责人查清原因，待确定修补措施后才可修理。

对焊缝金属中的裂纹，在修补前用无损检测方法确定裂纹的界限范围，在去除时，应从裂纹的端头算起，两端至少各加50mm的焊缝一同去除后再进行修补。

对焊接母材的裂纹，原则上应更换母材，但是在得到技术负责人认可后，可以采用局部修补措施进行处理。主要受力构件必须得到原设计单位确认。

3. 焊接检验

（1）焊后尺寸要求

制作焊接过程中严格控制各构件及单元体的尺寸和焊接收缩量，才能保证结构最终安装时顺利合拢。

（2）焊缝的外观检查

《钢结构工程施工质量验收规范》[56]（GB50205-2001）规定：焊缝外形尺寸符合现行国家标准《钢结构焊缝外形尺寸》JB/T 7949—1999的规定，焊接接头外观缺陷分级符合现行国家标准《焊接质量保证、钢熔化焊接接头的要求和缺陷分级》（GB/T12469-90）的规定。

（3）焊缝内部缺陷检查

钢结构焊缝内部缺陷检查一般采用超声波探伤，探伤部位和比例根据设计文件要求执行。

超声波探伤必须在焊缝冷却到室温之后进行。通常板厚不大于25mm的可安排在焊接24h之后进行，板厚大于25mm的焊缝可安排在焊接48h之后进行。

6.2.6　校正

焊接钢构件一般会发生焊接变形，当其超过规定范围时，应进行矫正。矫正的方法多数采用火焰矫正法。

一般情况下，所有符合规范要求的钢种均可火焰校正，但火焰校正温度不应超过规定的最大值，如表 6-2 所示。

火焰矫正温度最高推荐值　　　　　　　　　　　　　表 6-2

交货状态	火焰校正最大推荐温度		
	短时间表面加热（℃）	短时间全截面加热（℃）	长时间全截面加热（℃）
正火钢	≤900	≤700	≤650
Q460以下的控轧钢	≤900	≤700	≤650

校正后，应对校正区域内的焊缝进行外观检查，必要时，宜对焊缝进行无损检测。

不可进行可能导致材料特性与所提供材料规定要求不相符的矫正作业。

校正后的构件尺寸应符合《钢结构工程施工质量验收规范》（GB50205）中的误差要求。

6.2.7　完整性检查

在除锈前，需对钢构件进行矫正后的检查。

单体钢梁的尺寸应满足《钢结构工程施工质量验收规范》（GB50205）中的尺寸要求，如存在弧线形拉杆等类型构件时，需特别检查弦长，并与设计尺寸比较，若超差需重新矫正。

网格结构的构件精度应高于普通构件要求，采用数控切割或人工放样切割，贯口方向应准确，且坡口角度偏差在 ±2.5°，管子偏差控制在 ±2mm 以内；如有起拱构件，需要拉线检查拱度。

钢管下料时长度允许偏差应为 ±1mm；焊接空心球尺寸允许偏差如表 6-3 所示。

	焊接空心球尺寸允差			表 6-3
球直径（mm）	直径允差（mm）	圆度（mm）	壁厚减薄量	对口错边（mm）
≤300	±1.5	≤1.5	13%且≤1.5mm	≤1
>300	±2.5	≤2.5		

6.2.8 表面处理

1. 除锈等级与要求

构件涂装前，应根据项目技术要求抛丸至指定除锈等级，通常为 Sa2.5 抛丸后，在不放大的情况下肉眼观察时，表面应看不见残油、灰尘、不牢固的氧化皮、铁锈、油漆和异物，任何残留污物的痕迹应只显示为点状和条状的轻微色斑。除锈结束后 4-8h 内应及时涂装。

2. 人员技能培训

进行表面处理的施工人员均应经技术培训，掌握有关表面处理的技能后，才可进入施工作业。

3. 质量控制措施

表面处理质量控制应贯穿于处理前后，详细质量控制措施如表 6-4 所示。

	钢材表面处理质量控制措施	表 6-4
施工阶段	质量控制项目	检验标准
施工前	评估钢材锈蚀等级	《涂装油漆和有关产品前钢材预处理—表面清洁度的目视评定》ISO 8501-1
	检查构件外形，所有气割、剪切、机加工后的自由边锐角均应打磨至符合本项目的要求	项目技术条款
	检查焊接成型外观，应确保无焊瘤、飞溅、毛刺等，若与之不符，则通过机械打磨予以清除	项目技术条款
	定期检查抛丸设备及钢丸原料	《涂料和相关制品使用前钢衬底的制备·表面制备方法·第2部分：磨料喷砂清理》ISO 8504-2
	抛丸或除锈质量检验记录需按质量控制表格记录	《色漆和清漆—防护漆体系对钢结构的腐蚀防护》ISO 12944-8《钢结构施工规范》（GB50755-2012）
施工后	检查表面处理质量是否达到指定等级	《涂装油漆和有关产品前钢材预处理—表面清洁度的目视评定》ISO 8501-1

施工阶段	质量控制项目	检验标准
施工后	检查粗糙度是否达到要求	《涂装油漆和有关产品前钢材预处理—喷射清理钢材的表面粗糙度特性第 1 部分：磨料喷射清理表面粗糙度的 ISO 评定》ISO 8503-1；《涂装油漆和有关产品前钢材预处理—喷射清理钢材的表面粗糙度特性第 2 部分：磨料喷射清理表面粗糙度的定级方法—比较方法》ISO 8503-2
	检查文件和记录控制是否满足规范和技术条款	项目技术条款
常用喷砂除锈等级	Sa1：在不放大的情况下观察时，表面应该看不见残油、油脂和灰尘，没有不牢固的氧化皮、铁锈、油漆和异物。 Sa2：在不放大的情况下观察时，表面应该看不见残油、油脂和灰尘，没有不牢固的氧化皮、铁锈、油漆和异物，任何残留的污物应是牢固附着的。 Sa2.5：在不放大的情况下观察时，表面应该看不见残油、油脂和灰尘，没有不牢固的氧化皮、铁锈、油漆和异物，任何残留污物的痕迹应该只显示为点状和条状的轻微色斑。 Sa3：在不放大的情况下观察时，表面应该看不见残油、油脂和灰尘，没有不牢固的氧化皮、铁锈、油漆和异物，显示均匀的金属色泽	

喷砂清洁度符合《涂装油漆和有关产品前钢材预处理—表面清洁度的目视评定》ISO8501—1 外观检查标准，表面粗糙度检查按照《涂装油漆和有关产品前钢材预处理—喷射清理钢材的表面粗糙度特性 第 2 部分：磨料喷射清理表面粗糙度的定级方法—比较方法》ISO 8503—2 标准。

6.2.9　涂装条件

1. 校准仪器

涂装过程中所用到的各种检查仪器，必须在现场涂装环境下进行校准，合格后方可使用。

2. 复查表面缺陷

在涂装之前需要对表面质量再次进行检查，发现任何缺陷，必须在下道工序之前修补好，修补的区域需要重新核查，并达到同等要求。

3. 检查压缩空气质量

压缩空气在每班次开始时均需检测，以后每 4h 检查一次，检测标准执行 ISO 标准。压缩空气中断运行之后再次运行时需要重新检测。

4. 监测涂装环境

涂装过程中必须对周围环境的露点、相对湿度和温度等进行监测，检测仪器可采用湿球温度计，观测频率从工作开始后每 4h 一次。如果环境温度超出规范要求，涂装工作应立即停止。如果油漆商对其产品的涂装要求更严格，必须按照油漆商的要求执行。

5. 涂装保护

应采取必要措施确保已涂装区域免受周边区域打磨造成的损坏或污染。

6.2.10 涂层检查

1. 目测涂层

每涂装完一层，均应目视检查漆膜，其表面应平滑完整，无干喷、针孔、起泡、凹坑或流挂等漆膜缺陷。

2. 检测湿膜厚度

在油漆的施涂过程中应对湿膜厚度进行控制，尤其是刚喷漆时一定要用湿膜卡控制好配套要求的湿膜厚度，以此来调整走枪的次数和速度。

3. 检测干膜的厚度

干膜的厚度应达到设计要求，最终总干膜厚度使用磁阻法测厚仪检测，检测标准执行《色漆和清漆—用防护漆系统对钢结构的腐蚀防护—粗面上干膜厚度的测量和验收标准》ISO19840，按照双 80% 执行。

双 80% 原则：所有测量值的算术平均值应当等于或者高于额定干膜厚度（NDFT）。

所有测量值应当等于或高于额定厚度（NDFT）的 80%。

在所有测量点中，低于额定干膜厚度但不低于 80% 额定干膜厚度（NDFT）的测量点应不超过总测量点的 20%。

所有的测量值应低于或者等于指定的最大干膜厚度。

4. 缺陷修补

每层涂装前需要检查上一道油漆外观缺陷例如流挂、起皮、气泡、锈蚀、开裂、未固化和附着力不够等。发现缺陷应进行修补，修补时应采取油漆商书面提供的方法，或者相关国家标准推荐的方法。

5. 金属镀层质量检查

对防腐要求高的大跨度网格结构，可能会采用金属镀层的防腐方法。进行金属镀层时，必须采取相应措施确保足够的表面附着力与镀层厚度。

6.2.11　工厂储存

1. 涂层保护

在工厂储存中，任何涂层接触处均应进行涂层保护，防止受到损坏。

2. 成品质量控制资料

钢构件涂装完成后，应准备完整的质量检验资料。其涂装成品质量检验资料如表 6-5 所示。

成品质量检验资料　　　　　　　　　　　　表 6-5

检查项目	检查要求	执行标准
构件准备	构件边缘打磨，焊缝外观	《涂料和相关制品使用前钢衬底的制备·表面制备方法·第2部分：磨料喷砂清理》ISO 8504—2：2001
除锈	除锈等级，粗糙度	《涂装油漆和有关产品前钢材预处理—表面清洁度的目视评定》ISO 8501—1：2007
涂装环境监测	湿度≤85%，钢板温度，露点温度	《钢结构工程施工规范》（GB 50755-2012）
底漆湿膜厚度	使用湿膜卡在涂装过程中检查膜厚	《钢结构工程施工规范》（GB 50755-2012）
中漆干膜厚度	测膜仪检查总膜厚	《色漆和清漆—用防护漆系统对钢结构的腐蚀防护—粗面上干膜厚度的测量和验收标准》ISO 19840—2004

6.2.12　打包发运

1. 编制运输方案

运输方案应具有安全可靠性，实际可操作性，高效迅速性。

安全可靠是运输方案设计的首要原则，为此，运用科学分析和理论计算相结合的方法进行配车装载、捆绑加固、运输实施等方案设计，确保方案设计科学，数据准确真实，操作实施万无一失。

在运输方案编制和审定过程中，认真地做好前期准备，对各种可能出现的风险进行科学评估，确保装载、公路运输等作业能够顺利展开，以此建立本方案的实际可操作性。

充分考虑运输距离、构件的尺寸规格及重量等情况，充分调动企业的设备、人力资源，并结合以往类似项目运输的成功经验，尽量压缩运输时间，高效完成运输任务。

2. 运输车辆及路线的选择

发车前要对车辆的随车工具配置齐全，检查车辆的性能、强度、稳定性保证车辆能安全使用。选择高速道路，要经过的收费站、桥梁、涵洞要提前勘测，避免车辆出现超高、超宽现象。为避免出现特殊情况，还应选择备选路线，备选路线需提前勘测。

3. 构件打包

（1）构件包装的基本要求

1）包装的产品必须经产品检验合格，随行文件齐全，漆膜干燥。所有钢构件编号一律敲钢印；

2）包装是根据钢构件的特点、储运、装卸条件等要求进行作业，做到包装紧凑、防护周密、安全可靠；

3）包装构件的外形尺寸和重量应符合公路运输方面的有关规定和要求；

4）包装依据安装顺序和土建结构的流水分段、分单元配套进行包装；装箱构件在箱内应排列整齐、紧凑、稳妥牢固，不得串动，必要时应将构件固定于箱内，以防在运输和装卸过程中滑动和冲撞，箱的充满度不得小于80%；

5）包装材料与构件之间应有隔离层，避免摩擦与互溶；

6）产品包装应具有足够强度，包装产品能经受多次卸装、运输无损失、变形、降低精度、锈蚀、残失，能安全正确的运输到施工现场；

7）所有箱上应有方向、重心和起吊标志；装箱清单中，构件号要明显标出；大件制作托架，小件、易丢件采用捆装和箱装。

（2）打包隔离

涂装完工后，应根据构件形式制定专项打包方案，原则上构件不允许与金属材质直接接触。构件之间可采用20mm×20mm的木棒隔离；构件与运输辅助支架之间可采用PVC隔离垫隔离，如图6-7所示。

图6-7 PVC隔离垫隔离

（3）构件包装方式与标识要求

构件上应有重心点及吊运标志：构件大于
20 吨时，应在构件顶面、两侧上用 40mm 宽的
线，划 150mm 长的"十"字标记，代表重心点；
在构件侧面上标起吊位置及标记；构件油漆后，
各类标记用醒目区别底漆的油漆在构件上写出，
字母大小为 50mm×40mm。

图 6-8　塑料薄膜包裹

钢构件大件物品较多，构件单根或并列或叠放装车，对外观要求较高，因此应
避免表面破损；相似构件多，因此更要注重标识的重要性。

（4）运输包存放

打包后的构件堆放时，必须在运输包下垫枕木或支支承，禁止直接堆放到地面
上。如构件打包后，须等一个月以上发货时，必须使用塑料薄膜或类似的塑料制品
覆盖在构件运输包上，如图 6-8 所示。注意油漆完工后过 24 ~ 72h 再覆盖塑料薄膜，
运输包底部应能通风。

（5）包装方式

构件单根重量 ≥ 2 吨时，采用单件裸装方式运输；构件单根重量 ≤ 2 吨且为不
规则构件时，采用单件裸装方式运输；构件较小但数量较多时，用装箱包装，如连
接板、螺杆、螺栓等。表 6-6 为典型构件的包装形式示意。

典型构件的包装形式示意　　　　　　　　　　　　　　　　　　表 6-6

构件	构件包装形式	构件	构件包装形式
H型构件		圆管构件	
箱形构件 日字形构件		弯扭构件	

构件	构件包装形式	构件	构件包装形式
桁架		零件板打包	

4. 构件装载要求

钢结构运输时，按安装顺序进行配套发运。汽车装载不允许超过行驶证中核定的载重量，装载时保证均衡平稳，捆扎牢固，运输构件时，根据构件规格、重量选用汽车。大型货运汽车载物高度从地面起控制在4m内，宽度不超出箱，长度前端不超出车身，后端不超出车身2m，钢结构构件的体积超过规定时，须经有关部门批准后才能装车。

构件在制作基地进行装车时，采用平板车将构件运至运输车前沿，直接利用汽车吊装车。包装完好的构件尺寸大的构件装于运输车挂车上，遵循大不压小、重不压轻的原则层层装车，每层之间进行隔垫，隔垫上下应一一对齐，且以保证在运输途中不因叠压而受损产生永久变形。不能摆放其他构件；其他箱装、摆装构件；所有摆装构件上下层之间用方木支撑，且处于同一垂线上。为确保构件涂装表面不受污染，对运输车进行检查，对运输车内存留的残留物进行清理，并对挂车进行洗舱，防止对构件造成污染。构件发运前所有构件机加工表面采用石油基阻化剂加以适当保护。

运输的货物还应进行加固。加固材料包括木块、木楔、钢丝绳、螺旋紧固器等。针对单件10吨以上的货物进行垫底、加固处理，防止在运输过程中货物发生位移以及对运输车结构的破坏，确保运输安全。在货物与运输车的接触面上垫方形木块，对集重货物进行分力。在每件货物与运输车接触面的四角用楔夹紧，防止在运输过程中位移。在运输车挂车上焊接铁环若干，用钢丝绳将货物拴套在铁环上，采用螺旋紧固器进行紧固，防止在运输过程中由于风大、颠簸而导致货物倾漏。

5. 超限构件运输

构件长度在14m以上或宽度在3.5m以上或高度在3m以上，以及重量在20吨以上的单体构件或不可分解的成组（捆）构件即为超限构件。根据构件的外形尺寸和重量（含包装和支承架），交通管理部门对超限构件进行以下分级，见表6-7。

超限构件分级 表6-7

序号	级别	内容
1	一级	长度大于14m（含14m）小于20m； 宽度大于3.5m（含3.5m）小于4.5m； 高度大于3m（含3m）小于3.8m； 重量大于20吨（含20吨）小于100吨
2	二级	长度大于20m（含20m）小于30m； 宽度大于4.5m（含4.5m）小于5.5m； 高度大于3.8m（含3.8m）小于4.4m； 重量大运100吨（含100吨）小于200吨
3	三级	长度大于30m（含30m）小于40m； 宽度大于5.5m（含5.5m）小于6m； 高度大于4.4m（含4.4m）小于5m； 重量大运200吨（含200吨）小于300吨
4	四级	长度在40m以上； 宽度在6m以上； 高度在5m以上； 重量在300吨以上

（1）超限构件运输与一般构件运输的区别

超限构件运输主要有以下四个特点：

1）运输对象特殊。与一般运输相比，可以从车货高度、车货宽度、车货长度、重力荷载等四个方面体现超限构件运输的特殊性。

2）运输受限条件多。超限构件运输同时受到公路工程技术标准和超限运输车辆标准两项限制，对于路宽、桥高、拐弯半径空间等都有特殊的要求。

3）前期工作复杂。超限运输的前期工作复杂，且非常重要：对于超限构件运输而言，运输是目的，但运输不是最困难的事情，相反运输前期的沟通、协商、勘测、设计、施工等是超限构件运输最为关键的事情，也是最为复杂的难题。

4）运输成本难以控制。超限构件运输的复杂性、非常规性给运输成本的控制带来了很大难度，不同于常规构件运输的装卸费、燃油费、过路费，此类运输还会面临很多的新建码头、桥梁、铺路、拆门、砍树等一系列常规运输无法想象的工程，这些工程的勘测、设计、开建，包括最后的拆除、复位都给运输带来了很大的成本。

（2）超限构件运输措施

对于"三超"构件运输除要遵循常规构件运输的要求外，还要采取其他相应措施；在运输实施前，编制"三超"构件专项运输方案及"三超"构件专项装卸车方案，针对运输组织、人员、车辆安排、运输路线、成品保护及应急预案等方面作出精心部署和交底。

6.2.13　追溯管理

产品的追溯应全过程，从切割工序开始到打包发运为止。切割工序中就进行零件板的钢板信息移植，具体到炉批号、零件板编号等；组装工序人员应核对构件对应的零件板是否准确，并做好追溯记录；焊接工序中应有相应的焊接地图，将焊接的信息进行追溯记录；其后，表面处理、涂装、打包、运输等均应进行前道工序的复查与本工序的质检，并将相关信息进行追溯记录。必要时，可通过二维码技术跟踪记录构件的完整信息。

6.3　预拼装管控

工厂预拼装主要目的是检验构件制作的精度，以便及时调整、消除误差，从而确保构件现场安装顺利，同时掌握构件的制作装配精度，对某些超标项目进行调整，并分析产生原因，在以后的加工过程中及时加以控制。工厂预拼装的管控措施如下：

（1）预拼装之前，首先对单体构件进行全面复查，形成检查记录，确保单体构件合格；

（2）对地样及支承进行全面检查，重点检查各关键点的尺寸坐标，形成检查记录，确保预拼装准备工作准确无误，从而保证预拼装精度；

（3）预拼装完成后，通过预拼装检测各控制点的尺寸偏差以及各对接端口间的错边与间隙情况，从而掌握构件的制作精度是否满足设计规范要求，同时分析偏差产生的原因，以确定导致偏差的工艺参数，以便于后续制作时及时调整，同时应做好预拼装检查记录，并在构件上标注中心线、控制基准线等标记，便于按预拼装的结果进行安装。大跨度相贯网格结构中，应注意贯口角度及相贯处间隙的测量；

（4）预拼装的允许偏差如表 6-8 所示。

钢构件预拼装的允许偏差　　　　表 6-8

构件类型	项目		允许偏差	检验方法
梁、桁架	跨度最外两端安装孔或两端支承面最外侧距离		+5.0mm −10.0mm	用钢尺检查
	接口截面错位		2.0mm	用焊缝量规检查
	拱度	设计要求起拱	±l/5000	用拉线和钢尺检查
		设计未要求起拱	l/2000mm；0	
	节点处杆件轴线错位		4.0mm	划节后用钢尺检查
管构件	预拼装单元总长		±5.0mm	用钢尺检查
	预拼装单弯曲矢高		l/1500，且不应大于10.0	用拉线和钢尺检查
	对口错边		t/10，且不应大于3.0mm	用焊缝量规检查
	坡口间隙		+2.0mm　−1.0	
构件平面总体预拼装	各楼层柱距		±4.0mm	用钢尺检查
	相邻楼层梁与梁之间距离		±3.0mm	
	各层间框架两对角线之差		H/2000，且不应大于5.0mm	
	任意两对角线之差		$\sum H$/2000，且不应大于8.0mm	

6.4　质量通病防治

在钢结构工程施工过程中，钢构件制作质量是决定整体钢结构工程质量的关键，然而往往在钢构件制作过程中存在一系列质量通病难以根除，既影响构件制作质量，更对钢结构工程造成安全隐患，现将一些常见的质量通病进行归纳总结，如表 6-9 所示。

质量通病及防治措施 表 6-9

质量通病		防治措施
切割缺棱且边缘氧化物未清理		严格按照工艺要求调整设备参数、控制火焰，并保持支承水平，出现质量问题及时焊补打磨
组装前未对焊道位置打磨		焊道及两侧30~50mm范围内的铁锈、毛刺、油污必须打磨清除干净
定位焊间距达到1000mm		定位焊缝厚度不应小于3mm，不宜超过设计焊缝厚度的2/3；长度不宜小于40mm和接头中较薄部件厚度的4倍；间距宜为300~600mm；定位焊工必须持证上岗
板材对接翼板与腹板未错开200mm以上		焊接H型钢的翼缘板拼接缝和腹板拼接缝的间距，不宜小于200mm。翼缘板拼接长度不应小于600mm；腹板拼接宽度不应小于300mm，长度不应小于600mm
引弧不规范导致端头焊缝缺陷		焊接接头的端部应设置引弧板、引出板。电弧焊和气保焊焊缝引出长度大于25mm，埋弧焊缝引出长度大于80mm
焊成型差，焊缝存在咬边、焊瘤等缺陷		焊工必须持证上岗，焊接参数必须严格按照工艺要求执行，外观、尺寸符合相关规范要求
构件吊运未保护致母材损伤		构件吊运或翻转时应在相应位置加上保护铁等防护措施
除锈未达设计要求		抛丸前对构件表面进行清理，主要针对构件表面的油污；选用合适钢丸，宜选用钢丸、铁砂、钢丝粒等混合磨料；控制抛丸构件的行进速度，宜为1.2~1.5m/min
漆膜厚度与设计不符，偏差超规范		注意涂装过程中用湿膜测厚仪控制湿膜厚度；油漆需充分干燥后进行干膜厚度的测量

第7章 典型构件加工制作

7.1 箱形弯扭构件制作技术

箱形弯扭构件为三维空间扭曲，空间三维板展开平面下料、板件弯扭的成型工艺和成型精度、空间三维测量与校核等要求精确度都很高，控制加工制作的外形尺寸精度是确保质量的关键环节。

7.1.1 制作工艺流程

箱形弯扭构件制作工艺流程如图 7-1 所示。

7.1.2 箱形弯扭构件制作工艺

1. 下料

（1）首先应核查钢材是否满足要求，复核加工图、排版图与零件清单，检查零件的定位尺寸和形状尺寸是否完整、合理，核对零件数量和规格在前后文件中是否一致；若图纸标识和工艺文件表达不清，须由班组长或工段长及时沟通工艺技术部门解决，不得擅自下料。

（2）内隔板若设计要求全焊透，则下料时需注意预留衬垫板间隙，具体间隙大小根据板厚及焊接坡口来确定，一般为 6 ~ 10mm，腹板下料尺寸应减去与翼缘板焊接的两边间隙。

（3）切割之前，应在设备上对所提供程序进行预切割，校对是否与排版图所示一致。

```
┌──────────┐  ┌──────────┐        ┌──────────┐
│ 翼板下料 │  │ 腹板下料 │        │内隔板下料│
└────┬─────┘  └────┬─────┘        └────┬─────┘
     │             │                   │
     └──────┬──────┘                   │
            ▼                          ▼
      ┌──────────┐              ┌──────────┐
      │ 坡口加工 │              │ 坡口加工 │
      └────┬─────┘              └────┬─────┘
           ▼                         │
     ┌────────────┐                  │
     │ 卷板机轧弯 │                  │
     └─────┬──────┘                  │
           │                         │
           └────────┐       ┌────────┘
                    ▼       ▼
                ┌──────────────┐
                │  U形组立     │
                └──────┬───────┘
                       ▼
             ┌──────────────┐      ┌──────────┐
             │ 内隔板焊接   │─────▶│ 无损检测 │
             └──────┬───────┘      └──────────┘
                    ▼
             ┌──────────────┐
             │ BOX盖板组装  │
             └──────┬───────┘
                    ▼
             ┌──────────────┐      ┌──────────────┐
             │ 埋弧焊焊接   │─────▶│ 主焊缝UT探伤 │
             └──────┬───────┘      └──────────────┘
                    ▼
             ┌──────────────┐
             │ 牛腿组装焊接 │
             └──────┬───────┘
                    ▼
             ┌──────────────┐
             │  除锈油漆    │
             └──────┬───────┘
                    ▼
             ┌──────────────┐
             │  打包发运    │
             └──────────────┘
```

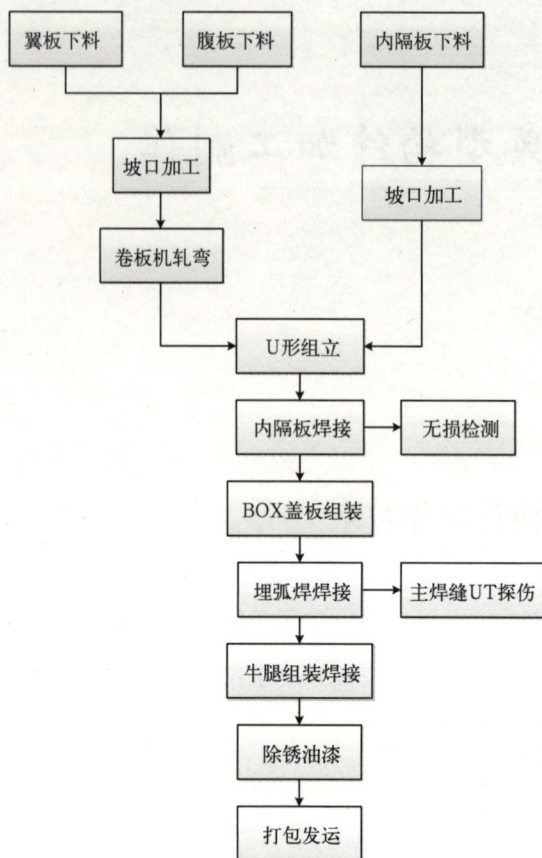

图 7-1 箱形弯扭构件制作工艺流程图

（4）采用数控编程切割时（图 7-2），首件必须进行检验，检查是否与工艺文件相符，偏差是否在允许范围之内，切割的同时，要按照排版图进行零件编号标识。

图 7-2 切割下料

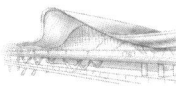

（5）出现质量缺陷时，应及时报班组长或工段长，按企业质量管理规定和相关工艺要求进行处理，并做好处理记录，严禁擅自处理。

（6）按规定对每个零件、每个余料进行标识，标识方法及位置按企业质量管理规定进行操作，并对零件进行分类码放。

（7）零件切割后要及时清除飞溅、氧化铁、氧化皮，修补缺陷，打磨干净后交予下一工序；零件允许偏差如表 7-1 所示。

零件下料允许偏差　　　　　　　　　　　　　　　表 7-1

编号	项目		允许偏差（mm）
1	零件宽度、长度		±3.0
2	气割面平面度		0.05t且不大于2.0
3	气割割纹深度		0.3
4	气割局部缺口深度		1.0
5	条料侧弯		≤L/2000且≤10
6	坡口角度		±2.5°
7	钢板局部平面度	t≤14	1.5
		t>14	1.0

2. 坡口加工

依照工艺要求对零件板开制坡口。由于腹板两边不是直边，可采取分段切割坡口，或用仿形切割机切割坡口。切割面质量及坡口角度应符表 7-1 的相应规定。超出规范时，应修补打磨平整。

3. 翼缘板、腹板成型

弯扭壁板的加工成型方案通常有：压模（含数控压模）压制成型、油压机压制成型、三辊卷板机卷制成型、火工矫形等方法。

考虑各种加工方法的整体加工质量、工作效率，特别是在加工过程中避免由于板材点状受力造成母材损伤及成本等各种因素，对于≤ 20mm 厚钢板且弯曲度不大的板材，可直接在支承上定位，用火工矫形，但应避免强迫就位，防止应力集中。对于＞ 20mm 厚钢板，一般采用三辊卷板机卷制成型。

对加工成型后的弯扭板材，通常可采用全站仪进行严格检查。

4. 支承制作

(1) 根据弯扭构件下翼缘板位形控制位置的水平投影，布置厚度 50mm 的钢板平台，在平台板上找出其平面坐标点，并用样冲在平台板上冲眼标记。

(2) 根据深化图纸提供的下翼缘板成型坐标，确定位形控制点的 Z 向坐标。制作支承用角钢，并在平台板上点焊固定，保证垂直度，并用全站仪标记固定下翼缘板的竖向位置，如图 7-3 所示。

准备矩形板，与角钢支承焊接固定，上表面的两点通过用全站仪精确检测后固定，如图 7-3 所示。

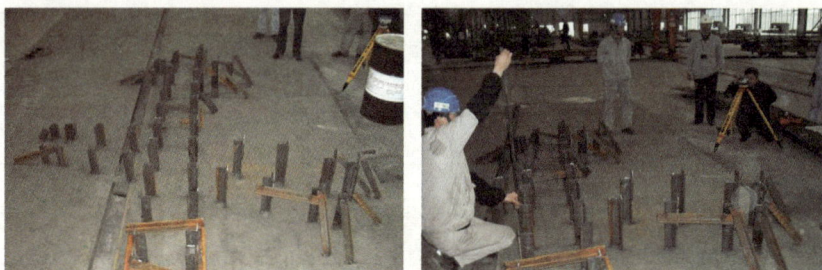

(a) 设置竖向角钢 　　　　　　　(b) 标记下翼缘竖向坐标

图 7-3　设置支承

5. 组装

(1) 定位下翼板：把已弯制好的下翼缘板，放在支承上，利用千斤顶或烤枪对位形控制点进行调整，直到与支承角钢竖向位置的标记点完全吻合后，将下翼缘板点焊固定于支承角钢上，如图 7-4 所示。

图 7-4　定位下翼板

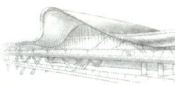

（2）安装内加劲板：通过在下翼板上放样划线后，定位所有位置的内加劲板，点焊时应注意保证加劲板的垂直度，如图 7-5 所示。

图 7-5 内隔板组装

（3）安装两侧腹板：以下翼板与内加劲板为基准进行两侧腹板定位，采用千斤顶进行位形调整，直到位形控制点吻合后点焊固定，如图 7-6 所示。为防止端部截面焊接变形走样，构件两端应设置隔板或支撑。

（a）调整位形　　　　　　　　　　　　　　（b）点焊固定

图 7-6 腹板组装

（4）外形尺寸验收与内加劲板焊接：检查构件外形尺寸，确认满足精度后，进行内加劲板的焊接。

（5）验收内加劲板焊缝与焊接上翼缘板：对内隔板已焊焊缝进行外观检查，并按相关规范进行超声波探伤检查，确认合格后，先装牛腿部位上翼板，并焊接该处的内加劲板与上翼缘焊缝，对其外观与探伤检查合格后，再焊接剩余的上翼缘板。

上翼缘焊接完成后，对焊缝进行外观与探伤检测，合格后进行总体外形测量，对不满足要求处进行整修，直到满足精度要求为准。

（6）安装牛腿：牛腿宜先行制作，经焊接、超声波探伤、外形矫正、验收合格后，再与弯扭构件进行装配与焊接，完成后进行相应的质检。

（7）质量验收：虽然在组装过程中，不断进行了焊缝与外形的质检与验收，但构件全部完工后，还须进行总体质检核查与验收，并详细记录构件加工与质量信息，以备后续工序查询使用。

6. 焊接

焊接相关技术要求参加第 5 章。

7. 矫正

（1）构件整体焊接完成后，需重新把构件置于支承上，对关键控制点进行复核矫正。经质量检验人员检查合格后，方可拆除支承。

（2）火焰矫正时温度控制在 600 ～ 800℃；不宜过高，宜用点状，不宜采用三角形加热法。

（3）主控尺寸为工地拼接口的坐标。

弯扭构件验收具体规定如下：加工矫正后的弯扭构件边弧线光顺、无突变，弯曲矢高允许偏差不大于 $L/1000$，且不应大于 10mm。弯扭构件外形尺寸允许偏差见表 7-2。

弯扭构件外形尺寸的允许偏差[57]   表 7-2

项目		偏差（mm）
构件扭曲		3.0
构件截面尺寸（$b \times h$）	连接处（二端头）	±3.0
	中间	±4.0
二端面	平面度	2.0
	四角垂直度	3.0
	二对角线差	3.0
	板件正截面直线度	$b/300$
表面形状	四角弧度光顺、曲面平滑	

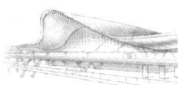

7.2 圆管弯扭构件制作技术

圆管弯扭构件应用于平面弧形桁架构成空间受力结构体系，基本每榀桁架都存在三维方向弯曲。所有组成桁架的上下弦圆管弯扭构件都需要进行三维方向的弯曲，并且每根构件的弯曲度都不一样，需控制多个三维坐标点，对制作人员提出了相当高的要求。构件制作前，需进行三维空间的放样，需制作一个独立的临时支承，确保控制弯曲点的准确度。个别工程需调整近万次支承，需耗费大量的人工及型材。其加工制作的尺寸精度是确保质量的关键环节。

7.2.1 制作工艺流程

圆管相贯线切割与弯扭制作工艺流程如图 7-7 所示。

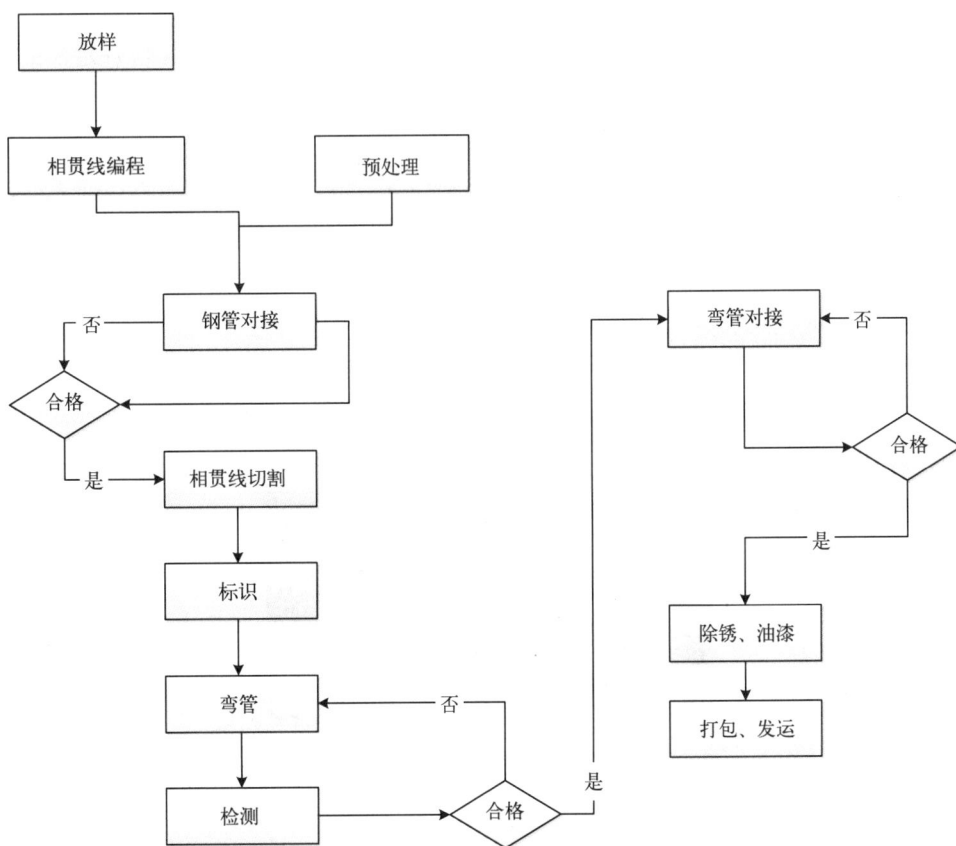

图 7-7 圆管相贯线切割与弯扭制作工艺流程图

7.2.2 圆管弯扭构件制作工艺

1. 材料进厂

根据材料采购清单进行材料采购。钢管进厂时，由专职质量检验员核查随钢管附带的材料质检说明书、合格证原件，进行外观与尺寸验收，并根据相关规范与设计要求抽样检测其力学性能与化学成分，合格后才能投入使用。

2. 下料前准备

（1）做好工艺技术交底，熟悉管件切割、标识、对接、组装、焊接和预拼装的工艺流程；

（2）检查材质是否和《相贯线数控切割工艺定额表》相符；

（3）对所用的机械设备进行试运转，核查其工作性能和精度是否满足要求，安全防护装置是否可靠；

（4）调整相贯线切割支承；

（5）清理出足够的场地进行管件堆放，场地要利于管件倒运，并备好足够的堆放支架。

3. 预处理

按照工艺文件要求选择预处理生产线进行抛丸除锈及车间底漆喷涂。除锈等级必须满足设计要求，按要求喷涂车间底漆一道，喷涂底漆晾干后的钢管按规格整齐堆放，如图 7-8 所示。

图 7-8 喷涂底漆后钢管堆放

4. 放样

由深化设计建立直管或弯扭管的三维空间模型，获得直管长度或弯扭管展开后

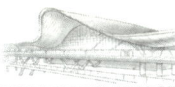

的长度，如端头为相贯线应计算出钢管的包络长度（两端外径相贯线最长处之间的长度）。在计算杆件下料长度时应计入焊接收缩量，焊接收缩量可根据企业通用工艺标准或工艺评定试验确定，一般每条焊缝可取为 1.0 ～ 2.0mm。对于弯管，考虑到加工后弯管两端会留有平直段（该平直段称为工艺余量长度）需要割除，下料时必须将其计入在内，该平直段的长度一般由工艺试验确定。另考虑到弯管加工过程中会产生收缩变形，实际下料长度宜适当加长。根据杆件的包络长度、焊接收缩量与弯管工艺余量长度、弯曲收缩量等确定每根杆件的实际下料长度。

5. 相贯线编程

具体操作详见 4.2.3 章节。

6. 钢管接长

当原材料钢管短于杆件长度时，可根据其受力情况进行拼接。拼接应符合国家规范《钢结构工程施工质量验收规范》(GB50205)、《钢结构工程施工规范》(GB50755) 的相关要求。为保证焊接成型质量，拼接应在滚轮上进行，如图 7-9 所示，并应遵守以下原则：

（1）在工艺文件制定时，管件接长比例和质量必须严格遵守设计要求，车间执行时必须严格按工艺文件要求进行，不得擅自修改；

（2）一般情况下，钢管桁架的弦杆拼接位置应避开跨中 $L/3$ 范围处，拼接长度不应小于 600mm，且拼接缝必须错开腹杆相贯节点 500mm 以上；腹杆拼接长度不宜小于 600mm；

（3）管件对接主要采用加内衬管（板）进行单面全熔透焊接，焊缝等级为一级，接口错边应小于 $0.1t$ 且不得大于 2mm。

（a）在滚轮上钢管接长　　　　　　（b）焊缝成形

图 7-9　钢管对接

7. 相贯线切割

采用数控相贯线切割机设备进行钢管的相贯线切割。

切割前操作人员务必仔细阅读制作工艺、深化设计图纸与相贯线切割文件，彻底理解后再开始操作；需仔细核对钢管编号、规格、材质是否与工艺文件一致。

切割数量应与数控切割工艺文件列表一致，每切割完成一根务必做好相应的切割记录，并避免出现多割、漏割等现象。相贯线切割如图7-10所示。

(a) 切割　　　　　　　　　　　　　　　(b) 贯口

图7-10　钢管相贯线切割实景

8. 标识

钢管下料自检无误后，采用专用的钢号打印机进行标识打印（图7-11），同时还宜采用油漆笔在管端头200mm范围内管内、外壁标示构件编号、零件编号、管件规格等信息。对于外露构件及设计规定不允许打印标识的，可采用标签标识等方法。

(a) 构件编号输入装置　　　　　　　　　(b) 钢号打印效果

图7-11　杆件标识

9. 弯管

（1）弯管生产前的准备工作

1）验证待弯钢管的钢印标识等是否符合图样要求、钢管两端是否留有弯管加工所需要的工艺余量长度。

2）对钢管待弯部位的污垢清理干净后进行宏观检查，对有重皮、表面裂纹、划痕、凹坑等缺陷的钢管应修磨至缺陷消除，对表面锈蚀明显的应除锈处理。管材经修磨后的实际壁厚应符合设计要求。

3）对钢管的待弯曲部位，沿长度每隔 300mm 处沿圆周方向均布四点测厚，挑选较厚的一侧作为弯曲拉伸面。

（2）弯管方法分类

弯管方法根据弯管机类型分为：型材卷弯机弯管、中频弯管机弯管、液压顶模弯管等三种方法，具体适用范围如表 7-3 所示。

弯管方法适用范围　　　　　　　　　　　表 7-3

弯管工艺	弯管直径（mm）	适用范围	备注
型材卷弯机	$D \leqslant 600$	管径较小、壁厚较薄、弯曲半径相对较大	
中频弯管机	$500 \leqslant D \leqslant 2000$	壁厚较薄、弯曲半径较小、造型特殊	
液压顶模	$100 \leqslant D \leqslant 2000$	直径单一批量管件、弯曲半径相对较大	

1）型材卷弯机弯管 CDWS4-5500 型型材卷弯机设备及性能参数分别如图 7-12 和表 7-4 所示。

图 7-12　CDWS4-5500 型型材卷弯机

CDWS4-5500 型材卷弯机性能参数 表 7-4

型材规格（mm）	弯管半径（mm）	型材最大抗弯截面模量（cm³）	型材屈服极限（MPa）	型材弯卷速度（m/min）
$\phi 600 \times 20$	$R60000$			
$\phi 500 \times 20$	$R40000$			
$\phi 426 \times 16$	$R20000$	5500	≤345	3
$\phi 402$	$R15000$			
$\phi 219 \sim 325$	$R4000 \sim R8000$			

2）中频弯管机弯管

中频弯管机的弯管方式是利用中频电能感应对钢管进行局部环状加热，同时利用机械拖动钢管旋转，并不断协调弯曲度成形的工艺过程，如图 7-13 所示。中频弯管工艺流程如图 7-14 所示。中频弯制 Q345B 钢管的加热温度、冷却方式要求如表 7-5 所示。

(a) 弯管图　　　　　　　　　　(b) 弯管成形

图 7-13　中频弯管机弯管

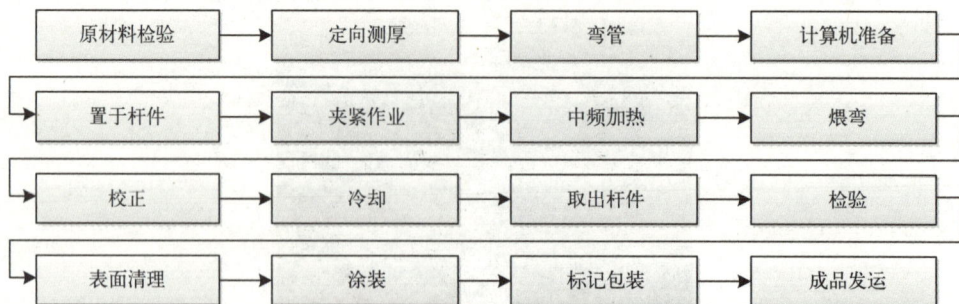

图 7-14　工艺流程图

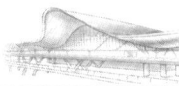

材质	壁厚（mm）	加热温度（℃）	冷却方式	热处理要求
Q345B	任意	850～950	强迫空冷却	不处理

利用中频弯管机对钢管进行弯曲，其工艺要点如下：

①通过产品材质硬度调试中频煨弯电流与电压。

②控制弯制速度在 10cm/s 内。

③起弯后要求持续性弯曲，尽量控制弯曲构件在弯曲过程中一次性成型，不要中途停顿。

④中频加热弯曲后宜马上对弯曲构件进行冷却，冷却方式有多种，优先采取边加工边风冷的方式进行冷却，以保证弯曲后不再产生变形。

⑤钢管构件弯曲后需要检验，检验不合格构件需要进行矫正，矫正在专用弯曲矫正设备上进行，直到达到设计要求为止。

3）液压顶模弯管针对直径单一、弯曲半径较大的批量管件，可制作仿形压模。

其工艺流程如图 7-15 所示。

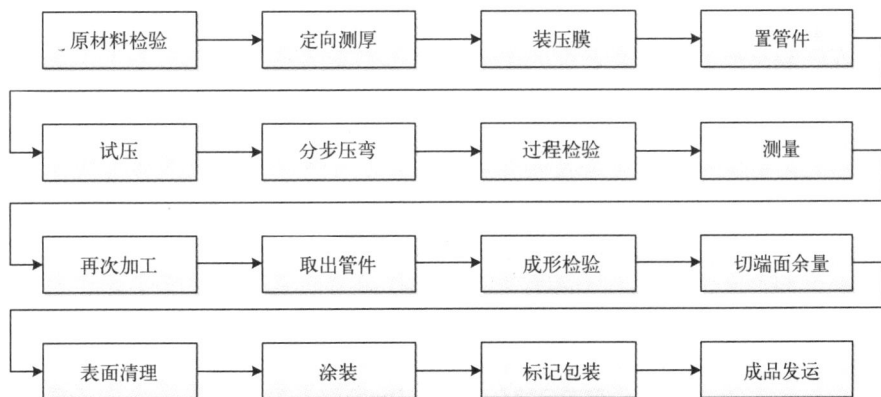

图 7-15　液压顶模工艺流程图

液压顶模弯管工艺的要点如下：

①压模的设计和装夹

首先采用厚板按钢管的截面尺寸制作专用压模，然后采用高强螺栓将其与油压机进行连接。其中下模开挡尺寸要根据试验数据确定。液压装置如图 7-16（a）所示，压模如图 7-16（b）所示。

<table>
<tr><td>（a）液压装置</td><td>（b）压模</td></tr>
</table>

图 7-16　液压顶模

②工艺余量长度

为保证钢管端部的光滑过渡，下料时增加一定长度，待钢管压制成形后，再切割两端的平直段，余下的弯曲段则为加工成形的弯管。其增加的长度称为工艺余量长度，由工艺试验确定。

③压弯速度

钢管压弯采用从一端向另一端逐步煨弯，每次煨弯量约为 500mm，压制时压量要逐步过渡，以免产生较大的皱褶。

10. 弯管成品质量要求

弯曲后管件的外形尺寸须符合后续工序的要求，端头毛刺应打磨干净，弯曲后管件不得有弯裂、翘曲、擦伤、分层、过烧等缺陷。自检合格的零部件报工序质检员检验，不合格品按相关规定进行返修或报废处理。按规定填写自检记录表和工序交接记录，表格应填写清晰、完整、真实。其尺寸允许偏差如表 7-6 所示。

弯管尺寸允许偏差（mm）　　　　　　　　　　　　　表 7-6

项目	允许偏差（mm）	检查方法
弯曲直径	±3.0	直尺、卷尺
管口圆度	d/500且不大于3.0	
管件长度（弦长）	±3.0	卷尺
管口垂直度	±3.0	依实样或坐标、直尺、卷尺、吊线
壁厚减薄量	不大于1.5	直尺、游标卡尺
弯曲矢高	±10	拉线、直尺、卷尺
平面度（扭曲、平面外弯曲）	不大于10	拉线、直尺、水准仪检查

7.3 焊接空心球制作技术

焊接空心球广泛应用于单层或多层空间网格结构的节点体系，该体系是将钢管与预制好的空心球直接焊接而成，适用于连接钢管杆件。焊接空心球节点的优点是构造简单，受力明确，连接方便，焊接空心球的加工是将钢板裁成圆板，再将圆板经炉内加热后放在模具上用冲压机压成半圆球，再将半圆球去飞边切坡口，最后对焊成球。焊接空心球的尺寸及焊接质量为加工控制的关键点。

7.3.1 制作工艺流程

焊接空心球制作工艺流程如图 7-17 所示。

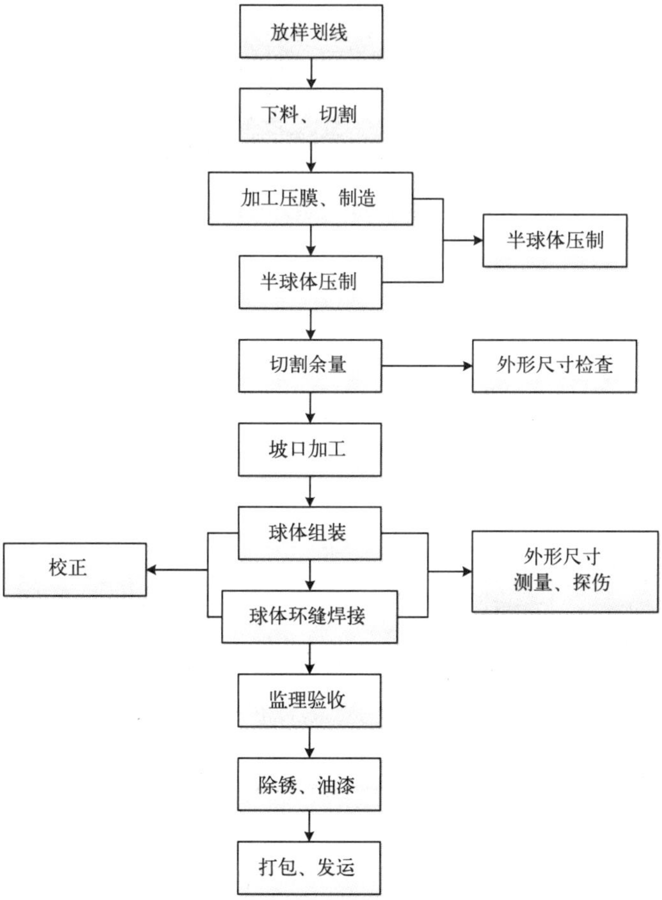

图 7-17 焊接空心球制作工艺流程图

7.3.2 焊接空心球制作工艺

1. 钢板下料

（1）下料尺寸计算：根据钢球规格，考虑预留机加工切边余量（一般为 8mm），半球胚料的圆板直径为 $D_{板}=1.41d+8$mm（d 为钢球中面直径）；

（2）切割：采用氧气-乙炔沿固定导轨进行火焰切割或数控切割，切割之后除掉氧化皮等；

（3）将切割好的圆板分类集中堆放。如图 7-18 所示。

图 7-18　圆板下料

2. 冲压成型

（1）用炉子加热圆板，加热温度宜为 1000～1100℃。温度不宜过低，也不宜过高。钢板加热要均匀，以使冲压时变形均匀对称。加热时，不得让火焰直接烧坯料，以免渗碳、渗硫影响钢板质量，如图 7-19（a）所示。

（a）炉内加热　　　　　　（b）冲压　　　　　　（c）成型

图 7-19　冲压成型

（2）冲压前，应调整上下模的位置，保证其垂直度和上下模之间的缝隙，必要

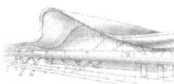

时加垫铁找正模具。

（3）放置圆板至正确位置，并用压边圈固定。

（4）下压时，压边圈要放正并用销子紧固于周边下模平台上，并注意使其保持平面状态，不让上模压到。

（5）开动上模将固定于下模的圆板冲压成半球。冲压过程中，要注意冷却机具。如图 7-19（b）、（c）所示。

3. 开设坡口

（1）半球压好后，将多余的毛边切去，坡口角度为 30°，坡口大样如图 7-20 所示，切割如图 7-21 所示。

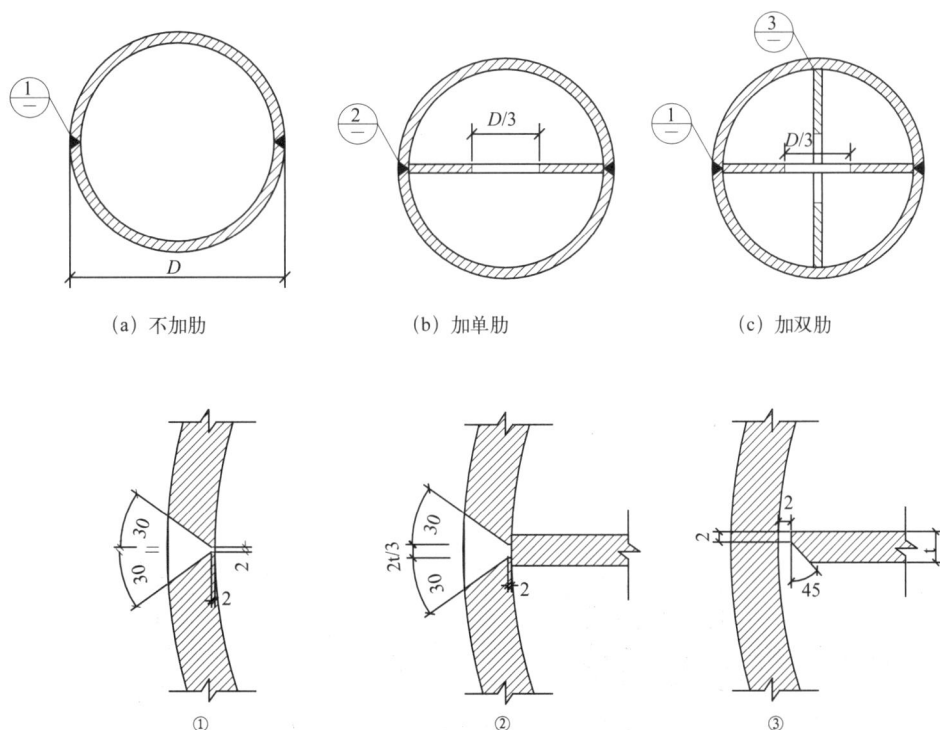

（a）不加肋　　　　　　　　（b）加单肋　　　　　　　　（c）加双肋

图 7-20　焊接空心球焊接位置与大样

图 7-21　半球余量及坡口切割

（2）采用专用机具将半球夹稳，并放正位置，否则容易导致切割不均匀，造成废品。

（3）半球火焰切边坡口后高度

不加肋半球高度：$h=（D-2）/2+\Delta$；加肋半球高度：$h=（D-2）/2+t/3+\Delta$。

式中　　h——切边剖口后半球高度（mm）；

　　　　D——球的公称外径（mm）；

　　　　t——肋板厚（mm）；

　　　　Δ——焊接收缩预留量（mm），根据球的壁厚 δ 选取，具体为 $\delta=6 \sim 8mm$，$\Delta=2mm$；$\delta=10 \sim 12mm$ 时，$\Delta=2.5mm$；$\delta=14 \sim 16mm$，$\Delta=3mm$。

4. 组装焊接成球

（1）将切边后的钢半球在专门的卡具上点焊组对，半球之间的缝隙：不加肋者为 2mm，加肋球两半球之间的缝隙为 $2/3t$（t 为肋板厚度）。

加劲肋、半球组装如图 7-22 所示。

（a）组装加劲板　　　　　　　　　　（b）组装半球

图 7-22　球体组装

（2）使用时应对卡具不断地检验，保证卡具几何尺寸的精度。

（3）组对点焊时，焊点不少于 8 点，焊点高度不大于设计焊缝高度的 2/3，且焊点端部平滑，易于过渡。

（4）球组对后的直径

不加肋球组对后与焊缝垂直方向的外径：$D_{组}=2h+2$。

加肋球组对后与焊缝垂直方向的外径：$D_{组}=2h+2t/3$（计算方法参见图 7-20），$D_{组}$ = 两半球组对后与焊缝垂直方向的外径；h—半球切边剖口后高度；t—肋板厚度。

（5）焊接空心球组对焊接在专用模具上进行。焊接宜采用滚动环焊，将焊接位置固定在接近平焊的位置。焊前清除焊口两侧 10mm 范围内的铁锈、油污。

（6）打底焊接必须焊透，且两边与球体熔合良好。

（7）采用分层焊接，每层焊完后将焊渣清理干净，多层焊时，起弧灭弧处应每层错开。盖面焊缝要保证熔合良好，避免两球边出现未熔合、咬边。

（8）焊工焊完后，应清理焊缝及周围的飞溅物，并按要求并及时打上焊工编号钢印和球的规格号，焊接空心球焊接如图 7-23 所示。

（a）球体焊接　　　　　　　　　　　（b）成品

图 7-23　焊接

（9）一组钢球焊完后，班组自检，并做好自检记录，自检合格后，由质量专职检验员进行验收入库。

5. 焊接空心球质量要求

（1）两半球的连接焊缝应符合现行国家标准的规定。检验标准应符合《钢结构工程施工质量验收规范》（GB50205-2001）所述的二级质量标准。焊缝应用超声波探伤法检测，100% 的进行，按现行国家规范标准验收。

（2）焊接空心球表面应光滑平整，不得有裂缝，局部凸起或折皱，局部凹凸不平不大于 1.5mm。

（3）焊接空心球加工允许偏差及检验方法如表 7-7 所示。

焊接空心球加工允许偏差及检验方法[58]　　　　表 7-7

序号	项目	规格（mm）	允许偏差（mm）	检验方法
1	直径	$D \leqslant 300$	±1.5	
2		$300 < D \leqslant 500$	±2.5	
3		$500 < D \leqslant 800$	±3.5	
4		$D > 800$	±4.0	用游标卡尺检查，每个球测三对，每对互成90°，以三对直径差的平均值计
5	圆度	$D \leqslant 300$	±1.5	
6		$300 < D \leqslant 500$	±2.5	
7		$500 < D \leqslant 800$	±3.5	
8		$D > 800$	±4.0	
9	壁厚减薄量	$t \leqslant 10$	≤0.18t且不大于1.5	
10		$10 < t \leqslant 16$	≤0.15t且不大于2.0	
11		$16 < t \leqslant 22$	≤0.12t且不大于2.5	钢板测厚仪测厚
12		$22 < t \leqslant 45$	≤0.11t且不大于3.5	
13		$t > 45$	≤0.08t且不大于4.0	
14	对口错边量	$t \leqslant 20$	≤0.10t且不大于1.0	
15		$20 < t \leqslant 40$	2.0	用套模及游标卡尺检查，取最大错边外一点
16		$t > 40$	3.0	
17	焊缝余高	—	0～1.5	用焊缝量规检查

注：D 为焊接空心球的外径；t 为焊接空心球的壁厚。

7.4　螺栓球制作技术

螺栓球节点网架属于多次超静定空间结构体系，它改变了一般平面架结构的受力状态，能够承受来自各方面的荷载。这种平板形网架，结构新颖美观，杆件规律性强，网格划一，整体性好，空间刚度大，抗震性能好，杆件之间全部采用螺栓连接，便于安装，操作简便，受力明确，它广泛用于大跨度钢结构体系中。同轴度、平面

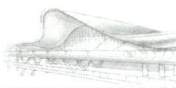

度及相邻夹角等几何尺寸是加工控制的关键点。

7.4.1 制作工艺流程

螺栓球制作工艺流程如图 7-24 所示。

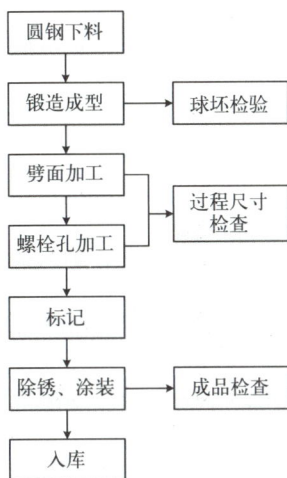

```
┌──────────┐
│ 圆钢下料 │
└──────────┘
     │
┌──────────┐      ┌──────────┐
│ 锻造成型 │─────→│ 球坯检验 │
└──────────┘      └──────────┘
     │
┌──────────┐
│ 劈面加工 │─────┐
└──────────┘     │  ┌──────────┐
     │           ├─→│ 过程尺寸 │
┌──────────┐     │  │ 检查     │
│螺栓孔加工│─────┘  └──────────┘
└──────────┘
     │
┌──────────┐
│ 标记     │
└──────────┘
     │
┌──────────┐      ┌──────────┐
│除锈、涂装│─────→│ 成品检查 │
└──────────┘      └──────────┘
     │
┌──────────┐
│ 入库     │
└──────────┘
```

图 7-24 螺栓球制作工艺流程图

7.4.2 螺栓球制作工艺

1. 圆钢下料

（1）螺栓球宜采用材质要求为 45 号的圆钢锻造成型，材料需符合《优质碳素结构钢》（GB/T 699）的规定。

（2）圆钢下料采取锯床进行机械锯割，如图 7-25 所示。

图 7-25 圆钢锯床下料

2. 锻造成型

（1）首先将圆钢在加热炉中加热至 1150 ～ 1250℃。

（2）初锻采取高速蒸汽冲床或油压机＋专用成型模具。

（3）球体锻造采取高速蒸汽冲床，配合专用成型模具。

（4）锻造加工温度应控制在 800 ～ 850℃。

（5）锻造时球体表面不得有微裂纹、褶皱和过烧。同时锻造后的球体表面应均匀顺滑。如图 7-26、图 7-27 所示。

图 7-26　球体锻造

图 7-27　球坯

3. 劈面加工

（1）在专用车床上首先劈出工艺孔平面，然后在该平面上钻出工艺孔。

（2）以工艺孔为基准进行球体的装夹。如图 7-28、图 7-29 所示。

图 7-28　劈面加工

图 7-29　成型

4. 螺栓孔加工

（1）先采用钻头钻出螺栓孔，然后换成丝锥进行内螺纹的攻制。

（2）螺栓球螺丝尺寸应符合《普通螺丝基本尺寸》（GB196）中的相关规定，螺丝公差应符合《普通螺丝公差》（GB197）中 6H 级的规定。如图 7-30、图 7-31 所示。

图 7-30 钻孔 　　　　　　　　　图 7-31 成型

5. 标记

（1）螺栓球印记要打在基准孔平面上，要有球号、螺纹孔加工工号等；字迹清晰可辨。

（2）检查螺栓球标记是否齐全。

6. 除锈及涂装

（1）当设计无要求时，除锈等级应符合现行国家标准《涂覆涂料前钢材表面处理表面清洁度的目视评定第 1 部分：未涂覆过的钢材表面和全面清除原有涂层后的钢材表面的锈蚀等级和处理等级》（GB/T 8923.1-2011）的 $Sa2\frac{1}{2}$ 级的规定。

（2）涂装时的环境温度和相对湿度应符合涂装产品说明书要求，当产品说明书无要求时，环境温度宜在 5 ~ 38℃ 之间，相对湿度不应大过 85%。构件表面有结露时不得涂装，雨雪天不得进行室外作业。涂装后 4h 不得淋雨。

（3）涂装的厚度由干湿膜测厚仪控制并符合设计及相关规范要求。涂装时应注意避免油漆进入螺纹孔内，螺栓球螺纹部分均应涂防锈油。

7. 质量要求

（1）螺栓球几何参数允许偏差应符合表 7-8 的规定，其中几何参数如图 7-32 所示。

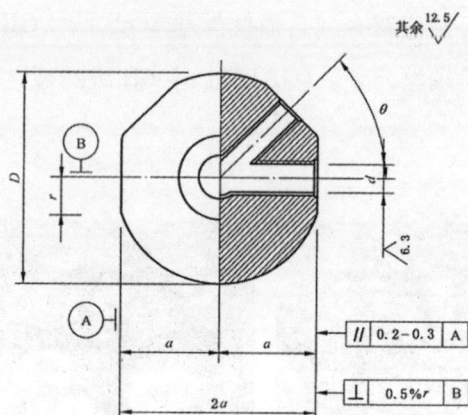

图 7-32 螺栓球几何尺寸

螺栓球加工允许偏差[59]　　　　　　　　　　表 7-8

序号	项目	规格（mm）	允许偏差（mm）
1	直径	$D \leqslant 120$	+2.0　−1.0
2		$D > 120$	+3.0　−1.5
3	圆度	$D \leqslant 120$	1.5
4		$120 < D \leqslant 250$	2.5
5		$D > 250$	3.0
6	同一轴线上两铣平面平行度	$D \leqslant 120$	0.2
7		$D > 120$	0.3
8	铣平面距球中心距离a	—	±0.2
9	相邻两螺纹孔夹角θ（′）	—	±30′
10	两铣平面与螺栓孔轴线垂直度	—	0.005r

注：D为螺栓球的外径；r为铣平面外接圆半径。

（2）螺栓球的几何参数及形位偏差，可采用游标卡尺和形位公差测量仪进行检测；螺纹采用标准止通规检查；角度用专用角度尺测量；微裂纹用 10 倍放大镜目测或进行磁粉探伤检验。

7.5　铸钢件制作技术

随着铸造工艺的不断提高，铸钢节点日趋广泛地应用于大跨度空间结构体系当

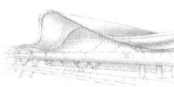

中，其主要特点是在工厂内整体浇铸，相对于焊接空心球节点和钢管相关节点可避免焊缝应力集中，具有良好的适应性，节点设计的自由度大，不受节点位置、形状及尺寸的限制，铸钢件的几何尺寸，表面缺陷、化学成分、力学性能及内部缺陷等是加工控制的关键点。

7.5.1 制作工艺流程

铸钢件制作工艺流程如图 7-33 所示，其中制模、造型、冶炼、热处理和成品终检均为质控点。

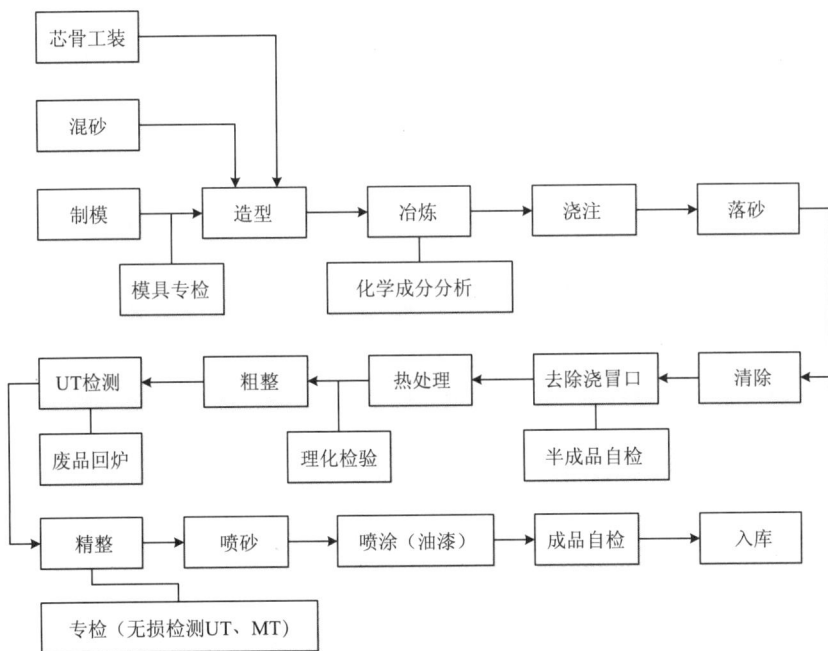

图 7-33 铸钢件制作工艺流程图

7.5.2 铸钢件制作工艺

1.铸钢件工艺方案确定

在制作前，应依据工程招标图纸和中国工程建设标准化协会标准《铸钢节点应用技术规程》（CECS 235），对每一种铸钢件建立三维实体模型。典型多支管铸钢节点如图 7-34 所示，以下将该节点为例介绍三维模型设计的过程。

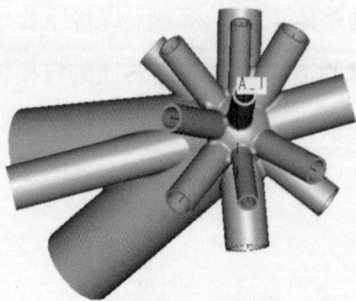

图7-34　多支管铸钢节点三维实体模型

计算机凝固模拟分析确定铸钢件铸造工艺方案。凝固模拟进行凝固分析、流动分析以及流动和传热耦合计算分析，确定铸钢件的浇注温度、浇注速度、浇注时间、钢水需求量、砂型中冷却时间等工艺参数，同时预测铸件缩孔和缩松的倾向。凝固模拟过程应改进和优化铸造工艺、提高铸件质量、降低废品率、保证工艺设计水平稳定，保证铸钢件具有优良的质量。

在浇注过程中须做到：钢水流动相对平稳，杜绝造成大的涡流，避免导致卷气、卷渣、夹杂。其次局部的流速不能过大，避免导致冲砂。最后钢水充满瞬间型腔中的钢液温度分布相对均匀，避免导致冷隔、浇不足等缺陷，造成在凝固过程应力集中、补缩通道过早凝固，形成液相孤立区，达不到顺序凝固的作用，或者冒口因此达不到最佳效果。

2. 铸钢模具的制作与要求

模具按铸造工艺图确定的制作方式、结构和工艺参数制作。常用的铸钢件模具为木模与消失模组合的形式。

（1）木模制作过程中的技术控制措施

1）木模材料应选择干燥的红松、优质的多层板和三角板，以防止模具的收缩和变形而引起尺寸的变化。

2）按照工艺参数制作模具的各部件，控制支管的外径尺寸、分型负数和椭圆度，确保产品尺寸符合铸造公差。

3）模具的组装：平板造型的产品，在水平平板上划出各支管的水平投影线和端面控制线，根据支管的投影线和标高组装模具，并通过各支管的弦长检测模具的尺寸是否符合要求，再将模具固定好。

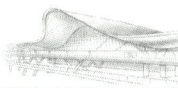

4）模具的油漆：模具相贯位置须采用腻子按照要求刮制圆角，并对模具表面刷聚氨酯油漆，确保模具表面光洁。

5）在模具制作完成后必须对模具进行检查验收，合格后方可进入造型工序。如图 7-35 所示。

图 7-35　木模制作图

（2）消失模制作过程中的技术控制措施

消失模铸造（又称实型铸造）是用泡沫塑料（EPS 、STMMA 或 EPMMA）高分子材料制作成为与要生产铸造的零件结构、尺寸完全一样的实型模具，经过浸涂耐火涂料（起强化、光洁、透气作用）并烘干后，埋在干石英砂中经三维振动造型，浇注造型砂箱在负压状态下浇入熔化的金属液，使高分子材料模型受热气化抽出，进而被液体金属取代冷却凝固后形成的一次性成型铸造新工艺生产铸件的新型铸造方法。消失模铸造工艺流程如图 7-36 所示。

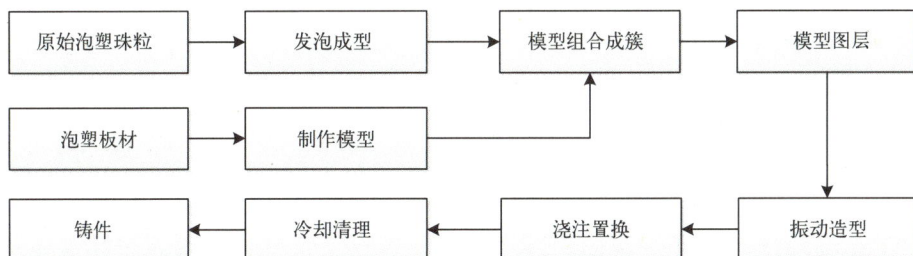

图 7-36　消失模铸造工艺流程

在消失模铸造工艺中，整个工艺流程包括七个环节，每个环节对于消失模铸件质量都具有很大的影响作用，当然浇注过程也是整个消失模铸造工艺流程中至关重要的一环，掌握浇注工艺注意事项，严格把控浇注工艺中的每个细节是生产高质量消失模铸件的关键。

消失模铸造的浇注过程是钢液充型，同时泡塑模具汽化消失的过程。整个过程中需要注意的是：

1）浇道自始至终要冲满钢液，如若不满，由于涂料层强度有限，很容易发生型砂塌陷以及进气现象，造成铸件缺陷。

2）浇注钢液时一定要把握住，保证做到稳、准、快。瞬时充满浇口杯，并做到快速不断流，每吨钢液在大约一分钟左右。如果同箱铸件的钢液断流会吸进空气，有可能引起塌砂现象或者铸件增多气孔的问题，导致铸件报废。

3）消失模铸造采用负压封闭式，而且必须是在浇口杯以下封闭。钢液进入模塑模具，其开始液化燃烧，并气化消失，钢液前端短距离形成暂时的空腔，所以设计钢液充型的速度和泡塑模型消失的速度大致相同。为防止钢液高温辐射熔化同箱其他模型，浇道适当离铸件模型远一点。立浇道的位置选择整箱铸件最低位置。浇注时注意调节和控制负压真空度在一定范围内，浇注完毕后保持在一定负压状态下一段时间，负压停止、钢液冷凝后出箱。

（3）模具验收标准

1）检查模具制作的作业记录和自检记录是否完整。

2）根据自检记录对模具进行各项尺寸复检，包括支管的外径、椭圆度、各支管间的相对尺寸。

3）检查模具的表面质量和起模装置。

3. 浇注系统设置与造型

（1）浇冒口系统的确定

浇注前，在准备木模与消失模的同时，应对浇注系统、冒口、排气通道等进行详细的设计和制作，以多支管铸钢节点设计为例，经计算机浇注全过程分析后，制定了详细的浇注工艺方案，其浇注系统、冒口、排气通道等布置图如图7-37所示。

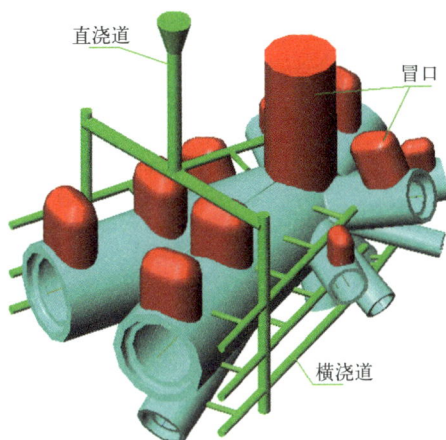

图 7-37 多支管铸钢节点浇注系统图

（2）造型制作

1）造型材料

①造型选用优质的 4 号石英砂和波美度不低于 40 的水玻璃。

②按照混砂工艺要求混制面砂、泥芯砂和背砂，并对各种型砂进行强度检测。要求面砂和泥芯砂强度 ≥ 1.1MPa，背砂强度 ≥ 0.55MPa，并填写作业记录。

2）造型制作操作步骤及要求

操作步骤：

①造外模：型材放平→套砂箱→防砂→春砂→剖面刮平→硬化→起膜→适当修型→上涂料→烘干。

②制芯：芯子放好→放芯骨砂→春实→硬化→脱模→上涂料→烘干。

③配模：小号先下，按号顺序。合箱、披缝嵌掉。

要求：

①造型前熟悉铸造工艺图，明确冒口和浇注系统的设置，便于造型时浇道的排设和冒口的摆放。

②造型时面砂控制在 15 ～ 20cm，春砂要掌握适当的紧实度，确保型腔具有规定的强度。浇道和冒口四周的砂型要紧实，防止浇注时浮砂掉入型腔引起夹砂等铸造缺陷。

③泥芯制作时为了确保泥芯具有一定的退让性，芯骨需要绕一道草绳。

④铸钢节点管径细长，造型时各支管需要设置排气通道并引出箱外。

⑤配箱时需要对照图纸检查产品的壁厚是否符合工艺要求，并确保使用的芯撑无锈蚀。合箱前检查型腔是否清洁，泥芯的排气是否畅通。合箱后砂箱紧固要可靠，防止浇注时出现抬芯和漏箱。

4. 冶炼与浇注

（1）冶炼

采用碱性电弧炉氧化还原法将炉料炼为钢水，并通过精炼炉将钢水进一步精炼，精炼后的钢水应符合相关质量标准的要求。其炉料应选用优质废钢、回炉料、合金元素、稀土和配碳生铁或配碳剂，并应严格控制炉料的有害元素。铸钢的冶炼流程图如图 7-38 所示。

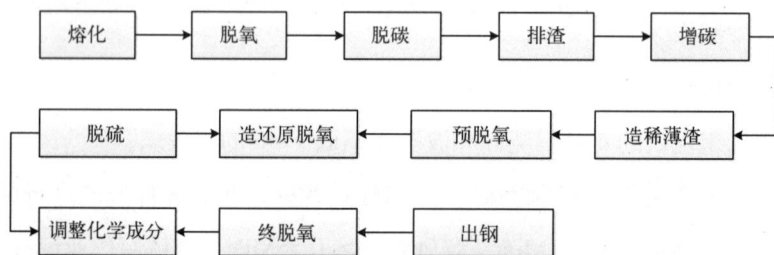

图 7-38　冶炼流程图

（2）浇注

1）浇注的基本原则

①铸钢件在浇注之前，应对钢水成分进行炉前快速分析，合格后方可浇注。

②浇注系统须具体到铸钢件的每个部位，并需经计算机模拟凝固分析后确定。

③确保进入型腔的钢液平稳、没有涡流现象。

④选择合理浇注位置，以利于铸件按顺序凝固。

⑤浇注系统不应在铸件上引起热应力。

⑥保证在浇注过程中，金属液在铸型内有合适的上升速度。

⑦浇注系统的结构应具排气、挡渣能力。

2）浇注控制措施

开始时钢水流要小一些而后逐渐加大，钢水上升到冒口时要缓流，再继续浇到

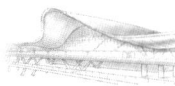

冒口需要高度,浇注中间不要断流。浇注完立即在明冒口上加覆盖材料(碳粉)保温。待完全凝固后,松开紧固螺丝,让其能自由收缩。浇注过程中需要在泥芯头和冒口的出气口引火,便于气体的顺利排出。

5. 铸钢件的热处理

为均匀钢的化学成分和组织,细化晶粒,提高和改善材料的力学性能,通常应对铸件进行淬火 + 回火热处理。淬火 + 回火热处理工艺如图 7-39 所示。

工艺说明:

(1)加热:以 ≤ 100℃/h 速度升温至 650±20℃,保温,然后以最大速率升温至 920±10℃。

(2)保温:在 920±10℃ 保温。

(3)冷却:出炉空冷(介质冷却)。

(4)回火:以 ≤ 70℃/h 加热升温至 620±10℃,然后保温。

(5)随炉冷却至 250℃ 以下,出炉空冷(具体保温时间根据铸件的壁厚进行确定)。

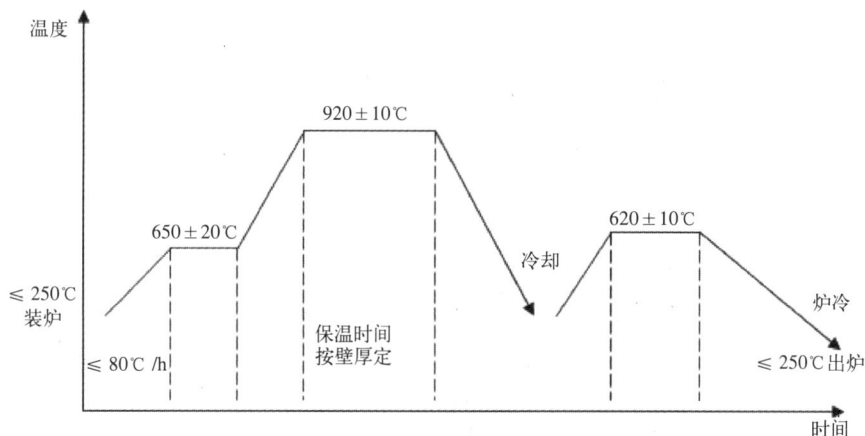

图 7-39 铸钢节点正火(淬火)+ 回火工艺图

6. 坯件的打磨、修补 [60]

铸钢件的坯件完成后,应进行打磨与端头机加工(图 7-40),对缺陷部分应进行割除与修补,具体技术措施如下:

(1)铸钢节点有气孔、缩孔、裂纹等内部缺陷时,对于缺陷深度在铸件壁厚的

20%以内且小于25mm，允许进行焊接修补；当缺陷大于以上尺寸时的重大焊补，须经设计同意并编写详细的焊接修补方案，并应进行焊接修补工艺评定。

（2）当铸钢节点的缺陷较深时，应先用风铲、砂轮等机械或氧乙炔切割等方法去除缺陷后进行焊补。去除缺陷后孔洞的底部必须圆滑过渡，避免尖角的出现。

（3）铸钢节点焊接修补的焊接工艺应按《铸钢节点应用技术规程》（CECS235）的规定及相关工艺文件要求进行。铸钢节点焊补后，其焊接修补部位应进行打磨，其表面质量应符合设计要求。对于重大缺陷修补的部位、区域大小、修补过程和修补质量等应作详细记录备案。

（4）对需要补焊的铸件，将焊补处缺陷清除干净后应对铸件进行渗透、或磁粉、或超声波无损探伤检查，合格后才能焊补。

（5）补焊位置应按照检查铸钢件的同一标准进行检查。

（6）经热处理后重大焊补的铸件必须进行不低于550℃的回火处理。

（7）铸钢节点的焊补原则上应在最终热处理前进行，焊补后质量应达到设计及使用要求。焊补用焊条、焊丝必须符合焊补工艺的规定，焊条按有关规定进行烘焙。铸钢节点同一部位的修补次数不得多于两次。

图7-40 铸钢件端头机加工

7. 铸钢件的编号

铸钢件完成后，应进行编号，编号的具体要求如下：

（1）铸钢件的编号标识的位置：铸钢节点的编号标识须标记在管壁内侧，铸钢梁的编号标示须标记在腹板上。

（2）编号标识的尺寸要大小适中，字迹清晰，位置醒目，禁止因编号标识太深而破坏构件的力学性能。

（3）为方便管理构件，在涂装后可以用涂写的方式在构件显眼处用较大尺寸字体标识出构件编号，但标识所用颜料不得破坏构件涂料的性能。

8. 铸钢件的涂装

铸钢件完成后，应进行涂装，涂装的具体要求如下：

（1）铸钢节点涂装应在加工质量验收合格后进行。

（2）铸钢节点表面除锈等级应不低于现行国家标准《涂覆涂料前钢材表面处理表面清洁度的目视评定第 1 部分：未涂覆过的钢材表面和全面清除原有涂层后的钢材表面的锈蚀等级和处理等级》（GB/T 8923.1）的 Sa2$\frac{1}{2}$级的规定。采用喷砂除锈时，铸钢节点表面除锈等级不应低于 St3 级。表面处理后到涂底漆的时间间隔不宜超过 4h，在此期间表面应保持洁净，严禁沾水、油污等。

（3）为保证涂装质量及涂层兼容性，底、中、面漆应尽可能采用同一家产品。以上配套防腐涂层的耐候性应能满足人工气候老化试验不小于 6000h 的要求。

（4）涂装时的环境温度和相对湿度应符合涂装产品说明书要求，当产品说明书无要求时，环境温度宜在 5 ~ 38℃ 之间，相对湿度不应大过 85%。涂装构件表面温度应高于露点温度 3℃ 以上，涂装后 4h 内应保护免受雨淋和玷污。

（5）涂装环境应有良好的通风，在雨、雾和灰尘条件下不应施工。

（6）涂装遍数、涂装厚度均应符合设计要求。涂层应均匀、无明显皱皮、流坠、针眼、气泡等，不应误涂、漏涂、脱皮和返锈。

（7）涂层附着力的测试应按现行国家标准《漆膜附着力测定法》（GB/T 1720）或《色漆和清漆漆膜的划格实验》（GB/T 9286）执行。

（8）涂装完成后，构件的标志、标记和编号应清晰完整。

（9）涂层修补后应按涂装工艺分层进行，修补后的涂层应完整一致，色泽均匀，附着力好。

（10）铸钢节点的焊缝区域 80mm 内不得涂装。

（11）运输过程中对涂层的损伤，须视损伤程度的不同采取相应的修补方式，且用同种涂料补涂。

第8章 制作案例

8.1 重庆国际博览中心典型构件制作

8.1.1 工程概况

重庆国际博览中心共包括 16 个展馆、均为独立结构体系，展馆屋面采用立体管桁架，屋面铝合金网格结构由树杈柱支承。展馆边缘树杈柱为圆钢管截面，支承于屋架上弦的树状柱为箱型截面，铝合金结构构件均为工字铝截面。展馆屋顶的主桁架及树杈柱均采用相贯节点，主桁架支座采用抗震球铰支座，铝合金结构采用圆盘节点螺栓连接，其他工程概况可参见第 1.2 节及第 4.1 节。

8.1.2 典型构件制作工艺

一般构件制作涉及的工艺步骤有：材料进厂、除锈涂装底漆、制作准备、下料切割、弯管、接长、相贯线切割、开坡口、标识、涂装、验收。每步的制作流程、操作步骤、工艺要求、加工设备要求、质量要求与检测等细节参见第 7 章的相关内容，本节仅对该工程树杈钢管柱及立体管桁架两种典型构件制作中的特殊性进行介绍。其主要构件如表 8-1 所示。

主要构件类型表   表 8-1

构件类型	图例	钢管截面规格（mm）	材质	重量（t）
树杈钢管柱		$\phi 1000 \times 30$ $\phi 800 \times 30$ $\phi 800 \times 25$ $\phi 800 \times 40$	Q345B	约3000

续表

构件类型	图例	钢管截面规格（mm）	材质	重量（t）
立体管桁架	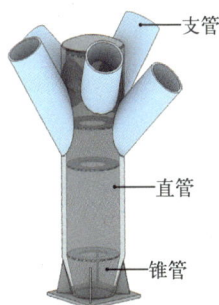	$\phi 325 \times 16$（腹杆） $\phi 273 \times 14$（腹杆） $\phi 219 \times 10$（腹杆） $\phi 500 \times 30$（下弦杆） $\phi 500 \times 25$（上弦杆）	Q345B	约5000

1. 树杈柱制作[61]

树杈柱是一种类似于树杈形状的圆管柱钢构件，在场馆类钢结构工程中较为常见。该工程的树杈柱如图 8-1 所示。该类构件由多个零部件组合而成，除需经过一般构件的工艺加工外，还需对各零部件进行组装与焊接。本项目树杈柱的加工制作特殊工艺如下：

该构件总长 6.1m，放置宽度为 2.1m，高度为 1.6m；主管由上下两段连接而成，上段为直圆管，规格为 P800mm×30mm，长度为 8.0m，下段为柱底锥管，规格 EPD800mm×600mm×30mm，长度为 0.9m。锥管大直径截面端与上段相连，小直径截面端为柱底，装配有柱底板；柱顶区域分布有若干支管，规格为 P351mm×16mm。

（a）树杈柱组成　　　　　　　　　（b）构件图

图 8-1　多支管树杈柱

（1）主管装焊工艺

1）锥、直管对接

对接前，检查圆管及锥管外观尺寸（截面、长度、圆度、同心度）是否满足规范及工艺要求。检查合格后，在支承上进行组装，对接焊接。对接时必须严格控制锥、直管同心度。对接焊缝采用CO_2气体保护焊进行焊接,焊接时注意控制焊缝圆滑过渡。如图 8-2 和图 8-3 所示。

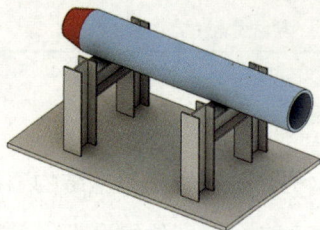

图8-2 锥、直管对接示意图图

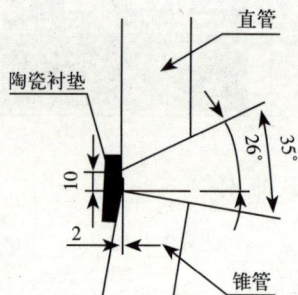

图8-3 锥、直管对接坡口大样

2)树杈柱内隔板装配焊接

以锥管小径一端为基准,在管内进行划线,确定变截面处隔板的定位线,再利用起重设备把隔板推入到圆管内,到达指定位置定位焊固定后,再采用气保焊进行焊接。焊接完成第一块内隔板后,依次采用退装法进行其他内隔板的装配、焊接。所有焊缝超声波探伤合格后,方可进行支管的装焊,如图 8-4 所示。

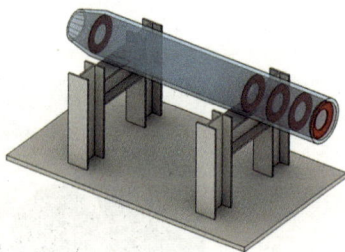

图8-4 内隔板装焊示意图

(2)支管定位及装焊工艺

1)确定十字中心线

主管与支管均首先进行四等分处理,在管壁上画出十字中心线,如图 8-5 所示。支管下料完成后应测量其圆度,对于变形较大的部位进行矫正处理。其十字中线以贯口最高点和最低点为基准确定,90°方向为最高点、则 270°方向作为最低点,以此确定十字中心线。

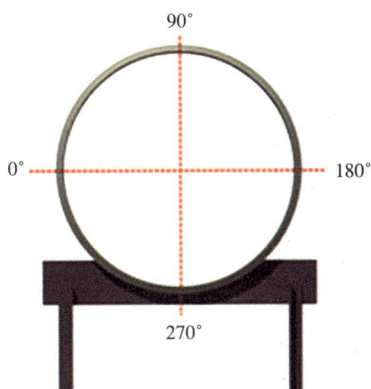

图 8-5　圆管十字中心线示意

2）支管装配定位

支管的装配定位是树杈柱加工制作过程中的重难点，尤其是装配精度，直接影响到支管的定位精度及构件的质量。下面重点介绍支管的装配定位：

①依据深化图纸，利用计算机模拟放样技术，确定在水平方向主管十字中线与支管轴向中心线与主管壁交点间的相对弧长，如图 8-6 所示。弧长确定后，根据主管十字中心线，利用软皮尺在钢管外壁上画出俯视面中各支管的中心线（与主管纵向中线平行，圆圈处），如图 8-7 所示。

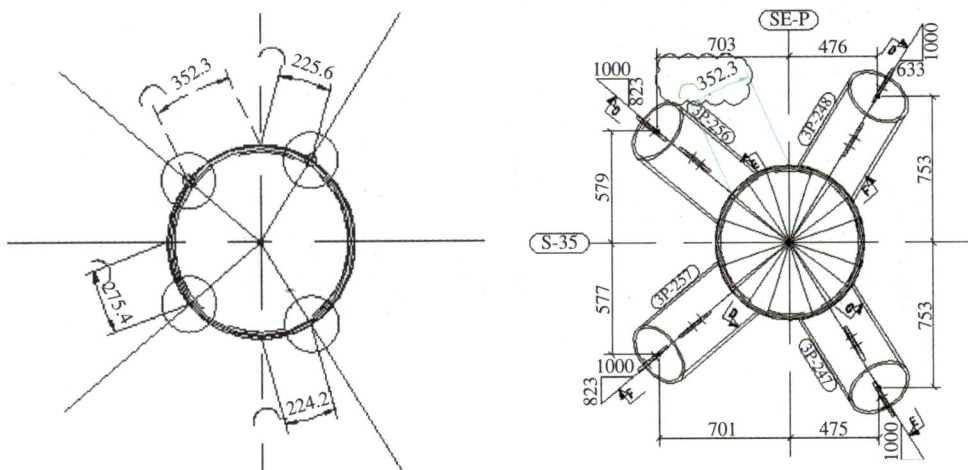

图 8-6　支管水平方向放样示意图

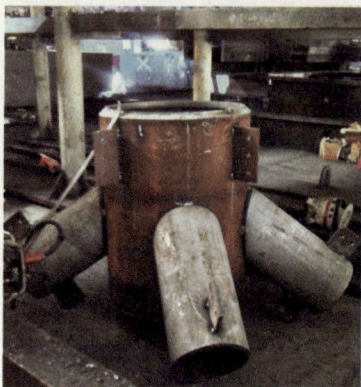

图8-7　支管水平方向装配定位

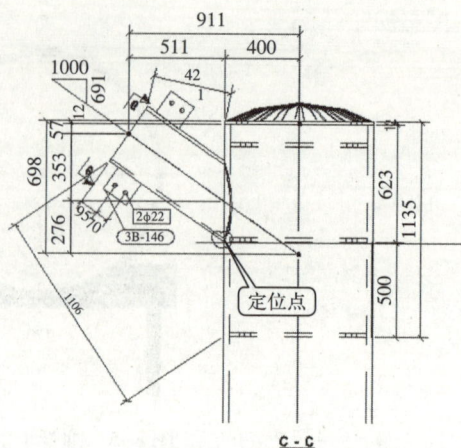

图8-8　支管垂直方向放样示意图

②同时利用图纸中内隔板定位尺寸与支管内外侧相对关系，确定垂直方向角度的相对尺寸，如图8-8所示。通过计算机放样，可确定支管精确的定位尺寸。

装配支管时，根据"先水平，后垂直"的原则，依据放样图的相关尺寸进行划线，根据支管已确定的十字中心线，通过拉直细线，使支管上的中心线与主管的水平定位线一致，再通过直角尺使坡口处延伸至主管壁，与定位点一致后方可进行点焊、定位（图8-9和图8-10）。

图8-9　拉线定位图

图8-10　支管垂直方向定位点大样

确定交点，再装配支管，通过边到主管的定位线进行复核，确认无误后，点焊固定。支管装配流程如图8-11所示。

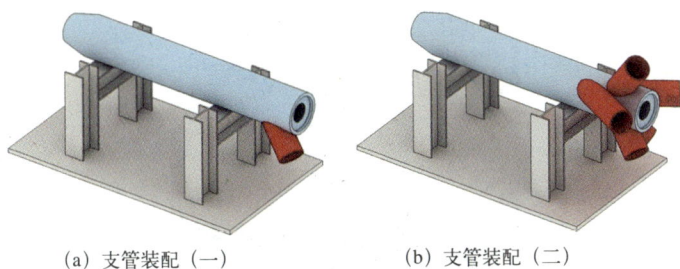

(a) 支管装配（一）　　　　　　　(b) 支管装配（二）

图 8-11　支管装配示意图

所有支管点焊固定后，报专业质检员进行验收，各支管的外口侧尺寸与图纸吻合后，方可进行下道工序。

3）支管焊接

支管的焊接变形控制是树杈柱制作的关键。如变形控制不利，同样会造成支管偏差较大，影响现场的安装。所以支管装配完成并经专业质检员检查合格后，在支管根部设置与支管角度一致的三角铁进行支撑固定，同时各支管之间采用钢支撑进行连接固定，确保各支管的角度及相对位置固定，形成刚性固定。

同时，焊接时，安排两名优秀的焊工采用小电流、小电压进行对称施焊，减小焊接变形产生，以确保焊缝探伤的一次合格率，减小因焊缝返工造成的多余焊接变形。焊后严格按要求保温，有效的控制焊接变形。焊接完成后，按图 8-12 相贯节点焊缝分区示意图进行超声波探伤检查，相贯节点焊接完成后的构件图如图 8-13 所示。

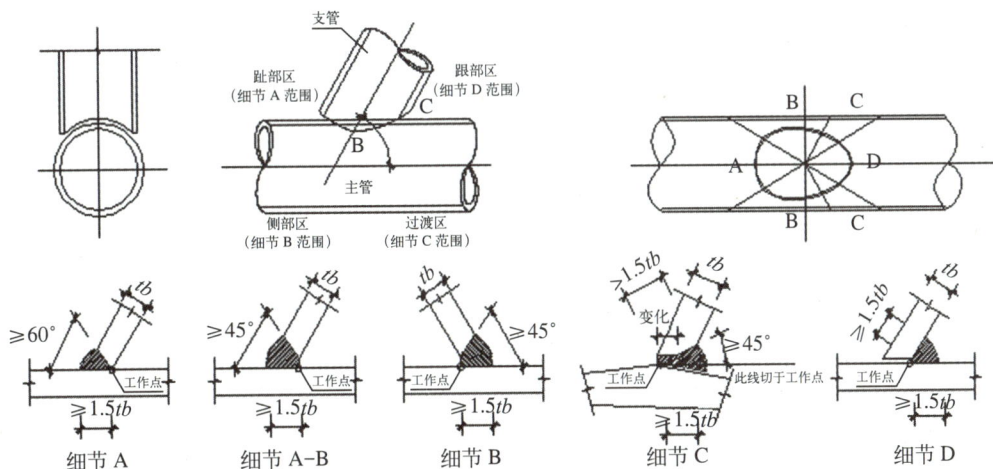

图 8-12　相贯节点焊缝分区示意图

图 8-13　相贯焊缝分区示意图

（3）柱底板及加劲板装焊工艺

底板的定位要点：根据支管方向进行定位，必须严格按照图纸要求确定底板与支管的相对位置。底板装配完后，进行加劲板的设置，最后进行柱底整体焊接，如图 8-14 所示。

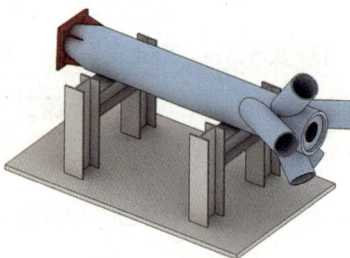

图 8-14　柱底板装配示意图

（4）柱顶弧形板的加工与装焊工艺

弧形封头板板厚 6mm，采用 2000t 油压机进行凸模压制成型，与柱顶装配后周圈进行角焊缝焊接，完成整根构件的制作，如图 8-15 所示。

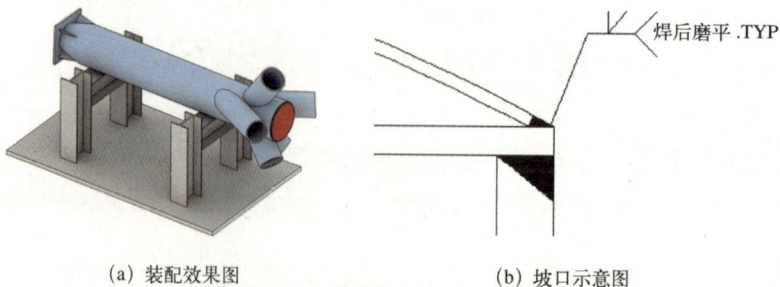

（a）装配效果图　　　　　　　　　（b）坡口示意图

图 8-15　柱顶弧形板装配示意图

（5）质量控制

装配精度控制：支管定位完成后，需对支管外口角度进行复核，根据深化设计图纸中的定位尺寸进行确定,完全吻合后,方可进入下道工序。构件进行抛丸除锈前，所有定位线及辅助线均不得擦掉，便于质检员对各定位尺寸进行复核。检测合格后，进行抛丸除锈、涂装，最后完成构件制作，如图 8-16 所示。

图 8-16　成品构件

2.管桁架制作

立体管桁架一般造型复杂，尺寸巨大，不能直接在工厂生产成成品运输到现场安装到位。又因杆件间的连接采用复杂的相贯节点，也不宜在现场直接切割下料加工制作。一般可采用两种制作方法，一种是将桁架分成可运输的桁架段，由工厂完成桁架段的制作，然后运输到现场再进行最后的吊装；另一种是在工厂加工制作所有杆件，并搭设支承进行预拼装，然后再拆成杆件打包运输至现场安装。本工程的桁架制作采用后一种方法，涉及到的技术细节与特殊工艺介绍如下：

（1）相贯线编程注意事项

钢管相贯线切割前，按照本书第 4 章的方法进行相贯线切割命令流的编程。编程时注意以下两点：

1）编程时余料设置：为了方便现场安装，在编制相贯线过程中需要对桁架的腹杆采取负偏差处理。当腹杆壁厚 ≤ 10mm 时，每根杆件长度减少 6mm；当腹杆壁厚 > 10mm 时，每根杆件长度减少 10mm。上下弦杆直管段按中心线长度进行下料，弯管段按中心线展开长度下料，不缩放余量。

2）工艺文件编制要求：工艺员编制工艺文件时根据深化设计详图及模型，每份工艺文件只包含一榀桁架，便于车间下料及发运管理。下料时切割人员应按工艺文件上的要求，整榀进行下料。工艺人员还需在工艺文件上把需要安装加劲板、内隔板、连接锥管以及弯管的杆件标识出来，相贯线切割后，应分类堆放，便于杆件进行二次装配。

（2）钢管预处理注意事项

为便于杆件标识及管理，提高车间制作效率，特要求本工程原材料进场时，直径＜500mm 的钢管先进行预处理，做车间底漆；直径≥500mm 的钢管不进行预处理，构件制作完成后再进行抛丸除锈处理。主要原因为直径≥500mm 的钢管需要多次焊接及矫正，对底漆损坏较大，后续还需花大量时间对破损底漆进行处理，耗费人力物力。

（3）锥管与直管对接

锥管与直管对接如图 8-17 所示。

(a) 锥管卷制成型　　　　(b) 锥管坡口开制

(c) 直管内隔板焊接　　　　(d) 锥直管对接

图 8-17　锥管与直管对接（一）

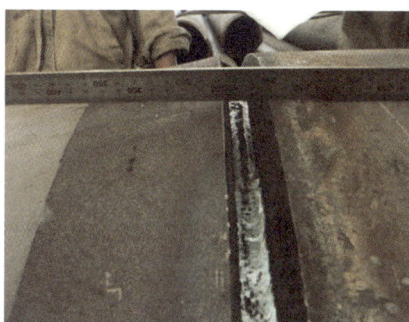

（e）锥直管对接后（测中心线）　　　　　　（f）对接缝焊接

图 8-17 锥管与直管对接（二）

（4）下料后杆件堆放注意事项

下料后，为方便查找，在指定的位置，需要冷弯的钢管整齐堆放在专用支承上。不需要弯管的杆件，装配加劲板、隔板的杆件，以及需与其他锥管对接的杆件也应分区域堆放，并及时转运至其他工序，进行其他装配与焊接。按照深化设计图按榀用打包机进行分包捆绑，并在钢管上标明该榀构件标识，整榀转运到油漆车间拆包后进行油漆，油漆完成后再行打包，如图 8-18 所示。

（a）杆件堆放（一）　　　　　　　　　　（b）杆件堆放（二）

图 8-18 杆件分区堆放

（5）桁架预拼装

1）绘制预拼装图纸

预拼装前，首先应进行预拼装图纸设计，绘制必要的预拼装构件与支承平面布置图、立面布置图、剖面布置图等，并应给出桁架位形与支承位形控制点的坐标。本项目根据桁架的特点，在每个节点旁边 500mm 位置设置位形控制点（若设置了支承会挡住腹杆则将支承从节点偏移 2m），这些控制点的位置如图 8-19 所示。

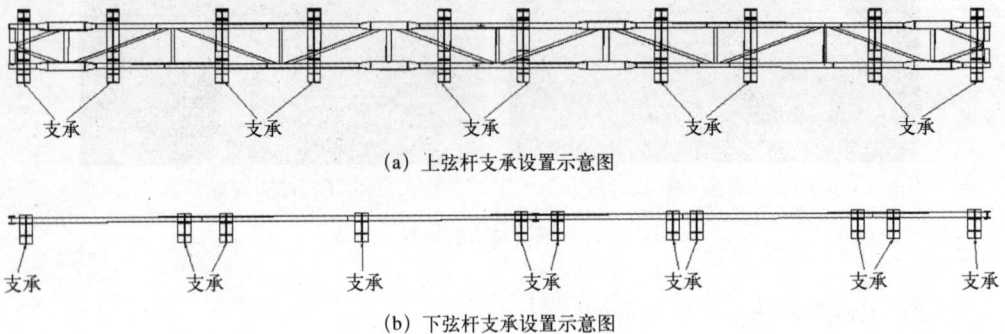

(a) 上弦杆支承设置示意图

(b) 下弦杆支承设置示意图

图 8-19　支承设置示意图

2）支承设计与制作

结合主桁架及预拼装场地的实际情况，预拼区域地面一般应铺设较厚的钢板，作为预拼支承的基础。

预拼装支承可采用各类型钢搭设，其布置位置应与桁架弦杆的空间位形相协调，一般每段弦杆的支撑点不少于 2 点。支承构件规格的选用一般通过经验或计算确定，应保证支承具有足够刚度和强度。

由于支承设置时可能产生一定的误差，在使用过程中可加设临时钢梁、楔铁及千斤顶等进行细微调整，以保证构件在预拼时的精度。

3）预拼装流程

①根据支承图纸，在拼装场地放地样。

②在地样位置设置并固定支承。支承的上口标高及支承整体水平度误差应小于 1.5mm；支承设置应具有足够的强度及刚度，确保拼装过程中的变形与晃动在组装精度范围之内，如图 8-20 所示。

③将上弦杆及下弦杆吊装到支承上并固定好位置。

吊装过程中采取吊线锤与全站仪测量相结合的方式，控制加强桁架弦杆就位，误差不大于 ±1mm。如图 8-21 所示。

图 8-20　支承设置　　　　　　　图 8-21　弦杆安装

④安装腹杆

腹杆安装顺序为：先底层腹杆，然后中间斜腹杆，最后上表面腹杆。拼装时注意控制与已拼装单元的相对位置，如图 8-22 所示。

图 8-22　腹杆安装　　　　　　　图 8-23　预拼装

⑤预拼装过程中点焊要求

预拼装过程中应对杆件进行点焊固定、定位，为确保贯口的外观，减少后道工序的打磨量，杆件定位时不得随意点焊，应严格按照工艺要求进行。预拼装如图 8-23 所示。

（6）质量验收

桁架工厂预拼装完后，由质量部门联合监理单位和总包单位对其进行联合验收。对于检验过程中出现的不合格项目，由技术部门出具相应的处理措施，并进行处理后，才能进入下一道工序。

位形检测是保证桁架拼装精度最关键的工作，应贯穿于拼装的全过程，本桁架工厂地面预拼装位形检测方法和内容如表 8-2 所示。

桁架预拼装位形检测 表 8-2

项目	控制尺寸	检验方法
预拼装单元总长	±拼装单元	钢卷尺检查与全站仪
对角线	±角线检查	钢卷尺检查
标高	±高 mm	钢卷尺检查与全站仪
坡口间隙	+3.0mm −2.0mm	用焊缝量规或塞尺检查
对接接头错边	不大于3.0mm	用焊缝量规检查

8.2 深圳机场 T3 航站楼典型构件制作

8.2.1 工程概况

深圳机场 T3 航站楼大厅屋顶为自由曲面，如图 8-24 所示。大厅屋顶结构为带双向加强桁架的斜交斜放网架，下部支撑柱包括锥管柱和圆管柱（详见第 4.1 节）大厅屋顶结构杆件均为圆钢管，指廊屋顶部分的加强桁架弦杆为矩形钢管，其他杆件也为圆钢管。大厅和指廊加强桁架节点采用相贯节点，其他节点为焊接球节点或铸钢节点。具体构件形式见图 8-25。其他工程概况见第 1.2 节。

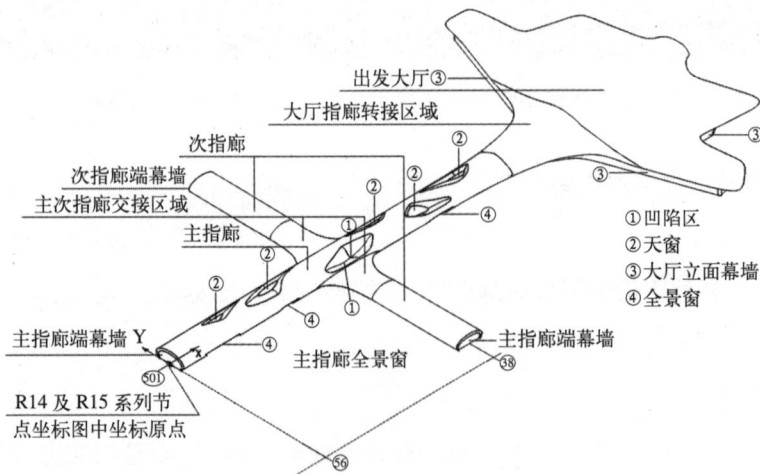

图 8-24 航站楼屋面曲面示意图

(a) 椎管柱

(b) 焊接球

(c) 钢网架

(d) 指廊加强桁架

图 8-25　主楼大厅空间网架单元

工程主要构件形式如表 8-3 所示。

主要构件形式（单位：mm）			表 8-3
构件类型	截面形式	部分截面规格	材质
圆形杆件		89×4.5、114×5、 180×12、402×24、 480×30、480×32	Q345B（$t \leqslant 24$）、 Q345C（$24 < t \leqslant 35$）
矩形杆件		$250 \times 200 \times 10 \times 10$、 $250 \times 200 \times 15 \times 15$、 $300 \times 200 \times 15 \times 15$、 $350 \times 250 \times 20 \times 30$、 $400 \times 300 \times 35 \times 35$ $400 \times 300 \times 35 \times 35$ $400 \times 250 \times 40 \times 40$、 $600 \times 400 \times 50 \times 50$	Q345B（$t \leqslant 24$）、 Q345C（$24 < t \leqslant 35$）、 Q345GJC（$35 < t < 40$） Q345GJC-Z15（$40 \leqslant t < 60$）

构件类型	截面形式	部分截面规格	材质
钢管柱		900×30 1000×30	Q345GJC
锥形柱		$(1200 \sim 2056) \times (36 \sim 42)$ $(1200 \sim 1610) \times (30 \sim 36)$ $(1400 \sim 2277) \times (42 \sim 42)$ $(1400 \sim 1972) \times (36 \sim 42)$	Q345C $(24 < t \leqslant 35)$ Q345GJC $(35 < t < 40)$ Q345GJC-Z15 $(40 \leqslant t < 60)$
销轴		$D300$、$D250$、$D320$、$D200$ $D280$、$D150 \cdots$	45号钢40Cr （调质处理，硬度25-35HRC）
焊接球		$D350 \times 12$、$D450 \times 18$、 $D350 \times 16$、$D450 \times 25$、 $D350 \times 25$、$D450 \times 40$、$D350 \times 40$	Q345B
铸钢球		$D350$	G20Mn5（调质处理）
钢拉杆		$350 \times 350 \times 35 \times 35$	Q345GJC

8.2.2 典型构件制作工艺

本节重点介绍加强桁架和钢管柱的制作。

1. 加强桁架制作

（1）单榀加强桁架轴侧图

单榀加强桁架轴侧图如图 8-26 所示。该桁架截面为变尺寸截面，上下弦杆采用变弧度箱形杆件，腹杆为钢管，连接方式为焊接。

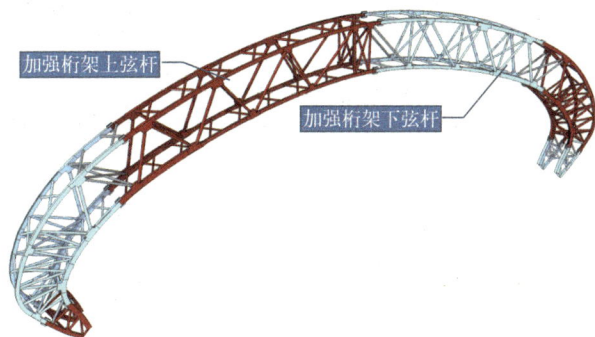

图8-26 单榀加强桁架轴侧图

（2）单榀加强桁架制作单元划分

根据重量、尺寸、加工制作及吊装的适宜性对加强桁架进行了分段，共分为6个制作单元，如图8-27所示。

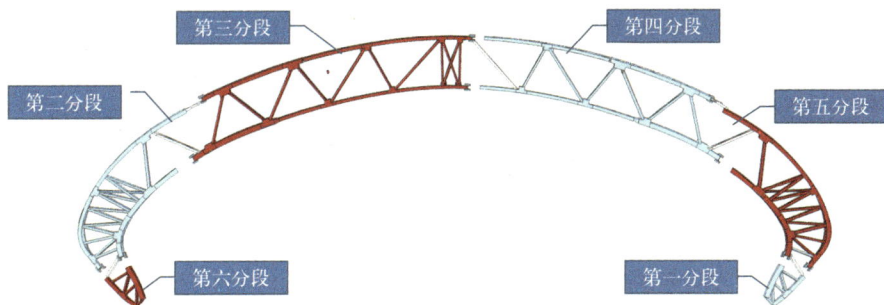

图8-27 单榀加强桁架制作单元划分

（3）零件下料

弦杆按现场吊装要求划分为6段，每段由若干分段拼接而成，各分段长度方向预留加工余量原则为：两端头分段根据每段长度加放40～80mm，中间各分段根据每段长度加放5～10mm。弦杆腹板宽度方向两侧各加放2mm焊接收缩余量，弦杆翼缘板、腹板每条对接焊缝处加放2mm焊接收缩余量，其他零件均按原尺寸下料。

弦杆翼板（矩形）采用多头直条切割机下料，弦杆腹板及其他异形零件采用数控切割机下料，其余矩形零件采用多头直条切割机或半自动切割机下料，如图8-28。

(a) 直条下料   (b) 数控切割   (c) 异形零件

图 8-28 零件下料

弦杆中的异形零件通过排版数控下料，提高了异形零件材料的利用率，同时也更好地保证了零件精度。本工程中异形零件的尺寸精度非常重要，是保证整个构件尺寸的关键，因为加强桁架弦杆为空间变径弯曲结构，翼板只能按腹板形状进行弯曲，这时只有通过腹板的高精度数控下料，才能保证整个结构的变径弯曲尺寸。

1）零件放样、号料与切割要求

①零件放样与号料时应根据设计图纸及工艺要求加放焊接收缩余量、切割宽度留量等。

②工厂放样、下料、装配用尺应与验收用尺核对一致。

③所有杆件应尽量按最大长度下料，同时，为提高材料利用率，零件放样下料时应严格按照工艺部门提供的下料图进行。

④零件下料前应仔细核对材质与规格，做到专材专用，不得随意代换，若需代换，需征得原设计的同意。

⑤零件切割下料后，应在每一零件的明显部位标识零件编号。

⑥零件切割的允许偏差应满足表 8-4 的规定。

切割允许偏差   表 8-4

项目	允许偏差（mm）
零件宽度、长度	±3.0
切割面平面度	$0.05t$，且不大于 2.0
割纹深度	0.3
局部缺口深度	1.0

2）坡口加工

焊接坡口采用半自动火焰切割机进行切割加工，如图 8-29 所示，切割时切割面上不得有裂纹，并不宜有大于 1.0mm 的缺棱。当缺棱为 1 ～ 3mm 时，应修磨平整；当缺棱超过 3mm 时则应用直径不超过 3.2mm 的低氢型焊条补焊，并修磨平整。坡口加工精度要求如表 8-5 所示。

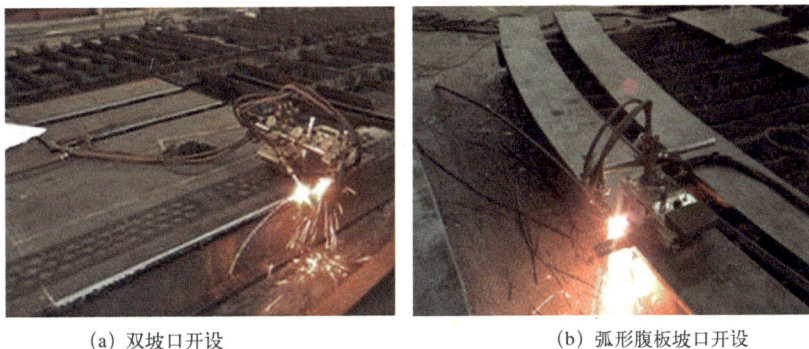

(a) 双坡口开设　　　　　　　　　(b) 弧形腹板坡口开设

图 8-29　零件坡口切割

坡口精度要求　　　　　　　　　　　　　　　　　表 8-5

1	坡口角度 Δa		$\Delta a = \pm 2.5°$
2	坡口角度 Δa		$\Delta a = \pm 5°$ $\Delta a = \pm 2.5°$
3	坡口钝边 Δa		$\Delta a = \pm 1.0\text{mm}$

（4）弦杆组装焊接

弦杆的制作，开始放倒在地面的平台上进行，制作过程中会根据工序要求，调整到各种支承上进行，具体步骤如下：

1）组装前准备

首先将装配场地清扫干净，准备好装配用的尺子、工装夹具、吊具、焊接工具等相关器具，然后将待装配的零件运至装配场地，并将零件号与深化设计图纸进行仔细核对，以防错用或漏装零件。

2）放地样

根据深化设计图纸在加工平台上按1：1尺寸画出弦杆水平投影图（腹板方向），并根据图纸尺寸画出内隔板及加劲板位置线，装配过程中应注意保护地样的完整性，如图8-30所示。

3）组装及焊接

可根据车间生产实际情况，选择平整的钢板作平台，可不设置组装支承，构件直接在平台上进行组装，应对钢板的平整度进行控制并应考虑方便后续工序操作，以不大于1.0mm为宜。

（a）划线

（b）地样

图8-30　放地样

①先将一侧的腹板按图纸要求，根据地样进行定位。定位时应重点控制牛腿、腹杆连接处等关键点的几何位置，以保证构件整榀的顺利拼装，如图8-31所示。

（a）腹板定位

（b）腹板拼接

图8-31　放置腹板

②装配一侧翼板（上弦杆装配下侧翼板，下弦杆装配上侧翼板），对于板厚
≥ 20mm 翼板装配前可根据图纸进行预弯处理，预弯可采用卷板机或火焰进行加工，
如图 8-32 所示。

预弯仅是初步确定零件形位尺寸，具体尺寸应按已拼装好的腹板形状进行定位。
装配翼板的同时，应按地样同步进行内隔板的组装，如图 8-33 所示。

图 8-32　装配翼板图

图 8-33　装配隔板

③装配另外一侧腹板，此腹板应根据已拼装好的一侧腹板进行定位，同样应重
点控制拼装的关键点。装配完成后应对构件各控制点坐标进行测量，以检验构件尺
寸，如图 8-34 所示。

（a）腹板定位

（b）测量定位尺寸

图 8-34　装配腹板

④焊接腹板拼接处焊缝及内隔板焊缝。腹板拼接处为一级全熔透要求，牛腿处
隔板为二级全熔透要求，其余内隔板为部分熔透要求，如图 8-35 所示。

⑤装配另外一侧翼板，此翼板的装配同前翼板要求，如图 8-36 所示。

图 8-35 隔板焊接

图 8-36 装配另一块翼板

⑥根据地样装配其余零件。

⑦主焊缝焊接。由于构件截面较小且为弧形，采用埋弧焊不易操作，故四条纵向主焊缝均采用气体保护焊打底，填充及盖面焊接。主焊缝在牛腿处左右 300mm 范围为一级全熔透焊缝，其余位置为二级全熔透焊缝，牛腿焊缝为二级全熔透焊缝，如图 8-37 所示。

(a) 气保焊打底

(b) 气保焊盖面

图 8-37 主焊缝焊接

4）弦杆制作单元外形尺寸检测方法及精度要求

弦杆制作单元外形尺寸检测在焊缝探伤检测合格后，弦杆端部铣平前进行。弦杆水平方向及垂直方向检测控制要素如图 8-38。弦杆外形尺寸精度要求如表 8-6。

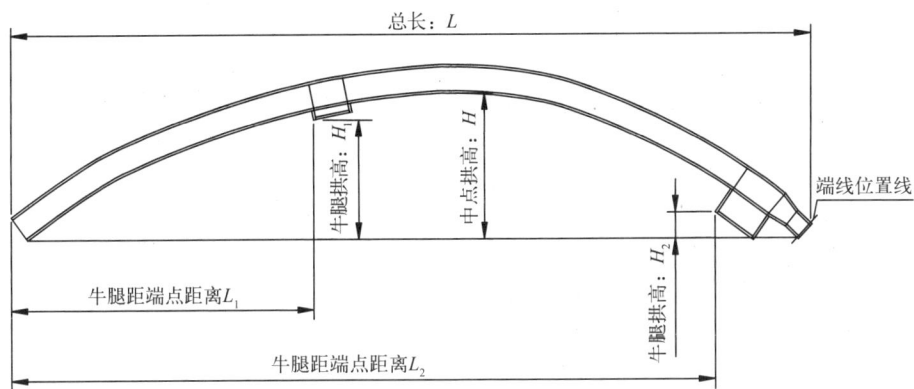

（a）水平方向外形尺寸要素

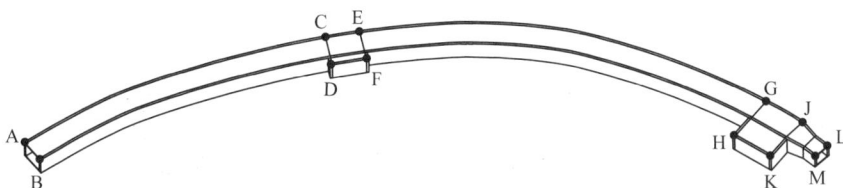

（b）垂直方向外形尺寸要素

图 8-38 外形尺寸控制要素

	弦杆尺寸精度	表 8-6
检测项目	允许偏差（mm）	检测方法
弦杆总长 L	±4.0	钢卷尺
箱型截面对接处对角线差	3.0	钢卷尺
箱型截面高度 h	±2.0	钢卷尺
箱型截面宽度 b	±2.0	钢卷尺
箱型截面垂直度	2/200，且不应大于3.0	角尺
牛腿距端点距离 L_1、L_2	3.0	钢卷尺
牛腿拱高 H_1、H_2	2.0	钢卷尺
中点拱高 H	2.0	钢卷尺
A～M各点至水平基准面的垂直距离之差	10.0	全站仪

（5）桁架预拼装[62]

桁架预拼装也是放倒进行，具体步骤如下：

1）按桁架外形设置厚钢板平台，根据预拼坐标图，利用全站仪在拼装平台上放出控制坐标点，如图 8-39 所示。

（a）拼装场地　　　　　　　　（b）坐标点放样

图 8-39　放地样

2）根据支承设计图纸，设置并固定支承，如图 8-40 所示。

（a）拼装支承　　　　　　　　（b）尺寸定位

图 8-40　预拼装支承

3）将弦杆各分段按牛腿控制点定位，根据定位点检验构件尺寸，对于存在焊接变形的，可采用火焰或油压机进行矫正。定位好的构件，根据端头控制点切割构件端头预留余量，开现场对接坡口及加设焊接衬垫。各分段依次就位后，经检验确认无误，安装现场连接耳板。如图 8-41 所示。

（a）弦杆定位　　　　　　　　（b）弦杆预拼

图 8-41　桁架弦杆拼装

4）安装腹杆，下平面桁架腹杆预拼时直接根据地样进行定位拼接，定位后重点检测腹杆相贯口与弦杆是否吻合以及间隙是否满足规范要求，上平面弦杆预拼时采用行车依次将弦杆吊上支承，就位后用全站仪检测每根弦杆的水平度，并用线锤对关键部位与地样进行比较对正，两侧面腹杆拼装方法与上下面腹杆拼装类似，如图 8-42 所示。

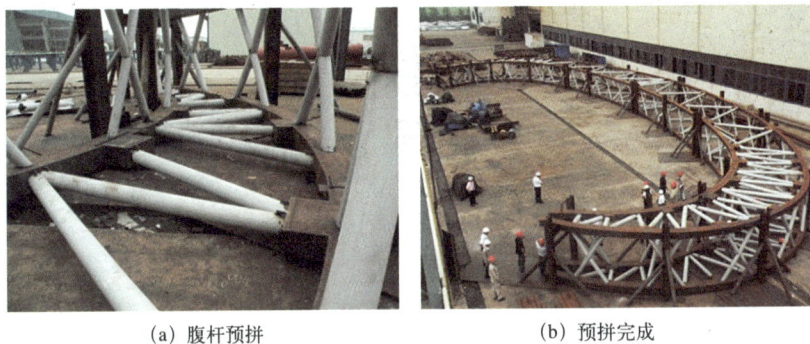

（a）腹杆预拼　　　　　　　　　　（b）预拼完成

图 8-42　桁架腹杆拼装

5）拼装质量标准与验收

测量工作是保证桁架拼装精度最关键的工作，测量验收应贯穿于各工序的始末，应对各工序进行全方位的监测。

桁架工厂预拼装的测量方法、测量内容及控制标准如表 8-7 所示。

桁架预拼装单元控制尺寸表　　　　　　　　　　表 8-7

序号	项目	控制尺寸	检验方法
1	预拼装单元总长	±10mm	用全站仪、钢卷尺检查
2	对角线	±15 mm	用全站仪、钢卷尺检查
3	标高	±5 mm	用全站仪、钢卷尺检查
4	弯曲矢高	$L/1500$，且不大于 10 mm	用全站仪、钢卷尺、线垂、粉线检查
5	轴线错位	±4.0mm	用线垂、钢尺检查
6	坡口间隙	+3.0mm　−2.0mm	用焊缝量规或塞尺检查
7	对接接头错边	不大于 3.0mm	用焊缝量规检查

2.大厅钢管柱制作

本工程屋盖支承结构均采用圆管柱,如图 8-43 所示,直圆管柱的最大规格为 1000mm×30mm,锥管柱最大规格为 2200mm×42mm,采用卷制焊接而成。

<table>
<tr><td>(a) 锥管柱</td><td>(b) 直管柱</td></tr>
</table>

图 8-43　圆管柱

(1) 卷管制作

1) 放样、号料

根据圆管截面尺寸,直管柱按管壁中径进行展,其展开尺寸为:$\pi(D-t)\times L_0$ 圆管长度方向根据钢板宽度分段。

锥管柱展开尺寸如图 8-44 所示,也可以借助相关软件进行展开。

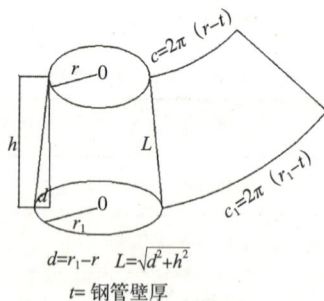

$$d=r_1-r \quad L=\sqrt{d^2+h^2}$$
$$t=\text{钢管壁厚}$$

图 8-44　锥管展开尺寸

钢板在划线前应检验钢板平整度,对于不平度大于 1mm 的应采用钢板矫平机进行矫正,消除钢板弯曲、翘曲、凹凸不平等缺陷。在钢板上按零件展开尺寸进行划线,划线完成后,在零件线旁边标出尺寸,并根据图纸核对划线尺寸,确认无误后方可进行下道工序[63]。

2）下料切割

采用多头直条切割机、半自动切割机及数控切割机进行下料，尺寸精度要求高时可优先采用数控切割机下料，下料时应考虑压头余量（约 1.5 倍板厚）、焊接收缩余量约 2 ~ 3mm。切割完后采用半自动切割机切割圆管纵向对接坡口[64]。如图 8-45 所示。

(a) 钢板切割   (b) 坡口加工

图 8-45　零件下料

3）预弯

卷制前宜采用卷板机或油压机进行两侧预弯变形：当钢管的径厚比 > 30、板厚 $t \leq 60$mm 时，可直接用卷板机进行预弯；当径厚比为 20 ~ 30、板厚 $t \geq 65$mm 时，须采用油压机预弯。钢板端部预弯范围为 300 ~ 500mm，压痕深度不大于 0.5mm。预弯前根据钢管直径制作压模，将压模安在 2000 吨油压机上，然后进行下料钢板两端部的预弯，每端预弯压制次数至少为 3 次，先在钢板端部 150mm 范围内压 1 次，然后在 300mm 范围内重压 2 次，以减小钢板的弹性，防止头部失圆，压制后用样板检验预弯度，确认合格后对压头余量进行切割，如图 8-46 所示。

(a) 2000 吨油压机   (b) 检查预弯度

图 8-46　预弯

4）卷管

将预弯的钢板吊入三辊卷板机后，必须用靠模式拉线进行调整，以保证钢板端部与轧辊母线平行，防止卷管后产生错边。卷板时采用渐进式卷制，不得强制成型，防止卷制过程中产生裂纹，直至达到规定要求。卷管时应不断吹扫内外侧脱落的氧化皮，以保持卷管设备干净。由于钢板的回弹，卷管时必须施加一定的过卷量，在卷管的过程中应不断用样板检验弯板两端的半径。卷管完成后，检验管口直径、椭圆度等尺寸，合格后进行点焊固定，如图 8-47 所示。

(a) 钢板卷制 　　　　　　　　(b) 圆管成形

图 8-47　卷板

5）纵缝焊接

把卷好的管体吊入拼装支承上进行纵缝的拼接，拼接时应注意板边错边量和焊缝间隙，另外定位焊时不得用短弧焊进行定位，定位前用火焰预热到 80 ~ 120℃，定位焊长度宜大于 40mm，间距 500 ~ 600mm 左右，焊缝高度不宜超过设计焊缝厚度的 2/3，且不得小于 4mm。拼接后检查管口椭圆度、错边等，合格后提交检查员验收，并做好焊前记录。管体焊接在管体自动焊接机或专用自动焊接支承上进行，内外侧焊缝均采用自动埋弧焊焊接，如图 8-48 所示。

(a) 内侧焊接 　　　　　　　　(b) 焊缝成形

图 8-48　纵缝焊接

焊前应按规范在焊缝两端头加装引、熄弧板。焊接前必须对焊缝两侧1.5倍板厚且不小于100mm范围内进行预热，采用陶瓷电加热板进行预热，预热温度100~120℃，加热时需随时用测温仪和温控仪测量控制加热温度。

先焊内侧，后焊外侧面，内侧焊满2/3坡口深度后进行外侧碳弧气刨清根，并焊满外侧坡口，再焊满内侧大坡口，使焊缝成型。

6）筒体回圆

直缝焊完后采用卷板机对筒体进行矫圆。需采用专用样板进行检查管体的成型，加工样板可采用2~3mm薄钢板制成。每节管体的样板检查应不少于三个部位。其偏差标准为：圆管连接处直径允许偏差为±3mm，管口圆度允许偏差为$d/500$，且不应大于3.0mm。当达不到上述要求时，必须进行矫正。矫正可采用卷板机和火焰加热法进行。如误差较小时，采用局部火焰加热法进行局部矫正，误差出现偏大时，采用卷板机用滚压法进行矫正，如图8-49所示。

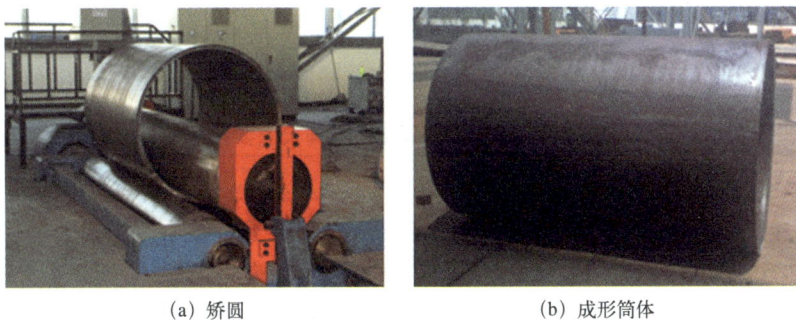

（a）矫圆　　　　　　　　　　（b）成形筒体

图8-49　筒体回圆

7）筒体组对拼接

筒体组对在专用支承上进行，大型圆管构件应在焊接滚轮支承上进行，应确保支承的精度和牢固，组对前应严格检查单节筒体质量。

相邻管节组装时，纵缝相互错开的距离应符合相关规范要求，并必须保证两端口的椭圆度、垂直度以及直线度要求，经检测合格后进行定位焊接，定位焊接的技术要求同前。

拼接后在所有管体上弹出0°、90°、180°、270°母线，并用样冲标记。将拼接好的管体吊入滚轮焊接支承上用埋弧焊进行环缝的焊接，焊接技术要求同纵缝。

环缝焊接顺序：先焊管体内侧焊缝，外侧清根后再焊管体外侧焊缝。环缝焊接前同样进行焊前预热。筒体组对与管外焊接如图 8-50 所示。

| (a) 筒体组对 | (b) 管外侧焊接 |

图 8-50 环缝焊接

8）验收

筒体对接完成后进行几何尺寸与焊缝质量检测，几何尺寸的检查内容包括圆管的直径、厚度、长度、圆度、直线度等，如表 8-8、表 8-9 所示，焊缝应按全熔透Ⅱ级焊缝质量标准进行无损检测，全部合格后方可转入下道工序。

直管筒体组对并焊接后几何尺寸要求   表 8-8

项目	允许偏差（mm）	检验方法	图例
直径d	±3.0	钢尺	
管口圆度	d/500，且不应大于3.0		
弯曲矢高	L/1500，且不应大于5.0	拉线、吊线和钢尺	
对口错边	t/10，且不应大于2.0	拉线、钢尺	
管口倾斜度	d/500，且不应大于3.0	吊线、角尺	
构件长度L	设计长度+3～+10	钢尺	

注：柱顶隔板装焊完成后在端铣机上进行柱顶铣端，端铣量为2～4mm；端铣面粗糙度Ra25μm；端铣面尺寸较大时，应按要求设置专用滚轮装置，便于端铣覆盖。

锥管筒体组对并焊接后几何尺寸要求   表 8-9

项目	允许偏差（mm）	检验方法	图例
直径d	±3.0	钢尺	
管口圆度	d/500，且不应大于3.0		
弯曲矢高	L/1500，且不应大于5.0	拉线、吊线和钢尺	
对口错边	t/10，且不应大于2.0	拉线、钢尺	
管口倾斜度	d/500，且不应大于3.0	吊线、角尺	
构件长度L	设计长度+3～+10	钢尺	

（2）管柱组装

1）将圆管柱平放于加工支承上，检验圆管尺寸，确认合格后方可进行组装制作。

2）根据图纸尺寸在圆管柱上画出网架连接耳板槽口的位置，槽口宽比耳板厚度大 20mm。

3）先开贯穿圆管柱的耳板槽口。开槽前应在管柱内设置临时支撑，临时支撑设置于槽口两侧，每侧不少于三处。槽口两侧开单边外坡口，坡口应采用半自动切割机进行加工，不得手工切割。临时撑杆设置与槽口如图 8-51 所示。

| (a) 支撑设置 | (b) 槽口 |

图 8-51　筒体开槽

4）安装网架连接耳板，采用加固三角板对耳板和圆管柱进行固定，临时支撑影响后续耳板安装，此时可拆除。贯通式连接耳板如图 8-52 所示。

5）开其余耳板槽口，方法同上。

6）安装其余耳板。采用加固三角板对耳板进行定位，如图 8-53 所示。

7）安装加劲板及内隔板。在安装加劲板与内隔板时，应考虑与落水管套筒的碰撞问题，根据落水管的位置开设洞口，如图 8-54 所示。为控制焊接对管口的变形影响，可在柱下端口设置米字形临时支撑。

图 8-52　安装网架连接耳板　　图 8-53　加固三角板定位耳板　　图 8-54　安装内隔板及加劲板

（3）构件焊接

1）进行耳板间十字形焊缝（焊缝为一级全熔透要求）焊接。焊前应对焊道及焊道两侧 100mm 范围进行预热，预热温度 100～120℃，焊后采用保温棉或石棉布进行保温。焊接应采用多层多道，对称施焊，以控制焊接变形。

2）进行加固板与耳板间焊缝焊接。拆除临时支撑，可根据需要适当增加加固板数量。

3）进行内隔板与十字耳板间焊缝焊接，然后焊接内隔板与圆管柱间焊缝，焊接时应注意对称施焊。此时应同步进行落水管套筒的安装与焊接

4）焊接耳板与圆管柱间焊缝。

5）最后焊接加劲板与耳板及圆管柱间焊缝。

（4）构件质量控制与验收

构件制作完成后应及时进行检验，几何尺寸要求如表 8-10、表 8-11 所示。

成品直管柱段外形尺寸要求　　　　　　　　　表 8-10

项目		允许偏差（mm）	图例
圆管柱连接处直径		±3.0	
管口圆度		$d/500$，且不大于3.0	
钢柱高度 H		±3.0	
管口倾斜度		±1.5	
柱身弯曲失高 f		$H/1500$ 且不大于5.0	
柱底到牛腿上表面距离 L1		±2.0	
两牛腿上表面之间的距离 L4		±2.0	
牛腿端孔到柱轴线距离 L2		±3.0	
牛腿长度偏差			
牛腿的翘曲、扭曲、侧面偏差 △	L2≤1000	2.0	
	L2>1000	3.0	
斜交牛腿的夹角偏差		2.0	
柱脚底板平面度		5.0	
柱脚螺栓孔对柱轴线的距离		2.0	

成品锥管柱段外形尺寸要求 表 8-11

项目		允许偏差（mm）	图例
圆管柱连接处直径		±3.0	
管口圆度		d/500，且不大于3.0	
钢柱高度H		±3.0	
管口倾斜度		±1.5	
柱身弯曲矢高f		H/1500且不大于5.0	
柱底到牛腿上表面距离L1		±2.0	
两牛腿上表面之间的距离L4		±2.0	
牛腿端孔到柱轴线距离L2		±3.0	
牛腿长度偏差			
牛腿的翘曲、扭曲、侧面偏差 △	L2≤1000	2.0	
	L2＞1000	3.0	
斜交牛腿的夹角偏差		2.0	
柱脚底板平面度		5.0	
柱脚螺栓孔对柱轴线的距离		2.0	

8.3 贵阳奥体中心典型构件制作

8.3.1 工程概况

贵阳奥林匹克体育中心为悬臂式结构（图 8-55），采取双向弯曲斜交网格，由东西两个看台组成（图 8-56）。东看台屋面钢结构纵向长度约为 263m，沿径向（悬挑方向）长度约为 43m，西看台屋盖钢结构纵向长度约为 283m，沿径向（悬挑方向）长度约为 69m[65]。其他工程概况详见第 4.1 节。该工程典型桁架与构件形式如表 8-12 所示。

图 8-55 贵阳奥体中心

图 8-56 东西罩棚网格结构示意图

典型桁架与构件形式 表 8-12

构件类型	截面形式	材质
Y型柱		Q345B-Z25
屋盖单榀墙面桁架		Q345C

8.3.2 典型构件制作工艺

本节重点介绍 Y 形箱体柱制作和管桁架制作。

1.Y 形箱体柱制作

Y 形箱体柱内部被结构隔板分隔成复杂空间（图 8-57），不能采用电渣焊焊接，在对隔板及劲板进行焊接时，需施焊人员进入箱体内部进行焊接，为此需在面板、隔板上开设人孔。根据该构件内部隔板多、焊接工作人员操作空间极小、焊接质量要求高、整体外观成形控制难度高的特点，决定采用化整为零，先小拼装，再中拼装，最后大拼装的方法进行制作，其划分情况如图 8-58 所示。制作过程中需严格控制每个小拼装单元的拼装精度，确保最终整体构件的外观尺寸精准。

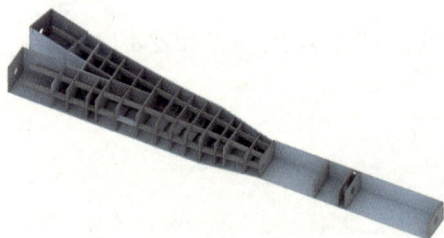

图 8-57 Y 形柱内部结构

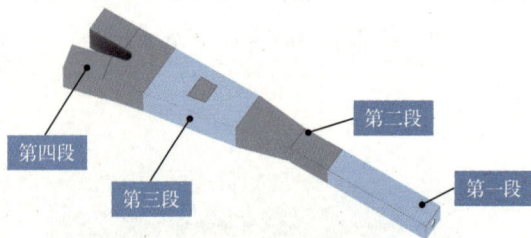

图 8-58 型柱分段

（1）第一段箱形构件制作

第一段箱体为规则箱体，按照正常箱体柱流程制作，在此不做赘述。

（2）第二段变截面箱形构件制作

1）按工艺文件完成零部件的下料。

2）腹板放于支承上，划出中心线及隔板、腹板的装配线位置，如图8-59所示。

 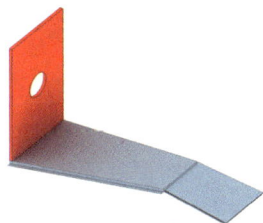

图8-59 腹板装配　　　　　图8-60 隔板装配

3）端部内隔板安装如图8-60所示，需要控制其垂直度。

4）装配两侧翼板及内隔板，如图8-61所示。

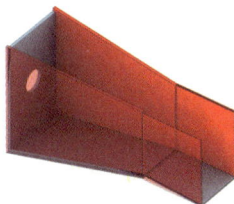 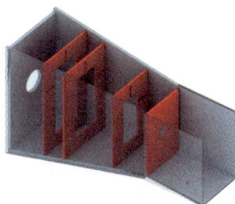

（a）翼板装配　　　　　　　（b）内隔板装配

图8-61 翼板及内隔板装配

5）箱体内部加劲板的装配及焊接，如图8-62所示。

 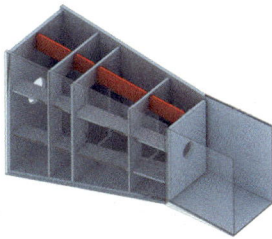

（a）加劲板装配一　　　　　（b）加劲板装配二

图8-62 加劲板装配

6）箱体柱直段及变截面封板安装，如图8-63所示。

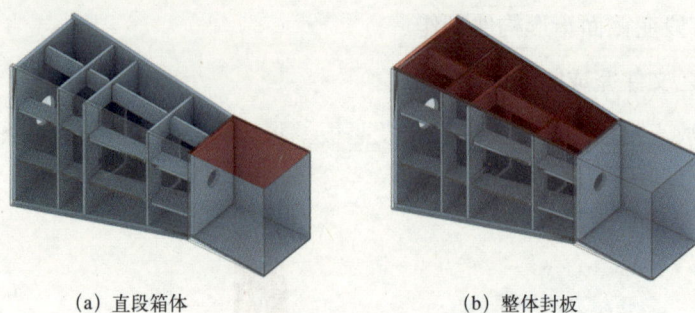

(a) 直段箱体   (b) 整体封板

图 8-63　箱体封板

（3）第三段过渡箱体构件制作

第三层箱体制作方法同第二层，在此不再赘述。

（4）第四段分叉构件制作

1）按工艺文件完成零部件的下料。

2）将翼板放到支承上，控制其水平度，并划出腹板装配线。

3）内隔板及加劲板的安装及焊接，如图 8-64 所示。

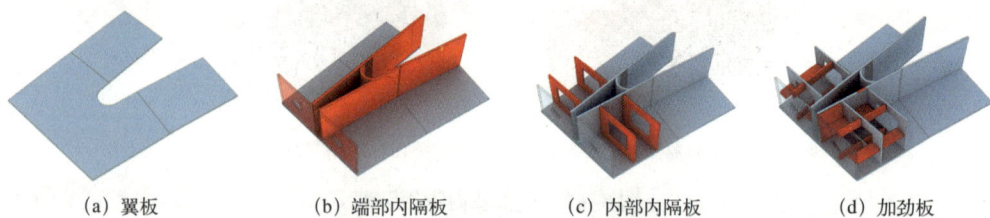

(a) 翼板   (b) 端部内隔板   (c) 内部内隔板   (d) 加劲板

图 8-64　内隔板及加劲板装配焊接

4）分叉处箱体盖板及两侧腹板的装配及焊接，如图 8-65 所示。

5）剩余翼板、端部内隔板的装配及焊接，如图 8-66 所示。

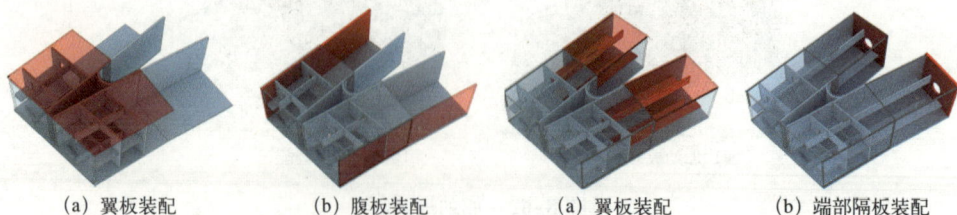

(a) 翼板装配   (b) 腹板装配   (a) 翼板装配   (b) 端部隔板装配

图 8-65　翼、腹板的装配焊接   **图 8-66　翼板、隔板的装配焊接**

（5）柱段对接

1）箱体柱与变截面构件对接

拼装时需放地样，拼接焊接在构件外侧进行，焊缝为全熔透焊缝。第一段与第二段的拼接如图 8-67 所示。

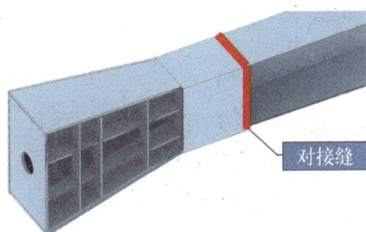

图 8-67　第一段与第二段对接

2）过渡段与分叉段对接，如图 8-68 所示。

施焊人员由人孔进入，焊接加劲板。箱体对接焊缝采用全熔透焊缝。

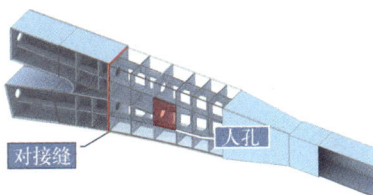

图 8-68　第三段与第四段对接

3）过渡段与变截面段对接，如图 8-69 所示。施焊人员由人孔进入，焊接加劲板。箱体对接焊缝采用全熔透，贴衬垫。

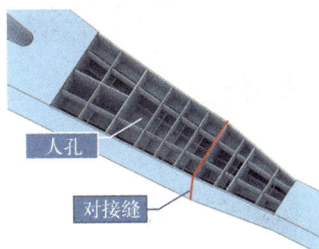

图 8-69　第二段与第三段对接

（6）检测与验收

制作完成后，对几何尺寸及焊接质量进行检测评定，合格后进入下道工序。该构件成品如图 8-70 所示。

图 8-70　成品构件

2. 管桁架制作

管桁架一般杆件的制作涉及的工艺步骤有：材料进厂、除锈涂装底漆、制作准备、下料切割、弯管、接长、相贯线切割、开坡口、标识、涂装、验收等。每步的制作流程、操作步骤、工艺要求、加工设备要求、质量要求与检测等细节参见第 7 章的相关内容，以下仅对该工程特殊制作工艺进行补充介绍。

（1）钢管与焊接球的焊接

1）钢管与焊接球的焊接，焊缝要求饱满，不得有夹渣、未焊透、气孔、咬肉等缺陷。

2）钢管与焊接球的连接，当钢管壁厚 ≤ 5mm 时可采用角焊缝连接；当钢管壁厚为 6mm、7mm 时，在钢管端部作 30° 坡口，并增设短衬管，采用全熔透对接焊缝连接，如图 8-71 所示。当钢管壁厚 ≥ 8mm 时，除对接焊缝外，还需采用角焊缝予以加强。

图 8-71　钢管与焊接球连接大样

（2）三维弯管

严格按图纸所给制作支承坐标施工。下料车间根据空间弯管深化设计图纸及工艺文件的展开长度下料。弯管前必须使用钢印在两端口及长度中心位置圆管四等分位置给予标识，采用弹线方式在管壁外侧 4 个正交点处沿纵向弹线，取其一条为弯曲起步基准线，如图 8-72 所示。

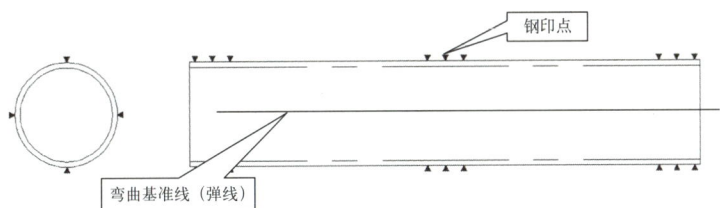

图 8-72 变径管对接

其弯管工艺要求如下：

1）首先在 X、Y 方向上根据所给坐标进行弯曲，然后在 Z 方向进行弯曲；

2）保证曲杆表面平滑过渡，不得出现折痕、表面凹凸不平现象；

3）弯管成型后材料性质不得有明显的改变；

4）成型的两轴外径与设计外径的差值不得大于 ±3mm 及设计外径的 ±1% 中的较小值；壁厚与设计壁厚的差值不得大于 ±1mm 及设计壁厚的 10% 中的较小值；

5）各弯曲方向点必须标识别；

6）由于管径大且壁厚较大，容易产生回弹，所以必须采用固定可调节支承给予各点校正。通过外力（必要时火焰加热）使钢管与胎具吻合，完成钢管 Z 向弯曲的目的。弯曲结束各弯曲节点部位上下使用夹具卡紧保留一段时间不反弹即合格，如图 8-73 所示。

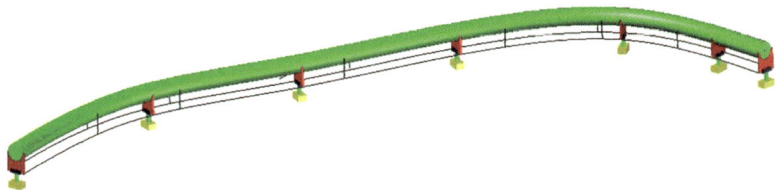

图 8-73 多用胎具 Z 向弯曲及 X，Y 向校准示意图

桁架预拼装、检测与验收等同第 8.1 节第 2 项，不再赘述。

第三部分

大跨度钢结构安装技术

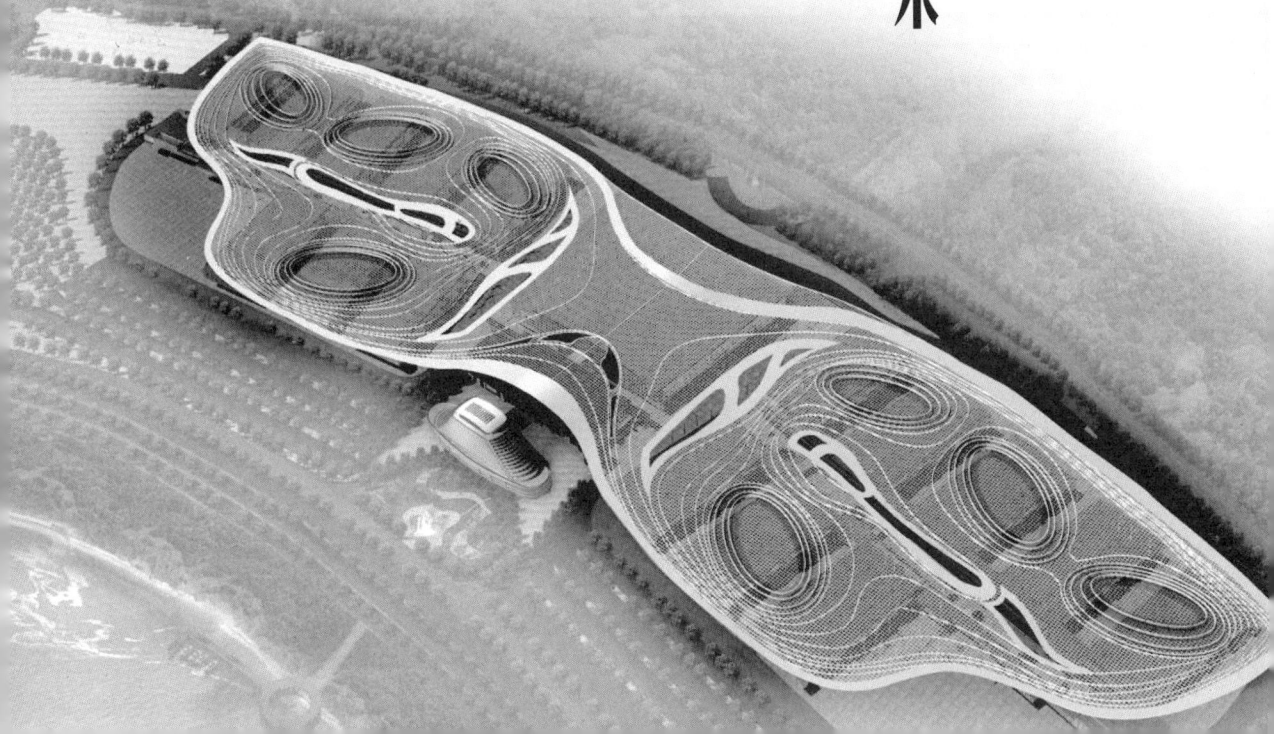

随着建筑理念的不断更新，建筑物的跨度越来越大、结构形式越来越复杂。建筑的美学要求和功能多样化不仅仅对结构设计提出挑战，同时也对施工策划及实施提出了更高的要求。

大跨度钢结构安装方法可分为高空原位安装法、提升安装法、顶升安装法以及滑移施工安装法等，施工方法的选定需要综合考虑设计、周边环境、施工难度、施工进度、施工成本等因素。适用、完善的施工方案可以提高施工效率，缩短施工工期，减少施工成本，保证施工安全，确保工程质量。

本章结合国内典型大跨度钢结构工程，根据施工过程中的施工组织难点，对施工设备选型、高空原位安装技术、提（顶）升技术、滑移施工技术、卸载施工技术、预应力钢结构施工技术、施工测量技术以及安全防护技术等内容做了详细的介绍。

第9章 施工组织及设备选型

9.1 施工组织

大跨度钢结构在施工过程中，具有作业面广，存在多专业交叉施工作业的特点，主要表现在现场设备多、工具多、材料多、工种及人员多等方面（图9-1），被业界形象地称为"大兵团作战"。故在施工前，必须进行详细的施工组织设计，重点解决好施工段、施工工序、施工顺序、施工总平面图、安装方法、施工工艺、进度计划、资源供给、垂直与水平运输、质量安全等方面的设计与管理工作。

图9-1 大跨度钢结构施工全景图

根据工程工期、现场周边实际情况、各专业施工交叉作业协调配合的要求，大跨度钢结构的施工组织应着重考虑以下几点：

1. 选择先进可行的施工工艺

大跨度钢结构安装方法诸多，其中常用方法主要包括高空原位安装法、提升（顶升）安装法、滑移安装法等，典型安装方法如图9-2所示。施工准备期间，工程技术人员应综合考虑工程结构特点、现场施工条件、工程施工工期等因素，制定合理科学的施工方案。如选择高空原位安装法施工时，现场施工设备、拼装作业和临时支承较多，故该安装方法适用于现场场地条件良好、作业场地较为宽阔的施工工况。若现场场地狭小，现场作业专业较多，无法满足钢结构施工作业所需场地空间时，可选择提升（顶升）安装法、滑移安装法[66]。

（a）高空原位安装法

（b）提升安装法

（c）顶升安装法

（d）滑移安装法

图9-2 典型安装方法

2. 合理安排工序交叉施工

大跨度钢结构屋面覆盖面积较大，若等钢结构整体施工作业完成后再进行屋面或幕墙等其他专业的施工，会导致工期延长，资源浪费，故在施工作业时，主体钢结构与屋面、幕墙、机电等其他专业施工需合理交叉进行。如在重庆国际博览中心展馆施工时（图9-3），当屋面主桁架施工至第5榀时（共8榀）即插入金属屋面施工，促进了专业间的合理搭接，保证了展馆的施工工期。

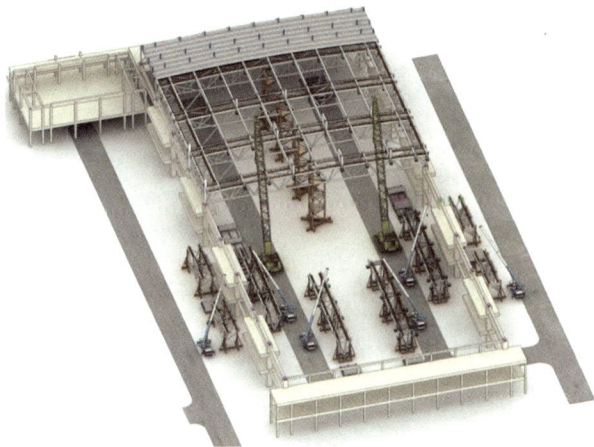

图 9-3 重庆国博展馆施工示意图

3. 优化场地布置与资源供应

大跨度钢结构施工除了需考虑材料、设备、劳动力等施工资源的配置外，还应重点关注施工场地的合理分配和利用。当现场施工总平面布置不合理时，可导致现场道路不畅，钢构件周转次数增多，从而增加施工工期和建设成本。

钢结构施工总平面布置原则如下：

（1）根据工程特点和现场周边环境的特征，充分利用现场施工场地，做好平面布置规划，满足生产、文明施工要求。

（2）加强现场平面布置的分阶段调整，提高劳动效率。

（3）加强平面施工检查及监督整改，在保证场内材料堆放、运输通畅的前提下，最大限度地减少场内二次倒运。如钢构件堆场应尽量设置在构件拼装场地附近，拼装场地应尽量靠近拼装构件的安装位置，且应在起重设备起重能力范围之内。

（4）满足生产、生活、安全防火、环境保护和劳动保护的要求。

大跨度工程施工管理的全面协调包括施工作业设备的合理分配，施工车辆行驶路线的合理规划和安排，施工作业场地的合理分配等。这些因素的充分考虑往往可以对工程施工起到事半功倍的效果，大大节约工程施工成本。大跨度钢结构的运输与吊装单元往往体积大、重量重，施工时必须利用大型运输和起重设备，故在施工组织设计时应优先考虑。

9.2 设备选型

大跨度钢结构建筑具有覆盖面积大的特点，在其施工作业时，固定式的起重设备通常无法覆盖所有钢构件的安装位置，需选择可灵活移动的起重设备进行构件吊装才能顺利完成任务。

9.2.1 设备选型原则

大跨度钢结构施工起重设备包括塔吊、汽车吊、履带吊、捯链、卷扬机等，当采用提升、顶升、滑移等施工方法时，主要设备还包括液压提升器、液压千斤顶和液压牵引（顶推）器等。

与超高层施工以塔吊为核心起重设备不同，大跨度钢结构施工无明确的核心起重设备，往往根据周边及现场的不同情况，选择不同的起重设备。如当大跨度建筑覆盖面积不是很大时，可选用固定式塔吊完成结构施工；当建筑结构跨度较大时，可采用行走式塔吊施工、固定式塔吊＋汽车吊（履带吊）施工、汽车吊（履带吊）施工等多种组合方式；当建筑结构跨度超大，采用传统安装方法搭设支承量过大时，可采用液压提升器进行提升作业；当结构在原设计位置安装存在较大难度时，可采用液压牵引（顶推）器进行滑移作业等。不过，无论选取何种起重设备，均应遵循技术可行、经济合理的配置原则，具体有以下三点：

（1）起重设备的起重能力必须能满足所有钢构件顺利安装的要求。在选定设备时，应根据构件的重量、起吊位置及其在结构中的位置选用起重设备，其中应优先保证大型构件的顺利安装。

（2）起重设备配备数量应能满足钢结构的安装进度的要求。应针对钢构件位置的分布情况和构件吊装量，配置足够数量的吊装设备，确保施工工期。

（3）垂直运输设备的配置应在满足施工要求的同时，兼顾降低成本投入。大跨度钢结构施工中，设备费占措施费比例较大，配置时，应权衡设备投入、劳动力成本和施工进度等多种因素，优化施工吊装方案，尽可能实现成本最小化。

9.2.2 常用起重设备简介

1. 塔式起重机

塔式起重机又称塔吊，由钢构架、工作机构、电气设备、基础及安全装置组成。

钢构架包括塔身（塔架）、起重臂（吊臂）、平衡臂、塔尖、回转盘架等部分组成。

塔吊根据结构特点、工作原理、工作性能等有多种分类方式，如按照结构形式分类可分为附着式塔吊和行走式塔吊；按照回转形式分类可分为上回转式塔吊和下回转式塔吊；按照变幅方式分类可分为小车变幅式塔吊和动臂变幅式塔吊等等。几种常用塔吊如图 9-4 所示。大跨度钢结构施工时，根据现场施工需求，附着式塔吊和行走式塔吊均有所应用，若现场塔吊数量过多或周边已有建筑导致小车变幅式塔吊旋转空间受限时，可选用动臂变幅式塔吊进行相关的施工作业。目前，国内房建领域应用塔吊的最大起重量为 100 吨，如法福克 M1280D 等。大跨度钢结构工程重型构件通常分布较广，若选择重型塔吊施工存在应用数量多，经济性差，利用率低等缺点。

（a）附着式塔吊

（b）行走式塔吊

（c）小车变幅式、动臂变幅式塔吊

图 9-4　现场施工塔吊

2. 汽车式起重机

汽车式起重机简称汽车吊。它是把起重机构安装在通用或专用汽车底盘上的一种自行式全回转起重机。起重臂的构造形式有桁架臂和伸缩臂两种。其行驶的驾驶室与起重机操纵室是分开的。汽车起重机的种类很多，其分类方法也各不相同，按起重量分类可分为轻型汽车起重机（起重量在 16 吨以下）；中型汽车起重机（起重量在 20 ~ 40 吨）；重型汽车起重机（起重量在 50 ~ 125 吨）；超重型汽车起重机（起重量在 150 吨以上）；按支腿形式分类可分为蛙式支腿、X 形支腿和 H 形支腿。蛙式支腿跨距较小，仅适用于较小吨位的起重机；X 形支腿容易产生滑移，也很少采用；H 形支腿可实现较大跨距，对整机的稳定有明显的优越性，所以国内目前生产的液压汽车起重机多采用 H 形支腿。按传动装置的传动方式分类可分为机械传动、电传动、液压传动三类。按起重装置回转范围划分类可分为全回转式汽车起重机（转台可任意旋转 360°）和非全回转汽车起重机（转台回转角小于 270°）两种。按吊臂的结构形式分类：可分为折叠式吊臂、伸缩式吊臂和桁架式吊臂汽车起重机三种。

汽车吊作为大跨度钢结构施工中的重要起重设备，具有机动灵活的特点，通常用于结构安装、现场构件拼装、构件卸车、转运等。汽车吊对行驶路面要求较高，当现场路面条件良好时可选其作为主要的施工设备。大跨度钢结构施工时通常选用 25 吨、50 吨等汽车吊进行构件拼装作业，结构吊装时根据吊装结构的重量和高度的不同，可选用 100 吨、200 吨、400 吨甚至起重量更大的汽车吊进行作业。图 9-5 为汽车吊现场作业图。

图 9-5　汽车吊现场作业图

3. 履带式起重机

履带式起重机简称履带吊，是一种车底盘设履带行走机构的吊车。履带吊由动力装置、工作机构以及动臂、转台、底盘等组成。履带吊可根据工况，分为主臂工况、主副臂工况，当起吊构件重量过大时，还可增加超起装置提升其起重量（图 9-6）。履带吊通常具有良好的起重能力，起重量可达 500 吨以上，履带吊常用起重量为 150 吨、200 吨、250 吨等。

履带吊具有稳定性能好，载重能力大，防滑性能好，对路面要求低的特点，是大跨度钢结构施工中常用的起重设备。

| (a) 主臂工况 | (b) 主副臂工况 | (c) 超起工况 |

图 9-6　履带吊

4. 液压提升器

液压提升器（图 9-7）是大跨度钢结构提升施工中核心起重设备，并以钢绞线作为提升索具，具有安全、可靠、承重件自身重量轻、运输安装方便等一系列独特优点。液压提升器由顶部的上锚具机构、中部的穿心式提升液压缸、下部的下锚具机构、钢绞线等组成，待装构件通过地锚与钢绞线相连，详见第 11.1 节。液压提升器的起重量包括 20 吨、50 吨、100 吨、200 吨和 400 吨等多种。

图 9-7　液压提升器

5. 液压牵引（顶推）器

液压牵引（顶推）器（图 9-8）用于大跨度钢结构滑移作业施工中，液压牵引器可视为"卧倒"的提升器，其工作原理类似于液压提升器；液压顶推器（图9-9）又可称为爬行机器人，主要由液压爬行器、液压动力系统以及与之配套的传感检测和计算机控制系统等组成，其工作原理为：爬行器楔形自锁装置夹持于地面轨道，通过计算机无线（或网络）协调控制，其推进液压缸伸缩，使多个顶推点沿轨道向前同步推进，实现大构件的滑移安装。单个爬行机器人的顶推重量可达50吨、100吨、150吨，甚至更大。

图9-8　液压牵引器

图9-9　液压顶推器

6. 液压千斤顶

液压千斤顶（图9-10）是一种采用液压缸作为刚性顶举件的千斤顶，结构形式紧凑、工作平稳度高并且有自锁功能。作为大跨度常用起重设备之一，液压千斤顶具有构造简单、自重轻、便捷性高、移动方便等优点，但同时也存在着起重高度有限、起重速度慢等缺点。

图9-10　液压千斤顶

液压千斤顶由外壳、大小活塞、扳手、油箱等部件组成。工作原理是通过扳手带动小活塞向上移动，油通过油管吸入小活塞下部。之后扳手往下压带动小活塞向下，油通过挤压大活塞迫使大活塞向上运动顶起重物。液压千斤顶通常用于钢结构顶升施工，最大顶升重量可达 2000 吨以上。

7. 捯链

捯链，又称手拉葫芦（图 9-11）。是一种使用简单、携带方便的手动起重机械。它适用于小型设备和货物的短距离吊运，起重量一般不超过 100 吨。捯链的外壳材质是优质合金钢，坚固耐磨，安全性能高。

在大跨度钢结构施工中，捯链可用于调整构件的吊装姿态，收紧缆风绳等的工作。当部分构件位置特殊，无法采用其他起重设备安装时，可采用捯链进行土法施工。捯链起重量包括 5 吨、10 吨、15 吨、30 吨、50 吨等多种。

图 9-11　捯链

8. 卷扬机

卷扬机（又叫绞车）是由人力或机械动力驱动卷筒、卷绕绳索来完成牵引工作的装置。可以垂直提升、水平或倾斜拽引重物。卷扬机分为手动卷扬机和电动卷扬机两种，分别如图 9-12 和图 9-13 所示。电动卷扬机由电动机、联轴节、制动器、齿轮箱和卷筒组成，共同安装在机架上。卷扬机用于起升高度高、装卸量大而频繁的工作，其调速性能好，可使空钩快速下降，对安装就位速度敏感的物料，也可低速运行。常见的卷扬机吨位有 0.3 ~ 30 吨。

图 9-12　手动卷扬　　　　　图 9-13　电动卷扬

卷扬机在大跨度钢结构施工中也被灵活应用，主要用于无法采用常规起重设备完成安装的构件吊装以及塔吊拆除后构件补装等。

9.2.3　大跨度典型工程设备选型

国内部分大跨度钢结构工程设备应用情况如表 9-1 所示。

国内部分大跨度钢结构工程设备应用一览表　　　　　表 9-1

项目名称	起重设备			
	名称	型号	数量	用途
深圳大运会主场馆 （一标段）	履带吊	600吨	2	吊装里面和屋面外圈构件
		250吨	2	吊装屋面内圈构件
		150吨	1	钢构件卸车、拼装与转运
	汽车吊	200吨	1	吊装球形支座
		50吨	1	钢构件卸车、拼装与转运
		25吨	1	钢构件卸车、拼装与转运
深圳湾体育中心 （一标段）	行走塔吊	K5050	2	大树广场构件吊装
	履带吊	320吨	2	体育场内构件吊装
		160吨	2	体育场外围构件吊装
	汽车吊	80吨	1	构件拼装、转运
		50吨	2	构件拼装、转运
		25吨	3	构件拼装、转运
重庆国际博览中心 （一标段）	履带吊	200吨	3	展馆钢结构吊装（三个馆同时施工，每个馆配置一台200吨履带吊）
		200吨	2	多功能厅主会议厅屋盖钢桁架吊装

续表

项目名称	起重设备			
	名称	型号	数量	用途
重庆国际博览中心 （一标段）	汽车吊	100吨	5	展馆、多功能厅、会议中心钢结构辅助吊装
		75吨	2	多功能厅、会议中心钢结构辅助吊装
		70吨	1	多功能厅、会议中心钢结构辅助吊装
		50吨	6	屋面檩条安装和馆内构件的卸车、构件拼装
		25吨	20	屋面檩条安装和馆内构件的卸车、构件拼装
武汉国际博览中心 （一期）	履带吊	100吨	2	超重构件吊装
		80吨	6	屋面径向、环向桁架的安装
		50吨	4	钢管柱的安装
	汽车吊	50吨	4	桁架安装、拼装、转运
		25吨	8	网架转运、散件吊装
武汉火车站	行走式塔吊	K50/50	2	结构吊装
	塔吊	STT553-24	4	结构吊装
		ST80/75-50吨	2	结构吊装
	履带吊	150吨	4	结构吊装、现场拼装
	汽车吊	200吨	1	结构吊装、现场拼装
		25吨	4	现场拼装
	龙门吊	20吨	4	散件吊装、现场拼装
天津梅江会展	履带吊	150吨	3	结构吊装、现场拼装
		160吨	2	结构吊装、现场拼装
	汽车吊	350吨	3	结构吊装
		300吨	6	结构吊装
		200吨	2	结构吊装
		160吨	4	结构吊装
		150吨	3	结构吊装
		100吨	1	结构吊装、现场拼装
		80吨	14	结构吊装、现场拼装
		50吨	11	结构吊装、现场拼装
		25吨	21	结构吊装、现场拼装
		8吨	5	零星租赁

续表

项目名称	起重设备			
	名称	型号	数量	用途
广州歌剧院	塔吊	SN630	1	构件吊装
		K50/50	2	构件吊装
	履带吊	250吨	1	盲区吊装、铸钢件吊装
贵阳奥体中心	履带吊	400吨	1	结构吊装
		350吨	1	结构吊装
		150吨	2	结构吊装
	汽车吊	200吨	1	结构吊装、现场拼装
	汽车吊	50吨	6	结构吊装、现场拼装
		25吨	4	结构吊装、现场拼装
沈阳南航机库	液压提升器	405吨	5	网架提升
		180吨	13	网架提升
	汽车吊	25吨	5	结构拼装
		75吨	1	结构拼装

第10章 高空原位安装技术

为顺利进行大跨度钢结构的高空安装并保证其施工期间的安全性，在结构安装过程中，需要根据结构的施工状态设置临时支承来承担施工期间的各种荷载和作用，待结构安装完毕后，进行卸载使结构达到设计状态。这种施工方法即为高空原位安装法，是一种较为传统的施工工艺，简单易行，应用广泛。

高空原位安装法按安装构件的形式（散件或分片组装单元）分为高空原位散件安装和高空原位单元安装。

10.1 高空原位散件安装技术

高空原位散件安装技术又称为全支承安装技术，通常是在结构下部设置满堂支承（或满堂脚手架），利用其作为支承在空中原位完成结构散件拼装，如图10-1所示。

图10-1 高空原位散件安装

满堂支承通常采用扣件式脚手架或者碗扣式脚手架。以扣件式满堂支承为例，钢管规格一般采用外径48mm、壁厚3.5mm的焊接钢管，或外径51mm，壁厚3～4mm的无缝钢管。整个脚手架系统由立杆、小横杆、大横杆、剪刀撑、拉撑件、脚手板以及连接它们的扣件组成。扣件式满堂支承根据剪刀撑的设置可分为普通型和加强型二种。当架体沿外侧周边及内部纵、横向每隔5～8m，设置由底至顶的连续竖向剪刀撑，在竖向剪刀撑顶部交点平面设置连续水平剪刀撑，且水平剪刀撑距架体底平面或相邻水平剪刀撑的间距不超过8m时，定义为普通型满堂支承；当连续竖向剪刀撑的间距不大于5m，连续水平剪刀撑距架体底平面或相邻水平剪刀撑的间距不大于6m时，定义为加强型满堂支承，如图10-2所示。满堂支承搭设高度不宜超过30m，高宽比不应大于3[67]。

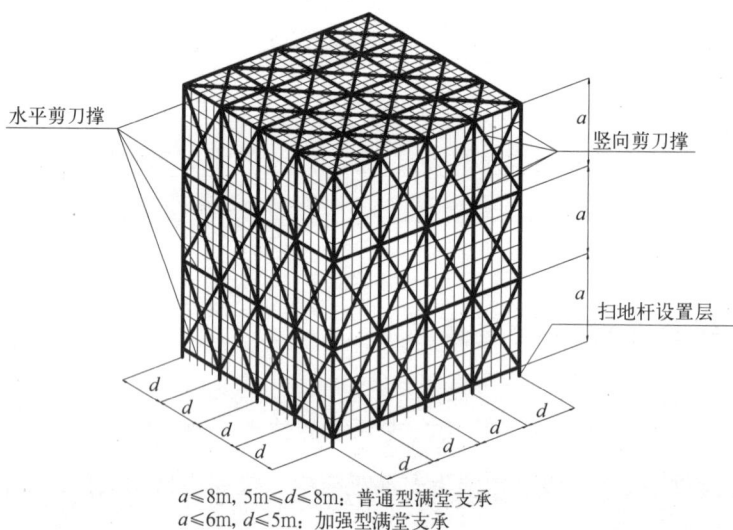

$a \leqslant 8m$，$5m \leqslant d \leqslant 8m$：普通型满堂支承
$a \leqslant 6m$，$d \leqslant 5m$：加强型满堂支承

图 10-2　扣件式满堂支承

满堂支承设计时，通常进行以下四个方面的验算：纵向、横向水平杆等受弯构件的强度和连接扣件抗滑承载力计算；立杆的稳定性计算；连墙件的强度、稳定性和连接强度的计算；立杆地基承载力计算。具体的计算方法详见《建筑施工扣件式钢管脚手架安全技术规范》（JGJ 130—2011）。

高空原位散件安装适用于高度和跨度都不是很大、杆件数量较少的结构，优点是易于控制节点坐标、施工灵活、脚手架回收利用率高，缺点是支承使用量较大、搭设繁琐、高空作业多、工期较长、占用场地空间过大等。

10.2 高空原位单元安装技术

高空原位单元安装技术是高空原位散件安装技术的一种改进，它的施工顺序为：首先将结构合理分成施工段，并将各施工段内的结构分成吊装单元，在地面将构件和节点组装成吊装单元；然后根据分段情况，在分段处设置施工支承体系；再后利用起重设备将吊装单元吊装在施工支承体系上，并进行杆件补装；最后待结构形成完整结构体系后，进行卸载作业，使结构达到设计状态，如图 10-3～图 10-5 所示。

图 10-3 高空原位单元安装简图

图 10-4 吊装单元地面拼装

高空原位单元安装的优点是安装精度较高、施工速度较快、施工较为安全。与高空原位散件安装技术相比，以点式支承代替满堂支承，大量节省了施工支承，且大部分拼接工作在地面完成，质量易于控制、高空作业相对较少、施工效率高。

10.2.1 吊装单元划分

图 10-5 格构支承原位安装

吊装单元划分时，应综合考虑技术、质量、安全、工期、经济等多方面因素，通常包括以下几个方面：

（1）满足吊装设备的起重性能

吊装单元的划分应满足吊装设备的起重性能，设备起重量、起重高度、吊装半径等要素需认真核对，保证构件能够顺利吊装。

（2）便于交通运输

构件运输时分段长度不宜大于 18m，高度不宜超过 3.5m，宽度不宜超过 4m。

（3）便于吊装单元的地面拼装

吊装单元的划分应尽量减小地面拼装临时支承的高度，以减少其所需的措施量及高空作业量，并通过单元的合理划分减少高空散件补装。

（4）利于临时支承系统的布置

应考虑分段处的临时支承基础位置，尽量将支承底座生根于结构柱或结构梁上，

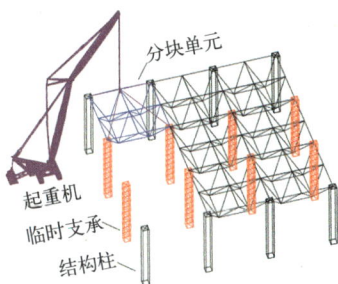

保证临时支承系统受力合理性。

（5）在满足设备吊装和运输要求的基础上，尽可能大的划分吊装单元，以有利于缩短施工工期，减少支承用量。

10.2.2　吊装单元拼装

吊装单元的现场地面拼装主要内容包括拼装方法、场地处理、精度控制和检验标准。

1. 拼装方法

对于较复杂的吊装单元，地面拼装前应根据构件的空间位置进行计算机实体模拟，建立拼装支承三维模型，定好拼装单元某点坐标后，依次推算出其余各支撑部位的空间坐标；然后根据计算机模型 1:1 放样，设置仿形拼装支承，根据构件形式，采用卧式或立式的拼装方法，将散件在支承上组装成吊装单元。典型吊装单元拼装过程如表 10-1 所示。

典型吊装单元拼装过程　　　　　　　　　　　　　　表 10-1

一、根据构件形式，进行构件测量坐标和构件尺寸数据与计算机三维转化，拼装坐标与构件设计位置坐标三维转化。根据计算机显示结果，在拼装平台地面放线并搭设拼装支承	
二、根据构件进场验收时所确定的观测点转化的计算机三维坐标进行观测，以确定构件各组成部件的坐标	
三、构件拼装完毕，弹出构件各面中心线，根据计算机三维坐标，计算出构件中心线关键点位置坐标。根据中线坐标进行地面拼装复合和高空安装测量	

2. 场地处理

在制作拼装支承之前，要对拼装场地进行整平硬化处理，通常可采用素土夯实、浇筑混凝土，或者铺设钢板等方式，如图 10-6，以避免外部环境对拼装精度产生不利影响。

(a) 现场素土夯实　　　　　　(b) 混凝土拼装场地　　　　　　(c) 拼装场地铺设钢板

图 10-6　现场拼装场地图

3. 精度控制及检验标准

用水准仪测量平台基准面的标高，确定测量基准面，根据在工厂制作时的焊接工艺试验，预先留出各类收缩量，拼装完后进行检查。结构单元地面拼装主要检查各构件的相对位置、杆件角度、接口尺寸和接缝、空间坐标、测量控制点位置等关键控制指标是否符合设计要求，为结构安装提供准确的定位信息，确保安装精度。拼装项目及允许偏差如表 10-2、表 10-3 所示。

拼装项目及允许偏差　　　　　　　　　　表 10-2

构件类型	项目	允许偏差（mm）	检查方法
主杆件 次杆件	拼装单元总长	±5.0	用钢尺检查
	拼装单元弯曲矢高	$L/1500$ 且不应大于 10.0	用拉线和钢尺检查
	接口错边	2.0	用焊缝量规检查
	拼装单元扭曲	$h/200$ 且不应大于 5.0	拉线、吊线和钢尺检查
	对口错边	$t/10$ 且不应大于 3.0	用焊缝量规检查
	坡口间隙	+2.0 −1.0	
制作单元平面总体拼装	相邻梁与梁之间距离	±3.0	用钢尺检查
	结构面对角线之差	$H/2000$ 且应不大于 5.0	
	任意两对角线之差	$\sum H/2000$ 且应不大于 8.0	

注：L—单元长度、跨度；h—截面高度；t—对接板材厚度；H—柱高度。

拼装项目及允许偏差		表 10-3
项目		允许偏差（mm）
搭接接头长度偏差		±5.0
对接接头错位	$t \leqslant 16mm$	1.5
	$16mm < t < 30mm$	$t/10$
	$t \leqslant 30mm$	3.0
对接接头间隙偏差	手工电弧焊	+4.0 0
	埋弧自动焊和气体保护焊	+1.0 0
对接接头直线度偏差		2.0
根部开口间隙偏差（背部加衬板）		±2.0
焊接组装构件端部偏差		3.0
加劲板或隔板倾斜偏差		2.0
连接板位置偏差		2.0

注：t—对接板材厚度。

10.2.3 施工支承

1. 施工支承形式

高空原位单元拼装施工时常采用的施工支承形式包括型钢施工支承、装配格构式施工支承等。

（1）型钢施工支承

当结构高度较低、自重不是很大时，可以考虑采用圆形钢管、矩形钢管等型钢作为施工支承，在施工支承底部通过设置预埋件、在中部及顶部位置设置水平连系杆以保证施工支承的稳定性。

（2）格构式施工支承

当结构高度较高、自重较大时，应采用格构式施工支承。格构式施工支承由底座、支承节以及顶部工装组成。近年来，随着施工工艺的不断提高，格构式施工支承由原先的"现做现用"，正在逐步发展为标准化形式，将施工支承设计成由若干标准节、调整节组合而成，具有运输方便、安装效率高，重复使用率高的优点，如图 10-7 所示。

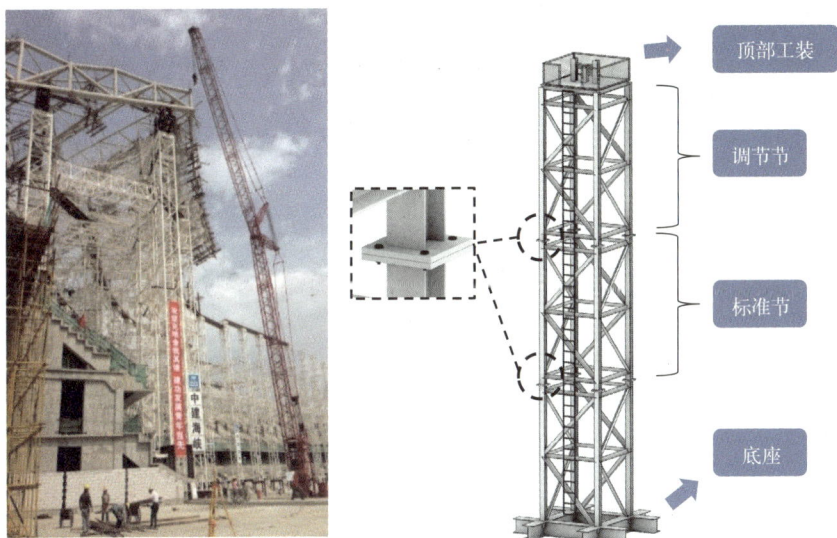

图 10-7　标准化格构式施工支承

施工支承在设计时，需要计算的内容包括施工支承的整体稳定性计算；最大受力分肢稳定性计算；连系支撑或附着支撑稳定性计算，连接强度计算；地基承载力和底座与基础预埋件连接强度的计算。

当支承高度过高，须对支承采取一些增加其稳定性的措施。常用的方法有：底座固定；增设连系支撑；增设附着支撑、拉设缆风绳等。

（1）底座固定

施工支承采用地脚螺栓或钢板预埋件，将其基座与地基或楼承板固定，保证支承在使用过程中不会发生移动、侧翻等危险。

（2）增设连系支撑

连系支撑用于施工支承组之间的连接，减少单独支承结构的计算长度，保持支承组的稳定性，构成空间受力体系，如图 10-8 所示。连系支撑可由桁架等定型构件组成，也可根据工程实际采用型钢制作。

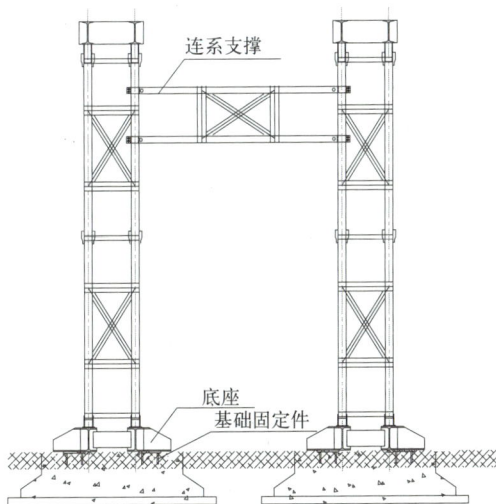

图 10-8　连系支撑图

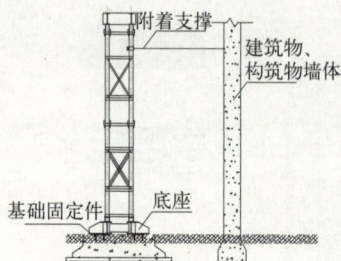

图10-9 附着支撑图

（3）增设附着支撑、缆风绳等附着措施

附着支撑、缆风绳等用于将独立施工支承或施工支承组与已建成的具有较大刚度的建筑、构筑物或地面锚固措施连接在一起，以保证施工支承或施工支承组的整体稳定性。附着支撑如图10-9所示。

表10-4为国内典型工程施工支承应用情况。

国内典型工程施工支承应用情况 表10-4

简介	现场照片
深圳湾体育中心屋面安装施工支承由格构式支承和连系桁架组成，支承采用可拆卸标准节形式，最大高度约为40m，基础埋件生根于混凝土柱顶和梁顶，或通过井字转换钢梁埋件生根于承台顶，立柱采用HW350×350×12×19，钢材材质为Q235B，总用量5000余吨	
深圳大运中心施工支承根据支撑位置不同分为三类，背峰、肩谷两个节点处设置钢管相组合的梯形支承，在冠谷处设置钢管相组合的梯形与标准节组合支承、内环点节点处设置型钢标准节支承，截面尺寸为2.5m×2.5m。冠谷与内环支承顶部设置连系桁架（截面尺寸为2.5m×2.35m）进行稳固，最大高度为39m。支承主要采用外径100~400mm，壁厚5~16mm的钢管组合而成，材质为Q345B，总用量2000余吨	
重庆国际博览中心施工支承主要应用于展馆钢结构安装，支承截面呈正方形，顶部工装分别支撑于三角桁架的上弦和下弦，高度约为13m，立柱采用HW250×250×9×14，总用量为1500吨	

简介	现场照片
贵阳奥林匹克体育中心：本工程罩棚钢结支承最大高度约为39m。由型钢立杆、连接横杆、防倾斜撑、内侧横向连梁、焊接球支托、支托型钢梁、柱脚等部分组成，采用可拆卸标准节形式。型钢立杆主要采用截面为H450-650x300，内侧横向连梁通过埋件与楼层混凝土梁连接成格构框架体系。支承总用量大约为5000吨	
福州海岸奥林匹克体育中心罩棚结构临时施工支承为标准化格构式支承，由底座立柱与分配梁、底部节、标准节、调整节、顶部节、连系桁架及顶部分配梁等组成。临时支承沿径向布置四道，高度在7~45m之间，罩棚分别布置114与116个临时支承，环向临时支承措施两两之间通过连系桁架进行连接，形成一个整体受力系统。格构式立柱和水平连系桁架均采用材质为Q345B的圆管钢，支承总用钢量约4200吨	
青岛北客站共计121部临时施工支承，其中70部支承参加钢结构卸载，51部于卸载前拆除。所有支承±0.000以上部分均采用标准化可拆卸式格构支承柱，高度约40m，总量约为3500吨	

10.3 构件吊装

10.3.1 吊装方式

钢结构吊装方式结合实际条件一般可采用吊耳吊装、吊环吊装和捆绑吊装。

1.吊耳吊装

设置吊耳是钢结构吊装常用方法。根据吊装设计要求，在钢结构深化设计时，需在构件上设置吊装耳板。吊耳一般分为三种形式：专用吊耳、专用吊具和临时连接板，如图 10-10 ~ 图 10-12 所示。典型节点吊耳吊装如图 10-13 所示。

2.开孔吊装

开孔吊装是钢梁吊装的常用方法之一。该方法是在钢梁翼缘边缘开设小孔，

图 10-10 专用吊耳

图 10-11 吊装夹具

图 10-12 临时连接板

图 10-13 钢梁设置吊装孔

小孔的大小满足吊环或卡扣穿过即可。这种做法不仅可节约钢材，而且便于吊装、安全可靠。如图 10-13 所示。

对于重量较大、板厚较厚的构件不宜采取该方法，一般板厚小于 16mm，重量小于 4 吨的钢梁可采用此种吊装方法。

3. 捆绑吊装

捆绑吊装通常用于吊装钢梁（图 10-14）及大型节点（图 10-15）等。捆绑吊装实施方便，免去了焊接、割除隔板、开设孔洞的工序，但捆绑吊装对钢丝绳要求较高，绑扎必须认真仔细，需防止绑扎不牢导致构件滑落事故。绑扎吊装通常与"保护铁"联合使用，以防构件尖锐的边缘损伤钢丝绳，甚至划断钢丝绳的现象发生 [42]。

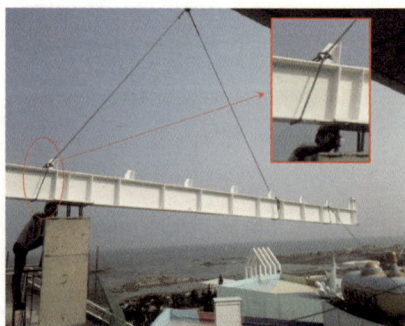
图 10-14 钢梁捆绑吊装

图 10-15 节点捆绑吊装

10.3.2 钢丝绳与卡环选择

吊装作业中，通常会用到钢丝绳、吊装卡环、吊钩等工具，施工过程中，应根据工程实际情况选用合适的吊索和索具。

1. 钢丝绳计算[68]

钢丝绳系由几股钢丝子绳和一根绳芯（一般为浸油麻芯）捻成。具有强度高，弹性大，韧性、耐磨性、耐久性好，磨损易于检查等优点。

当被起吊物体重量一定时，钢丝绳与铅垂线的夹角 a 愈大，吊索所受的拉力愈大；或者说，吊索所受的拉力一定时，起重量随着 a 角的增大而降低，如图 10-16 所示。钢丝绳所受的拉力可以通过式(10-1) 进行计算：

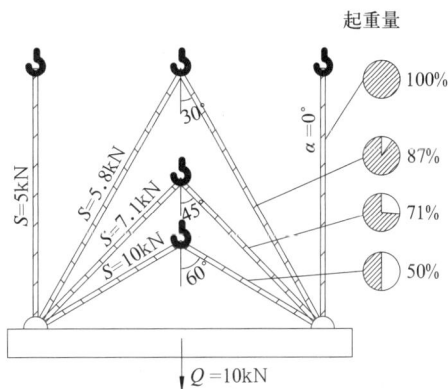

图 10-16　钢丝绳受力示意图

$$F = \frac{G}{n\cos a} \tag{10-1}$$

式中　　F ——单根钢丝绳所受的拉力（kN）；

　　　　G ——起重物体的重力（KN）；

　　　　n ——钢丝绳根数；

　　　　a ——钢丝绳与铅垂线的夹角。

结构吊装中常采用 6 股钢丝绳，每股由 19、37、61 根 0.4 ~ 3.0mm 高强钢丝组成。通常表示方法是 6×19+1、6×37+1、6×61+1；以前两种使用最多，6×19 钢丝绳多用作缆风绳和吊索；6×37 钢丝绳多用于穿滑车组和作吊索。

钢丝绳的容许拉力可按式（10-2）计算：

$$[F_g] = \frac{\alpha F_g}{K} \tag{10-2}$$

式中　　$[F_g]$ ——钢丝绳的允许拉力（kN）；

　　　　F_g ——钢丝绳的钢丝破断拉力总和（kN）；

　　　　α ——考虑钢丝绳之间荷载不均匀系数，对 6×19、6×37、6×61 钢丝绳，α 分别取 0.85、0.82、0.80；

　　　　K ——钢丝绳使用安全系数（表 10-5）；

F_g 可由钢丝绳的主要规格及荷载性能表查得，如无表时，可近似地按式（10-3）计算：

$$F_g = 0.5\, d^2 \qquad\qquad (10\text{-}3)$$

式中　　d——钢丝绳直径。

钢丝绳的安全系数　　　　　　　表 10-5

使用情况	安全系数K	使用情况	安全系数K
缆风绳	3.5	用作吊索，无弯曲	6~7
用于手动起重设备	4.5	用作绑扎吊索	8~10
用于机动起重设备	5~6	用于载人的升降机	14

钢丝绳合用时的注意事项见表 10-6。

钢丝绳合用程度判断表　　　　　　　表 10-6

类别	判断方法	合用程度	使用场合
I	新钢丝绳和曾使用过的钢丝绳，但各股钢丝绳的位置未有变动，无绳股凹凸现象，磨损轻微	100%	重要场合
II	①各股钢丝已有变位、压扁及凹凸现象，但未露绳芯； ②钢丝绳个别部位有轻微锈蚀； ③钢丝绳表面有尖刺现象（即断丝），每米长度内尖刺数目不多于总丝数的3%	70%	重要场合
III	①钢丝绳表面有尖刺现象，每米长度内尖刺数目不多于总丝数的10%； ②个别部位有明显的锈痕； ③绳股凹凸不太严重，绳芯未露出	50%	次要场合
IV	①绳股有明显的扭曲，绳股和钢丝有部分变位，有明显的凹凸现象； ②钢丝绳有锈痕，将锈痕刮去后，钢丝绳留有凹痕； ③钢丝绳表面上的尖刺现象，每米长度内尖刺数目不多于总丝数的25%	40%	次要场合

2. 卡环 [68]

卡环是吊索与构件吊环之间连接的常用工具。由弯环和销子两部分组成。按其形状不同起重用卡环可分为 D 形卡环、弓形卡环，如图 10-17、图 10-18 所示。

图 10-17　D 形卡环　　　　　图 10-18　弓形卡环

在施工过程中,卡环的允许荷载,可根据卡环销子的直径按近似式（10-4）计算：

$$[F_k] = (35 \sim 40)\ d^2 \tag{10-4}$$

式中　　$[F_k]$——卡环的允许荷载（N）；

　　　　d——卡环销子直径（mm）。

10.3.3　注意事项

吊装前,吊绳方向及角度应尽量对称并通过手拉葫芦张紧,吊钩位置应与单元重心位于同一铅垂线上,保证各绳均匀受力。吊装单元系上溜绳,确保起吊过程中的安全和定位方便。

起吊前钢构件应放在垫木上,起吊时不得使构件在地面上有拖拉现象。当钢构件分段重量较大、长度较长时,为了防止在地面上拖拉,可采用汽车吊等设备在另一端进行辅助起吊,将构件扶直回转时,需有一定的高度。

起吊后经过姿态调整,将起吊构件缓慢吊至就位位置上方,对准已测量放线完并调节到位的定位装置,缓缓落钩,使构件安全落于支承上。在就位过程中,应避免对支承的振动冲击,确保节点定位精度。

钢构件的吊装应按照各分区的安装顺序进行,并及时形成稳定的结构体系。

10.4　工程实例

1.工程概况

福州海峡奥林匹克中心（福州奥体）工程是第八届全国城市运动会的主赛场,位于福州市南台岛仓山组团中部,工程建设内容包括主体育场、体育馆、网球管和游泳馆等四大场馆,如图 10-19 所示。主体育场总建筑面积为 32.5 万 m^2,东西宽 285m,南北长

图 10-19　福州奥体中心

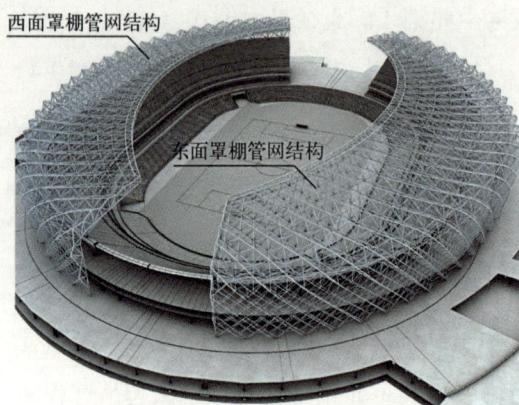

图 10-20 主体育场罩棚结构

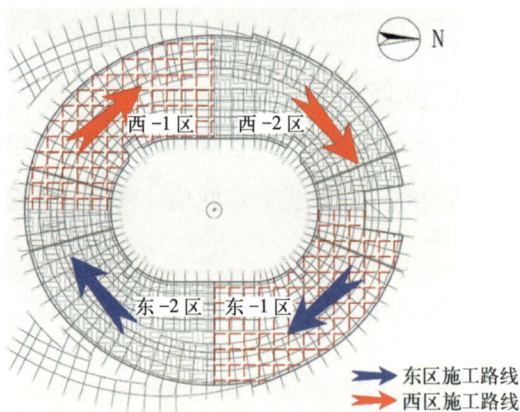

图 10-21 施工路线

307.7m，上部钢结构屋面罩棚采用双向斜交斜放网架空间钢结构体系，如图 10-20，最大悬挑长度 71.2m。工程总用钢量约 2.5 万吨，工程主要材质为 Q345C。

2.体育场钢结构施工

（1）总体方案介绍

本工程钢结构主要包括劲性柱、劲性梁、各类预埋件、罩棚结构支座和罩棚网架结构。其中罩棚网架主要采用"地面散件拼装，单元高空原位吊装，嵌补杆件散件高空拼装"的方式进行安装，单元高空原位吊装时下方设置点式支承。

钢结构施工将罩棚区域分别划分为东 1 区、东 2 区、西 1 区、西 2 区共四个施工区，东、西区同时按顺时针方向对称施工，如图 10-21 所示。

罩棚网架施工设备采用 2 台 650 吨大型履带吊、2 台 500 吨大型履带吊在跨内和跨外同时进行，相邻两个整体吊装单元间的嵌补散件安装落后于整体吊装单元一个施工节拍，整体吊装与嵌补散件安装形成流水施工。嵌补散件使用大型履带吊打包吊至相应区间下方的混凝土结构看台结构顶面，然后采用卷扬机和捯链将嵌补散件运至高空安装，现场平面布置如图 10-22 所示。

（2）吊装单元划分

根据管网架罩棚结构的特点、考虑起重设备的起重能力，将罩棚结构在径向方向划分为 4 段，在环向上将罩棚结构划分成 31 个吊装单元分区。相邻吊装单元间的次向连系杆件采用高空散件安装。整体吊装单元的最大外形尺寸为 37.5m×4.5m×4.2m，最大重量为 46.8 吨，如图 10-23 所示。

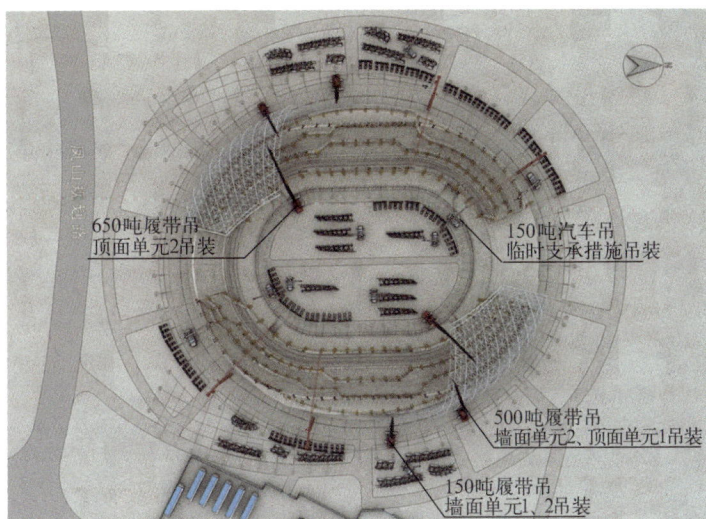

图 10-22　现场施工示意图

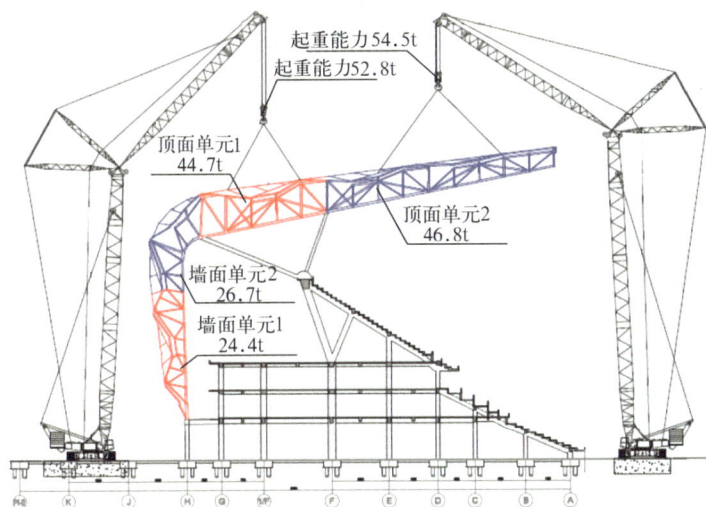

图 10-23　最不利吊装单元分段示意图

3. 钢结构现场拼装

现场采用 50 吨履带吊进行单元网架地面拼装，25 吨汽车吊配合拼装。某吊装单元拼装现场和拼装支承示意图分别如图 10-24、图 10-25 所示。拼装支承由钢管立柱、工字钢、路基箱组合而成，材料应用情况见表 10-7。

图 10-24　网架拼装现场

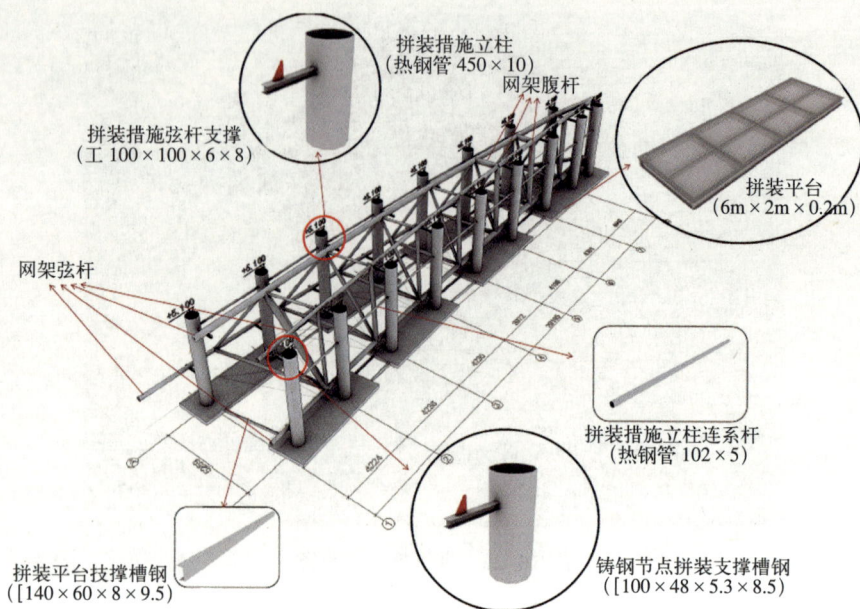

图 10-25 网架拼装示意图

措施选用情况分别表　　　　　　　　　　　　　　　表 10-7

	名称	规格型号 (mm)	数量 (m/m²)	重量 (吨)	材料
墙面单元 1	支承立柱	钢管 299×8	86.1	4.95	Q235B
	支柱横向支撑	钢管 102×5	50.9	0.61	Q235B
	路基箱钢板	t=16	100	12.57	Q235B
	路基箱制作槽钢	普槽 14b	50	0.84	Q235B
	路基箱制作工字钢	普工 20b	164	5.1	Q235B
	构件拼装支撑	工 100×100×6×8	22.64	0.38	Q235B
	路基箱支撑槽钢	[140×60×8×9.5	42.53	0.71	Q235B

网架拼装流程如表 10-8 所示。

网架拼装流程　　　　　　　　　　　　　　　表 10-8

步骤一：设置单元网架拼装基础。先将拼装场地整平、硬化，采用路基箱作为施工平台，根据单元网架的平面投影，放样出主弦杆、次弦杆、腹杆的中心轴线及两段企口位置线	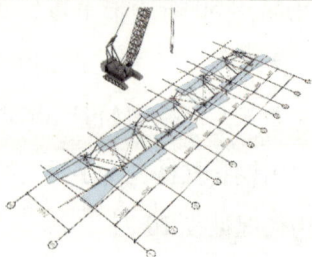

续表

步骤二：设置单元网架拼装措施。根据平面投影设立支承，相贯线节点处采用工字钢牛腿作为支撑，拼装措施立柱上牛腿上水平度应严格控制，其水平度不得大于1mm，同时拼装措施立柱之间用圆钢管支撑，措施使用前应提交验收合格方可使用	
步骤三：拼装措施设置完成后，先吊上下部弦杆进行定位，弦杆安装定位时必须严格要求对接口方向，弦杆定位时须定对平台上的中心线以及中心线水平度，超差必须进行调整，然后用马板与措施进行临时固定，防止弦杆转动偏向	
步骤四：安装腹杆，用马板与措施进行临时固定，防止弦杆转动偏向	
步骤五：网架拼装完成后，进行整体焊接，焊接采用CO_2气体保护焊，采用双数焊工从中间向两端对称退步焊接，焊接时先焊铸钢节点与弦杆连接节点，后焊弦杆水平杆，最后焊接斜向腹杆，焊后进行检测并进行测量验收，超差必须进行调整	

4. 支承设置

根据罩棚结构吊装单元的划分，每个罩棚结构单元划分为四个吊装单元。其中墙面单元可通过与已安装单元进行支撑，可不必设置临时支承措施。屋面单元最大长度约37.5m，最大悬挑长度72m，整体成弧形，由于无支撑点，需在每个吊装单元下布置两个支撑点，故临时支承措施需沿径向布置四道，单个罩棚结构需布置

114 个临时支承措施。在相邻临时支承措施间通过环向的水平连系桁架进行连接，使临时支承形成一个整体受力系统，起到增加稳定性的作用。临时支承现场组装、堆放及使用如图 10-26 ～图 10-28 所示。

图 10-26　临时支承组装

图 10-27　临时支承现场堆放

图 10-28　临时支承措施使用现场

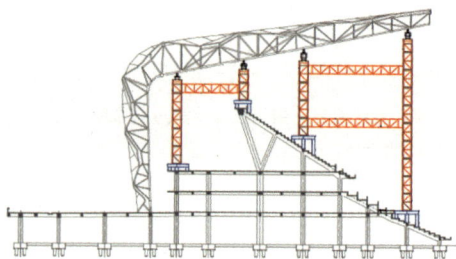

图 10-29　临时支承措施剖面图

临时支承措施由环向分为四道（图 10-29），由内至外依次为第 1 ～ 4 道，其中第一道的临时支承措施每个罩棚结构分别布置 20 个，环向连系桁架布置一道；第二道临时支承措施每个罩棚结构分别布置 31 个，环向连系桁架布置一道；第三道临时支承措施每个罩棚结构分别布置 32 个，环向连系桁架布置一道；第四道临时支承措施每个罩棚结构分别布置 31 个，环向连系桁架布置一道。并在每道临时支承措施顶部分别设置一道顶部分配梁，作罩棚顶部吊装单元的沙箱支撑横梁。

利用 Midas/Gen 有限元分析软件对临时支承措施进行了验算，整体计算模型如图 10-30。验算结果表明临时支承措施最大位移、杆件最大应力、最大应力比均满足规范要求，但为了确保临时支承措施的安全可靠，还需对最不利支承杆件进行截面稳定性验算。选取应力比最大及最不利的临时支承措施杆件进行截面稳定性验算。

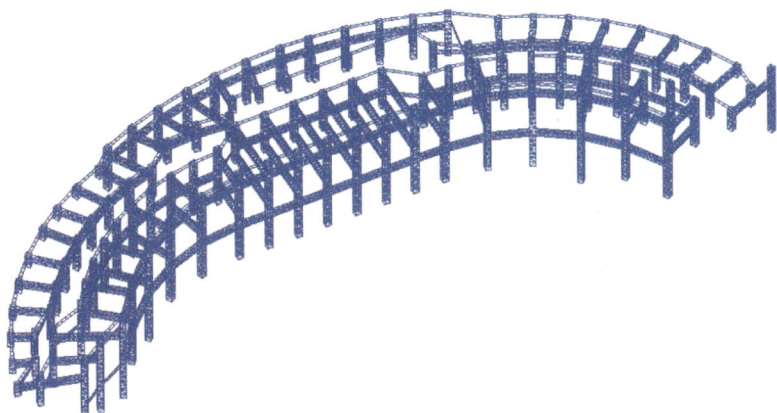

图 10-30　临时支承措施有限元整体计算模型

验算结果表明杆件抗弯、抗压、抗剪以及稳定性均满足罩棚结构施工要求。

5. 钢结构吊装

（1）吊点的选择

对于每片网架吊装单元，吊装时选择两组吊点，每组含 2 个吊点。吊点均设置在网架结构的节点上，采用绑扎的方式固定吊索，吊索和网架构件之间垫护柔性材料以保护网架构件表面。网架吊装单元吊装时吊点的位置及做法如图 10-31 所示。

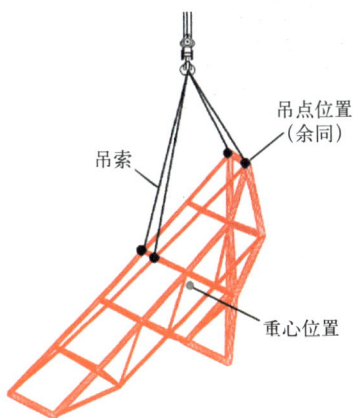

图 10-31　典型吊装单元吊装示意图

（2）墙面单元、顶面单元吊装

根据现场拟定吊装方案，单元网架划分及网架大样如图 10-32 所示。

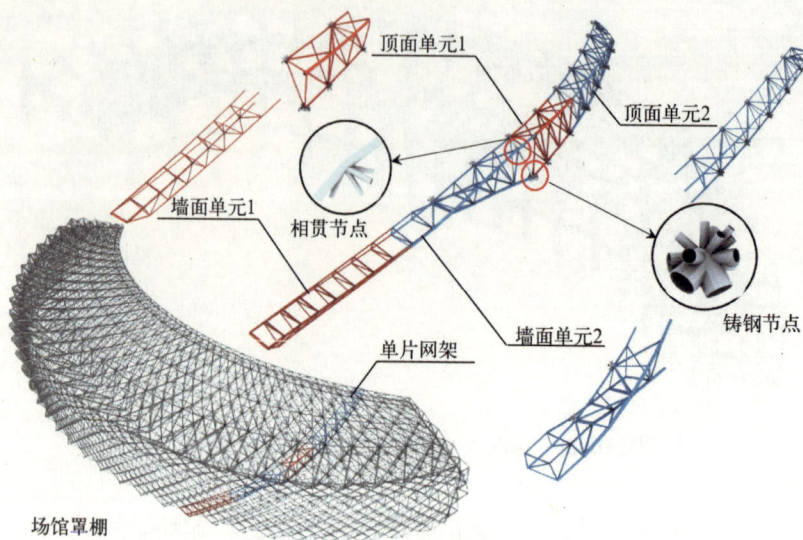

图 10-32　网架单元划分示意图

典型单片网架安装顺序如下：

步骤一：在外围安装墙面单元 1，同时在外围安装顶面单元 1，如图 10-33。

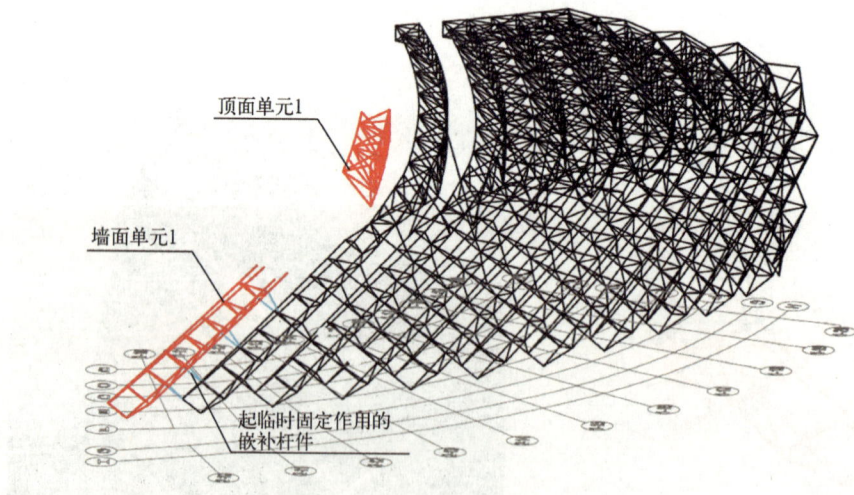

图 10-33　安装墙面单元 1、顶面单元 1

步骤二：安装与顶面单元 1 对应的内环支座杆，如图 10-34。

步骤三：在外围安装墙面单元 2，同时在内圈安装顶面单元 2，如图 10-35。

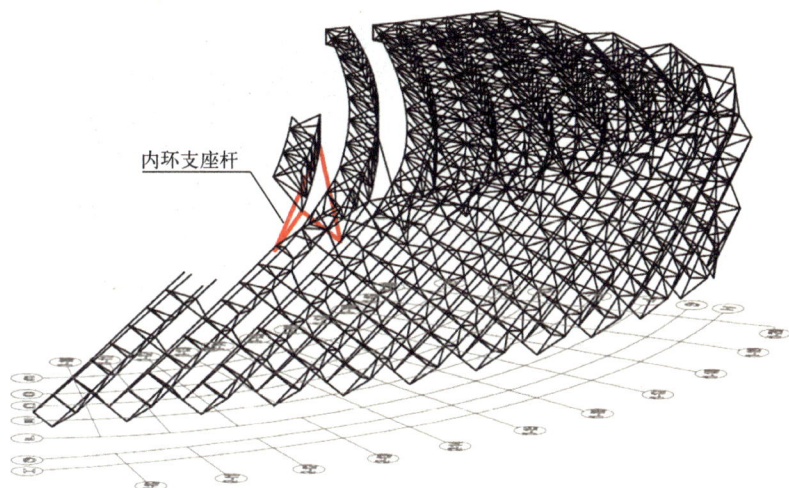

图 10-34　安装内环支座杆

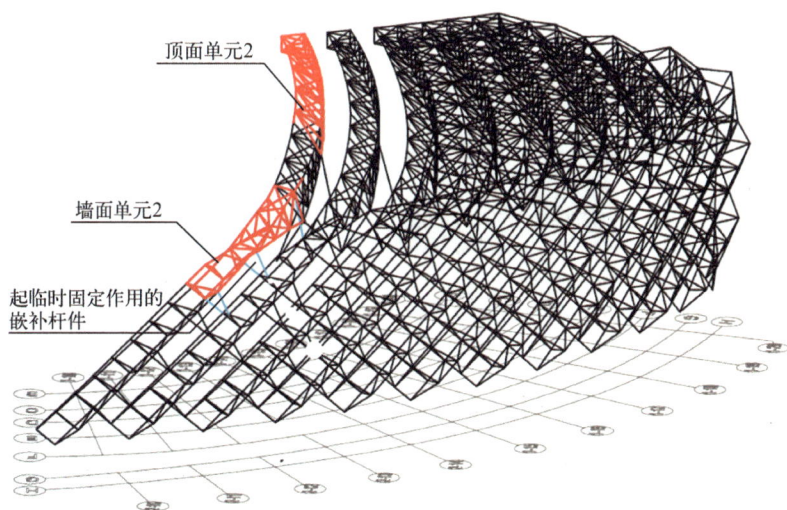

图 10-35　安装墙面单元 2、顶面单元 2

步骤四：在外围用履带吊吊装上一道墙面单元间的嵌补杆件，同时用卷扬机安装顶面嵌补杆件，如图 10-36。

（3）网架吊装单元措施介绍

网架分为墙面吊装单元与顶面吊装单元两部分交替安装，墙面网架单元采用大型履带吊在外围进行吊装，为保证墙面单元 1 在平面外的稳定性，吊装就位后将墙面单元用两道型钢支撑（HM500×300）与三、四层混凝土结构相连（图 10-37），同时设缆风绳防止侧倾。在吊装单元与已安装完成单元间用临时杆件固定，保证墙

顶面嵌补杆件

墙面嵌补杆件

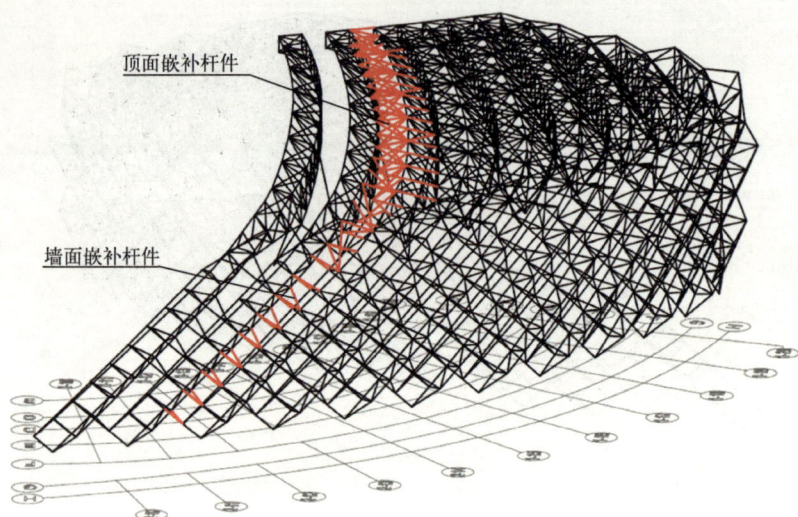

图 10-36　安装嵌补杆件

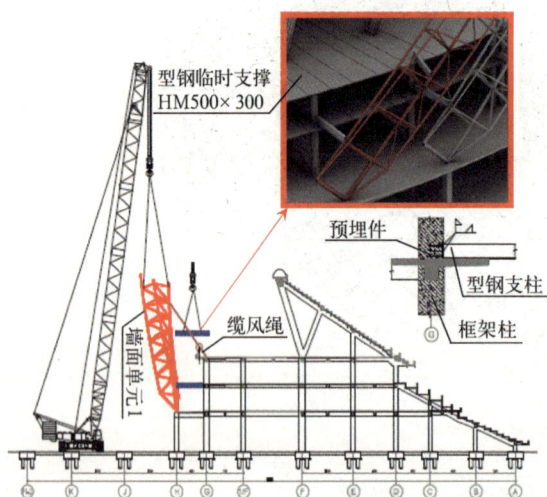

型钢临时支撑
HM500×300

预埋件

型钢支柱

缆风绳

框架柱

墙面单元1

钢支撑

图 10-37　墙面网架单元 1 安装措施示意图

面单元平面内的稳定性。外环支座与墙面网架单元在地面拼接成整体，吊装就位后与外环劲性柱锚栓连接。

墙面网架单元 2 在墙面网架单元 1 与顶面单元 1 安装固定完成后进行嵌入式安装，对接处连接措施采用连接耳板，并做倾斜处理（图 10-38）。

（4）施工过程模拟分析计算

本工程利用 Midas/Gen 进行了吊装单元的吊装验算，有限元计算模型（如图

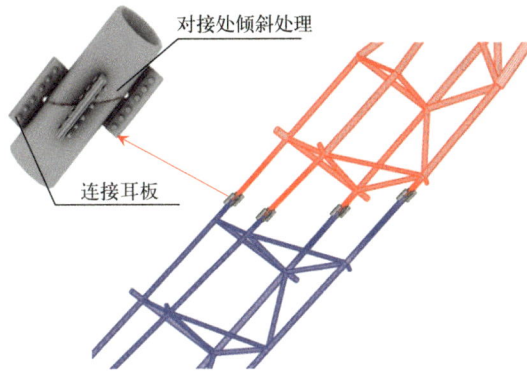

图 10-38 墙面网架单元 2 对接处连接措施

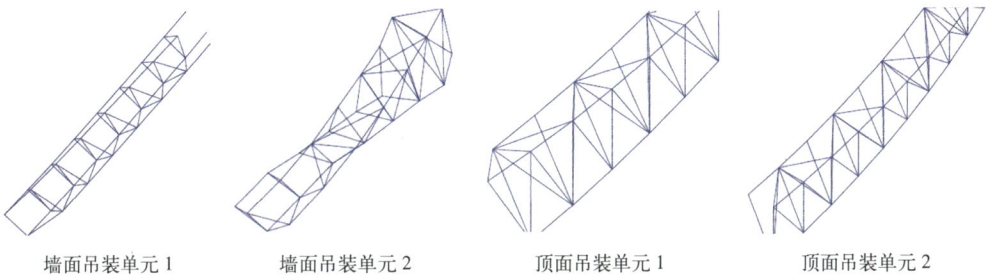

墙面吊装单元 1 　　墙面吊装单元 2 　　顶面吊装单元 1 　　顶面吊装单元 2

图 10-39 有限元计算模型

10-39）对吊装工况下各单元承载能力的进行复核。验算结果表明杆件最大位移、最大应力比均满足规范要求（表 10-9）。通过对最不利杆件进行截面稳定性验算，各吊装单元的杆件截面抗压、抗弯、抗剪、抗扭及稳定性均满足要求。

吊装单元计算结果　　　　　　　　　　　　　表 10-9

吊装单元	最大位移 (mm)	最大应力比	吊装单元	最大位移 (mm)	最大应力比
墙面吊装单元1	16	0.18	顶面吊装单元1	3	0.068
墙面吊装单元2	4	0.13	顶面吊装单元2	5	0.23

　　罩棚结构的安装过程中，墙面吊装单元吊装就位，须连接必要承受竖向作用的杆件后，才可松钩。截面呈"三角形"的顶面吊装单元在吊装就位后，有侧向转

动的可能。吊装到位后，采用水平向设置限位板，拉设捯链等方式限制水平移动和可能的侧翻。因此对罩棚结构的安装就位施工过程中的杆件需进行刚度、强度和稳定性验算。经计算，在安装就位过程中杆件水平位移最大 11mm，竖向位移最大 17mm，最大应力比 0.55 < 1，均满足现行国家规范，在安装过程中各杆件的抗弯、抗压、抗剪以及稳定性指标均满足现行国家规范，安装过程安全 [69、70]。

第11章 提（顶）升施工技术

当大跨度钢结构跨度较大、安装高度较高，现场不利于搭设施工支承或搭设量过大，或不利于吊车等起重设备使用时（如行走困难等），可采用提升、顶升技术进行施工。

11.1 提升施工技术

大跨度钢结构提升技术（图 11-1）是指将构件和节点在地面或适当的位置组装，然后采用多台提升机械将结构提升至设计位置的安装工艺，根据提升的部件不同，可分为整体提升、单元提升、累积提升等。目前，提升机械多采用由计算机控制的液压提升器，工程规模较小或条件不具备时也可选用传统的捯链、卷扬机组等。

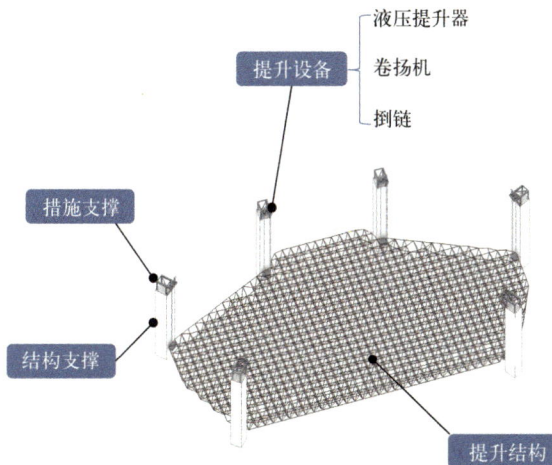

图 11-1 大跨度钢结构提升技术

该技术具有以下优点：

（1）通过提升设备扩展组合，提升重量、跨度、面积不受限制；

（2）采用柔性索具承重，只要有合理的承重吊点，提升高度与提升幅度不受限制，并可减少高空作业，减少措施量，提高作业安全性；

（3）设备体积小，自重轻，承载能力大，适合在狭小空间进行大吨位构件安装，可节省大型吊车的投入[71]。

液压同步提升技术广泛应用于大跨度网格结构、大跨度桥式连廊钢结构的安装，已成功应用于广州新机场飞机维修库[72]（图11-2）、武汉保利文化广场空中连廊（图11-3）等工程施工[73]。

图11-2　广场新机场飞机维修库　　　图11-3　武汉保利文化广场

液压同步提升技术也有一定的限制条件，其适用范围如下：

（1）提升单元结构形式较规则。结构形状规则，有利于控制结构重心，保证提升结构的受力体系平衡；

（2）提升单元强度和刚度较大。由于提升结构自重大，提升后结构变形很难调整，较大的强度和刚度有利于减小结构的变形；

（3）边界安装精度要求不高。如网架边界与钢柱采用销接时，会要求所有销轴顺利穿入，此时若采用液压同步提升技术，难度较大。

11.1.1　工作原理

液压同步提升技术以立柱和钢绞线等为承重部件，以液压提升器为执行部件，以电气和计算机系统为控制部件。立柱作为承载提升器的基础，承担所有被提升结构和机具的重量；钢绞线作为提升索具，与提升器的夹片锚具配合传递提升力，实现提升过程中结构件的升降和锁定；液压提升器由液压泵站提供动力，通过油缸的升缩和上下锚具的交替置换，实现提升动作；电气和计算机系统根据各类位置和荷载传感器的信号，结合同步（异步）或荷载控制的要求，下达各类作业命令，控制提升器的运作以及提升结构的姿态。

利用提升器提升时，上锚具夹紧钢绞线，下锚具松开（图 11-4a），主油缸向上运动，将上锚具往上顶升，钢绞线随上锚具上行，重物随钢绞线被提升一个行程（图 11-4b）；主油缸满行程后，下锚具夹紧钢绞线，使重物保持不动（图 11-4c）；然后上锚具松开，随油缸缩回到起点位置（图 11-4d），准备开始下一个提升行程。就这样，随着油缸伸缩、上下锚具的交替紧松，钢绞线逐步提升，整个重物也随之徐徐上升[74]。

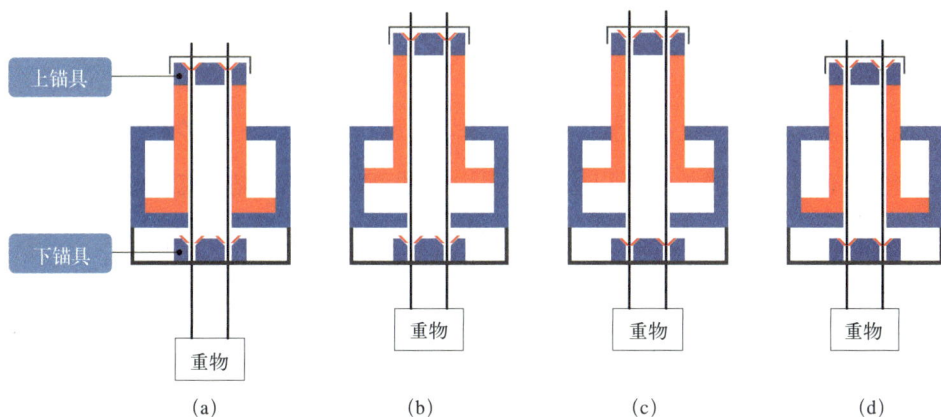

图 11-4　液压提升工作示意图

11.1.2　系统组成

液压同步提升系统由钢绞线、液压提升器、液压泵站、传感检测器及计算机控制和远程监视系统组成，如图 11-5 所示。被提升结构构件的水平度、液压提升油缸的位置、油压系统压力及温度等参数通过相应的高差、位置或压力传感器转换为电信号输入到计算机控制系统，并经计算机和可编程控制器（PLC）处理、判断，发出相应的控制命令，以满足提升过程的精度和可靠性要求，最终完成给定的提升任务。

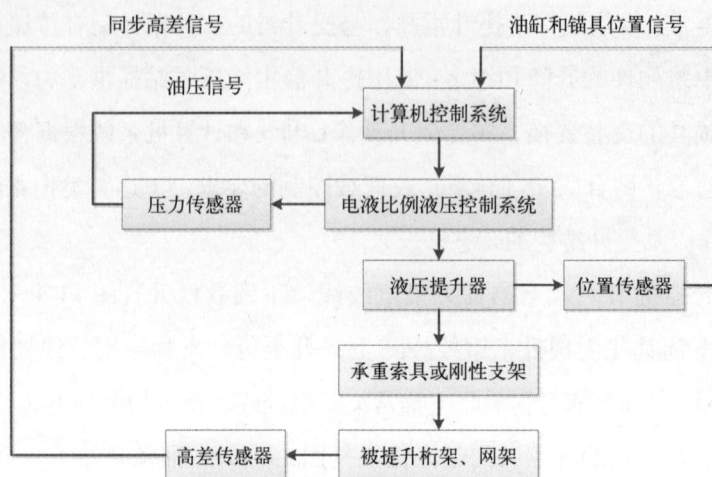

图11-5 液压同步提升系统

目前国内生产的液压提升器一般使用高强度低松弛钢绞线作为承重索，钢绞线通常所用的钢丝抗拉强度为 $1860N/mm^2$，直径为 15.24mm，理论截面积为 $140mm^2$，最小破断拉力为 260KN，弹性模量为 $2 \times 10^5 N/mm^2$。

根据《重型结构（设备）整体提升技术规程》（DG/TJ 08—2056—2009）第 7.1.3 条的规定，液压提升器的选择以提升过程中各种不利工况和提升点的最大受力值为依据，各吊点提升能力应不小于对应吊点载荷标准值的 1.25 倍。每个提升点的提升器可并联使用，但是宜采用同一规格的提升油缸。目前，国内液压提升器的生产厂家较多，表 11-1 为某厂家生产的液压提升器规格性能参数。

某厂家系列液压提升器规格   表 11-1

主要技术参数	单位	型号				
		10	20	50	100	200
额定提升力	kN	98	196	490	980	1960
承重索数量	根	3	4	6	12	24
千斤顶活塞工作行程	mm	200	200	200	200	200
额定工作油压	MPa	20	20	20	20	20
自重	kg	90	120	185	450	1650
钢索破断拉力总和	kN	79.6	53	31.8	31.8	31.8

液压泵站是提升系统的动力驱动部分，它的性能及可靠性是整个提升系统的关键。在不同的工程使用中，由于吊点的布置和液压提升器的配置都不尽相同，为了提高液压提升设备的通用性和可靠性，泵源液压系统的设计可采用模块化结构，根据提升重物吊点的布置、液压提升器数量和液压泵源流量，进行

图 11-6　液压提升器及液压泵站图片

多个模块的组合，每一套模块以一套液压泵源系统为核心，可独立控制一组液压提升器，同时用比例阀块箱进行多吊点扩展，以满足各种类型提升工程的实际需要。液压提升器与液压泵站实物图如图 11-6 所示[75]。

传感检测主要用来获得提升油缸的位置信息、载荷信息和整个被提升构件的姿态信息，并将这些信息通过现场实时网络传输给主控计算机，主控计算机则根据当前网络传来的提升载荷信息和构件姿态信息决定整个系统的同步调节量。操作人员在中央控制室通过液压同步计算机控制系统人机界面实现液压提升过程及相关数据的监测和控制指令的发布。计算机同步控制及传感检测系统人机操作界面见图 11-7 所示。

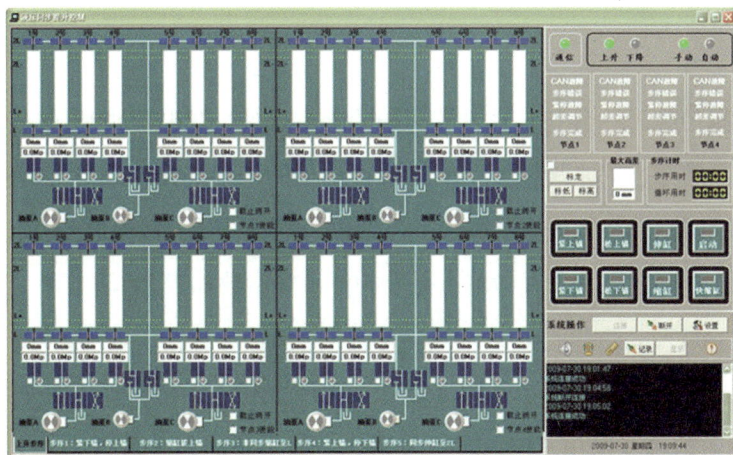

图 11-7　液压同步提升计算机控制系统人机界面

当提升结构重量不大时，可根据情况选用其他提升机械，如捯链、卷扬机等（图11-8、图11-9）。电动葫芦及手动捯链一般使用在小于10吨的物件提升中，当物件重量较大时，采用卷扬机进行提升，但常规卷扬机提升物件重量一般不应大于50吨。

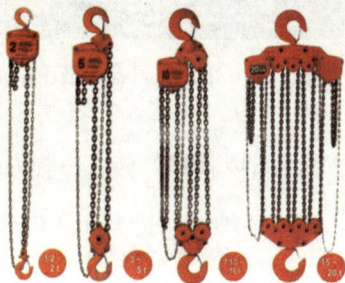
图11-8 捯链

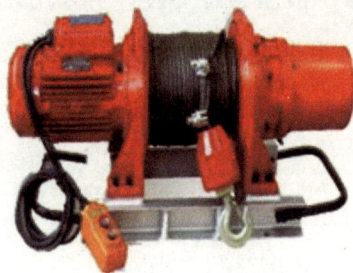
图11-9 卷扬机

11.1.3 辅助设备与零配件

提升是多个系统有序协调配合完成的工作过程，其中部分细小的构配件或小设备也是不可或缺的，这些设备功能单一、尚且不能组成有机的系统，因此将其统称辅助设备。提升中，常见的辅助设备主要有吊耳、卡环、吊钩、钢丝绳（缆风绳）等器具。

1. 吊耳

吊耳是指吊装时物件与索具过渡连接的临时部件，吊装完成后需进行拆除，是焊接在设备、塔架、固定地锚、平衡梁等构件上的刚性连接件。吊耳一般由钢板制作而成，通过切割、制孔成型，质量主控参数为钢材材质、板件厚度、孔壁厚度等，其承载力须计算确定。常用竖向单点提升构件吊耳参数如表11-2所示。

2. 卡环

卡环是用于连接索具和吊耳的连接件，由环圈和销轴构成，环圈一般用20号、25号钢锻制，销轴多采用40号或45号钢。一般卡环的起重量为2.0～160kN，在重型吊装作业中，大吨位的卡环起重量可达200～3200kN，常用卡环规格尺寸及安全负荷如表11-3所示。

竖向单点提升构件吊耳选用参考表 表 11-2

序号	示意图	吊量 (吨)	板厚 (mm)	焊脚高度 (mm)	H (mm)		B (mm)		H (mm)	
					h_1	h_2	b_1	b_2	R	φ
1		5	10	7	45	75	45	45	45	30
2		10	12	8	68	87	68	68	68	55
3		15	20	10	68	87	68	68	68	55
4		20	20	10	78	128	78	78	78	55
5		25	20	10	120	160	120	120	120	80
6		30	25	10	125	160	125	125	125	80
7		40	30	12	120	160	125	125	125	90
8		50	35	13	130	180	145	145	145	100
9		75	40	15	150	200	170	170	170	120
10		100	50	15	200	250	180	180	190	120

说明：吊耳材质Q345B，吊耳与物件焊接部位开设剖口，满足35°＜剖口角度＜45°要求。

常用卡环规格尺寸及安全负荷参考表 表 11-3

序号	示意图	号码	直径 (mm)	安全负荷 (kN)	主要尺寸 (mm)					质量 (kg)
					d_1	d	l	B	H	
1		0.2	4.7	2.0	M8	6	35	12	35	0.02
2		0.3	6.5	3.3	M10	8	44	16	45	0.03
3		0.5	8.5	5.0	M12	10	55	20	50	0.05
4		0.9	9.5	9.3	M16	12	65	24	60	0.10
5		1.4	13	14.5	M20	16	86	32	80	0.20
6		2.1	15	21.0	M24	20	101	36	90	0.30
7		2.7	17.5	27.0	M27	22	121	40	100	0.50
8		3.3	19.5	33.0	M30	24	123	45	120	0.70
9		4.1	22	41.0	M33	27	137	50	120	0.94
10		4.9	26	49.0	M36	30	158	58	130	1.23
11		6.8	28	68.0	M42	36	176	64	150	1.87
12		9.0	31	90.0	M48	42	197	70	170	2.63
13		10.7	34	107.0	M52	45	218	80	190	3.60
14		16.0	43.5	160.0	M64	52	262	100	235	6.60

3. 吊钩

吊钩是起重机械使用的最常见的一种吊具,常借助于滑轮组等部件悬挂在起升机构的钢丝绳上。按形状分为单钩和双钩;按制造方法分为锻造吊钩和叠片式吊钩。单钩制造简单、使用方便,但受力情况复杂,大多用在起重量为80吨以下的工作场合;起重量大时常采用受力对称的双钩。使用时根据起重量选择型号,常用吊钩的主要技术规格见表11-4。

吊钩的主要技术规格参考表　　　　　表 11-4

示意图	设备种类	起重量 (吨)	类型 (mm)		主要尺寸			质量 (kg)
					D	s	吨	
锻造单钩 锻造双钩 叠板双钩	电动葫芦	0.1,0.25	短钩型	锻造单钩	20	14	—	0.32
		0.5			30	22	—	0.45
		1			40	30	—	1.2
		2			50	40	—	2.5
		3			60	50	—	3.2
		5			75	60	—	7
		10			100	80	—	22
	桥式 起重机	3	长钩型		65	50	—	8
		5			85	65	—	15
		8			110	85	—	30
		12.5	短钩型		130	100	—	40
		16			150	120	—	55
		20			170	130	—	84
		32			210	160	—	185
		50			270	205	—	319
		75	双钩	锻造	240	—	435	471
		100	双钩	叠板	250	—	550	1200

4. 钢丝绳（缆风绳）

钢丝绳是由多层钢丝捻成股，再以绳芯为中心，由一定数量股捻绕成螺旋状的绳，具有抗拉强度高、弹性大、挠性好、耐磨损、寿命长、价格适中等诸多优点，故使用非常广泛。其中 6×19 钢丝绳技术性能见表 11-5[68]。

6×19 钢丝绳规格参考表   表 11-5

直径		钢丝总截面积（mm²）	参考重量（kg/100m）	钢丝绳公称抗拉强度（N/mm²）				
				1400	1550	1700	1850	2000
钢丝绳（mm）	钢丝（mm）			钢丝绳破断拉力总和（不小于）（kN）				
6.2	0.4	14.32	13.53	20.00	22.10	24.30	26.40	28.60
7.7	0.5	22.37	21.14	31.30	34.60	38.00	41.30	44.70
12.5	0.8	57.27	54.12	80.10	88.70	97.30	105.50	114.50
14.0	0.9	72.49	68.50	101.00	112.00	123.00	134.00	144.50
18.5	1.2	128.87	121.8	180.00	199.50	219.00	238.00	257.50
20.0	1.3	151.24	142.9	211.50	234.00	257.00	279.50	302.00
26.0	1.7	258.63	244.4	362.00	400.50	439.50	478.00	517.00
28.0	1.8	289.95	274.0	405.50	449.00	492.50	536.00	579.50
31.0	2.0	357.96	338.3	501.00	554.50	608.50	662.00	715.50
37.0	2.4	515.46	487.1	721.50	798.50	876.00	953.50	—
40.0	2.6	604.95	571.7	846.50	937.50	1025.00	1115.00	—
46.0	3.0	805.41	761.1	1125.00	1245.00	1365.00	1490.00	—

5. 地锚

地锚是锚固卷扬机、导向滑轮、缆风绳、起重机或桅杆平衡绳等埋设于地下的锚固装置。锚固装置一般为预埋钢板、圆钢锚杆等，其拉拔承载力计算可参见《重型设备吊装手册》[76]。

11.1.4　施工工艺

1. 工艺流程

提升施工方法的基本步骤为：首先，在地面完成被提升结构的拼装，必要时加设内部支撑杆件；同时，安装提升支承或利用下部结构柱作为提升器支座，在支承或柱顶布置提升器；然后，通过提升器进行试提升，检查提升状态；最后，将重物提升到设计位置，并拆除吊装机具。具体流程如图 11-10 所示。

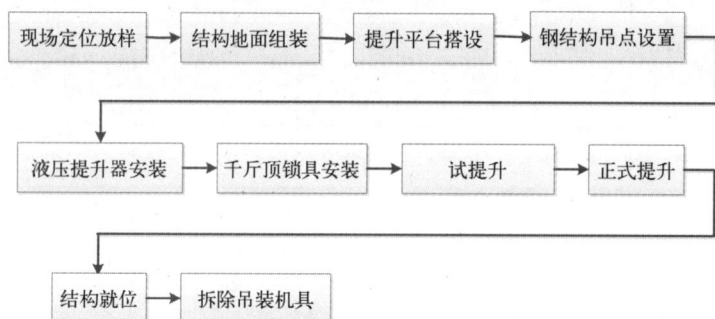

图 11-10　提升工艺流程

提升操作的注意事项：

（1）钢结构提升前应全面核查钢结构、提升平台、提升支承、提升器、钢绞线、液压泵站、地锚及其他零配件、自动控制系统的质量验收资料和运行状态，合格后填写书面记录；配备的指挥通信系统及设备须经过试用；对所有参加提升工作的人员必须进行严格培训，合格后才能参加提升工作。

（2）提升过程配备足够的备用材料，设备和维修人员；在提升钢结构外轮廓安装报警器，若钢结构与周围结构相碰，可自动报警，并马上停止提升；选择一周内风力小于 6 级的天气进行作业，若遇地面 6 级以上的风力，要停止提升，并加设限位装置，防止钢结构与周围结构碰撞；雷雨天气暂停作业。

（3）试提升应逐步加载进行，至钢结构刚离开支承（离地 20cm 以上），锁紧锚具，空中静止，观察承载结构受压后的侧向位移及提升器放置位置的局部承压变形、被提升钢结构的变形、提升钢平台的变形、各吊点连接情况，以及提升器、钢绞线、夹锚具、油泵、自动控制系统的工作情况等。

2.技术要点

(1) 提升吊点的选择

采用液压同步提升技术吊装大跨度钢结构时，必须事先选择好合适的提升吊点。吊点的选择应首先考虑被提升结构的受力性态，以尽量不改变结构的设计受力状态为原则，即在提升的全过程中，结构的应力比及变形值均控制在国家相关规范容许的范围内。为此，应根据施工状态，建立计算模型，进行结构变形与构件承载力的跟踪验算。实际操作时还应对关键部位的杆件应力与控制节点的变形进行监测。图 11-11 为广州新白云国际机场飞机维修库网架屋盖提升吊点的设置情况[77]，为使提升过程中的受力状态与设计受力状态基本一致，在正面飞机入口处均未设置提升吊点。

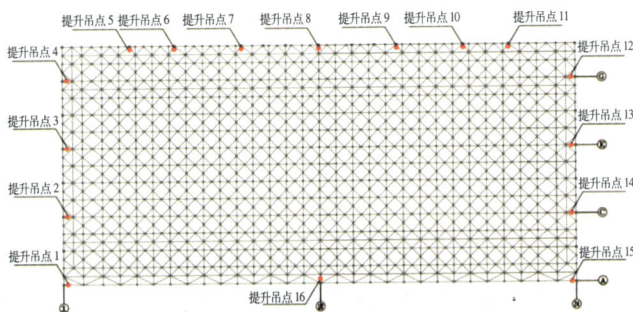

图 11-11 网架提升吊点布置图

(2) 提升器放置位置

提升器应位于结构吊点的正上方，并应高于结构支座设计位置一定高度。当利用下部结构柱作为提升器支座时，通常需在柱顶接长设置钢支承并在顶部设置悬挑架，以安装提升器，如图 11-12 所示。钢结构短支承截面及其在混凝土柱顶的锚固措施、提升器在钢结构短支承上的锚固措施等必须进行验算。

(3) 同步性控制

在采用提升施工时，如果各吊点间的高差控制不当，可能会导致吊点周围局部构件内力变大、受力改变、

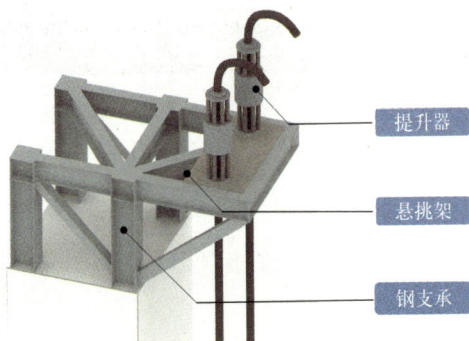

图 11-12 提升器布置示意图

局部失稳, 更有甚者会造成吊点断裂。为此, 同步性的控制是结构提升过程中的重中之重。进行同步控制时, 利用布置于每个提升吊点下的激光测距仪, 实时监测提升中结构控制点的标高, 并通过网络将数据传送给主控计算机, 主控计算机根据各个吊点当前的高度差, 发送信号控制油泵站阀门的出油量, 进而调节提升吊点高度位置, 实现同步提升。另外, 为了加强整个提升过程的安全性, 可根据实际情况进行多工况吊点不同步的验算, 以保证即使发生一定的不同步, 结构的强度、整体稳定和构件的局部稳定也可满足要求。

（4）支承柱承载力与稳定性控制

对于大面积的空间网格结构, 常采用周边点支承, 支承柱数量相对较少, 而且高度高、受荷大, 施工期间将其作为提升器的承载构件可能会超出其自身的设计受力状态。为此, 提升前必须根据提升过程中支承柱的强度、受力状态进行跟踪验算, 并采取以下措施：

1）应尽可能等下部结构施工成完整的纵向框架体系后, 或根据工程的实际情况加设临时柱间支撑形成稳定的纵向框架体系后再进行提升。如图 11-13 所示

图 11-13　下部结构柱支承提升器

2）若提升支柱为格构式钢柱, 为使各肢均匀受力, 确保提升阶段柱子的稳定, 宜选用网格结构的支座中心作为提升点, 使网格结构提升点受力中心与其使用阶段支承中心重合。

3）在提升网架时, 可将提升点设在网架下弦节点处, 使提升支柱的高度降低,

增加提升支柱的稳定性。

4）在提升阶段当实际风荷载大于验算取值时，应停止提升，并用缆风绳拉紧。缆风绳应做好锚固，并能抵抗实际的风力。

（5）提升过程结构响应控制

从安装的角度讲，结构在提升过程中的变形不能太大，否则结构提升至设计位置后，与边界的拼接会遇到困难；从安全性角度讲，提升过程中结构不能整体失稳，杆件不能弯曲与拉断；从设计角度讲，提升结构提升过程中所有杆件应保持在弹性范围内，所有节点的挠度均应在设计容许值以内，以保持结构变形的"可逆性"，即当提升结构就位后，可以恢复到自重作用下与设计基本一致的受力和变形状态。

为此，应首先对提升支承、提升器、提升索具、被提升结构等进行计算机跟踪模拟分析，预先获得提升过程中各种状态的应力与变形状态，并借此设置变形预调值。结构在地面拼装时，可通过加设临时支承、板件等加固被提升结构，达到控制局部变形或改善局部应力状态、保证提升过程中结构承载力与稳定性的目的。

（6）液压提升力的控制

通过计算得到同步提升工况下各吊点的提升力与可能出现的不同步提升工况下各吊点的最大提升力，依据所计算的提升力范围对每台液压提升器的最大提升力进行相应设定。实际操作中，当遇到某吊点实际提升力有超出设定值趋势时，液压提升系统会自动采取溢流卸载，使得该吊点提升反力控制在设定值之内，以防出现各吊点提升反力分布严重不均，造成被提升结构或提升系统的损坏。

11.1.5 工程实例

1. 工程概况

沈阳南航机库（图 11-14）钢屋盖平面尺寸为 216m×79m，采用三边支承一边开口的支承方式，总重量达 2400 吨。机库大厅屋盖由三层钢网架及开口边多层钢桁架组合而成。其中钢网架采用三层斜放四角锥网格形式，总高度为 6m；机库大门处屋盖采用三层焊接箱型钢桁架，总高度为 12m。其他工程概况详见第 1.2 节。

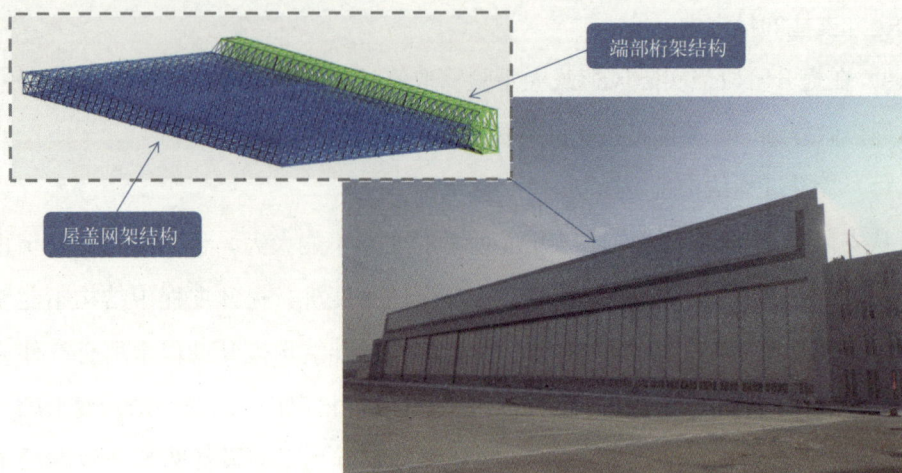

图 11-14　沈阳南航机库

2. 施工方案选择

屋面钢网架结构安装高度为 20.5 ～ 32.5m，整体跨度达到 216m，结构自重较大，且杆件众多。若采用常规的高空厚位散装方案，需要搭设大量的高空脚手架，不但高空组装、焊接工作量巨大，而且存在较大的质量、安全风险。另外该方法施工工期较长，技术经济指标也较差。根据以往类似工程的成功经验，若将屋面钢网架结构在地面拼装成整体后，利用液压同步提升施工技术将其提升到位，再进行支座及部分补杆即可完成现场吊装。该方法将大大减少高空作业与支承用量、提高焊接质量、降低安全风险和缩短工期，达到安全生产、提高经济效益的目的。

该屋盖若采用一次提升，网架拼装支承将达到 3.2m 左右，不利于支承的稳定性。除此以外，三层网架一起拼装将使焊接球数量多达 2331 个，导致投入的支承数量大大增加，从而使施工措施费用大量增加。为避免上述不利影响，采取在地面先拼装中弦杆以上的双层网架及开口桁架，完成后进行第一次提升，提升高度为 3m，提升到位后开始在完成结构的下部续拼下半部分，待整个网架及开口桁架拼装完成后，进行临时卸载，将提升托梁由中弦层移至下弦层，开始第二次提升，将整个结构提升至设计标高。最后，将剩余杆件安装到位并与柱顶支座相连。

3. 整体提升方案设计

（1）提升工艺流程

屋盖组合结构具体提升流程如图 11-15 所示。

```
┌─────────────────────────┐
│   液压专用设备设施进场    │
└─────────────────────────┘
             ↓
┌─────────────────────────┐
│   液压提升平台结构安装    │
└─────────────────────────┘
             ↓
┌─────────────────────────┐
│    液压提升设备安装       │
└─────────────────────────┘
             ↓
┌─────────────────────────┐                    ┌─────────────────────────┐
│  钢绞线与提升器、吊具连接  │ ←───────────────── │    提升吊点安装、加固     │
└─────────────────────────┘                    └─────────────────────────┘
             ↓
┌─────────────────────────┐                    ┌─────────────────────────┐
│  专用吊具与提升吊点连接    │ ←───────────────── │   连接管线、系统调试      │
└─────────────────────────┘                    └─────────────────────────┘
             ↓
┌─────────────────────────┐                    ┌─────────────────────────┐
│  钢绞线张紧，试提升0.5m   │ ←───────────────── │  全面检查、测量配合观测   │
└─────────────────────────┘                    └─────────────────────────┘
             ↓
┌─────────────────────────┐                    ┌─────────────────────────┐
│     第一次提升3m          │ ←───────────────── │    桁架支撑胎架安装       │
└─────────────────────────┘                    └─────────────────────────┘
             ↓
┌─────────────────────────┐
│   拼装桁架下半部分        │
└─────────────────────────┘
             ↓
┌─────────────────────────┐
│   桁架中柱、边柱卸载      │
└─────────────────────────┘
             ↓
┌─────────────────────────┐                    ┌─────────────────────────┐
│  桁架提升托梁移至下弦     │ ←───────────────── │   桁架临时提升支架拆除    │
└─────────────────────────┘                    └─────────────────────────┘
             ↓
┌─────────────────────────┐
│    继续提升至标高         │
└─────────────────────────┘
             ↓
┌─────────────────────────┐                    ┌─────────────────────────┐
│   网架系统同步卸载        │ ←───────────────── │ 各吊点微调，安装后装支座和杆件 │
└─────────────────────────┘                    └─────────────────────────┘
             ↓
┌─────────────────────────┐
│  液压提升设备、设施拆除   │
└─────────────────────────┘
```

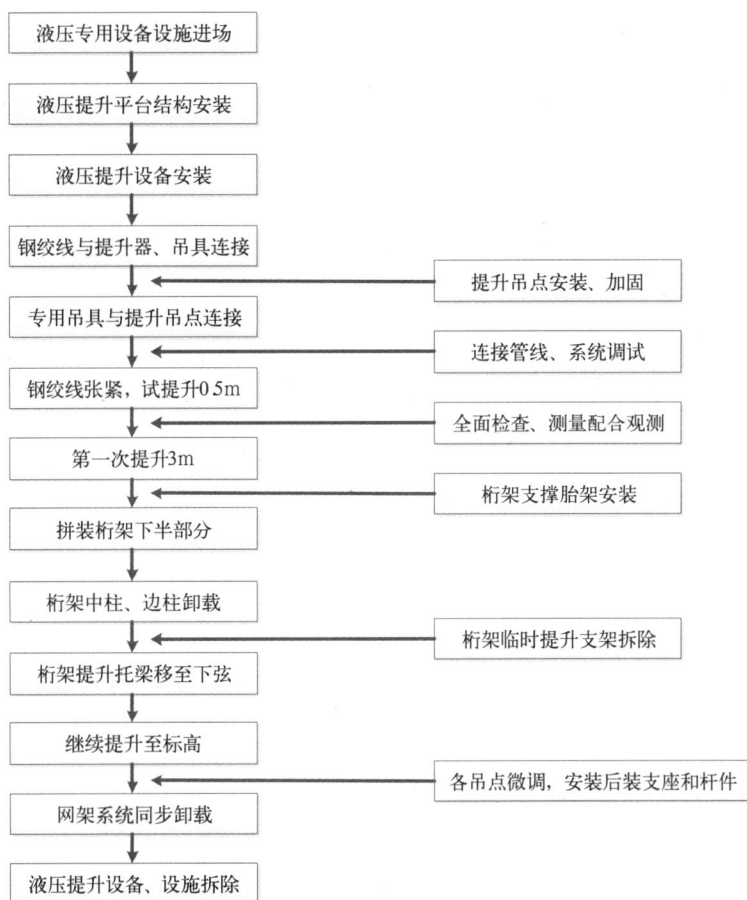

图 11-15　组合结构整体提升流程

（2）提升吊点布置

对于网架部分，在每根混凝土柱顶布置1个吊点，共计12个吊点。对于开口桁架部分，第一次提升3m阶段：在边侧的混凝土柱顶布置1个吊点（吊点13、16），在中柱上布置2个吊点（吊点14、15），中柱与边柱之间增加2个临时吊点（吊点17、18）。对于桁架最终提升阶段：在边侧的混凝土柱顶布置1个吊点（吊点13、16），在中柱上布置2个吊点（吊点14、15）。整体提升吊点平面布置见图11-16和图11-17。

（3）提升过程计算机模拟分析

屋盖结构的计算模型假定为空间铰接杆系结构。根据设计要求，各节点在恒载作用下挠度值的2/3已起拱。针对起拱以后的结构建立计算模型，在确定屋盖组合结构

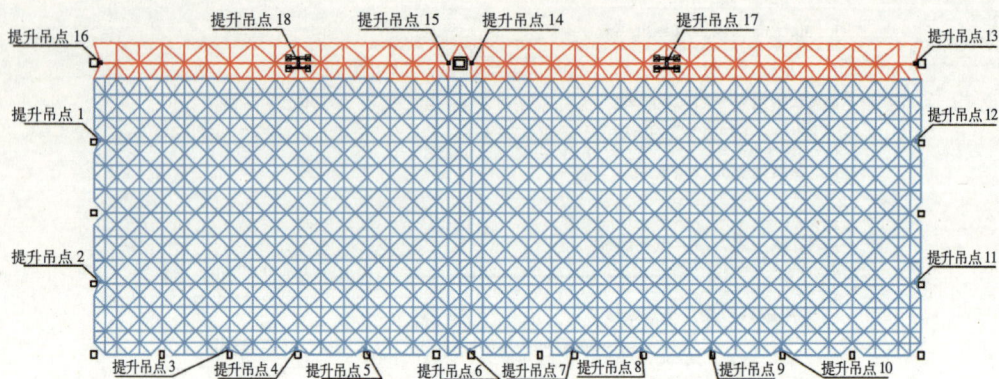

图 11-16　提升吊点平面布置图（第一次提升 3m）

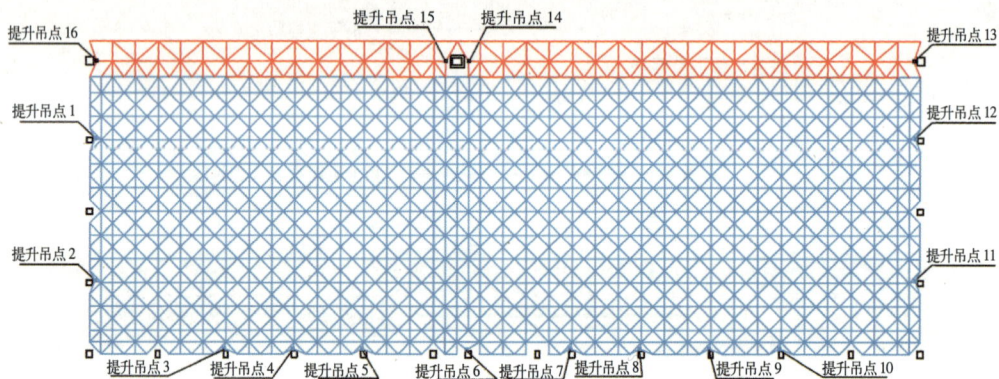

图 11-17　提升吊点平面布置图（第二次提升）

吊点布置及结构加固方式后，对两次提升时结构变形情况、应力变化情况、约束反力变化情况进行模拟分析，结构变形情况见图 11-18 和图 11-19，分析时荷载取值为结构自重与 $2.0kN/m^2$ 的施工荷载。杆件应力情况以及支座反力见图 11-20 ～图 11-23。

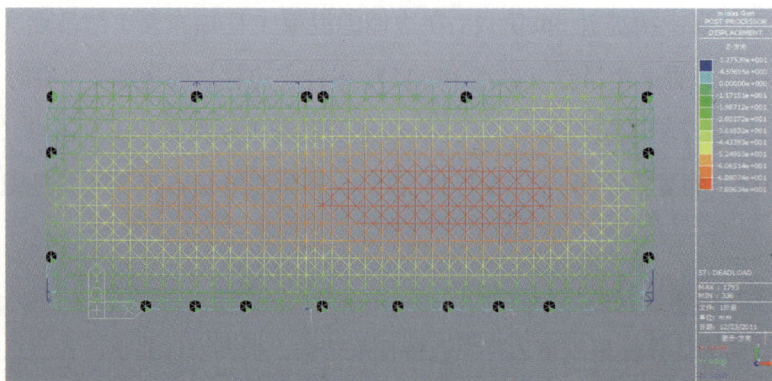

图 11-18　第一次提升阶段位移（最大 76.96mm）

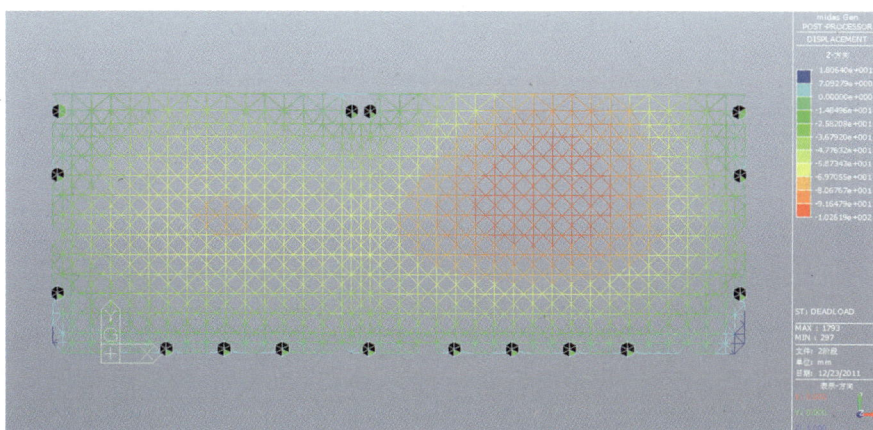

图 11-19　第二次提升阶段位移（最大 102.62mm）

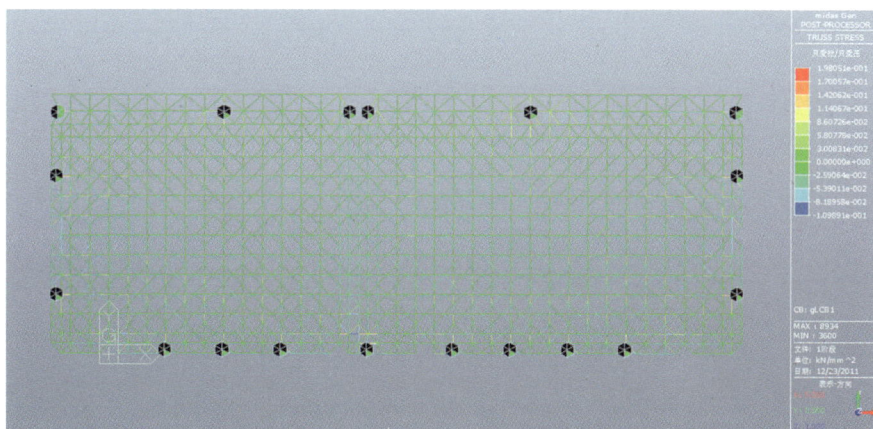

图 11-20　一阶段应力（最大 198.0N/mm²）

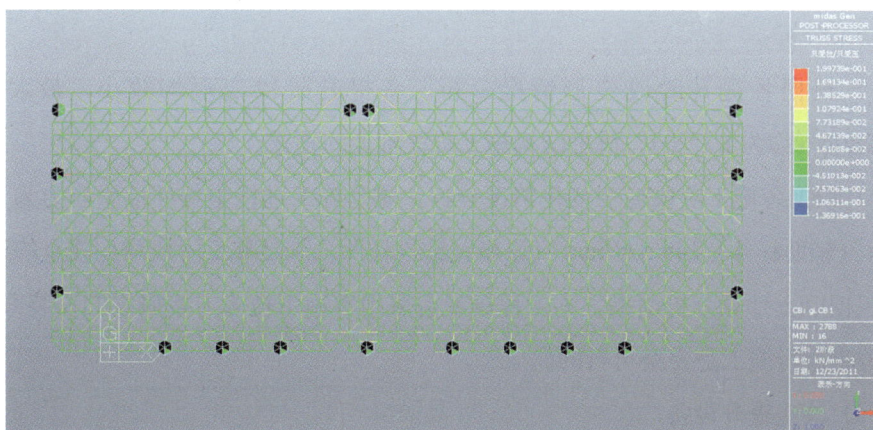

图 11-21　二阶段应力（最大 199.7N/mm²）

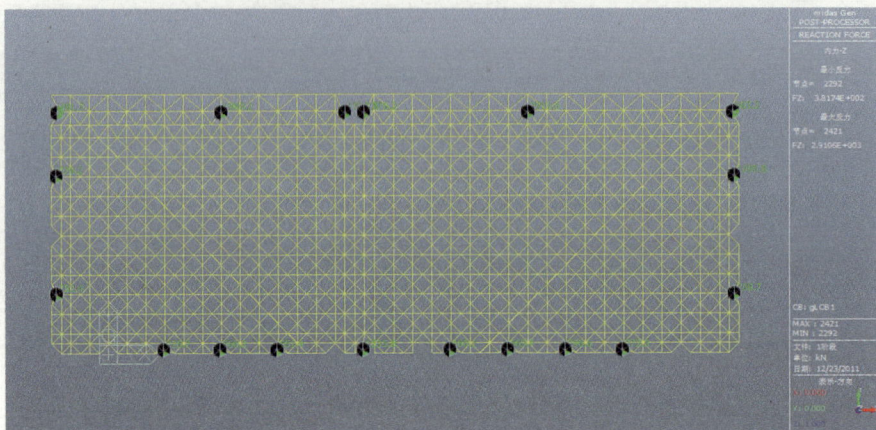

图 11-22 一阶段竖向约束反力（最大 2910.6kN）

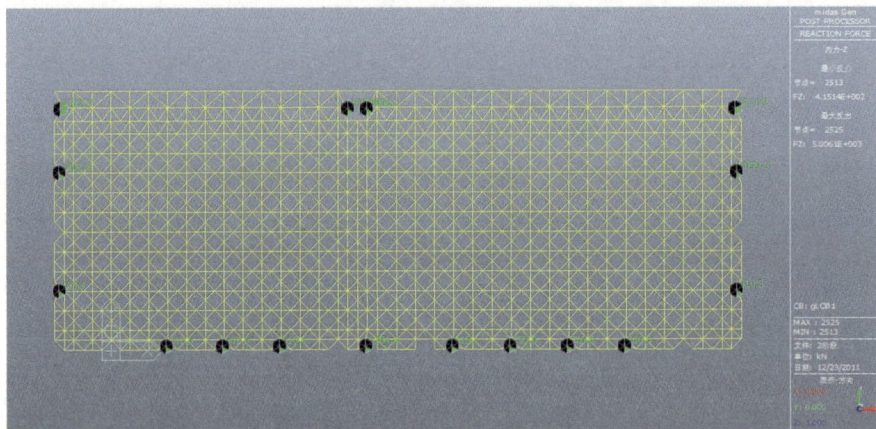

图 11-23 二阶段竖向约束反力（最大 5006.1kN）

结果分析：

1）根据各提升阶段变形情况分析，各提升阶段变形均较小，最大值为 102.62mm（约为 $L/770$），满足结构施工阶段刚度的要求。

2）根据各施工阶段应力变化情况分析，整个施工过程中杆件最大应力为 199.7 N/mm^2（辅助杆件）、149.5 N/mm^2（原屋盖结构杆件），满足施工阶段结构安全的要求。

根据以上计算分析结果，本工程钢屋盖采用本施工技术方案确定的安装方案及加固方案进行施工是安全可行的。

（4）液压提升设备

液压提升设备的选择、布置要满足屋面钢网架提升力的要求，尽量使每台液压设备受载均匀，尽量保证每台液压泵站驱动的液压设备数量相等，提高液压泵站利用率。在总体布置时，要认真考虑系统的安全性和可靠性，降低工程风险。本工程液压提升系统的配置见表 11-6。

主要液压提升设备表　　　　　　　　　　　表 11-6

序号	名称	规格	型号	设备单重	数量
1	液压泵源系统	65kW	YS-PP-60	2.5吨	5台
2	液压提升器	405吨	YS-SJ-405	0.6吨	6台
		180吨	YS-SJ-180	1.2吨	18台
3	高压油管	31.5MPa	标准油管箱	—	150箱
4	计算机控制系统	32通道	YS-CS-01	—	1套
5	专用钢绞线	ϕ17.80mm	1860MPa	—	6km
6	传感器	锚具、行程、油压	—	—	24套
7	对讲机	摩托罗拉	—	—	5台
8	激光测距仪	徕卡	—	—	1台

（5）提升支承设计验算

根据工程结构特点，本工程整体提升支承共分为四种，如图 11-24 所示。施工方案进行计算的内容包括承载力与刚度验算；提升时提升吊点的承载力验算、下部混凝土柱的承载力与刚度验算、支承锚固验算等。

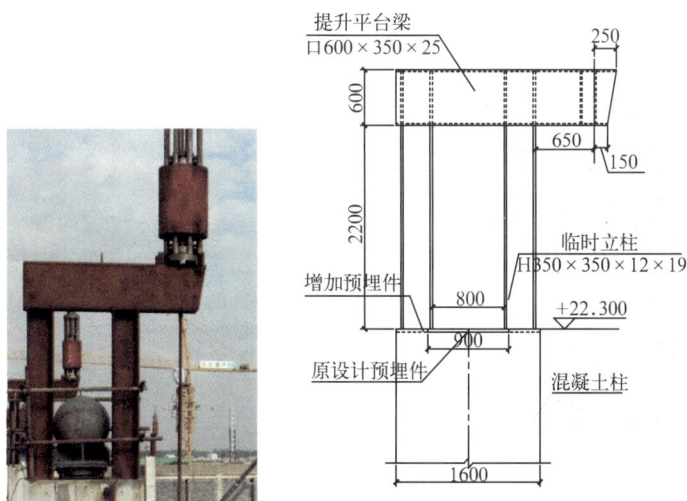

（a）网架提升支承一

图 11-24　提升支承（一）

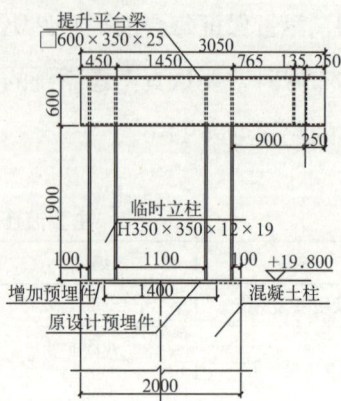

（b）网架提升支承二

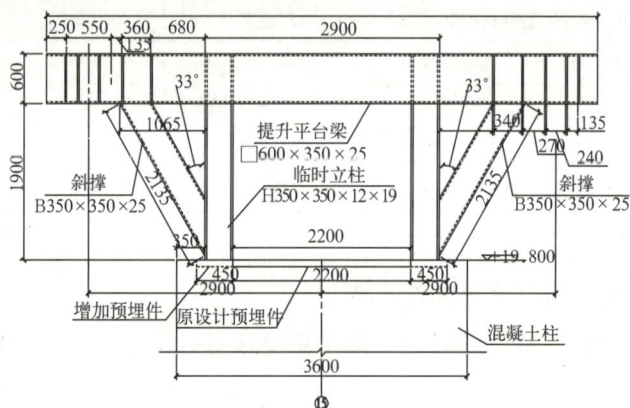

（c）桁架提升支承一

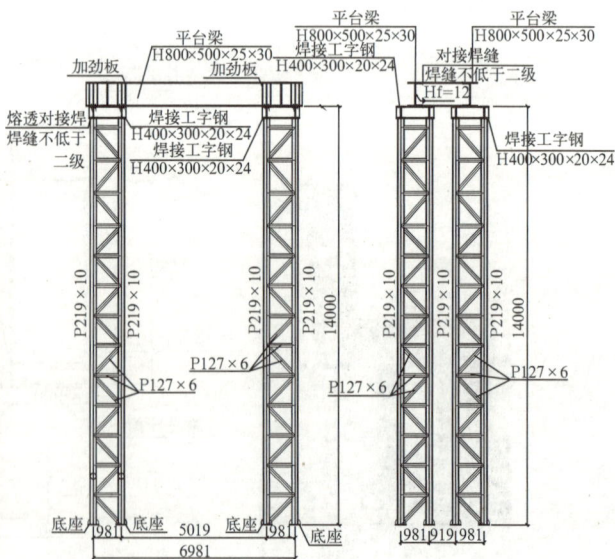

（d）桁架提升支承二

图 11-24　提升支承（二）

限于篇幅以下仅介绍网架提升支承（一）的设计验算。

经计算，网架提升吊点的最大荷载设计值为提升吊点 6 处吊点荷载，大小为 1786kN，提升支承顶部平台梁规格选用 B600×350×25，立柱选用 H350×350×12×19，材质均为 Q345B，抗弯强度设计值 f =295MPa，抗剪强度设计值 f_v =180MPa。

提升平台梁的计算简图如图 11-25，其中，a = 0.65m，l = 1.150m，F = 1786kN。

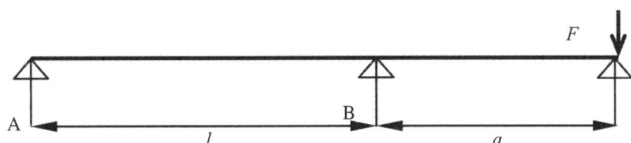

图 11-25 网架提升支承顶平台梁计算简图

1）提升平台梁计算：

提升平台梁截面特性：强轴截面惯性矩 I_x = 2140625000mm⁴，强轴净截面模量 W_x =7135420mm³，截面积 A = 45000mm²，截面塑性发展系数 γ_x =1.05。

A 处支座反力：$R_A = F × （1+a / l）$ = 2795kN

B 处支座反力：$R_B = - （F × a） / l$ = -1009kN

$M_{max} = -F × a = 1786 × 0.65 = 1161$ kN·m

受弯构件的抗弯强度根据《钢结构设计规范》(GB50017-2003) 中式 (4.1.1) 计算：

A 截面：$\sigma = \dfrac{M_x}{\gamma_x W_x} = \dfrac{1161000000}{1.05 × 7135420} = 163$ MPa $< f = 295$ MPa，满足要求。

$\tau = 1.3 \dfrac{V}{A_W} = 1.3 × \dfrac{1786000}{45000} = 52$ MPa $< f_V = 180$ MP，满足要求。

2）立柱计算：

前立柱轴心受压，压力值 $N_A = R_A$ = 2795kN。后立柱轴心受拉，拉力值 $N_B = R_B$ =1009kN。提升时，下部混凝土柱已形成稳定的框架结构，柱顶可作为提升支承的不动支点，故立柱平面内的计算长度 L =1.1m，平面外计算长度按悬臂柱取为 4.40m，立柱截面特性：A =170.44cm²，i_x =15.22cm，i_y =8.92cm，则立柱长细比 $\lambda_x = L / i_x$ =7.22，$\lambda_y = L / i_y$ =24.66，选取长细比较小值 λ =7.22，压杆承载力降低系数 η =0.785，稳定系数 φ = 0.997。

前立柱强度验算：

$R_A/(A\eta) = 2795000/(17044 \times 0.785) = 208MPa < f_{ce} = 295MPa$，满足设计要求。

后立柱受拉强度验算：

$N_B/A = 1009000/17044 = 59MPa < f = 295MPa$，满足设计要求。

立柱平面内稳定验算：

$R_A/(\varphi \times A\eta) = 2795000/(0.997 \times 17044 \times 0.785) = 209MPa < f = 295MPa$，满足设计要求。

钢网架与开口钢桁架在设计时均采用下弦支承，为保证两次提升时，结构受力状态与结构在原位设计时相近，下吊点设计在组合结构下弦，具体见图11-26与图11-27。

图11-26　网架下吊点实景图　　图11-27　开口桁架下吊点实景图

4. 提升实施过程

（1）提升前准备与检查

进行施工过程结构分析，考察各施工阶段的受力及结构变形特点，并对在施工过程中有可能出现薄弱部位进行局部精细化分析，确定施工吊点及临时加固措施。

开始提升作业之前，应对液压提升系统及辅助设备进行全面检查及调试工作：

1）钢绞线作为承重系统，在正式提升前应派专人进行认真检查，钢绞线不得有松股、弯折、错位、外表不能有电焊疤；

2）地锚位置正确，地锚中心线与上方对应提升器中心线同心，锚片能够锁紧钢绞线；

3）由于运输的原因，液压泵源系统上个别阀或硬管的接头可能有松动，应进行一一检查，并拧紧，同时检查溢流阀的调压弹簧是否完全处于放松状态；

4) 检查液压泵源系统、计算机控制系统及液压提升器之间电缆线及控制线的连接是否正确，检查液压泵源系统与液压提升器主油缸、锚具缸之间的油管连接是否正确；

5) 系统送电，校核液压泵主轴转动方向；

6) 在泵站不启动的情况下，手动操作控制柜中相应按钮，检查电磁阀和截止阀的动作是否正常，截止阀与提升器编号是否对应；

7) 检查传感器 (行程传感器、上下锚具缸传感器、油压传感器)；

8) 接通各液压提升器的行程传感器和锚具缸的电源，使就地控制盒中相应的信号灯发讯；

9) 液压提升器的检查：下锚的情况下，松开上锚，启动液压泵站，调节一定的压力 (3Mpa 左右)，伸缩液压提升器主油缸，检查油管连接是否正确，检查截止阀能否截止对应的油缸，检查控制阀在电流变化时能否加快或减慢对应液压提升器的伸缩缸速度；

10) 预加载：调节液压泵源系统至一定压力，使每台液压提升器内每根钢绞线基本处于相同的张紧状态。

(2) 试提升

以计算机仿真计算的各提升吊点反力值为依据，对网架单元进行分级加载 (试提升)，各吊点处的液压提升系统伸缸压力应缓慢分级增加，依次为 20%、40%、60%、80%；在确认各部分无异常的情况下，可继续加载到 90%、95%、100%，直至网架提升部分全部脱离拼装支承。

屋面网架结构离开拼装支承约 500mm 后，利用液压提升系统设备锁定，并在桁架底部增设垫板等预防措施，空中停留 12h 作全面检查 (包括吊点结构、临时支承体系、永久结构和提升设备等，尽量安排在夜间以节省施工时间)，并将检查结果以书面形式报告现场总指挥部。各项检查正常无误，才能进行正式提升。

(3) 正式第一次提升

根据结构形式和现场情况，共布设 18 个提升点、24 台提升器。第一次提升吊点提升器及钢绞线配置见表 11-7。

第一次提升吊点提升器及钢绞线配置　　　　　　　　表 11-7

提升吊点	提升反力值（吨）	液压提升器型号	提升器布置数量（台）	每台提升器钢绞线配置（根）	安全系数
N1	92.34	YS-SJ-405	1	8	3.38
N2	89.10	YS-SJ-405	1	6	3.27
N3	173.34	YS-SJ-405	1	6	3.37
N4	68.04	YS-SJ-405	1	5	3.57
N5	53.46	YS-SJ-405	1	5	2.92
N6	132.84	YS-SJ-405	1	11	3.04
N7	51.84	YS-SJ-405	1	4	3.13
N8	64.80	YS-SJ-405	1	6	3.70
N9	82.62	YS-SJ-405	1	7	3.53
N10	72.90	YS-SJ-405	1	6	3.16
N11	92.34	YS-SJ-405	1	5	2.90
N12	103.68	YS-SJ-405	1	9	3.24
N13	92.34	YS-SJ-405	2	9	10.70
N14	254.88	YS-SJ-180	2	11	3.08
N15	172.80	YS-SJ-180	2	10	4.43
N16	158.40	YS-SJ-180	2	7	3.66
N17	192.96	YS-SJ-180	2	8	3.29
N18	17.28	YS-SJ-180	2	5	10.73
总计	1965.96		24	178	

注：N1、N2、N3、N6、N8、N9、N10、N12设1台180吨提升器；N13、N14、N15、N16、N17设2台180吨提升器；N18设2台405吨提升器；其余设1台405吨提升器。表中数据均为吊点位置单台提升器压力值。总提升器用量：18×180t+6×405t。第一次提升后吊点N14、N17的提升器及钢绞线分别增加到第二次提升的吊点N14、N15。

　　液压同步提升系统的提升速度取决于液压泵源系统的流量、锚具切换、同步精度设定、其他辅助工作所占用的时间以及整个系统工作的状况。在本工程中，系统提升速度约为12m/h。

　　提升3m高度后完成第一次提升，如图11-28所示。第一次提升完成后，进行桁架下弦的安装，待整个桁架安装完成后，将中弦处下吊点置换至下弦处。同时，第二次提升须将第一次提升时桁架内的临时吊点拆除，并将该处的提升设备安装至

图 11-28 第一次整体提升完成现场实景图

14、15 号吊点处。

（4）正式第二次提升

第二次提升是在拼装完大门桁架下弦后进行，共设 16 个吊点，24 台提升器，第二次提升吊点提升器及钢绞线配置见表 11-8。

第二次提升吊点提升器及钢绞线配置   表 11-8

提升吊点	提升反力值（吨）	液压提升器型号	提升器布置数量（台）	每台提升器钢绞线配置（根）	安全系数
N1	110.16	YS-SJ-405	1	8	3.10
N2	72.90	YS-SJ-405	1	6	3.52
N3	113.40	YS-SJ-405	1	6	3.28
N4	97.20	YS-SJ-405	1	5	3.30
N5	100.44	YS-SJ-405	1	5	3.14
N6	137.70	YS-SJ-405	1	11	3.39
N7	69.66	YS-SJ-405	1	4	3.53
N8	82.62	YS-SJ-405	1	6	3.20
N9	97.20	YS-SJ-405	1	7	3.01
N10	87.48	YS-SJ-405	1	6	3.35
N11	131.22	YS-SJ-405	1	5	3.40
N12	127.98	YS-SJ-405	1	9	3.17
N13	200.88	YS-SJ-405	2	9	3.03
N14	524.16	YS-SJ-180	4	10	3.57
N15	308.16	YS-SJ-180	4	7	3.54
N16	139.32	YS-SJ-405	2	5	3.35
总计	2400.48		24	174	

注：N1、N2、N3、N6、N8、N9、N10、N12设1台180吨提升器；N13设2台180吨提升器；N14、N15设4台180吨提升器；N16设2台405吨提升器；其余设1台405吨提升器。表中数据均为吊点位置单台提升器压力值。总提升器用量：18×180t+6×405t。

提升至设计标高后，进行微调，使屋盖结构满足轴线及标高要求，如图 11-29 所示。

图 11-29　第二次整体提升完成现场实景图

（5）提升过程变形监测

整体提升过程中的变形监测分为屋盖挠度变形及混凝土柱偏压变形两部分，其中混凝土柱的偏压变形是为了确保提升时混凝土柱结构的安全性。提升时，提升器钢绞线应保持垂直状态，垂直度控制在 1° 以内。

1）屋盖网架结构与桁架结构挠度变形监测

因屋盖的结构形式为周边支承，其跨度和进深相对较大，在屋盖脱离支承、由地面向上提升至屋盖高空就位的过程中，屋盖在恒载作用下会发生较大的下挠。按《钢结构工程施工质量验收规范》（GB 50205—2001）的规定，屋盖的下挠值不得超过其相应设计值得 1.15 倍。施工时需对网架的下弦球及桁架的下弦下挠值进行观测记录。

2）提升吊点处的混凝土柱偏心受压变形监测

网架区域设置提升吊点的混凝土柱，在屋盖提升时为偏心受压，因提升点反力很大，混凝土柱顶部在较大弯矩作用下会产生横向位移，需对此位移量进行监控。

3）屋盖钢网架结构与钢桁架结构变形监测方法

①观测点的布置。根据组合结构受力及变形特点，钢网架区域设置 15 个测量观测点，桁架区域设置 7 个测量观测点，如图 11-30 所示

②具体方法及步骤。本工程屋盖网架最大计算挠度为 359mm，大门处桁架最大计算挠度为 256mm，恒载下网架最大计算挠度 205mm，大门处桁架最大挠度计算挠度为 162mm。采用"差异沉降法"进行挠度值的对比及计算，通过全站仪、水准仪测其下弦位置高程，屋盖的边界点与中心观测点的相对高程差值的变化量，即为结构的挠度变形值。

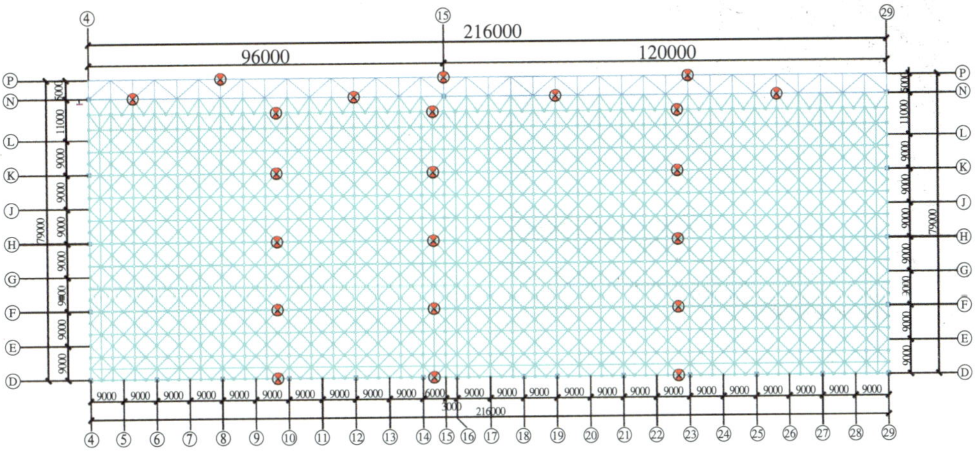

注：图中 ⊗ 代表观测点

图 11-30 钢网架与钢桁架结构变形监测布置图

根据屋盖的提升流程，屋盖的挠度监测分为以下 5 个步骤：

a. 屋盖提升前进行高程观测，网架采用水准仪对下弦球顶面测量，桁架也采用水准仪对中弦的观测点测量（图 11-31、图 11-32）；

屋盖提升前在每个观测点找到桁架中弦和球顶一基准位置并做上标记，以便下次测量时基准点保持不变，提高测量精度；为满足提升至高空后的测量要求，在焊接球底部固定一块贴反射片的铁件（图 11-33），与球顶基准位置在同一垂直线上。

b. 提升至 500mm 后，待各个吊点标高调至水平一致，用水准仪进行高程观测，此次观测数据应和提升前数据进行比较。

c. 提升至 3m 后，对各个吊点标高微调至设计值，网架部分水准仪进行一次变形

图 11-31 网架观测示意图 　**图 11-32 桁架观测示意图** 　**图 11-33 网架焊接球节点测量标记点设置**

图 11-34　混凝土柱变形简易监测

观测，拼装桁架下弦构件；第二次提升时桁架的观测点放在下弦部位，下弦观测点位置与中弦观测点位置保持在同一垂直线上，中弦观测点与下弦反射片距离等同。用全站仪对各个测点观测，计算出此时各观测点的挠度值，并与提升前的挠度值比较。

d. 桁架下弦拼装完成，设备调平、第二次提升开始后，网架部分采用水准仪对下弦球底面观测，桁架部分采用全站仪加反射片对下弦挠度观测。

e. 屋盖钢结构整体提升到设计标高后，安装完成剩余杆件且提升器卸载后，用全站仪对 22 个观测点进行观测，记录好数据，计算出此时各观测点的挠度值，并与提升前的挠度值比较。观测数据均应做好记录，并进行过程对比，及时与设计值比较。

以上测量数据做成挠度观测成果表和挠度曲线图作为资料归档保存。

4）混凝土柱变形简易监测方法

在混凝土柱柱顶设置一测点，在柱头平移方向设置一基准点，提升时测量测点与基准点的距离变化值，即为柱头位移变化（图 11-34）。

（6）就位与补杆

大跨度组合结构整体提升到位后，对全部后装杆件进行原位补装，补装完成后，在三级控制提升设备的工作下，分级卸载，完成组合结构的安装[78]。

5. 技术应用总结

本工程在施工过程中，通过不断收集市场信息、跟踪新技术发展趋向，力求通过不断完善施工方案和施工措施来实现低碳生产模式，采用了整体提升技术，达到了降本增效的管理目的。具体详见各单项总结的效益分析表 11-9。

经济效益分析表　　　　　　　　　　　　　　　　表 11-9

序号	采用新技术名称	效益分析
1	平面尺寸216m×79m三边支承一边开口组合网架结构低位提升控制技术	避免高空焊接，降低劳动强度；提高安装质量和安全性；缩短工期20天
2	配合分步提升采用悬挂安装及吊点置换技术	缩短工期10天
3	大跨度组合结构三级控制设备可视化提升监控技术	确保了工程提升过程的安全性、稳定性和精准性

11.2　顶升施工技术

顶升施工技术是指将结构拼装成整体后，用顶升设备（液压千斤顶）和顶升架将结构逐步顶升到设计标高的施工方法。采用顶升施工可以减少高空作业量，且顶升面积不受限制，与提升技术相比，顶升设备在地面进行顶升作业，无需在高空设置施工作业点，节约了提升施工支承等措施，但顶升作业需要采用支承架和顶升架配合施工，当结构高度过高或顶升点过多时，顶升架用量较大，经济性不佳。

11.2.1　工作原理

顶升的工艺原理为：结构在地面完成整体拼装后，均匀布置若干套顶升装置，每套顶升装置包括一逐步加高的支撑架、顶升架和一顶举液压千斤顶，顶升架与支撑架铰接（图 11-35（a））；液压千斤顶通过顶举顶升架抬高支撑架，进而抬高重物（图 11-35（b））；重物顶升至一定高度后，在支撑架下方安装支撑架标准节（图 11-35（c））；之后千斤顶回缩，顶升架与下部标准节相连，完成一个顶升步骤（图 11-35（d））。

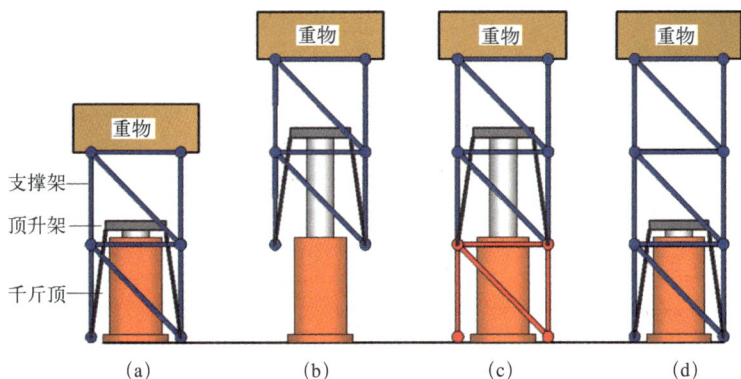

图 11-35　顶升施工原理图

11.2.2　系统组成

液压顶升系统的组成与提升系统组成类似，只是将提升器及钢绞线换为液压千斤顶、顶升架和支撑架，其中顶升架和支撑架需经过计算分析进行设计，此处不作赘述。

11.2.3　施工工艺

1.顶升施工工艺流程

顶升施工工艺流程如图 11-36 所示。

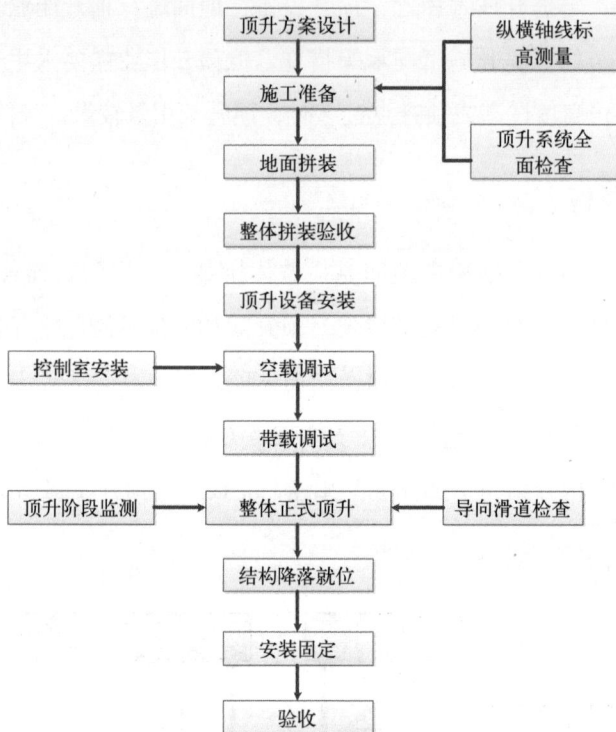

图 11-36　顶升施工工艺流程

2.一般工艺要求

（1）同步性控制

顶升施工同步性控制与提升施工技术相似，即可利用布置于每个提升吊点下的激光测距仪，实时监测提升中结构控制点的标高，并通过网络将数据传送给主控计算机，主控计算机根据各个吊点当前的高度差，发送信号控制油泵站阀门的出油量，进而调节提升吊点高度位置，实现同步顶升。

（2）垂直度控制

顶升垂直度控制主要为网架顶升差值的控制，由于各顶升点顶升差值的影响，会引起结构杆件和千斤顶受力不均而造成危害。影响顶升差值的主要因素是不同步顶升及顶升架刚度不足。因此，在操作上应严格控制各顶升点的同步上升，同时在作业前应对顶升架进行严格验收，顶升过程中检测顶升架的作业状态，还可以通过设置顶升导轨的方式，保障结构的垂直顶升。

（3）结构柱稳定性控制

当利用结构柱作为顶升的支承结构时，应验算柱子在施工过程中承受风力及垂直荷载作用下的稳定性，并采取相关措施保证柱子在施工期间的稳定性，如设置临时柱间支撑等。

11.2.4　工程实例

凯旋汽车零部件制造（大庆）有限公司总装车间和物流库建设工程，位于黑龙剑省大庆市高新区，建筑占地面积 6.9 万 m^2，主体为单层厂房，主体结构为斜放四角锥焊接球双层网架，网架柱顶标高为 8.7m，总重量约 2200 吨。根据设计，网架以伸缩缝为界，分为五个单元区，如图 11-37 所示。

焊接球网架边支承纵向柱距为 8～9m，横向柱距及中间支承柱距为 24～26m，就位于同一水平面柱顶（标高 8.7m）。网架钢管和焊接球均为 Q235B 材质，钢管规格为 $\phi 60mm \times 3.5mm - \phi 299mm \times 22mm$，焊接球规格为 $\phi 200mm \times 6mm - \phi 750mm \times 35mm$。

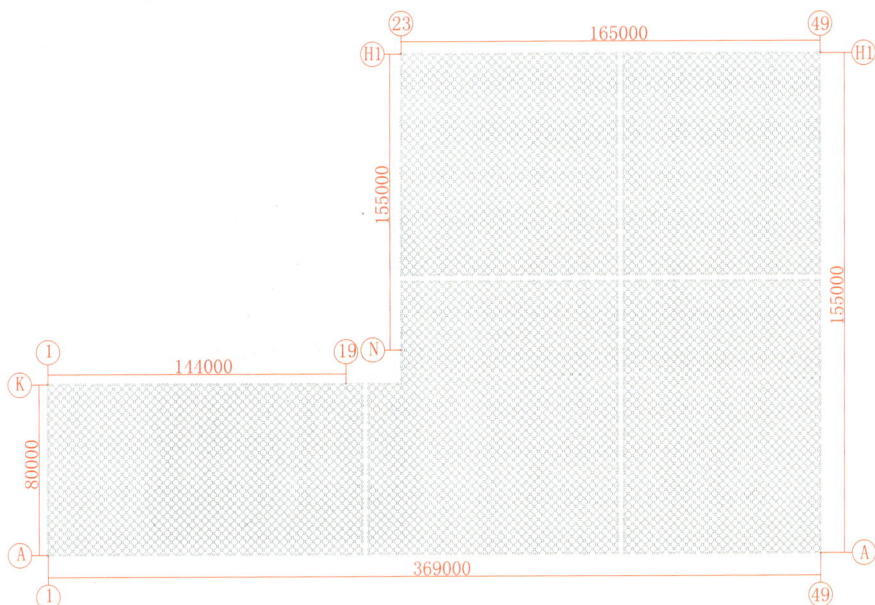

图 11-37　网架平面布置图

1. 顶升设备

本工程顶升设备如表 11-10 所示。

机具设备表 表 11-10

序号	设备名称	设备型号	单位	数量
1	特制液压油缸	设计推力600kN	台	20
2	液压泵站	BZ-400	套	20
3	组合顶升支撑架	1.2m×1.2m×1.0m	节	240
4	控制系统		套	20
5	专用底盘	1.6m×1.6m	个	20
6	手拉葫芦	3吨	台	86
7	手扳葫芦	2吨	台	4
8	五金工具	—	—	若干
9	辅助设备	枕木	—	若干

顶升机具主要包括以下几部分:液压油缸、钢结构组合顶升支承、其他辅助工具。以 1.0m 为一个标准节,标准节与标准节间的连接采用螺栓连接。液压油缸为特制,推力为 600kN,高度约为 1.6m,行程 1.1m。顶升时把油缸放在支承的底部,上部与网架上弦节点顶紧,经检查、调试后开始顶升,顶升到下面的空间大于 1m 后停止顶升,把一个标准节从下部装在支承上,然后油缸回落,使支承落在下面的基座上,油缸继续回落并取下油缸和顶升支承吊臂换到倒数低二个标准节上,继续进行下一循环,如此往复,每次顶升 1m,直到把网架顶升至设计标高。

本工程顶升架设计如图 11-38 所示。其中千斤顶帽与连接臂及连接臂与顶升架的连接均通过轴销连接,拆装比较方便。

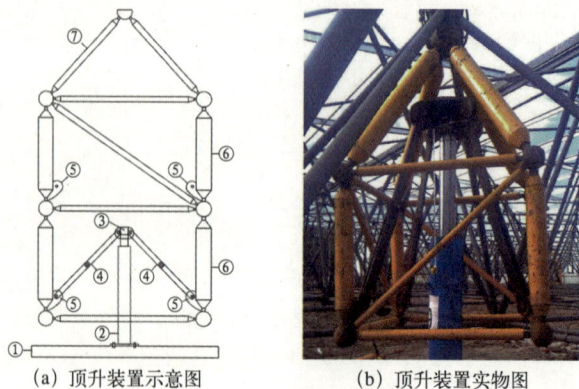

(a) 顶升装置示意图　　　　(b) 顶升装置实物图

图 11-38　顶升装置

①—底座;②—顶举液压千斤顶;③—顶举帽;④—连接臂;⑤—耳板;⑥—螺栓球格构柱标准节;⑦—螺栓四角锥

因本工程网架形式为斜放四角锥形式，所有上弦球与下弦球均处于同一垂直面上，顶升架无法直接到上弦球上，因此需做临时的四角锥作为专用的顶升支撑点，四角锥直接在下弦的四个球上拼装，上弦球使用 $\phi300mm \times 12mm$ 焊接球，腹杆使用 $\phi76mm \times 4mm$ 焊管。如图 11-39 所示。

图 11-39　四角锥实景图

标准节杆件材料的材质为 Q235，截面尺寸为 $\phi114mm \times 4mm$，$\phi60mm \times 3.5mm$，$\phi48mm \times 3.5mm$；节点材料的材质：45 号钢螺栓球。

2. 网架整体顶升

1）网架拼装

网架在其设计安装位置下方进行拼装作业，待网架拼装、焊接完成，并对网架进行验收后，安装液压千斤顶至底座上，通过螺栓将千斤顶与底座连接牢固，然后安装顶升架及连接臂，并调

图 11-40　网架拼装完成图

高度至正好顶至临时四角锥上弦球处，如图 11-40 所示。

2）试顶升

顶升开始并待网架离开支撑点 10cm 时，悬停 12h，在此期间派专人对网架进行检查，检查内容包括：顶升支承是否正常，有无严重的偏斜，网架杆件有无弯曲现象、顶点地面有无沉降，然后即时处理不正常情况。

3）正式顶升

在 12h 以后，无异常情况下，即开始正式顶升，每次顶升 200mm，悬停数分钟，顶升至顶升架下面的距离大于 1.1m 后停止顶升，把一个标准节杆件及螺栓球从下部装在架子上，然后油缸回落，使架子落在下面的基座上，油缸继续回落并取下顶升支承吊臂换到倒数第一个标准节上，如图 11-41 所示。总计顶升 9 次，将网架下弦球顶升至 9.2m 的设计标高并超出少许，为滑移留出操作空间，网架顶升过程如图 11-42 所示。

网架的顶升同步是极为关键的，关系到网架的应力集中及变形，网架顶升时，在总控制柜处（图 11-43）设一名总指挥，由经验丰富的起重工担任，每个液压千

图 11-41　添加标准节图

图 11-42　网架顶升过程图

图 11-43　顶升总控制柜图

斤顶处设一名熟练的顶升操作工人，所有信号只能由总指挥发出，每名操作工人必须严格按照总指挥的信号进行操作，保证信号统一，操作同步。

4）卸载

确认网架就位后，进入卸载工序。卸载前，液压千斤顶保持支撑状态，先拆除顶升架下端与基座的临时连接措施，开始卸载。卸载必须保证同步，松开液压千斤顶的回油阀，因网架的自重使液压千斤顶缓慢回落，直至所有支座落在钢柱柱头上。移走液压千金顶，从下至上逐节拆除顶升架，完成卸载[79]。

第12章 滑移施工技术

当现场施工场地不便于吊装设备行走、安装位置不便于吊装，或采用常规吊装方法所用的设备型号过大时，通常可采用滑移施工技术。滑移施工技术是利用能够同步控制的牵引或顶推设备，将分成若干个稳定施工段的结构沿着设置的轨道，由拼装位置移动到设计位置的安装技术。

现代滑移施工技术是在液压同步提升技术的基础上研制出来的。但液压同步提升中的设备负载是基本不变的，而滑移过程的牵引力（或推进力）在牵引（或推进）过程中会不断变化，为此需增设制动系统。滑移技术实现的要点是将液压提升的负载均衡控制发展为滑移过程的负载不均衡同步控制，相比之下，滑移施工技术难度更高，同步控制系统更复杂。

12.1 概述

滑移施工技术的发展主要是同步控制技术的发展，主要分为卷扬机牵引滑移、液压千斤顶牵引滑移与液压千斤顶夹轨顶推滑移等三个阶段。其中卷扬机牵引滑移主要在 20 世纪 70 年代至 80 年代期间使用，其主要动力设备为卷扬机、滑轮组或捯链等，如图 12-1 所示。由于该方法难以实现同步控制，目前应用较少。

在 20 世纪 90 年代后期及 21 世纪初期，连续牵引千斤顶设备及同步控制系统的研发，直接推动了滑移施工技术的发展进程，液压千斤顶＋钢绞线束牵引滑移技术取代了卷扬机牵引滑移技术，滑移安全性得到了较大提高（图 12-2）。但钢绞线也是一种柔性索具，具有较大的弹性，同步控制较难实现，就位精度仍然较低，对轨道基础

图 12-1　卷扬机牵引

图 12-2　钢绞线束牵引液压千斤顶

图 12-3　夹轨式液压顶推千斤顶

要求也较大。而且这种滑移方式必须设置反力架，若钢绞线导向不好，还会引起"窝缸"事故，有一定的安全隐患。随后，液压顶推滑移技术得到了发展，其核心设备为夹轨式液压顶推千斤顶（图 12-3）。夹轨式液压顶推千斤顶，又称为顶推机器人，具有良好的滑移平顺性以及同步滑移可控性，现已成为重大工程滑移的主流设备。该设备设置于轨道表面，利用轨道作为承力点，能够自行连续推进结构前移，具有体积小、推力大、同步控制精度高、受场地条件影响小，可在任意空间角度作业等优点，还可实现长距离遥控及超长距离的网络控制。其特点具体可归纳为以下几点：

（1）与传统的卷扬机钢丝绳（钢绞线）牵引不同，顶推滑移启动和制动时，不会因为有柔性钢绞线的延伸而使得钢结构抖动或颤动，且液压顶推器滑移过程的推进力及推进速度完全可测可控。计算机系统通过传感器检测液压顶推器的推进力及速度，控制各顶推器之间的协调同步，当有意外超载或同步超差时，系统会及时做出调整并发出报警信号，从而使滑移过程更加安全可靠；

（2）液压顶推器顶推滑移时，与牵引（钢绞线柔性连接）滑移方式不同，液压

顶推器与待滑移结构间采取刚性连接，对滑移跨度较大、榀数较多的屋盖，其顶推点的同步性控制较好，各榀屋盖支承柱（或支座）就位准确性高；

（3）设备体积小、重量轻，可扩展组合，多点推拉，分散构件、框架柱、滑移梁的受力；

（4）顶推滑移启动、制动时的加速度很小，不会产生明显的动荷载，使得滑移临时支承设施用量明显减少。

综上所述，滑移技术工艺的优点包括：可加快施工进度、减少支承用量、节约大型设备、节约施工用地、可解决吊装设备无法辐射位置的结构安装难题。

其工艺控制要点是：被滑移结构要有足够的刚度来满足施工滑移的要求；铺设强度及刚度均满足要求的滑移专用轨道；通过计算机控制系统实现多点牵拉（顶推）时的同步控制等。

12.2 滑移方法

根据滑移主体的不同滑移方法分为结构滑移、施工支承滑移。根据滑移路线的不同又分直线滑移和曲线滑移。

12.2.1 结构滑移

1. 概念

所谓结构滑移，是先将结构整体（或局部）在具备拼装条件的场地组装成形，再利用滑移系统将其整体移位至设计位置的一种安装方法，如图12-4所示。采用这种安装技术，组装场地和组装机械设备可集中使用。与原位安装法相比，可减少支

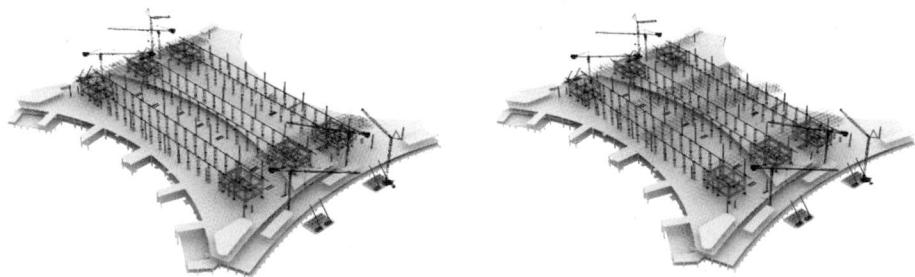

图12-4 结构滑移

承措施与操作平台的用量，节约场地处理费用与管理成本。

结构滑移又分为逐段滑移和累积滑移两种方式。逐段滑移是指逐段将拼装好的滑移段从组装位置直接滑移至设计位置，直至形成整体结构。累积滑移是指将拼装好的滑移段，滑移一段距离后，所用措施继续用于下一段续拼，续拼好后再一起滑移一定距离，然后再续拼，再滑移，直至形成整体结构。逐段滑移法，需要的滑移动力小，但需要逐段进行高空补装，对滑移段的刚度要求也较高；而累积滑移法，需要的滑移动力会累积增大，但结构逐次续拼成整体，刚度越来越接近设计状态，另外也不用脱离工作平台去高空补装杆件。从工期与安全性方面考虑，累积滑移相对具有一定的优势，因此也被更多地采用。

2. 注意事项

(1) 应用结构滑移技术时，下部支承结构体系应便于铺设滑移轨道，铺设的轨道应平行、水平，避免卡轨现象。

(2) 屋盖结构可拆分成若干个独立承载的结构段，这些结构段在滑移过程中应为几何稳定体系，并具有足够的刚度和承载力。为此，需根据滑移状态建立计算模型进行模拟分析。

(3) 当采用多点牵引滑移时，应通过计算分析评估因牵引不同步对结构造成的不利影响，必要时可对滑移单元进行临时加固，将不利影响控制在容许的范围内。

(4) 滑移段在与其他段组装前，与下部结构固定前，均与设计工作状态不同，除会产生一定的变形外，还可能发生横向或纵向移动。为此，应采对滑移段取防"滑落"措施，如在两侧支座处横向拉设刚性拉杆或柔性拉索等。

12.2.2 施工支承滑移

1. 概念

施工支承滑移是指在结构的下方架设可移动施工支承与工作平台，分段进行屋盖结构的原位拼装，待每个施工段完成拼装并形成独立承载体系后，滑移施工支承体系至下一施工段再进行拼装，如此循环，直至结构安装完成为止。其工作状态如图 12-5 所示。

此种方法适用于结构体系高、大、复杂，施工现场不能提供拼装场地，屋盖结构本身不适合采取结构滑移的情况。

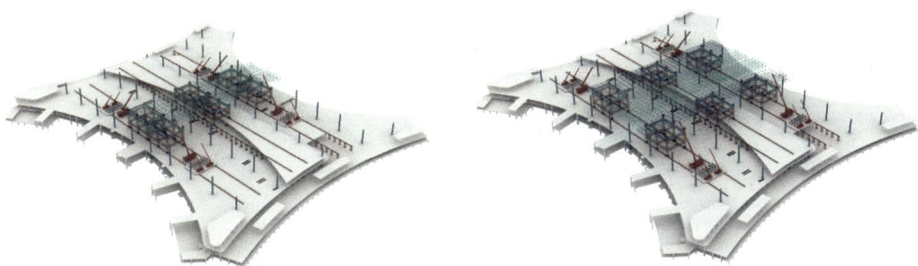

图 12-5 支承滑移

2. 注意事项

（1）支承措施与平台应按实际工作状态，包括屋盖结构拼装状态与滑移状态，进行受力分析与承载力、刚度、整体稳定性的验算，并合理设计滑移系统，设计时应将支承平台滑移时的惯性力考虑在内。

（2）应采用计算机控制系统控制滑移的同步性，避免不同步对支承平台带来损伤。

（3）铺设的轨道应平行、水平，避免卡轨现象造成支承结构的扭转。

12.2.3 曲线滑移

1. 概念

大跨度结构造型奇异多变，部分结构（如广州新白云机场，图 12-6）在平面上呈曲线形式，当采用滑移施工时，其滑移路线是一条曲线，我们将这种滑移称为曲线滑移。曲线滑移的主体可以是屋盖结构也可以是施工支承体系，其滑道为平行曲线。

图 12-6 广州新白云机场曲线滑移示意图

2. 注意事项

（1）曲线滑移需采用万向滚轮滑移支座。

（2）曲线滑移滑移轨道布置在不同半径的同心圆弧上，需要保证同角速度滑移，同步控制难度大，通常通过对不同轨道线速度的控制达到角速度的同步。

（3）曲线结构在未形成整体稳定结构前，结构受力情况更加复杂。为此，应建立实时计算机模型，对其工作状态进行跟踪分析，并根据分析结果采取相应对策，确保安装的顺利进行[77、80]。

12.3 滑移轨道

无论采用何种滑移方法，设置滑移轨道必不可少，轨道的选型直接关系到滑移过程中的受力性能。

滑移轨道按照滑移过程中的摩擦方式可分为滚动式及滑动式，前者是在待滑移单元上安装滚轴（滚轮），通过与滑轨之间的滚动摩擦方式滑移，常采用钢轨式轨道（图12-7（a））；后者是将滑移单元的搁置于滑块上，通过滑块在轨道中滑动进行滑移，常采用槽钢式轨道（图12-7（b））。

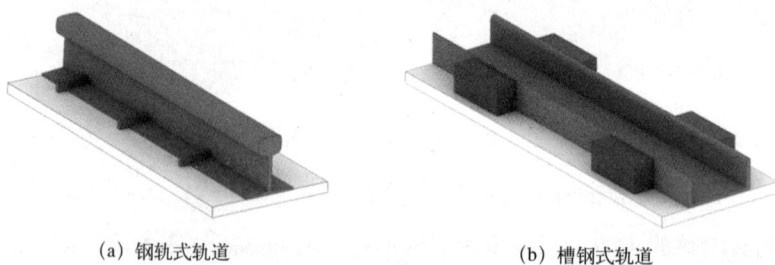

(a) 钢轨式轨道　　　　　　　　(b) 槽钢式轨道

图12-7　常见滑移轨道形式

12.3.1　滑轨的位置与标高

滑轨的位置和标高应根据工程具体情况而定。滑轨的数量要考虑滑移过程中滑移单元的受力情况，结构滑移时，一般沿结构的支座轴线设置，若施工时结构受力与设计情况差距较大，也可以根据计算在跨中等处增设滑轨，支承滑移时则可灵活掌握。

结构滑移时，滑轨轨面标高应等于或高于结构支座设计标高，以便于滑移结束后支座的落放和轨道的拆除。如滑轨在支座下通过，拆除滑轨后支座的落距不易过大，一般小于相邻支座距离的1/400，否则应采取措施分步落放支座。

12.3.2　滑移轨道的安装

当结构为带边梁的网架或其他支座间有连梁、圈梁的形式时，轨道的形势及安装都较为简单，可以与梁顶的预埋件焊接或用螺栓固定。当结构支撑支座的柱与柱之间没有结构梁作为滑移轨道的设置基础，轨道由于本身形式限制强度刚度不可能太高，因此必须在柱与柱之间设置临时工具式钢梁，在钢梁上再安装滑轨；当采用施工支承滑移时，滑移支承往往设置在楼板或较平整的地坪上，施工支承底部需连接成整体，并在相应位置的地坪或楼板上铺设轨道。

12.3.3　导向装置的选择及设置

根据轨道形式不同，导向装置也有所差异。钢轨形式的轨道往往采用滚轮，槽钢滑轨则一般通过滑块实现滑移。采用滚轮时，滚轮两边的凸边起导向的作用，采用槽钢滑轨时，槽钢的两边翼缘可以起到导向的作用。

（1）滚轮设计

一般来说，滑移滚轮的形式没有标准化的要求。常见的滚轮设计会在轮子的两边留有凸边，通过轴承与支承架形成整体，用以支承滑移结构，如图 12-8 所示。

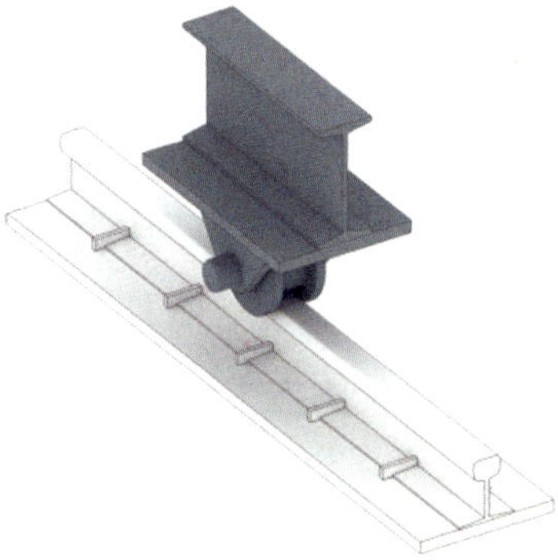

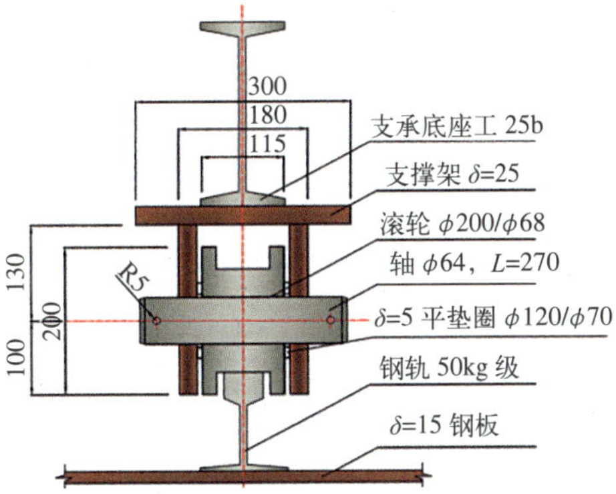

图 12-8　某工程滑移滚轮设计大样

（2）滑块设计

滑块垫于滑道与滑移结构之间，并与滑移结构连为一体（通常采用焊接），滑移过程中起滑动支座的作用（图 12-9）。滑移时，应严格防止滑块与两侧滑道侧壁顶死（即"卡轨"），以及滑移支座因滑道不平整卡住（即"啃轨"）的情况出现。为

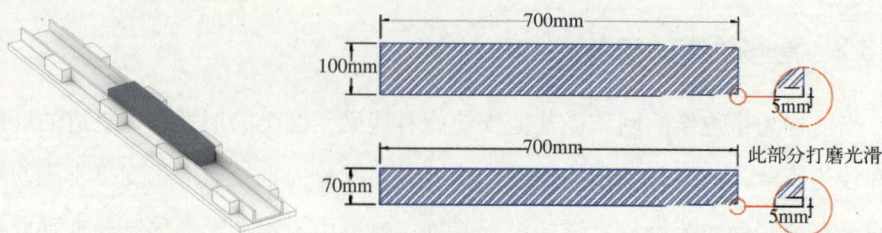

图 12-9　某工程刚滑块设计详图

此通常将滑块前端（滑移方向）设计为"雪橇"式，并将其两侧制作成带一定弧度的外形。滑块规格需要根据实际工程进行调整。

12.3.4　轨道支撑验算内容

验算内容包括轨道下部结构的承载力、强度和稳定性等。此外应验算轨道的挠度，以免轨道挠度过大时，引起滑移单元竖直方向的标高差异过大，进而产生附加内力，影响滑移。

12.4　顶推器布置及工作原理

12.4.1　顶推器的布置

采用液压顶推机器人顶推结构滑移，需在千斤顶两端均设置专用的顶推点，与轨道连接的顶推点设计应考虑滑移轨道的形式，使其能有效地传递水平推力，国内常用的顶推千斤顶主要有夹轨式液压顶推器和顶紧式液压顶推器两种（图 12-10、图 12-11）。两者在顶推点的设计上相同，均是采用在原结构支座上焊接耳板的方式，顶推器通过销轴与耳板连接，区别在于反力点的处理。

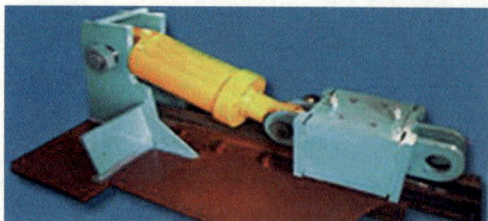

图 12-10　夹轨式液压顶推器

图 12-11　顶紧式液压顶推器

（1）夹轨式液压顶推器

夹轨式顶推器一般适用于钢轨式轨道，靠楔形夹块与轨道咬合产生的摩擦反力实现滑移施工，滑移反力与该摩擦力的大小一致。常见构造形式如图 12-12 所示。

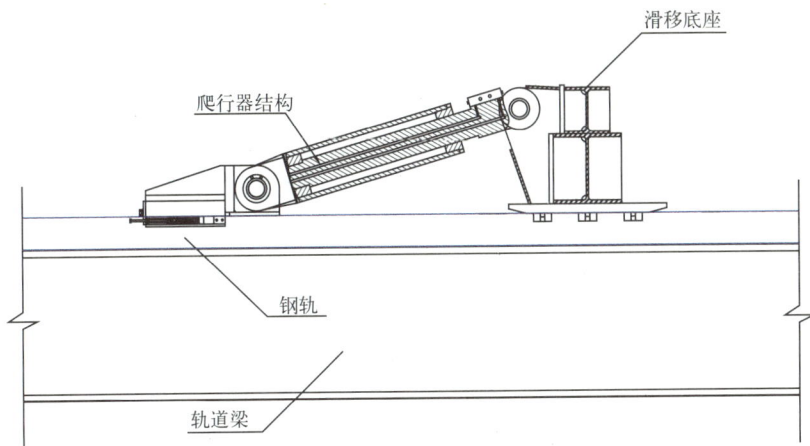

图 12-12 某工程夹轨式液压顶推器布置图

（2）顶紧式液压顶推器

顶紧式液压顶推器一般适用于槽钢轨道，需要在槽钢轨道上按照设计要求焊接滑移挡板，利用顶推器后部的顶推支座与滑道挡板的反力实现滑移施工，顶紧式液压顶推器布置图如图 12-13。滑移反力与实际所需的顶推力相一致。

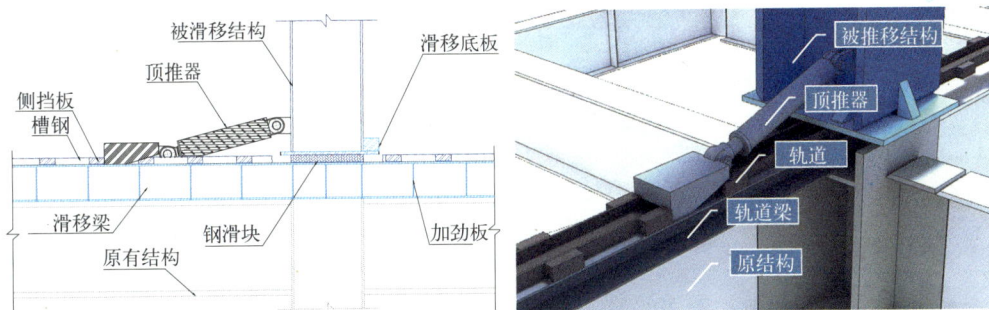

图 12-13 顶紧式液压顶推器布置图

12.4.2 顶推器工作原理

顶推器工作原理（图 12-14）如下。

步骤 1：顶推器夹紧装置中楔块与滑移轨道夹紧，顶推器液压缸前端活塞杆销

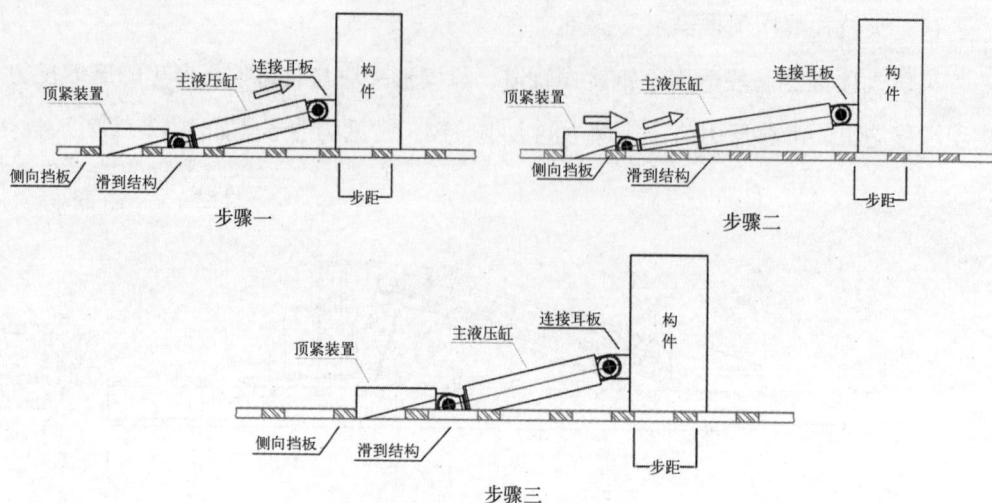

图 12-14　顶推器工作原理图

轴与滑移构件（或滑靴）连接。顶推器液压缸伸缸一个行程，推动滑移构件向前滑移一个步距；

步骤 2：一个行程伸缸完毕，滑移构件不动，顶推器液压缸缩缸，使夹紧装置中楔块与滑移轨道松开，并拖动夹紧装置向前滑移；

步骤 3：顶推器一个行程缩缸完毕，拖动夹紧装置向前滑移一个步距。一个顶推推进行程完毕，再次执行步骤 1 的工序。如此往复使构件滑移至最终位置。

滑移施工中应用的液压泵源系统和电气同步控制系统与整体提升技术中所使用的大致相同，可参见第 11.1.2 章节，在此不再详述。

12.5　结构滑移案例

1. 工程概况

武汉国博会议中心屋盖平面尺寸为 64.8m×100m，标高为 50～56m，采用平面桁架结构体系，设有三道纵向垂直支撑，共有 11 榀平面桁架和 3 道桁架形式的纵向支撑，如图 12-15 所示。

本工程若采用所布置塔吊进行安装（图 12-16），需搭设满堂支承。综合考虑结构特点和经济因素，决定采用液压顶推滑移安装的施工工艺完成钢结构屋面桁架安装。

(a) 建筑效果图　　　　　(b) 屋顶桁架布置图

图 12-15　武汉国博会议中心

2. 滑移施工方案

（1）滑移施工段划分

将钢结构分为 3 块滑移，分别为滑移分块 A （HYA），轴线 3-E ～ 3-H；滑移分块 B （HYB），轴线 3-J ～ 3-L；滑移分块 C （HYC），轴线 3-Q ～ 3-M。滑移单元划分如图 12-17 所示。

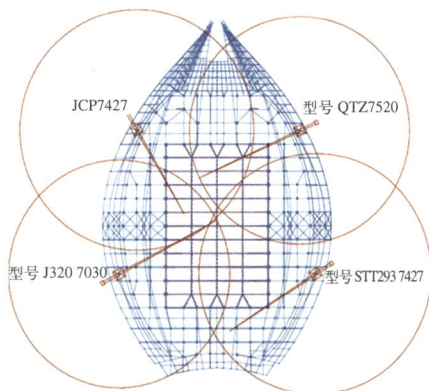

图 12-16　现场施工塔吊布置

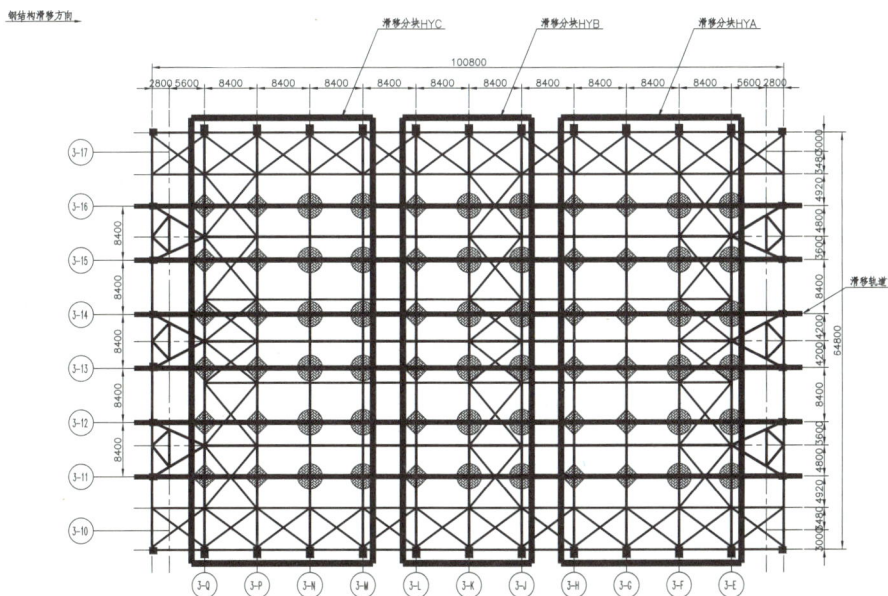

图 12-17　滑移单元划分图

（2）滑移流程

在 34m 高楼面上铺设六条滑移轨道，随后拼装施工支承平台，经过 3 次滑移完成结构安装。滑移流程见表 12-1。

滑移流程 表 12-1

流程一：在3-Q轴~3-M轴(具体位置见上图)拼装第一个桁架单元体（HYA）及上部屋盖檩条

流程二：采用液压滑移设备进行首次滑移，将支承连同桁架单元体滑移至3-E轴~3-H轴区域（滑移距离64.3m）

流程三：安装预留的与桁架柱相连上下弦杆及斜腹杆，校正后焊接，完成后桁架卸载，与支承脱离，卸载后的支承滑回原位（3-Q轴~3-M轴）

流程四：依照上述流程安装HYB、HYC桁架单元

（3）拼装平台支承的设计

滑移支承采用组合结构，底盘采用型钢，支撑部分采用格构式支承和栈桥组成，支承间用连杆连成整体（图 12-18）。支承上部支撑桁架和屋盖结构，承载总重量约为 400 吨，总计支撑点约 48 个，平均每个支点承载力约 8.4 吨。支承立杆所采用的构件截面 H300×300×10×15 和 H350×350×12×19，横向连接杆件采用圆管和角钢，截面包括 $\phi180\times10$、$\phi245\times16$、$\phi240\times8$、$\phi48\times3.5$、L75×50×6、L63×40×6。

为防止安装和以后拆除过程中发生坠落事故，故在支承安装过程中按每隔 10m 在支承平面满铺一层水平兜网进行封闭防护，因支承高度总计 16m，故支承共设两

图 12-18　结构支承布置图

层安全防护网。

（4）轨道及导向装置

现场共铺设 6 条滑道，滑道由轨道和滑移钢梁（轨道梁）组成，轨道采用 43kg 钢轨，滑移钢梁为 H650mm×（400/600）mm×20mm×30mm 型钢。滑移导向装置采用滑块。如图 12-19 所示。

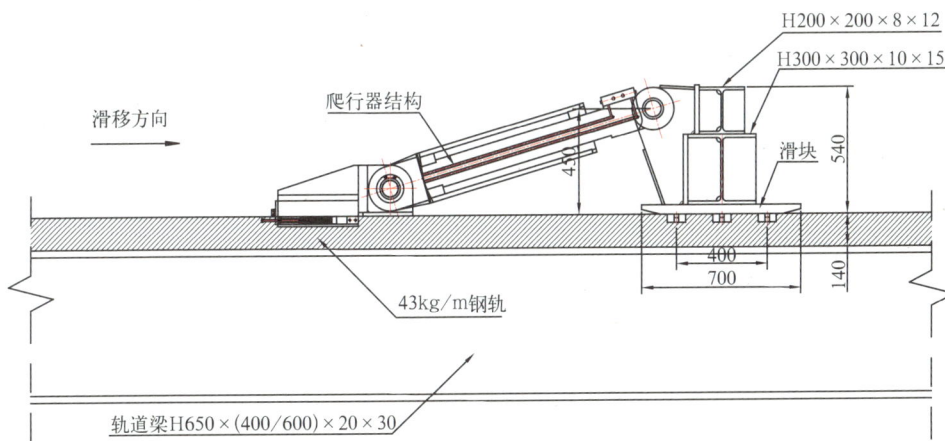

图 12-19　顶推点结构图

（5）设备选型

本工程中采用液压顶推滑移的施工工艺，所选用夹轨式液压顶推器（图 12-20）。此设备的反力结构利用钢轨设置，相比于牵引滑移，省去了反力点的加固问题。

液压顶推器与被推移结构通过销轴连接，传力途径非常直接，启动过程中无延时，动作精确度好。由于其反力点为步进顶紧式接触，不会在滑移过程中产生相对滑动，所以同步控制效果更好。步进式的工作过程，使得同步误差在每个行程完成

图 12-20 液压顶推器

后自然消除，无累积误差，同步精度高。

工程应用主要设备见表 12-2。

工程应用主要设备   表 12-2

序号	名称	规格	型号	设备单重	数量
1	液压泵站	25kW	TX-40-P	1吨	3台
2	液压爬行器	1000kN	TX-80-J	0.5吨	6台
3	油管	标准油管箱	15~30m	—	若干
4	主控柜	CAN通信	TXC-1	—	1台
5	行程传感器	行程、位移	—	—	6台
6	长距离传感器	位移	—	—	6台

（6）计算机控制系统选型与布置

电气同步控制系统由动力控制系统、功率驱动系统、传感检测系统和计算机控制系统等组成。

液压同步顶推施工技术采用行程及位移传感监测和计算机控制，通过数据反馈和控制指令传递，可全自动实现同步动作、负载均衡、姿态矫正、应力控制、操作闭锁、过程显示和故障报警等多种功能。操作人员可在中央控制室通过液压同步计算机控制系统人机界面进行液压顶推过程及相关数据的观察和（或）控制指令的发布，监控、操作界面如图 12-21、图 12-22。

图 12-21 监控界面

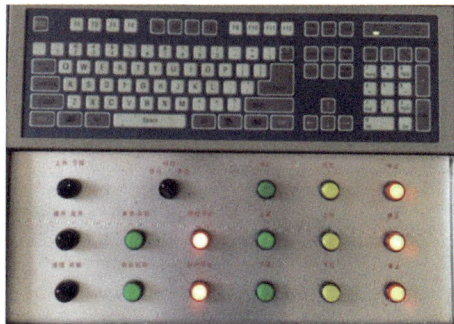

图 12-22 操作界面

（7）传感监测系统

本工程中共配置一套 YS-CS-01 型计算机同步控制及传感检测系统。

1）传感器的布置

①压力传感器：在每个液压油缸中，安装一个压力传感器（图 12-23）；压力传感器安装在油缸的大腔侧。

②油缸行程传感器：在每个液压油缸各安装 1 只行程传感器，用于测量油缸行程和处理油缸压力信号。

③将各种传感器同各自的通信模块连接。

图 12-23 油缸行程传感器

2）现场实时网络控制系统的连接

①地面布置 1 台计算机控制柜，从计算机控制柜引出比例阀通信线、电磁阀通信线、油缸信号通信线、工作电源线。

②通过比例阀通信线、电磁阀通信线将所有泵站联网。

③通过油缸信号通信线将所有油缸信号通信模块联网。

④通过电源线将所有的模块电源线连接。

3. 滑移启动与制动状态分析

（1）启动状态分析

根据以往滑移经验，在滑道上涂抹黄油后，静摩擦系数为 0.18，正常滑移时滑移摩擦系数为 0.15；正常滑移时速度为 8m/h，考虑行程往返，实际滑移速度约 16m/h，即，假定滑移启动时，在 0.5s 内加速到 4.4mm/s，则惯性加速度为 0.0088m/s^2，每滑移一个结构单元（900吨），每台顶推器推力为：900×（0.18+0.0088）/6=30吨，该力在顶推节点的承载范围内。

（2）制动状态分析

正常滑移时屋盖动量为mv（$v=4.4mm/s$）。

滑移摩擦系数为0.15，滑移摩擦力为0.15mg。

根据冲量规律：$mv=0.15mgt$。

则制动所需时间为$t=mv/0.15mg=0.03s$。

屋盖制动时滑行距离$1/2×4.4mm/s×0.03s=0.067mm$。

由此可见，屋盖滑移制动时滑行距离很短，不会窜行，处于安全状态。

4. 滑移作业过程

（1）滑移前准备工作

1）滑移轨道、油缸检查

轨道铺设平整、与滑移梁连接牢固、油缸安装必须正确，复位良好。

2）液压泵站检查

泵站与油缸之间的油管连接必须正确、可靠；油箱液面，应达到规定高度；利用截止阀闭锁，检查泵站功能，出现任何异常现象立即纠正；泵站要有防雨措施；压力表安装正确。

3）计算机控制系统检查

各路电源，其接线、容量和安全性都应符合规定；控制装置接线、安装必须正确无误；应保证数据通信线路正确无误；各传感器系统，保证信号正确传输；记录传感器原始读值备查。

4）检查总结与商定预滑移日期

对上述项目进行检查并记录，对上述检查情况进行总结。成立"滑移工程现场指挥组"。现场指挥组根据工程进度、天气条件、工地准备情况，与各方商定滑移日期。

（2）预滑移

初始滑移单元为第一榀外圈封口桁架，重约265吨，加载步骤按照爬行器最初加压为所需压力的40%、60%、80%，在一切都稳定的情况下，可加到100%。在屋盖刚开始有位移后，暂停。全面检查各设备运行正常情况：爬行器夹紧装置、滑移轨道及桁架受力等的变化。在一切正常情况下可正式开始滑移（图12-24）。

图 12-24　现场滑移施工

（3）正式滑移

1）根据设计滑移荷载预先设定好泵源压力值，由此控制爬行器最大输出推力，保证整个滑移设施的安全。

2）在滑移过程中，测量人员应通过长距离传感器或钢卷尺配合测量各滑移点位移的准确数值。

3）计算机控制系统通过长距离传感器反馈距离信号，控制两组爬行器误差在10mm内，从而控制整个桁架的同步滑移。

4）爬行器为液压系统，通过流量控制，爬行器的启动、停止加速度几乎为零，对轨道的冲击力很小。

（4）滑移监测

1）观测同步位移传感器，监测滑移同步情况。

2）支座与轨道卡位状况。

3）爬行器夹紧装置与轨道夹紧状况。

4）累积一次时，推进力变换值是否正常。

5）滑移时，通过预先在各条轨道两侧所标出的刻度来测量复核各个支座滑移的同步性，如图 12-25 所示。

（5）结构就位后卸载

因桁架焊缝约 10mm，为了避免滑移中因六条轨道无法完全同步可能会与柱牛腿相碰撞的问题，故与桁架柱相连接的上下弦杆及相应的斜腹杆暂不安装。

图 12-25　在轨道两侧标划刻度

每组桁架预留杆件安装完成后（图 12-26），将进行桁架卸载施工。

卸载主要采用沿主桁架方向，由中间向两边逐步卸载的方式。

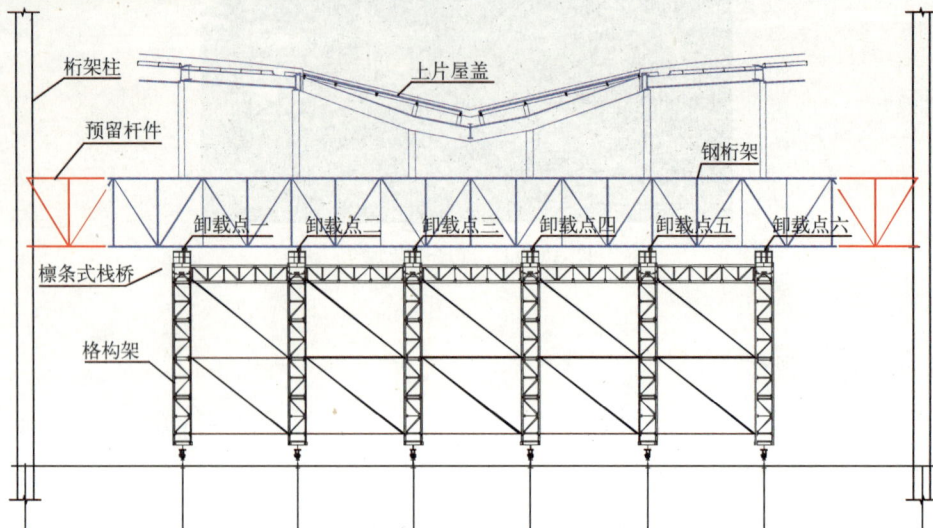

图 12-26　桁架预留杆件示意图

当千斤顶顶升撑住主桁架后，取出之前支撑桁架的 H 型钢支座，而后各点位分阶段落放直至与结构脱离。每阶段落放时各点位千斤顶保持同步，每次落放 10mm。

卸载前后需对所有支点位置进行测量观测，并作记录。若在卸载过程中发生位移实测值大于模拟计算值的情况，应暂停卸载，找出原因，并采取相应措施防止结构产生过大变形[81]。

卸载完成后，滑移过程结束，结构最终就位（图 12-27）。

图 12-27　滑移结构就位

5. 技术应用总结

工程采用顶推滑移法施工，不但大量节约了支承措施、人工以及机械设备的投入，相比于牵引滑移法，顶推滑移省去了反力点的加固问题，省时省力，且由于与被移构件刚性连接，同步控制较易实现，就位精度高。

相比于常规安装方案共节约临时措施钢材投入 200 吨，节约平台搭设人工费及机械费。

12.6　施工支承滑移案例

1. 工程概况

武汉火车站主体结构形式为拱式结构，屋面为空间网壳结构。其中主拱结构最大跨度为 116m，最大安装高度约为 56m，其他工程概况详见第 1.2 节。本工程结合工期、施工成本、现场作业条件等诸多因素，其中央站房网壳采用了施工支承滑移技术进行作业。施工横断面布置图见图 12-28。

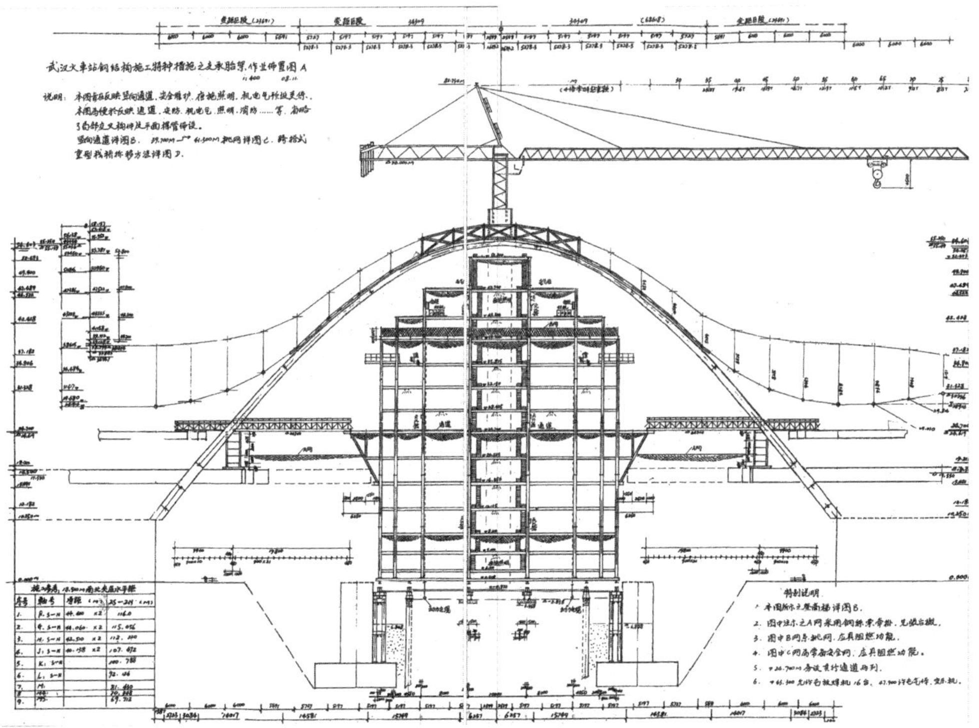

图 12-28　施工横断面布置示意图

2. 滑移施工方案

（1）滑移支承

工程共设 2 部大型滑移支承平台，由结构中部向两侧滑移，并依次完成屋面钢结构安装，单部施工支承重 2740 吨，滑移施工支承尺寸为：长×宽×高=41.1m×32.9m×52m。施工支承效果图和安装完成后的实景图如图 12-29（a）、（b）所示。单部施工支承滑移距离为 150m，单次滑移距离为 30m，共滑移 5 次，滑移方向及现场施工图如图 12-29（c）、（d）所示。

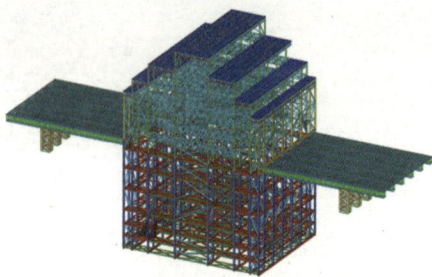

(a) 滑移支承平台效果图

(b) 滑移支承平台现场实景

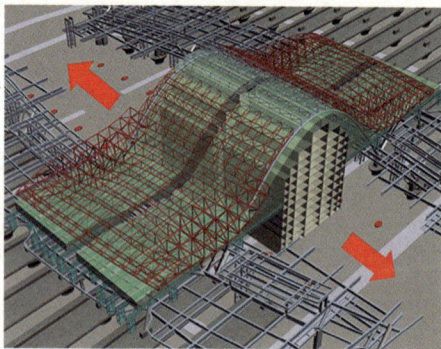

(c) 滑移方向示意图

(d) 现场施工实景

图 12-29 滑移支承

（2）滑移设备选用

本项目施工采用分阶段连续牵引滑移方法。选用的牵引千斤顶系统主要由 100 吨推（拉）力千斤顶、液压泵站、主控台、行程开关、柔性拉杆（钢绞线）、拉耳、工作锚具、扣锚具等组成。

千斤顶选用 OVM 千斤顶 ZLD100 型，推缸油压面积 31416mm²，推力为 989.6kN，拉缸油压面积 11074mm²，升限 200mm，升程速度 120mm/min，拖拉速

度 120mm/min；液压泵站供油压力 31.5MPa，功率 7.5kW[82]。

3.滑移工艺设计

（1）轨道及导向装置

本工程共设置 6 条滑移轨道，编号依次为 1～6 号，滑道由钢轨及轨道梁组成，钢轨型号采用 QU100 及 QU60，轨道梁采用 H650mm×（400/600）mm×20mm×30mm 型钢。本工程导向装置采用滚轮，整个支承下方共设置 48 个，如图 12-30 所示。

图 12-30　轨道及导向装置

（2）牵引反力座

牵引反力座按 100 吨拉力设计。查《机械设计手册》：钢—钢间静滑动摩擦系数为 0.15，动滑动摩擦系数为 0.10；滚动动摩擦系数为 0.04。支承整体重量（含底盘、走行机构）为 2740 吨，则启动推（拉）力为：27400×（0.15×1/4 + 0.04×1/4）＝1301.5kN，考虑左右动力源拉（推）不均衡，其中一个动力源承担推（拉）力 2/3，即为：1301.5kN×2/3＝867.66kN，因此计算拉（推）力按 900kN 计。

对连续千斤顶拖拉移位，拖拉反力座（扣锚）布置在轨道 2、3、4 和 5 轨承梁侧面，侧向偏心 550mm，利用轨承梁侧向刚度承担拉力。

扣锚所在的轨承梁进行 Y 轴刚度补强，即在 $H_1/2$ 高度处腹板左右单节全长度（8600mm）两侧各增加 1 道水平加劲板。

（3）扣锚装置

扣锚装置如图 12-31 所示。扣点：Q345C 钢组焊而成，机加工成孔。抗拉力大于 100 吨。连接头：Q345C 钢组焊而成，机加工成孔。抗拉力大于 100 吨。插销：

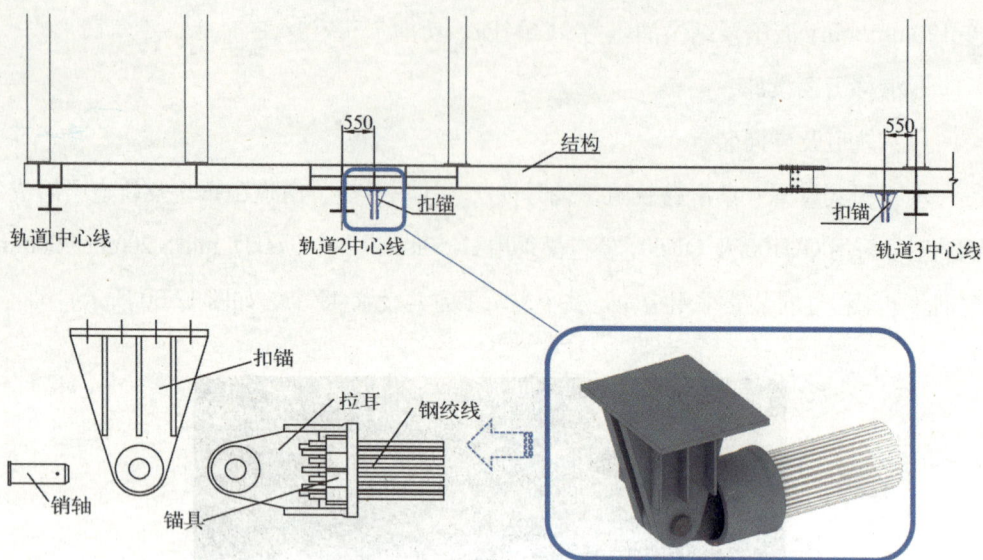

图 12-31　扣锚零件及装配示意图

45 号钢，$\phi 58$。

（4）防风装置

顶推作业停止时，为了防止因为移动惯性、冲击振动、强风吹袭等原因产生滑动，在每个支承底盘后部各安装 2 台 10 吨捯链。根据设定的拖拉距离，在轨承梁上设置车挡，防振防风。

4. 滑移施工过程

（1）滑移前的准备工作

对安装好的支承（图 12-32）进行验收；对滑移轨道及其基础进行验收；对操作人员进行上岗培训；安装自动连续牵引系统安装耳板、插销，穿钢绞线，上锚具夹片；对千斤顶、液压泵站、中控台联动进行试运行其各项技术性能指标应满足设计要求，并制定详细的检查、操作、维修、控制与调整等实施细则。

（2）滑移运行

启动液压泵站，启动中控台，进油，启动千斤顶进行拖拉工作。千斤顶顶推速度为 120mm/min。牵引施工分为多阶段

图 12-32　安装完成的施工支承

图 12-33 施工支承滑移　　　图 12-34 牵引设备

多级进行。每级拖拉完毕，安装车挡，拉紧捯链定位。滑移实景图如图 12-33、图 12-34 所示。

（3）滑移作业注意事项

1）液压泵站油表压力情况，并做记录；

2）支承架整体行走稳定情况；

3）行走机构运行情况；

4）轨道、轨承梁、支墩基础的稳定性；

5）距设定终止拖拉（顶推）位置 100mm 时，停车测定惯性滑移距离，为选择最终停车位置进行准备；

6）全过程观察风力、风向，超过设计范围时，即暂停施工[83]。

5. 技术应用总结

工程采用牵引式支承滑移技术，相比于传统的高空原位拼装方案，节约支承措施，减少措施拼装时间，节约施工工期约 25 天。

第13章 卸载施工技术

大跨度钢结构施工过程中，不可避免地会利用支承作为结构成型前的承载体系。由于结构体系和施工方法的不同有时支承会承受巨大的荷载作用。当结构合拢成型后，需要将支承拆除，随后结构自重和外部荷载完全转移给完工的结构体系，这个过程称为卸载，卸载中使用的技术称为支承卸载技术。

卸载时，支承体系受力转换为结构体系自身受力，结构的受力状态会发生根本变化。转换过程中，若荷载转移过程过于突然、不合理，会造成结构或支承体系的失稳甚至破坏。故大跨度钢结构组装完毕后，必须制定合理的卸载方案，采取安全可靠的卸载工艺技术，确保卸载过程中结构与支承处于安全状态。

13.1 卸载原理与方法

大跨度钢结构卸载是钢结构施工中的重要环节，对结构施工安全有着重要影响。卸载施工前应建立支承与结构体系的整体分析模型进行计算，并根据计算结果确定卸载方案。卸载时应成立专门的组织机构，进行结构变形与关键杆件的应力监测，做到同步卸载、变形协调、分级循环，将支承承受的荷载逐步转换到结构体系之上。

13.1.1 卸载原理

在有支承的状态下组装钢结构，结构自重由支承承受，此时结构构件的初始应力会很小。但在拆除支承时，结构自重会转由自身承受，杆件的应力会在瞬间发生较大增长。故安全起见，支承卸载应选用适当的工装，通过分级同步或无级同步控制结构的应力与变形缓慢变化，保证支承与结构的安全。

分级同步卸载是将拆除支承导致的结构竖向位移分成多个行程，在每个行程同步将工装下落。分级同步也可分为等距同步和等比同步，等距同步指所有卸载点的下落行程等值，等比同步指按每个卸载点的结构变形值按比例下落，即位移大的卸载点分级行程大，位移小的分级行程小；无级同步则指所有卸载点的工装按结构的变形趋势随结构变形整体缓慢下落，无固定的分级行程。

13.1.2　卸载方法

目前结构支承体系卸载的施工方法较多，比较常见的有切割卸载法、螺旋千斤顶卸载法、砂箱卸载法和计算机电控液压千斤顶卸载法。

1. 切割卸载法

（1）工艺原理

结构支撑点采用型钢作为刚性支承，卸载时直接切割刚性支承，逐步脱开支承与结构体系之间的关系，使结构逐步转化为自身受力，完成卸载施工。切割卸载的方法通常采用火焰切割，如图 13-1 所示。

图 13-1　火焰切割卸载

（2）工艺流程

工艺流程如图 13-2 所示。

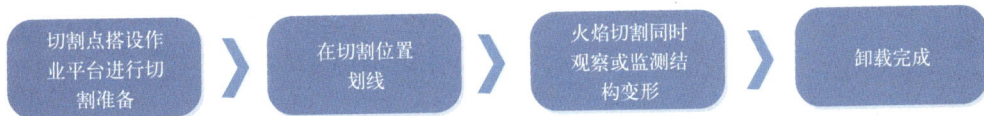

切割点搭设作业平台进行切割准备　➤　在切割位置划线　➤　火焰切割同时观察或监测结构变形　➤　卸载完成

图 13-2　切割卸载法工艺流程

（3）卸载控制

该方法无法实施对位移的控制，因此宜选取逐点卸载的方法，一边切割一边观察。卸载前应根据卸载流程进行计算机模拟分析，使卸载控制在安全范围内。

（4）工艺分析

优点：工艺简单方便，易于操作。

缺点：该方法因受切割位置、切割角度、切割方法、切割线路的影响，完成某

螺旋千斤顶

图13-3 螺旋千斤顶卸载

一阶段的切割后，切割面上又易出现凹凸不平的割痕，使卸载位移同步控制精度很差；如支撑点较多，整体卸载时还需要大量的气焊操作工人同时进行切割；多数切割点临近构件底部表面，在切割过程中产生的高温氧化物将对构件面漆造成大面积损伤，卸载完毕后，需要人工进行打磨后涂补油漆。

鉴于上述优缺点，该方法仅适用于结构跨度小、卸载点位少、卸载后变形小、单个卸载点反力小的工程。

2.螺旋千斤顶卸载法

（1）工艺原理

该卸载方法采用机械式螺旋千斤顶作为结构拼装和卸载设备。卸载时，按结构变形趋势，通过下摇千斤顶使结构按一定行程回落，以达到卸载的目的。图13-3为武汉火车站项目屋面网壳结构采用螺旋千斤顶现场卸载施工图。

（2）工艺流程

工艺流程图如图13-4所示。

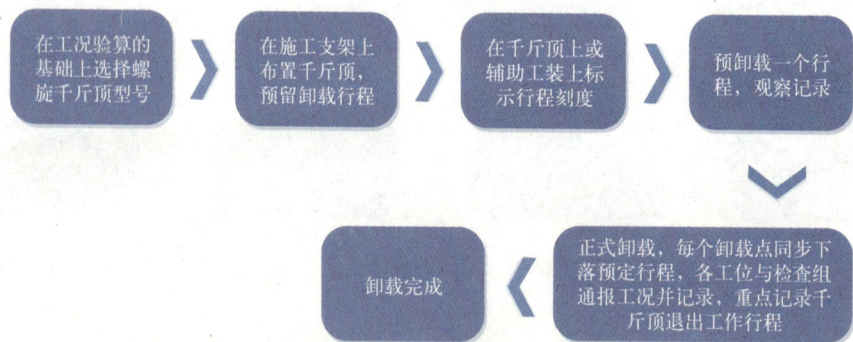

```
┌──────────┐   ┌──────────┐   ┌──────────┐   ┌──────────┐
│在工况验算的│   │在施工支架上│   │在千斤顶上或│   │预卸载一个行│
│基础上选择螺│ > │布置千斤顶，│ > │辅助工装上标│ > │程，观察记录│
│旋千斤顶型号│   │预留卸载行程│   │示行程刻度 │   │          │
└──────────┘   └──────────┘   └──────────┘   └──────────┘
                                                    │
                                                    ∨
┌──────────┐   ┌─────────────────────────┐
│          │   │正式卸载，每个卸载点同步下│
│ 卸载完成 │ < │落预定行程，各工位与检查组│
│          │   │通报工况并记录，重点记录千│
└──────────┘   │斤顶退出工作行程         │
               └─────────────────────────┘
```

图13-4 螺旋千斤顶卸载法工艺流程

（3）工艺分析

优点：工艺操作简便，投入较少。机械式螺旋千斤顶不存在液压千斤顶缓回油的情况，卸载千斤顶也可用作施工千斤顶，从结构拼装到卸载不用更换，但应注意调整行程。螺旋千斤顶是钢结构施工的常用小型设备，采购方便，可循环使用。

不足：承载力超过 50 吨的螺旋千斤顶自重大，搬运不便，因此该工艺只适合卸载点支座反力较小的工况，对于卸载面积较大的工程而言，投入的人员较多。由于人工操作，同步性不易保证，在工况验算时应注意将可能的不同步工况包括在内。

（4）位移控制

螺旋千斤顶是采用人力作为动力的螺杆或推动的升降套筒为刚性顶举件的千斤顶。普通手摇螺旋千斤顶靠螺纹自锁作用支持重物，构造简单，但传动效率低，返程慢，可长期支撑重物。卸载前将卸载行程值标记在千斤顶上，在卸载达到行程值后，通过自锁满足行程要求[75]。螺旋千斤顶构造如图 13-5 所示

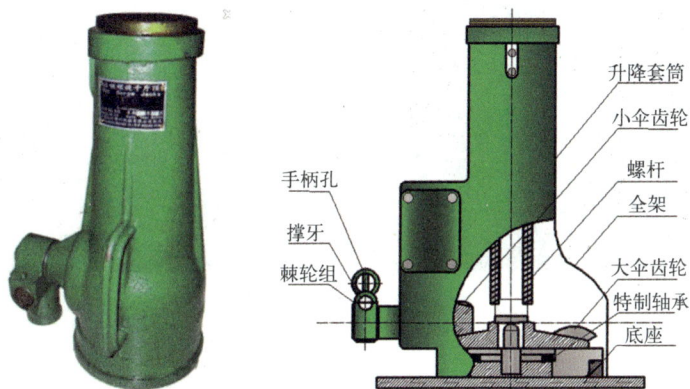

图 13-5　螺旋千斤顶构造图

（5）适用工程类型

适用于单个卸载点反力较小、卸载后变形较为规律，且对卸载顺序无严格要求的工程。

3. 砂箱卸载法

（1）工艺原理

按砂漏的原理，制作砂箱作为卸载设备。砂箱分内外套筒，内筒嵌套在外筒内并与结构接触；外筒内灌注砂粒（为防止砂粒受潮结块，可采用钢砂），并在筒壁一侧或底端设置排砂口。当卸载时，打开外筒排砂口，结构通过内筒压迫外筒内的砂体使砂粒通过排砂口流出，从而使内筒与结构缓慢下落以达到卸载目的，如图 13-6 与图 13-7 所示。砂箱内外筒壁厚与直径以及选用材料应根据不同受压情况计算确定。

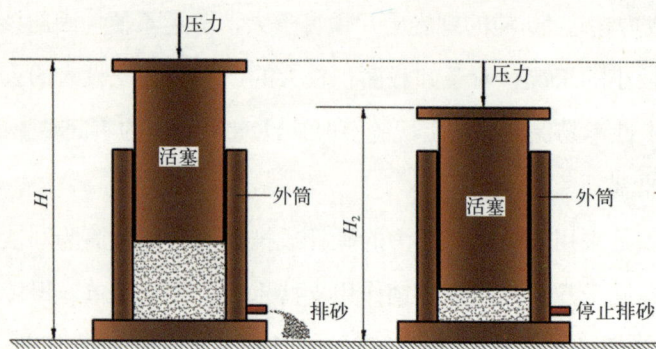

图 13-6 砂箱底部排砂卸载原理图

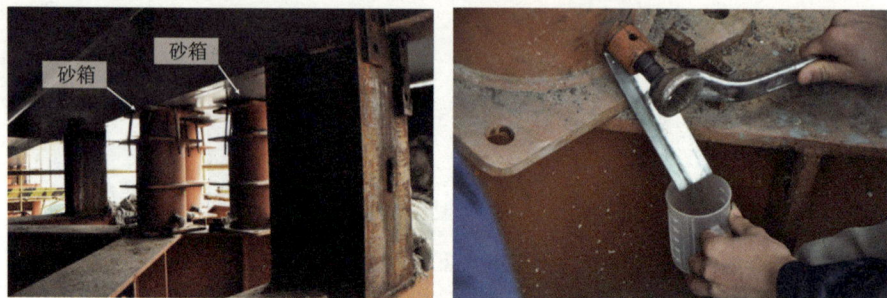

图 13-7 砂箱卸载现场作业图

（2）工艺流程

工艺流程如图 13-8 所示。

图 13-8 砂箱卸载工艺流程

（3）工艺分析

优点：工艺简便，投入较少。工装一次投入，可循环使用，承载力较大。

不足：砂箱竖向为单向位移（只下不上），在结构施工时，向上调整标高需要其他工装。另砂箱自重较大，有应急情况时搬运不方便。

（4）位移控制

由于砂箱采用承受环向内压力较好的圆钢管作为外筒，配以紧密的圆形活塞，外筒底部或侧面开排砂口，排砂口设有灵活的阀门，且砂箱内填充流动性好，承载力大的钢砂，故很容易对其下降位移进行控制。当砂箱内的钢砂通过排砂口排出后，砂箱内的钢砂体积减小，活塞随之向内压缩，砂箱高度减小，实现设定的脱离位移[85]。

（5）适用工程类型

适用于单个卸载点反力大、卸载点量多面广、卸载时结构传力较为复杂的工程。

4.计算机电控液压千斤顶卸载法

（1）工艺原理

采用液压泵站控制液压千斤顶，计算机同步控制千斤顶回落，以达到卸载目的。利用液压千斤顶卸载的原理如图 13-9 所示。

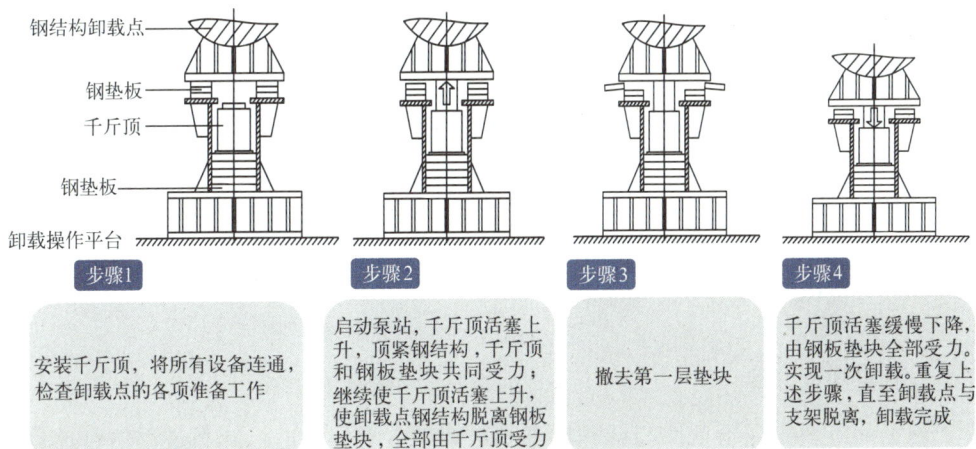

| 钢结构卸载点 | 钢垫板 | 千斤顶 | 钢垫板 | 卸载操作平台 |

| 步骤1 | 步骤2 | 步骤3 | 步骤4 |
| 安装千斤顶，将所有设备连通，检查卸载点的各项准备工作 | 启动泵站，千斤顶活塞上升，顶紧钢结构，千斤顶和钢板垫块共同受力；继续使千斤顶活塞上升，使卸载点钢结构脱离钢板垫块，全部由千斤顶受力 | 撤去第一层垫块 | 千斤顶活塞缓慢下降，由钢板垫块全部受力。实现一次卸载。重复上述步骤，直至卸载点与支架脱离，卸载完成 |

图 13-9 液压千斤顶卸载原理示意图

（2）工艺流程

工艺流程如图 13-10 所示。

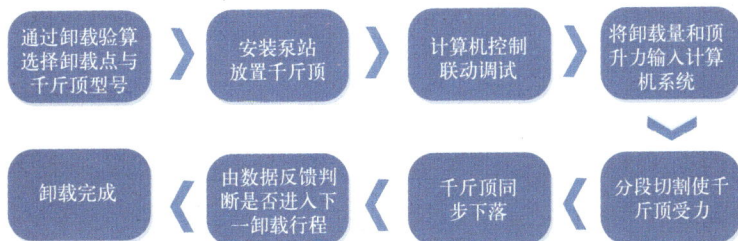

通过卸载验算选择卸载点与千斤顶型号 → 安装泵站放置千斤顶 → 计算机控制联动调试 → 将卸载量和顶升力输入计算机系统 → 分段切割使千斤顶受力 → 千斤顶同步下落 → 由数据反馈判断是否进入下一卸载行程 → 卸载完成

图 13-10 液压千斤顶卸载法工艺流程

（3）工艺分析

优点：采用计算机联动同步控制，数据反馈准确，同步性好，卸载设备可循环使用。

不足：投入大，卸载设备租赁费用较高。有突发情况停止卸载时，须有其他工装对结构进行支顶。

图 13-11　液压千斤顶卸载现场作业图

（4）位移控制

计算机电控液压千斤顶由电力驱动液压泵，通过液压系统传动，用缸体或活塞作为顶举件。液压千斤顶结构紧凑，能平稳顶升重物，传动效率较高，故应用较广；但易漏油，不宜长期支撑重物。计算机电控液压千斤顶通过计算机控制液体的输入量，从而控制千斤顶的卸载行程，满足卸载施工要求[86]（图 13-11）。

（5）适用工程类型

计算机液压千斤顶卸载法适用于卸载点反力较大、卸载点量多面广，且对卸载施工同步性要求高的工程。

13.2　卸载准备

1. 制定卸载方案

施工前应根据现场条件与结构特点制定卸载方案，并进行卸载过程仿真计算分析，选择经济合理的卸载方法，包括确定卸载点数量与布置、卸载位移控制方式、进行卸载点连接设计、选择或制作卸载机具等。

2. 核算支承

按卸载的实际情况，核算卸载点下的支承。如卸载过程中会给支承带来不利影响，应提前进行加固。

3. 结构预验收

卸载前，应对结构进行施工质量预验收，并做好记录，发现问题，及时纠正。

4. 成立卸载组织机构

卸载组织机构一般由卸载总指挥、记录员、结构检查组、支架检查组、卸载操作组、监控检测组、应急组等组成。总指挥负责卸载的统一指挥并对异常情况进行判断；记录员负责记录卸载过程的各项数据；结构观察查组负责在卸载过程中观察结构杆件、焊缝或螺栓节点有无异常；支架检查组主要检查支架在卸载过程中有无异常；监测组负责对结构与支架变形以及卸载过程中构件内力进行监测；卸载操作组负责操作卸载设备，并记录卸载点位移值等数据；应急组主要负责现场突发情况的应对，如更换设备、启用备用电源等。

5. 试卸载

在上述准备工作完成后，进行试卸载，主要检验总指挥与各卸载点的操作组和各检查组、监控组之间信息的传达与反馈是否通畅清晰；监测的设备运行是否完好，备用电源是否可靠；各卸载装备的型号性能与方案是否吻合。在各项模拟工作完成且确认无误后可开始卸载施工，卸载前应对无关人员清场，关闭与卸载设备、监控设备无关的电源，降低对传感器干扰。

13.3　卸载过程控制

13.3.1　卸载过程顺序的确定

卸载过程中结构的重心是不断变化的，对于大跨度结构而言，卸载的顺序应使得在卸载过程中避免弯矩较大处受力骤然增加。具体来说，对于梁式大跨度结构，一般从跨中向两端支座处卸载；对于悬臂式大跨度结构，一般从悬臂端向根部卸载。卸载顺序的确定会涉及大跨度结构的安装方法、变形预调值计算、卸载变形增量计算、设备选用及控制系统设计等问题，为此在进行卸载方案设计时就应明确卸载顺序，并在施工时严格执行。

13.3.2　同步性控制

1. 人工同步性控制

在火焰切割卸载法、螺旋千斤顶卸载法和砂箱卸载法中，若对卸载施工的同步性有要求，一般可采取人工同步性控制。即在每个卸载点安排一名操作人员，在卸载总指挥的统一协调下，利用对讲机、喇叭或广播等进行施工口令的传达，操作人员同时操作，保证同级、同卸载行程值，从而实现人工同步性控制。

2. 计算机同步性控制

在计算机液压千斤顶卸载法中，可以利用计算机同步控制各个液压泵的液体进出量，从而控制各个卸载点千斤顶的行程值，达到同级、同卸载行程值，从而实现计算机同步性控制。

13.4　卸载监测

13.4.1　电阻应变测量法

电阻应变测量法是将应变转换成电信号进行测量的方法，一般简称为电测法，基本原理是将电阻应变片（图 13-12）粘贴被测钢结构构件的表面，在卸载过程中一旦构件发生变形时，应变片随着构件一起变形，这时应变片的电阻值将发生相应的变化，并换算成应变值，或输出与应变成正比的模拟电信号，即电压或电流信号，用记录仪记录下来，也可以用计算机按预定的要求进行数据处理，得到所需的应变或应力值。其流程为：应变→电阻变化→电压（或电流）变化→放大→记录→数据处理。

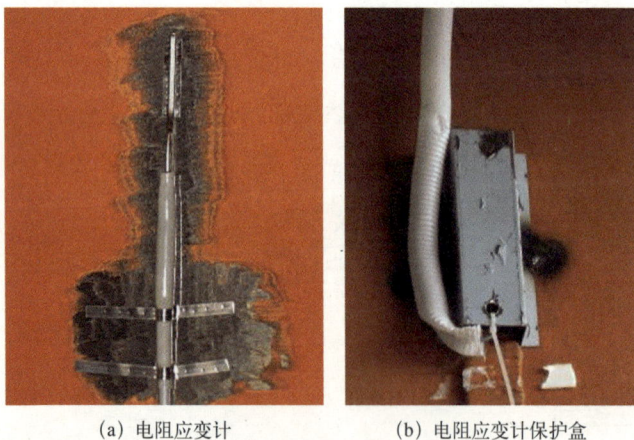

(a) 电阻应变计　　　　　　　　(b) 电阻应变计保护盒

图 13-12　电阻应变计示意图

这种方法使用的应变片重量轻、体积小，可以在高（低）温、高压等环境下使用，灵敏度较高，测量过程中输出量为电信号，便于实现自动化和数字化，并能进行远距离测量及无线遥测。但应变片飘零较严重，另受环境影响，计算机数据采集不利于现场使用，对电源的稳定性要求高，监测过程中不能出现停电[87]。

13.4.2　光纤测量法

光纤是由圆柱形的纤芯及同圆心的保护层组成，保护层的材料通常为聚合物、玻璃或陶瓷。光纤传感器由光源信号处理电路等组成。光纤传感器（图 13-13）的原理是将被测参量的变化转化为光波的某一个参数变化，然后对光波信号进行检测，从而得到被测参量。

图 13-13　光纤传感器

光纤传感器的优点是光信号不仅能被直接感知，而且还可以利用半导体二极管，进行光电转化。具有灵敏度高、可靠性好、重量轻、体积小、原材料硅资源丰富、抗腐蚀、抗电磁干扰、耐高压、可挠曲、电绝缘性能好、防爆、频带宽、损耗低等特点，并可以和计算机相连，实现智能化和远距离控制。

13.4.3　振弦测量法

该方法主要通过振弦式应变计利用弦振频率与弦的张力变化关系来测量应变计所在点的应变。测量时把一根钢弦张拉在两个楔块之间，楔块焊接在待测的钢件表面，表面变形（如应变变化）导致两个楔块相对运动，从而引起钢弦张力改变。用紧靠钢弦的电磁圈激振钢弦并测出其自振频率，然后测出张力。

振弦式应变传感器（图 13-14）输出信息为频率特征，不受导线长度的影响，灵敏度和稳定性较好，可以采用手持式便携应变采集系统进行数据采集，价格相对便宜，因不需外接电源，使用方便，而且所测数据为应变增量，比较适用于安装施工现场的长期跟踪监测。

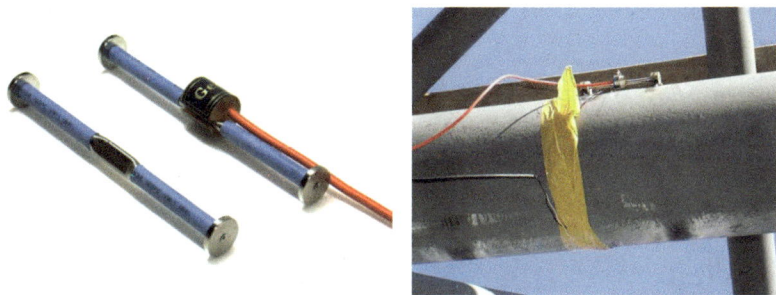

图 13-14　振弦式应变传感器

电阻应变片、光纤传感器、振弦式应变传感器的型号根据不同厂家而存在差异，选用时需根据自身工程结构特点选择合适的监测方法。

13.5 工程案例

13.5.1 深圳证券交易所大跨度悬挑平台砂箱卸载

1. 工程概况

深圳证券交易所营运中心工程是深圳市标志性建筑，地上 46 层、地下 3 层，总建筑面积约 26 万 m^2，结构总高度 245.8m，如图 13-15 所示。其裙楼位于建筑的 7～10 层，为空间正交悬挑钢桁架体系，平面尺寸为 162m×98m，长向悬挑 36m，宽向悬挑 22m，相当于 2 个标准足球场的面积，是目前世界最大的高层建筑悬挑平台。

图 13-15 深圳证券交易所

2. 卸载特点

悬挑平台为空间巨型钢桁架结构体系，设计新颖，安装时的支承多达 46 处，总卸载吨位达 9400 多吨。卸载时，为保证裙楼结构与支承的安全和整体变形协调，需控制各抬升点分批按设计的顺序有序缓慢下降，为此，卸载同步性要求很高。根据计算结果分析，46 个施工支承点最大卸载吨位为 305 吨，大部分卸载点卸载吨位均大于 200 吨。卸载在支承顶部进行（即操作人员均在 36m 高空作业），卸载过程中支架上部会发生扰动，对操作人员的人身安全形成威胁，为此需加强安全防护措施。经过质量安全、技术可行性、施工工期、经济性等多方面考虑，工程卸载创新性的采用砂箱卸载技术，这也是该技术在房屋建筑领域的首次应用。

3. 卸载点布置

本工程中支承数量众多，卸载面积大，支承之间距离较远，并且高度较高。根据结构本身及支承的布置情况，在模拟分析的基础上将整个支承体系分为外、中、内三个圈，外圈 30 个卸载点，中圈 8 个卸载点，内圈 8 个卸载点，如图 13-16 所示。

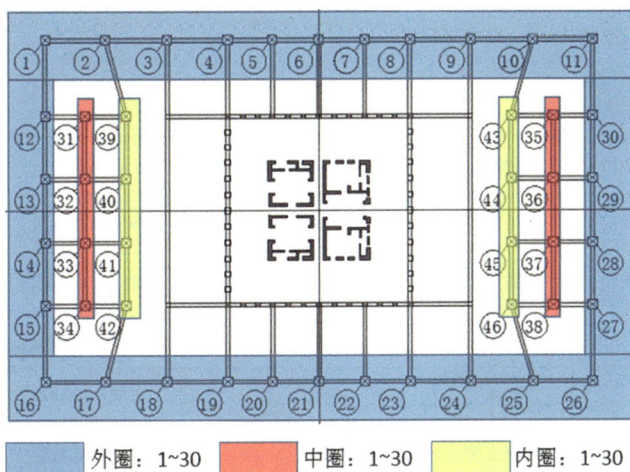

图 13-16 卸载点布置图

在搭设支承时，根据卸载设计方案在支架顶部预先设置砂箱，如图 13-17 所示。根据计算分析，砂箱外筒直径为 299mm、壁厚为 20mm，内筒直径为 245mm、壁厚为 8mm，为加大砂箱与支承、结构间接触面受力面积，提高砂箱整体稳定性，需要在上、下端分别设置端承钢板。箱体材料均采用 Q235 级钢，大样图如图 13-18 所示。砂选用钢砂，粒径为 0.5mm，填置深度为 141mm。排砂孔位于外筒底部，直径为 10mm，共 4 个。

图 13-17 顶部支架砂箱布置图

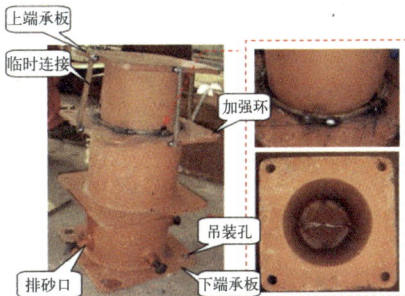

图 13-18 砂箱大样图

卸载前砂箱与周边立柱共同承受上部荷载，在割除周边立柱后荷载仅由砂箱承受，因此在卸载开始砂箱会承担较大荷载，其下部支承结构应通过计算分析进行设计。

4. 卸载步骤与位移控制

根据计算机模拟分析，卸载过程划分为 4 个阶段，12 个步骤，每个阶段由外圈向内圈逐圈卸载，并保持各圈卸载点同步进行。卸载位移量根据等比同步卸载原则计算确定，具体数值如表 13-1 所示。

卸载施工步骤表 表 13-1

施工步骤	卸载阶段	卸载点	砂箱下降高度（mm）	卸载量	备注
1步		外圈支架	约8	29%竖向卸载量	—
2步	第一阶段	中圈支架	约5	32%竖向卸载量	—
3步		内圈支架	约3	26%竖向卸载量	—
4步		外圈支架	约10	34%竖向卸载量	—
5步	第二阶段	中圈支架	约5	32%竖向卸载量	—
6步		内圈支架	约3	26%竖向卸载量	—
7步		外圈支架	约10	34%竖向卸载量	—
8步	第三阶段	中圈支架	约5	32%竖向卸载量	—
9步		内圈支架	约5	44%竖向卸载量	
10步		外圈支架	自然流出	达到最终卸载位移量	外圈卸载完成
11步	第四阶段	中圈支架	自然流出	达到最终卸载位移量	外圈卸载完成
12步		内圈支架	自然流出	达到最终卸载位移量	外圈卸载完成

5. 卸载作业

（1）卸载准备：对结构进行施工质量预验收；对支承进行复核；对砂箱和通信设备进行检查。成立卸载组织机构，进行卸载模拟演习。

（2）按卸载方案，启动第一阶段卸载。首先进行外圈卸载点同步卸载（图 13-19），接着进行中圈同步卸载，然后进行内圈同步卸载。

（3）跟踪监测：在第一阶段卸载后，按照预定的监测内容，对裙楼进行监测（图 13-20），对比实测值和理论值的差异，如果发现异常，则应该立即停止卸载，并向

图 13-19 外圈支架同步卸载

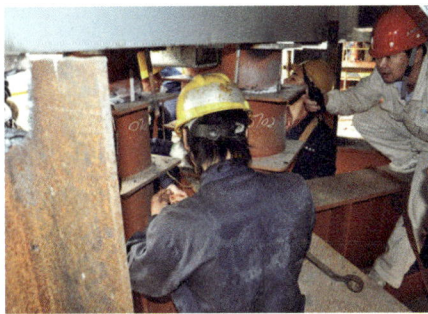

图 13-20 过程跟踪检查

上一级组织汇报，等候处理。

（4）检查各支架支承情况，以及各砂箱的工作状态。

（5）开始第二阶段分级卸荷，并跟踪监测。

（6）重复上述步骤，直至完成卸载工作。

6. 砂箱排砂工艺

为确保砂箱卸载同步性，将各分级卸载步骤再次进行分解划分为若干个排砂动作。按照性质不同将排砂动作分为常规和调校两种，具体为将各砂箱的卸载量按照活塞下沉量 2mm/3mm 进行划分，节点的卸载量越大，排砂动作次数越多。每两个常规排砂动作后，各支支架上的操作手检查砂箱下沉的同步情况，若发现同步误差超过 1mm 偏差时，应进行第一个调校排砂动作，具体为：排砂调整同级卸载高度偏高的砂箱活塞，至高度偏低砂箱活塞持平或误差达到 1mm 以内时，即完成调整工作；上述工作为一个循环，以此类推逐步卸载完成，确保整个卸载工作同步累计误差控制在 1mm 以内[85、88]。

7. 技术应用总结

深圳证券项目抬升裙房卸载使用的砂箱卸载技术，是其在房建领域的首次应用，它具有承载力大、性能稳定、操控性好、控制精度高、适用性强、绿色环保的特点。对裙楼卸载过程中的应力实时监测结果表明，结构位移大小和应力变化呈明显的对应关系，每一步卸载都能表现出对应结构的应力变化，构件应力变化与结构的对称性一致。卸载实践表明，各点卸载量控制较好，同步误差小，满足预定的卸载控制精确要求，46 个集群砂箱基本达到了分级同步卸载，同时保证了工程施工工期、安全和质量目标的实现，裙楼提前 10 天完成卸载，结构施工质量经验收均达到国家质量验收标准要求。

13.5.2 深圳大运会主场馆液压千斤顶卸载

1.工程概况

深圳第 26 届世界大学生运动会主体育场采用内设张拉膜的钢屋盖体系，钢结构形式为单层折面空间网格结构，平面形状为 285m×270m 椭圆形，最高点的高度为 44.1m，在不同的区域悬挑长度分别为 51.9m 到 68.4m，折面网格结构通过支座、背谷、背峰、肩谷、肩峰、冠谷、冠峰、内环等承力节点进行连接，形成稳定的复杂空间结构体系（图 13-21）。

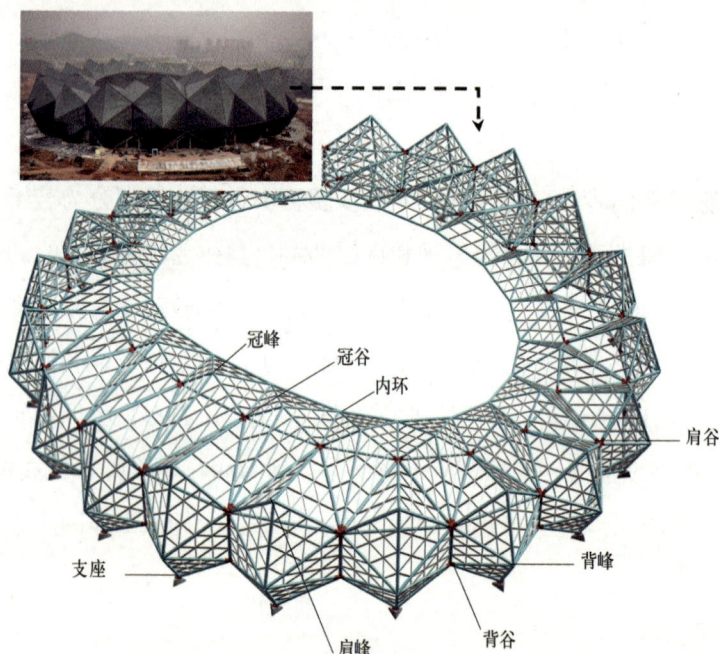

图 13-21 深圳大运会体育中心

该工程的折面网格结构采用支承"高空原位单元拼装工艺"进行安装，支承布置图如图 13-22。根据吊装单元的划分及其节点构造特征，施工支架的设置位置为：背峰、肩谷两个节点处设置钢管梯形支架；在冠谷处设置钢管梯形与标准节组合支架。该工程高空原位拼装合拢后，悬挑端处于支承状态，支承的卸载采用液压千斤顶卸载法进行。

图 13-22　支承布置图

2. 卸载特点

（1）卸载总重量大：本工程卸载钢结构总重约 18000 吨。

（2）卸载分析技术要求高：卸载分析要考虑拼装过程、温度作用、超临界顶起、不同步卸载影响等不利因素。

（3）卸载工艺复杂：支承共 80 个，需要配备大量同步卸载控制设备。

（4）高空作业难度大：全部卸载作业均为高空作业，背峰卸载点的高度约 13m，背谷卸载点的高度约 9m，冠谷卸载点的高度约 22～30m。

（5）卸载位移精度要求高：对钢结构逐圈同步分级卸载，同步精度必须控制在 ±5mm 以内。

3. 卸载点布置

本工程的钢结构屋盖是由折上折下的三角结构面组成，18000 吨的钢结构主体仅由 20 个球铰支座支承。根据有限元施工步模拟计算，卸载前球铰支座仅承担约 35% 的结构重量，而支承承受约 75% 的重量，卸载后内环节点最大沉降量达到 308mm。因此这 75% 的重量传递给支座的过程非常复杂且有风险。

综合考虑结构形式和支承的状况，本工程最终选择先依次卸载背谷支承、背峰支承，然后冠谷与内环支承交替逐级卸载的方案。这个方案既保护了支承不受破坏，也最大限度降低了结构构件内力重分布的不利影响。首先将临近支座受力最大但卸载位形小的支承卸载，将大部分力传递到支座，减轻支承的负荷，然后循环逐级卸载位形变化较大节点的支承。

4. 卸载模拟分析

采用MIDAS/GEN进行施工阶段模拟分析(图13-23)，计算模型包括结构与支承，主体结构用梁单元，支承采用桁架单元，铸钢节点自重以节点荷载的形式加载到相应节点上。支承与主体结构之间的连接采用只压单元模拟。

图13-23　有限元计算模型

计算荷载主要考虑结构自重和施工恒载、施工活荷载，并考虑温度荷载影响。施工恒载为自重及铸钢节点荷载，施工活荷载根据施工的实际情况进行取值。计算变形时采用的是各荷载工况的标准值组合，计算应力时采用的是各荷载工况的设计值组合。具体的荷载组合如表13-2所示。

荷载组合系数　　表 13-2

荷载组合	恒(CD)	活(CL)	γ_0 / γ_{RE}
SLCB1(CD控)	1.35	0.98	$\gamma_0=1.1$
SLCB2(变形)	1.0	1.0	$\gamma_0=1.1$
SLCB3(CL控)	1.2	1.4	$\gamma_0=1.1$

温度荷载根据《中国建筑热环境分析专用气象数据集》（中国气象局气象信息中心气象资料室及清华大学建筑技术科学系联合编著出版）提供的深圳地区气象资料结合施工进度施加。结构合拢预计在 1～2 天内完成，所以考虑合拢过程中温度变化影响时，只需考虑较短时间内的温差变化。综合考虑各种因素，取 ±20℃均匀

温差变化值。

施工过程考虑 50 年重现期的风荷载，基本风压为 0.75kPa，地面粗糙度类别为 B，其余荷载按《建筑结构荷载规范》（GB 50009—2012）取值，计算风荷载作用下结构承载力时，结构阻尼比取 3.5%。

整个模拟过程按照第一阶段背谷支架卸载、第二阶段背峰支架卸载、第三阶段冠谷与内环交叉分布卸载的顺序，卸载方向为顺时针。卸载过程中结构最大位移（$D_z = -328$mm）出现在第三阶段，其位移云图见图 13-24，此时支承全部卸载，内环节点位移比较大，但仍在安全范围内。主结构构件最大应力（$\sigma = -287.3$MPa）、支承构件最大应力（$\sigma = -206.76$MPa）、主结构构件最大应力比（0.78）、支承构件最大应力比（0.82），均出现在卸载第二阶段，对应杆件应力云图与杆件应力比柱状图如图 13-25 ～图 13-27 所示。由以上计算分析的结果可见，均满足设计要求，在安全运行范围以内。

图 13-24　第三阶段主结构位移云图（D_z）

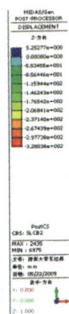

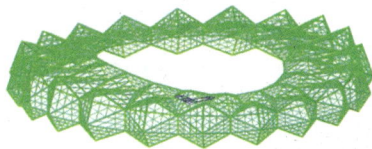

图 13-25　第二阶段主结构构件应力云图

图 13-26　第二阶段支承构件应力云图

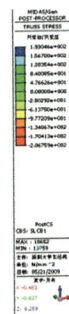

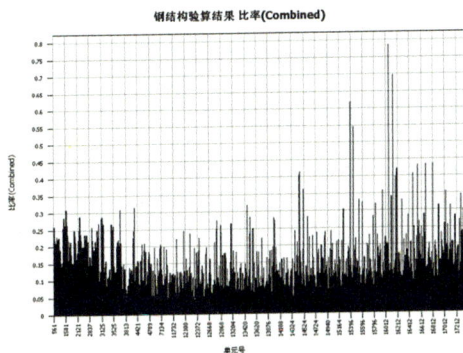

图 13-27　第二阶段主结构构件应力比柱状图

5. 卸载设备选型

工程采用不同规格千斤顶共计 124 台千斤顶，其中 82 台 250 吨千斤顶主要用于背谷、背峰和冠谷的卸载（有两台为备用千斤顶）；2 台 400 吨千斤顶用于背峰两个卸载点处进行卸载；其余 40 台千斤顶用于内环的卸载；计算机同步控制系统通过四个分控箱可以同步控制 20 个卸载点（每个卸载点一台液压泵站），每台液压泵站连接 4 台同步千斤顶（每个卸载点最多 4 台千斤顶），整套系统一共可控制 80 个千斤顶；其位移传感器的型号为 K340 位移传感器，如图 13-28 所示，布置位置为卸载点支承处；其压力传感器布置在每台泵站处，如图 13-29 所示。卸载同步控制的流程为通过位移传感器、接近开关和压力传感器实时采集数据并汇总到主控台。保持油泵加压缓慢而均匀，一旦发现单个卸载点位移超前或滞后时停止操作（千斤顶设备设置了急停和点动控制），调整完毕后继续进行，保证卸载过程按要求同步进行。

图 13-28　同步位移传感器图

图 13-29　同步压力传感器

6. 卸载步骤与位移控制

结构焊接合拢完成以后，内力重新分布，支座与支架同时承受结构自重。在卸载开始之前背峰节点支架已经基本不再承重，背峰铸钢节点已经基本与支架脱离，经过计算模拟和讨论，此点最后改为火焰切割法直接卸载。

经过模拟计算分析，背谷点在卸载过程中的位移非常小，考虑到设备的周转、卸载周期等多方面原因，实际卸载时此点只抽取一次垫片即可完成卸载。但冠谷支承架与内环支承架的受力均较大，需分级同步卸载。卸载位移控制结合了等比例卸载和等距离卸载。

经以上分析，该工程的卸载分为三个阶段：

第一阶段：背谷 20 个支承一步卸载到位；

第二阶段：背峰 20 个支承一步卸载到位；

第三阶段：20 个冠谷和 20 个内环支承交叉分步卸载，每次卸载步抽出的垫片高度分别为 20mm 和 30mm。如图 13-30 所示。

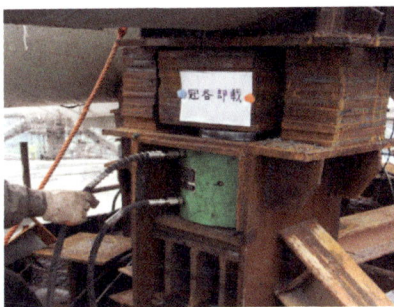

图 13-30 冠谷卸载

对于第三卸载阶段，卸载次数是不能完全预先确定。如果只考虑恒载，冠谷卸载点的最大位移为 220mm，内环卸载点的最大位移为 330mm，卸载需要 11 步；如果考虑活载＋恒载，冠谷卸载点的最大位移为 233mm，内环卸载点的最大位移为 355mm，卸载需要 12 步；再考虑温差（每降 5℃内环竖向位移加大 5mm 左右）、安装误差、焊接应力、支架的压缩反弹和活载分布不均等其他因素，卸载次数还会增加。故全部脱离支架时，部分支承卸载点的卸载位移可能超过模拟位移值。实际施工中第三阶段的卸载步骤可能在 15 步以上，三个阶段总卸载步骤可能在 17 步以上。考虑到卸载安全等因素，实际卸载过程中，第三阶段卸载前 6 步卸载位移减半。

7. 卸载作业

（1）卸载准备：对结构进行施工质量预验收；对支承进行复核；对千斤顶和通信设备进行检查。成立卸载组织机构，进行卸载模拟演习。

（2）按卸载方案，启动卸载。其卸载工艺流程如图 13-31 所示。

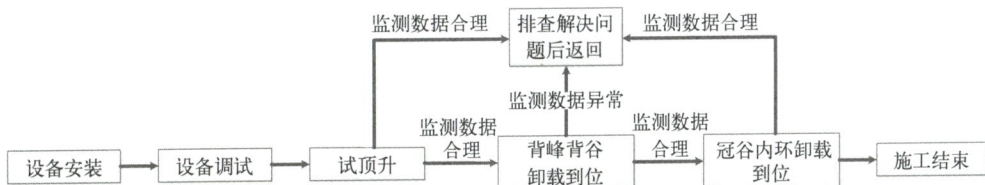

图 13-31 卸载工艺流程

（3）跟踪监测：在每步卸载后，按照预定的监测内容，对钢结构与支承进行监测，对比实测值和理论值的差异，如果发现异常，则应该立即停止卸载，并向上一级组织汇报，等候处理。

（4）检查各支承情况，以及液压千斤顶及其同步控制系统的工作状态[86、89、90]。

8. 技术应用总结

工程采用一次性同步卸载背谷，再一次性同步卸载背峰，最后以等量位移为基础分多次循环卸载冠谷和内环的支承，最终顺利完成了全部卸载。卸载过程中结构支座部位、关键杆件的应力与结构控制节点的位移监测值均小于计算机模拟分析值，幅度在 5% 范围内，但变化趋势一致。实际操作的结果表明本工程采用的卸载技术具有很高的安全性、经济性和易操作性，可为类似工程卸载提供借鉴。

第14章 预应力钢结构施工技术

预应力大跨度空间钢结构是把现代预应力技术应用到如网架、网壳、立体桁架等网格结构以及索、杆组成的张力结构等大跨度结构中，从而形成一类新型的、杂交的预应力空间钢结构体系。比较常见的预应力结构包括弦支穹顶、张拉整体索网结构等。这一类结构受力合理、刚度大、重量轻，在近十多年来得到开发与发展，并在大跨度公共与工业建筑中得到广泛应用。预应力钢结构施工时，可通过之前所述的高空原位安装法、整体提升法、顶升施工法以及滑移施工法等完成。本节将重点介绍预应力钢结构张拉施工工艺。

14.1 预应力施加方法

预应力空间钢结构预应力的施加方法通常有两种：一种方法是通过在预应力索、杆直接施加外力，从而可改善结构受力状态，致使内力重分布，或者是形成一种新的具有一定内力状态的结构形式，其应用的预应力索、杆的材质通常分为碳钢索、钢绞线索和钢棒，如天津梅江会展（一期）屋面结构，即采用张弦桁架结构[91]，下部钢拉索为 265×7mm，直径 ϕ219mm，如图 14-1 所示。另一种方法为结构设计措施，通过调整已建空间结构支座高差，改变支承反力的大小，从而也可使结构

图 14-1　天津梅江会展张弦桁架结构

内力重分布，达到预应力的目的，本文中不做详细介绍。

14.2　预应力张拉技术

14.2.1　施工模拟仿真

预应力钢结构施工前应进行施工模拟仿真计算。预应力结构往往是几何非线性较大的结构形式，预应力的施加使结构几何形态及应力产生较大的变化，因此需要进行施工仿真计算以得出合理的预应力度。预应力结构在施加预应力之前刚度往往较小，不能够承担设计荷载。因此需要通过预应力施加前后的状态计算确定其施工阶段的承载力，模拟出预应力结构在不同施工阶段的力学性能，从而确定相应的施工方法和施工顺序，即确定预应力的数值是否需要分步加载。

预应力结构施工成型过程是一个连续变化的过程，下一阶段的施工会对已施工完成的结构和构件产生影响，施工过程中预应力的施加，会使结构形态产生很大改变。故在施工前对需要结构进行施工全过程分析，跟踪模拟计算每个施工阶段的结构内力和位移，才能准确得到施工过程对结构产生的累积效应，以此编写具有针对性的施工方案，有效地保证结构的施工安全。

天津梅江会展一期预应力钢结构施工前，采用 ANSYS 等软件模拟实际工况，对各种最不利情况进行计算分析，得出分析数据（图 14-2），将数据信息反馈技术

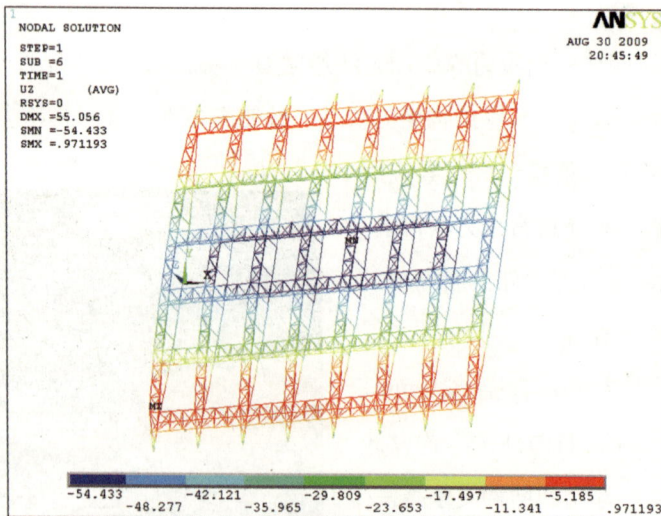

图 14-2　张弦桁架整体模型施工模拟计算

应用于施工，并据此检测指导施工，动态修正施工方法保证所有拼装、抬吊、安装、张拉等所有条件均满足规范及设计要求，确保施工安全时效[92、93]。

14.2.2　预应力加载方案

一般结构承受的荷载有永久荷载及可变荷载两种，而预应力钢结构除了承受上述两种荷载以外，还有预应力荷载。结构从制造开始到拼装、吊装、部分加载、全部加载的过程中皆可在不同阶段对结构局部或整体施加预应力。但是施加预应力的方案与结构的类型、施工工艺、引入预应力的方法和恒载的可分性等因素密切相关。

一般空间钢结构承受荷载有永久荷载与可变荷载两种，而预应力钢结构除承受上述两种荷载外，还有预应力荷载。预应力荷载是长期作用于结构上的荷载，其性质视同永久荷载，但其变异性接近可变荷载。预应力钢结构一般有先张法、中张法、多张法三种张拉方案。

1. 先张法

在结构承受荷载前即引入预应力，使得结构的峰值截面或峰值杆件中预先承受与荷载应力符号相反的预应力。改变截面或杆件承载前的应力场状态。然后结构再开始承受全部荷载。对于刚性结构，先张法使得峰值截面受益。但材料的抗压或抗压强度幅值只能被一次利用，因而也称为单次预应力钢结构。

2. 中张法

结构就位后承受部分荷载、截面或杆件产生荷载应力后再施加预应力，以预应力抵消或降低荷载应力水平，甚至产生与荷载应力符号相反的预应力。在此基础上再由结构承受全部荷载并使峰值截面或杆件中的荷载应力达到设计强度值。由于材料的强度可以被利用两次，所以这种方案的结构承载力明显大于先张法。但由于在加载中途也是一次引入预应力，故也称为单次预应力钢结构。

3. 多张法

即多次施加预应力的工艺。相比于单次预应力钢结构而言，多张法则是在荷载可以分成若干批量的情况下，施加预应力与加载多次相间进行，即重复利用材料弹性范围内的强度幅值。所以其承载力最大，经济效益最高。采用多张法的预应力钢结构称为多次预应力钢结构。

以上三种张拉形式产生不同的张拉结构，使得结构具有不同的承载力收益。可以认为张拉的收益取决于材料弹性限度内强度潜力的利用率与利用次数，越多次数地利用材料弹性强度，越会产生较大的收益。

14.2.3 张拉设备

张拉设备一般根据工程的不同专门设计，主要由施加预应力所用的千斤顶和电动油泵配合使用。某些工程中还需要用到转换件和反力架等。前者用于将千斤顶的力由钢绞线传递到钢拉杆上，后者往往是由钢板焊接的稳定结构，常用于索拱结构，即把张拉钢索的反力传递到钢拱梁上，实现张拉体系的自平衡。张拉设备见图 14-3 和图 14-4。

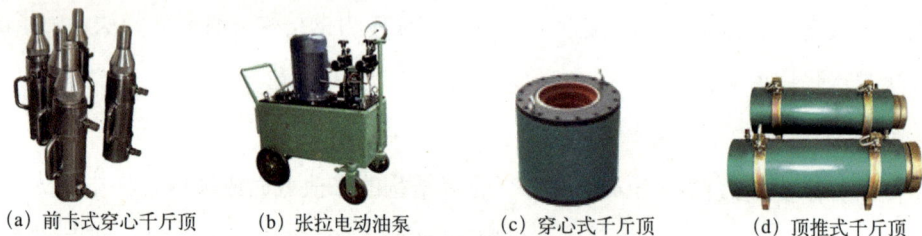

(a) 前卡式穿心千斤顶　(b) 张拉电动油泵　(c) 穿心式千斤顶　(d) 顶推式千斤顶

图 14-3　张拉设备

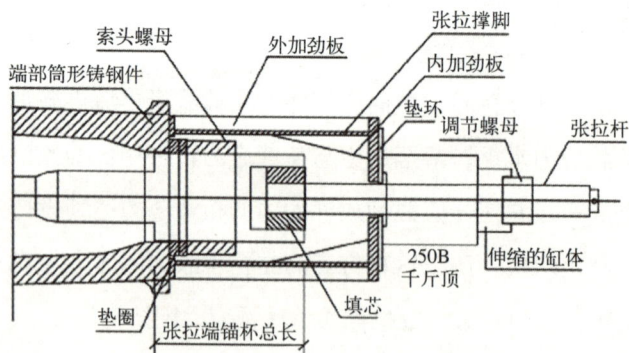

图 14-4　某工程张拉千斤顶详图

14.2.4 张拉工艺要求

张拉施工在工艺要求如下：

（1）张拉前检查钢结构焊接情况、临时支承受力状态等，考虑张拉时结构状

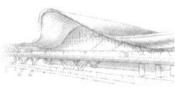

态是否与计算模型一致，以免引起安全事故。张拉设备张拉前需全面检查，保证张拉过程中设备的可靠性。在一切准备工作做完之后，且经过系统的、全面的检查无误后，现场安装总指挥检查并发令后，才能正式进行预应力索张拉作业。索张拉前，应严格检查临时通道以及安全维护设施是否到位，保证张拉操作人员的安全。张拉过程应根据设计张拉应力值张拉，防止张拉过程中出现预应力过大引起屋盖起拱或者下降。索张拉前，应清理场地，禁止无关人员进入，保证索张拉过程中人员安全。在预应力索张拉过程中，测量人员应通过测量仪器配合测量各监测点位移的准确数值。

(2) 张拉顺序必须严格按照设计要求进行，当设计无规定时，应考虑结构受力特点，施工方便，操作安全等因素，且以对称张拉为原则，由施工单位编制张拉方案，经设计单位同意后执行。

(3) 张拉前，应设置支承结构，将张拉杆件就位并调整到规定的初始位置，安装锚具并初步固定，然后按设计规定的顺序进行预应力张拉，宜设置预应力调节装置，张拉预应力宜采用油压千斤顶，张拉过程中应监测索系的位置变化，并对索力，结构关键节点的位移进行监控。

(4) 对直线索可采取一端张拉，对折线索宜采取两端张拉，几个千斤顶同时工作时，应同步加载，索段张拉后应保持顺直状态拉索应按相关技术文件和规定分级张拉，且在张拉过程中复核张拉力。

(5) 当杆件两端与结构固定，在温度变化时杆件内力也随着变化，因此张拉时需要考虑温度对拉索索力的影响，对索力影响超过 5% 的拉索索力在张拉时根据现场温度进行调整。

(6) 杆件张拉完成后由于锚具间隙、伸长、索松弛等会造成索力损失，因此在张拉过程中，综合考虑，超张拉 5%。

(7) 张拉施工过程中，存在以下风险，应提前做好相关应急预案。

1) 张拉设备故障

张拉过程中如油缸发生漏油、损坏等故障，在现场配备三名专门修理张拉设备的维修工，在现场备好密封圈、油管，随时修理，同时在现场配置 2 套备用设备，如果不能修理立即更换千斤顶。

2）张拉过程断电

张拉过程中，如果突然停电，则停止索张拉施工。关闭总电源，查明停电原因，防止来电时张拉设备的突然启动，对屋架结构产生不利影响。同时在张拉的时把锁紧螺母拧紧，保证索力变化跟张拉过程是同步的；突然停电状态下，在短时间内千斤顶还是处于持力状态，并且油泵回油还需要一段时间，不会出现安全事故。处理好后在现场值班的电工立刻进行查找原因，以最快的速度修复。为了避免这种情况，在现场的二级箱要做到专用，三级箱按照要求安装到位。

3）张拉过程不同步

由于张拉没有达到同步，造成结构变形，可以通过控制给泵油压的速度，使索力小的加快给油速度，索力比较大的减慢给油速度，这样就可以到达同一根索的索力相同的目的。

4）张拉时结构变形预警

某根索张拉结束后未达到设计力，可以通过个别施加预应力进行补偿的方法。如果结构变形与设计计算不符，超过 20% 以后，应立即停止张拉，同时报请设计院，找出原因后再重新进行预应力张拉。找出原因后再进行张拉。

5）张拉后支座位移发生较大偏移

张拉前应比较张拉时结构支座布置及约束情况是否与设计模型相符，应尽量避免由于索张拉造成结构支座发生较大的偏移，如果张拉后支座的确存在较大的偏移，应组织专家论证解决。

14.2.5　预应力施工监测

施工监测主要涉及到位移和应力两项内容。位移的检测通过工程测量仪器进行，应力往往通过安装在钢结构表面的应变计进行监测（如振弦应变计等）。应变计通常采用粘贴安装块的方式，在安装时，可以先确定安装杆的长度后，在钢结构上粘贴安装块，等到张拉之前将安装杆装上即可。使用时配合数据采集设备进行数据采集。

为了能更好地了解张拉和吊装过程中桁架所处状态，监测时可对构件张拉、吊装过程中的杆件应力、索力进行实时监测，张拉结束后对张拉伸长量、反拱位移和跨度方向位移进行测量，监测位置应根据模拟仿真计算结果设置。

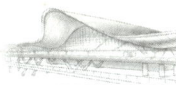

14.3 工程案例

14.3.1 工程概况

青岛北客站为特大型铁路客站和综合性交通枢纽，位于山东省青岛市李沧区。主体结构由主站房屋盖、主站房高架候车厅、东西广厅和两侧对称的站台无柱雨棚组成，主站房屋盖为大跨度拱形预应力体系钢结构，如图 14-5 所示。

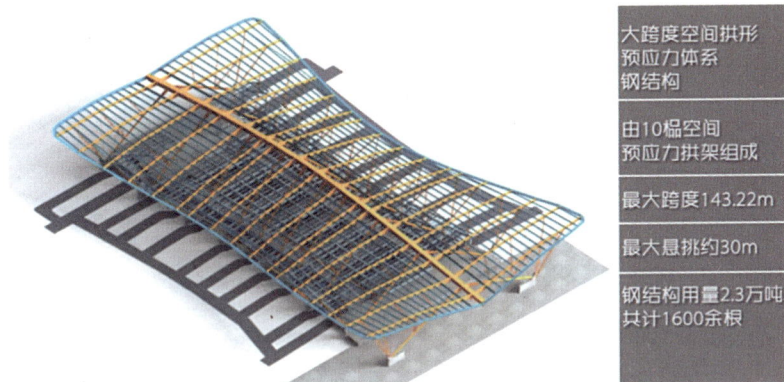

> 大跨度空间拱形预应力体系钢结构
>
> 由10榀空间预应力拱架组成
>
> 最大跨度143.22m
>
> 最大悬挑约30m
>
> 钢结构用量2.3万吨共计1600余根

图 14-5 青岛北客站

本工程拱架结构中预应力拉索主要分布在 4 个位置，分别是拱脚拉索、预应力压杆结构、交叉索（承重索和抗风索）、屋面稳定索，如图 14-6 所示。

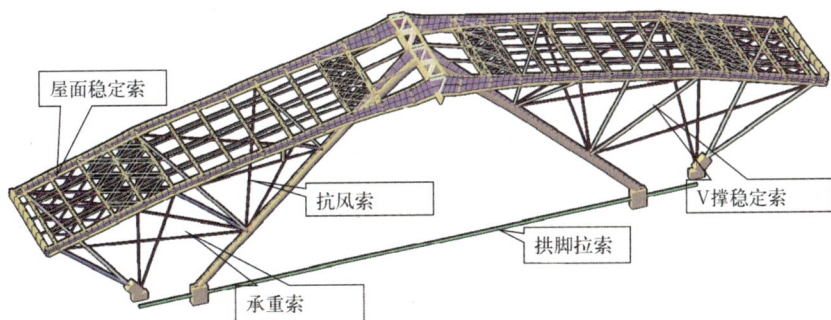

屋面稳定索
抗风索
V撑稳定索
拱脚拉索
承重索

图 14-6 空间拱架结构中预应力布置情况

每榀拱架有 8 个位置的承重索和 8 个位置的抗风索，拉索直径分别为 $D74$、$D84$、$D90$、$D105$、$D126$、$D140$，长度 37 ~ 52m 不等，主要采用高钒拉索（图 14-7），总共 320 根；屋面稳定索规格为 $D5 \times 127$ 的 PE 拉索（图 14-8），长度 8m 左

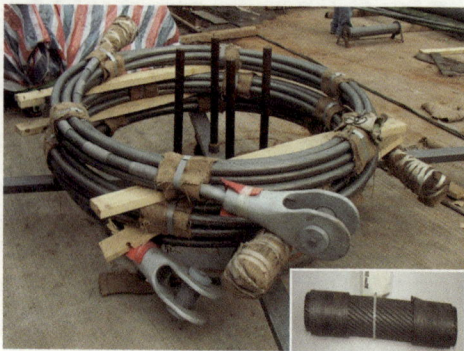

图 14-7　高钒拉索

图 14-8　PE 拉索

右，总共 1048 根；拱脚拉索共 36 根，主要采用高钒拉索。

14.3.2　预应力空间钢结构安装

屋盖钢结构由 10 榀拱架结构单元组成，每榀拱架由拱脚埋件、屋脊梁、屋面横梁、人字拱、预应力压杆及屋盖桁架结构组成，安装时以榀为单元向前推进施工，每榀拱架内部的安装顺序如图 14-9 所示。

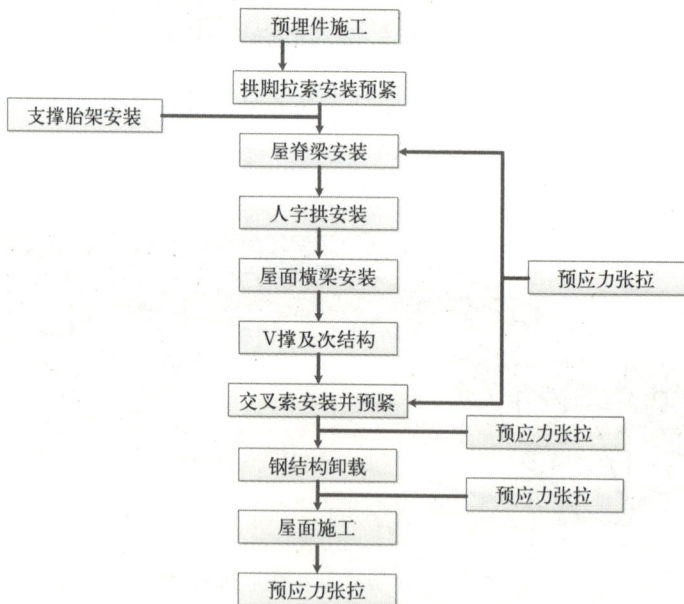

图 14-9　单榀拱架安装流程图

空间钢结构包括屋脊梁安装、屋面横梁安装以及人字拱安装（图 14-10），安装方法采用标准化点式支承的高空原位安装法施工，施工设备采用一台 QUY650 超起

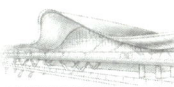

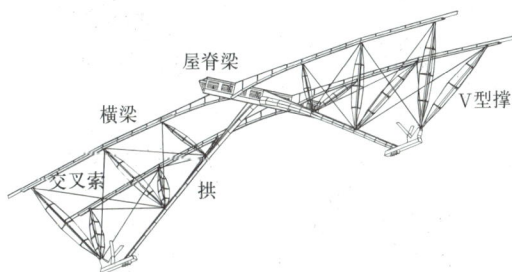

图 14-10 空间钢结构组成

图 14-11 现场施工照片

塔式工况履带吊及一台 QUY450 大型超起塔式工况履带吊[94、95]（图 14-11），此处不进行赘述。

14.3.3 预应力钢结构张拉工艺

1. 张拉方案的选择

本工程结构为大跨度空间拱架结构形式，安装方式采用高空原位安装的施工方法，具有如下特点：

（1）在整个工程的施工周期中，需经历多次明显的结构加载阶段。

（2）结构基本用材有着较高并相近的抗拉及抗压强度。

（3）由于跨度、构件尺寸原因，结构所承受的外部荷载较大。

（4）而拱架结构中的交叉索系、拱脚基础索系在结构设计上均以抵抗结构荷载为目的，预应力卸载效应与结构加载效应相反。

上述特点决定了本工程预应力张拉符合多张法"加载→张拉→加载→……"的循环模式，对拱脚拉索以及交叉索选择多张法进行预应力张拉施工，与钢结构安装及卸载工序紧密结合，根据钢结构整体施工流程确定预应力张拉顺序。

2. 放索工艺

本工程预应力拱脚索较长，最长达 156m，重量约 7 吨（包括索头），直径 140mm，抗风索重约 10 吨。放索过程中，采用 1 个卷扬机牵引拉索索头，4～10 个捯链牵引已放索体，将钢索在钢屋架的放索盘上，为防止索体在移动过程中与地面接触，索头用布包住（图 14-12），在沿放索方向铺设一些滚轮（图 14-13），最后将钢索慢慢在马道放开。

图 14-12　现场放索

图 14-13　放设滚轮

3. 预应力张拉索力的确定

利用有限元分析软件 midas 建立结构整体模型，以现场实际施工进度计划进行模拟分析。根据结构设计所给出的每根索的设计目标索力，运用 midas 进行施工模拟计算，提取分步计算结果，综合考虑每步的结构位移、应力和索力结果，最终确定拉索的索力值，计算分析结果如图 14-14 所示。

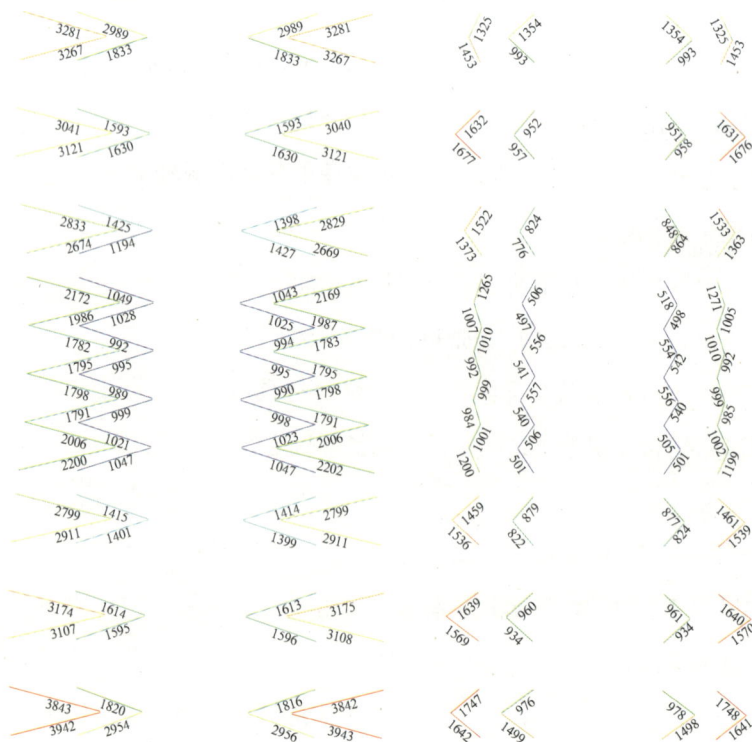

图 14-14　交叉索预应力张拉施工模拟结果

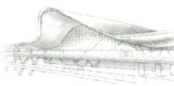

4. 张拉索力修正

由施工模拟计算确定的拉索张拉索力，为理论索力值。在实际施工过程中，需要考虑预应力损失带来的索力削减。预应力损失包括锚固损失、松弛损失、序次损失和摩擦损失四个方面。根据《预应力钢结构技术规程》（CECS212：2006）规定，当索力的测定在用索力测定仪直接读取时，除松弛损失外，其他损失可不考虑计算。为保证张拉力达到设计要求，实际张拉过程中，采取超张拉的方法，超张理论计算张拉力的5%。

5. 预应力压杆同步张拉工艺

本工程撑杆式预应力压杆的构造由三部分组成（图14-15）：

（1）刚性中心杆是压杆的主要组成部分，本工程压杆选用圆管作为中心杆构件，规格分别为 $\phi600\text{mm}\times25\text{mm}$、$\phi500\text{mm}\times20\text{mm}$、$\phi400\text{mm}\times20\text{mm}$。

（2）拉索为施加预应力型撑中心杆边界条件的载体，布置于杆面重心对称的位置，本工程选用120°三等分布索形式。

（3）撑杆是连接中心杆与拉索，保证其共同工作的刚度构件，通过撑杆调整拉索的图形，以形成中心杆上不同弹性系数的中间弹性支座。本工程压杆沿中心杆共布置三道索撑。

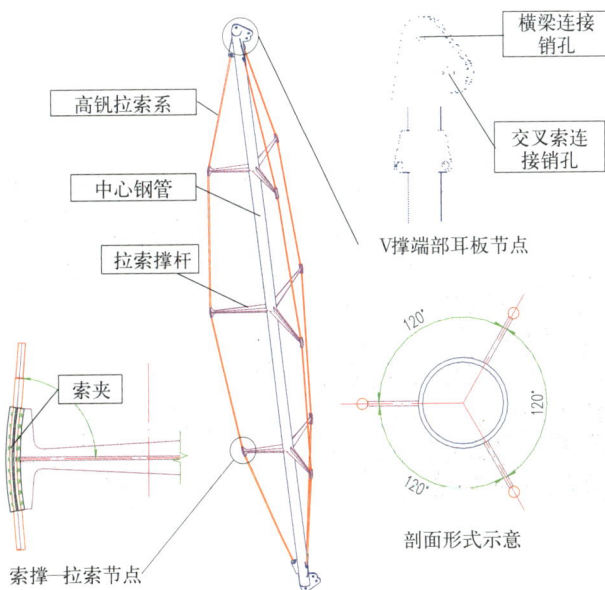

图14-15　青岛北客站预应力压杆结构形式

拼装完毕后的压杆利用汽车吊辅助安装拉索，待一个压杆的 3 根拉索安装完毕以后各自进行预紧。为使索系同步达到设计张拉力值，避免长细比较大的中心钢管在偏心力的作用下产生形变，实际实施过程中，将目标索力分四个级次进行分级同步张拉，张拉力分别为目标力值的 20%、50%、75%、105%。再将每个级次等值划分为 5 ~ 6 个小阶段进行。张拉使用与拼装时相同的工装进行。张拉流程图见图 14-16。

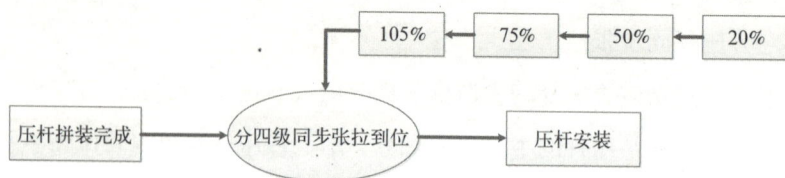

图 14-16　预应力压杆张拉流程

每部预应力压杆设置一位张拉总负责人，统一指挥各作业人员，各拉索张拉协调进行。张拉时油泵缓慢加压，到达各级次小阶段时即停止加压，负责人员检查各拉索千斤顶油压度数同步性，确认无误后油泵继续加压，如此循环。

完成每一级张拉后，暂停张拉 30min，给予结构充分的应力分布时间，并检查拉索—撑杆节点、张拉工装有无异常情况出现。张拉过程中以全站仪监测中心杆变形情况。于支承点间的跨中位置设置监测点，可任意布点、设置测站，监测点位的三维坐标变化量，以反映中心杆变形情况。现场张拉施工见图 14-17。

(a) 安装张拉工装　　　　　　　　(b) 拉索系同步张拉

图 14-17　预应力压杆张拉

6. 超长拱脚基础拉索安装与张拉

（1）拱脚拉索的安装

拱脚拉索的长度为 110～140m，单根拉索重量为 9.5～11.5 吨，单根拉索长度长、重量大，为了保护拉索在拉索外面设置了钢管（图 14-18），拉索从钢管中穿过进行安装。一根拉索设置一道钢管，钢管外用混凝土保护，因此在安装过程中需要采用牵引装置，将拉索穿入长 100 余米的钢管之中。在拉索安装前，拱脚基础、钢管以及围护结构须施工完毕并满足强度要求。

图 14-18　拱脚拉索管道施工

拱脚拉索安装时，采用遥控汽车逐步牵引的方法，细绳牵引粗绳，粗绳牵引钢绞线，由钢绞线将拉索牵引至管道另一侧。如图 14-19 所示。

细线　　粗绳　　φ15.2 钢绞　　拱脚拉索

遥控汽车

图 14-19　穿索过程示意

首先将拉索置于拱脚一端的放索盘上，用遥控小车将一根细绳穿过 140 多米的钢管，然后细绳牵引一根较粗的绳子过去，粗绳再把 φ15.2 钢绞线穿过钢管。之后牵引端用 φ15.2 的锚杯与 2 吨卷扬机连接，另一端和索头连接。在放索盘处，通过卷扬机和人力将拉索送入钢管中进行牵引，直到拉索就位。在放索过程中，尤其注意在拉索进入钢管的过程中被破坏。安装流程如图 14-20 ～ 图 14-23 所示。

1）用遥控小车将细绳穿过钢管，并把粗绳穿过钢管；

图 14-20　穿索用小车及细绳

2）用绳子牵引，将 $\phi 15.2mm$ 的钢绞线穿过钢管；

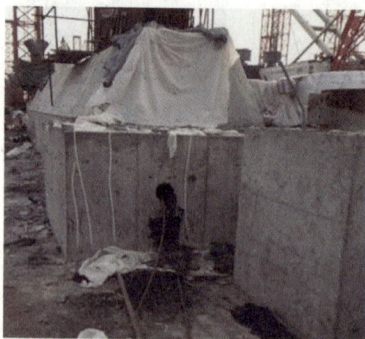

图 14-21　$\phi 15.2mm$ 钢绞线穿过钢管　　图 14-22　牵引用的 2 吨卷扬机

3）用 2 吨卷扬机牵引拉索安装到位。

(a) 拉索在放索盘上　　　　　(b) 索头处的转换螺母

图 14-23　2 吨卷扬机牵引拉索就位过程（一）

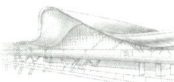

<table>
<tr><td>(c) φ15.2 钢绞线牵引拉索前进</td><td>(d) 拉索进入钢管中</td></tr>
</table>

图 14-23　2 吨卷扬机牵引拉索就位过程（二）

（2）拱脚拉索的张拉

拱脚拉索的张拉根据计算进行分级张拉，张拉设备示意如图 14-24 所示。

图 14-24　张拉设备设置

拱脚拉索的张拉分为五个阶段，第一阶段为钢结构主梁安装完毕的预紧；第二阶段为钢结构卸载前对部分轴线上的拱脚拉索进行补张拉；第三阶段在钢结构卸载 10mm 以后进行；第四阶段在卸载完毕以后进行；第五阶段上部结构以及屋面施工完毕以后的终张拉。各阶段的张拉力（4 根拉索的合力）如表 14-1 所示。

拱脚拉索各级张拉力值（单位 kN）　　　　　　　　表 14-1

轴号	预应力规格(单束)	第一阶段	第二阶段	第三阶段	第四阶段	第五阶段
B	7×91	800	1500	3500	4000	4000
C	7×109	800	2800	4200	4800	5500
D	7×91	800	2200	3000	4000	5000

续表

轴号	预应力规格(单束)	第一阶段	第二阶段	第三阶段	第四阶段	第五阶段
E	7×91	800	2000	2600	2600	3500
F	7×91	800	2000	2400	2800	3500
G	7×91	800	2000	2800	4000	5000
H	7×109	800	2800	3800	4800	5500
J	7×91	800	2500	3500	4000	4000
K	7×121	0	1000	2600	5000	6500

在张拉之前，在拱脚基础上做好标记以备在施工过程中以及使用过程中使用。利用全站仪定出标记点的坐标，该坐标值将作为张拉过程中以及结构安装、卸载和使用过程中的监测使用。本工程对拱脚基础的水平位移控制量为 4mm，考虑到施工的不确定性，在卸载以及张拉时监测支座的水平位移是否超过限值，如果有异常情况需立即停止卸载或者张拉工作，待查明原因并将问题解决以后方可进行下一步操作。经过施工过程中的监测，拱脚处的水平位移为 0，说明在张拉过程中拱脚是不动的。

7. 交叉索系的安装与张拉工艺

当相邻两榀拱架拼装完毕，且次梁安装完毕即可开始安装承重索、抗风索和稳定索并预紧，承重索、抗风索和稳定索均预紧至初拉力的 15%。当第三榀拱架安装完毕即可开始张拉第一榀安装拱架的承重索、抗风索和稳定索至初拉力的 50%，当第四榀安装完毕即可张拉第二榀的承重索、抗风索和稳定索至初拉力的 50%，依次类推与钢结构的拼装进度隔两榀进行张拉。在钢结构拼装完毕至开始卸载将有一段时间进行焊接，在这个时间段里可以张拉剩余的两榀拱架。同时可以对拱脚拉索进行第二次张拉，在作业时间上和钢结构施工不会有冲突。

（1）交叉索体系的安装

承重索和抗风索的直径分别有 D74、D84、D90、D106、D126、D140，长度 28 ~ 52m 不等，索头重量大，D106 拉索索体重量达到 61kg/m。在进行拉索安装时，拉索上端的安装需要借助 50 吨汽车吊进行安装，即在索头附近设置一个吊点，使得索头卡耳的角度和钢结构耳板角度一致，将索头吊至耳板附近，借助 4 个 5 吨捯链将索头安装就位。拉索下端点的安装借助汽车吊和牵引设备进行安装，如下所示：

1）上部索头安装方法如图 14-25 所示。

(a) 吊车把索吊到位置　　　　　(b) 吊车吊起索头的一端　　　　　(c) 吊车安装上部索头

图 14-25　上部索头安装

2）下部索头安装方法：由于拉索自身重量比较大（最重达到 9.8 吨），采用 5 吨卷扬机及滑轮，将索体牵引到位，再利用 5 个 5 吨捯链进行角度调整，完成索头安装（图 14-26）。

图 14-26　下部索头安装

（2）交叉索体系的张拉

对于每一榀拱架的承重索和抗风索，在进行第一阶段的预紧时，在将拉索安装完毕即可对拉索进行张拉。在进行第二阶段的张拉时，单榀预应力钢拱中交叉索的张拉顺序如图 14-27。

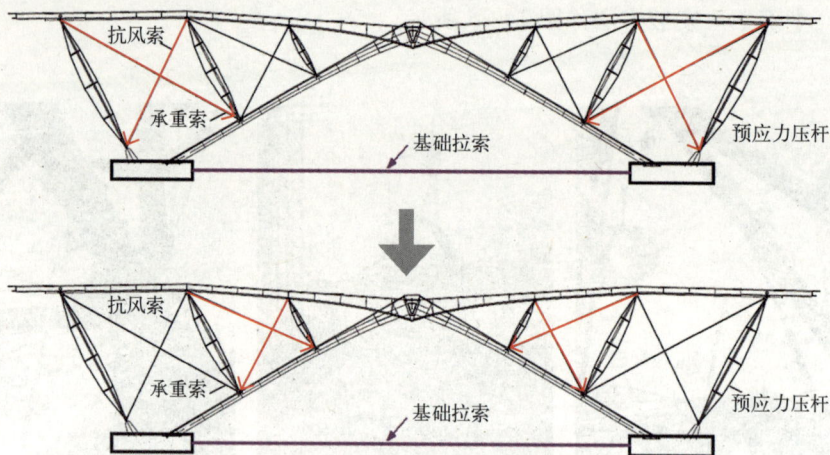

图 14-27　单榀拱内交叉索张拉顺序

在进行第三阶段的张拉时，承重索、抗风索和稳定索是在钢结构卸载完毕以后开始张拉。单榀拱架拉索张拉顺序同第二阶段，以此类推。

（3）承重索、抗风索、屋面稳定索张拉工装

交叉索的直径有 6 种规格（直径分别为 $D74$、$D84$、$D90$、$D106$、$D126$、$D140$），其设计张拉工装见表 14-2 及表 14-3。

交叉索 50% 张拉时设计张拉工装表　　　　表 14-2

项目	工装设计力（kN）	需要工装数量	备注
106索	600	4套	8个1托2的60吨千斤顶，3通油管
	1000	4套	
	1500	4套	8个1托2的100吨千斤顶
140索	1900	4套	8个1托2的100吨千斤顶
屋面索	300	4套	8个1托2的23吨千斤顶

注：106索包括106、90、84、74；140索包括140和126。

交叉索 80%、105% 张拉时设计张拉工装表　　　　表 14-3

项目	工装设计力（kN）	需要工装数量	备注
106索	2000	4套	8个1托2的150吨千斤顶，3通油管
	3100	4套	8个1托2的200吨千斤顶，3通油管
140索	2000	4套	8个1托2的150吨千斤顶，3通油管
	4500	4套	8个1托2的250吨千斤顶3通油管

注：106索包括106、90、84、74；140索包括140和126。

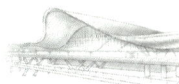

（4）交叉索张拉过程如图 14-28。

(a) 安装张拉 U 形钢丝绳

(b) 安装张拉工装的横担

(c) 安装承力架及千斤顶

(d) 用油泵加压试预紧

(e) 油泵加压张拉拉索

(f) 根据设计张拉力选用千斤顶

图 14-28　交叉索张拉过程

第15章 施工测量技术

15.1 施工测量原则及内容

大跨度钢结构工程常采用分区安装的方式组织施工，为了避免因施工区域众多而引起测量放样工作的紊乱，并且保证各区域钢结构对接的精度。施工测量必须遵循"由整体到局部"的原则，即先进行全面控制，再进行细部放样。测量的主要工作内容如表 15-1 所示。

主要测量内容 表 15-1

序号	主要测量工作
1	施工坐标系的转换
2	平面控制网和高程控制网的布置
3	平面控制网和高程控制网的竖向传递
4	预埋件安装测量
5	钢柱安装测量
6	屋盖结构构件安装测量
7	卸载、沉降监测控制

15.2 常用测量仪器

随着经济和科学技术不断发展，测量技术水平也相应地得到了迅速提高，所用设备获得了质的飞越，测量仪器由传统的光学经纬仪、水准仪等，发展到普遍使用的全站仪和逐渐推广的 GPS 全球定位系统等。常用的测量仪器与工具如表 15-2 所示。主要测量仪器如表 15-3 所示。

常用测量仪器及配套设备　　　　　　　　　表 15-2

序号	名称	用途
1	水准仪	标高测量
2	光学经纬仪	放线、垂直度控制
3	全站仪	三维坐标控制
4	激光铅垂仪	轴线投测
5	经纬仪弯管目镜	垂直度校正
6	对讲机	通信距离≥2km
7	塔尺	标高测量
8	水平尺（误差2mm以内）	预埋件测量
9	反射接收靶	接收反射点
10	磁铁线坠	平面坐标投影
11	钢卷尺	测量放线
12	大盘尺	测量放线
13	三脚架	架设仪器

主要测量仪器实物图　　　　　　　　　表 15-3

| 水准仪 | 光学经纬仪 | 光学全站仪 |

水准仪是水准测量的主要仪器，按精度分为 DS05、DS1、DS3、DS10 等四个等级。"D"和"S"分别为"大地测量"和"水准仪"汉语拼音的第一个字母；数字代表仪器的测量精度，即每公里往返测高差中数的偶然中误差，单位是"mm"。大跨度钢结构测量中，最常用的是 DS1 和 DS3 水准仪。

光学经纬仪是常用的测量仪器，用于测量水平角、竖直角或控制垂直度。我国光学经纬仪按测角精度分为 DJ0.7、DJ1、DJ2、DJ6、DJ10、DJ30 六个等级，"D"和"J"分别为"大地测量"和"经纬仪"汉语拼音的第一个字母，后面的数字代表仪器的测量精度，即"一测回方向观测中误差"，单位是"秒"。大跨度钢结构测量中，最常用的是 DJ2 和 DJ6 光学经纬仪。

电子全站仪是全站型电子速测仪的简称。全站型电子速测仪是由电子测角、电子测距、电子计算和数据储存单元等组成的三维坐标测量系统。能自动完成角度、距离、高差的测量和高程、坐标、方位角的计算工作；能将测量数据和结果自动储存、自动显示，并能与外围设备交换信息。大跨度钢结构测量中，全站仪应用于测量控制网布设、钢构件安装精度控制、变形监测等各个方面。

15.3　施工控制网建立

15.3.1　概述

勘探设计阶段所建立的控制网是为测图而建立的，控制点的分布、密度和精度都难以满足施工测量的要求，平整场地时，勘探控制点大都被破坏，因此施工之前，应重新建立施工控制网。施工控制网分为平面控制网和高程控制网两种。大跨度钢结构施工平面控制网常采用建筑方格网；施工高程控制网常采用水准网。

15.3.2　施工控制点的坐标换算

建筑施工放样使用的平面直角坐标系，称为施工坐标系或建筑坐标系。由于建筑设计的要求不同，因此建筑物的轴线往往不能与国家坐标系或城市坐标系的坐标轴平行或垂直，此时施工坐标系通常选定独立坐标系，这样可使独立坐标系的坐标轴与建筑物的主轴线方向相一致。

建筑施工放样前，首先根据需要在施工坐标系中确定施工控制点，然后通过施工场地附近的测量控制点进行测设，形成施工控制网。由于确定施工控制点采用的是施工坐标系，而测设施工控制点采用的是测量坐标（国家坐标或城市坐标）系，因此，为了便于测设，必须将施工控制点的施工坐标系换算成测量坐标系。

如图 15-1 所示，XOY 为测量坐标系，$MO'N$ 为施工坐标系，施工控制点 P 点的

测量坐标为 (x_p, y_p)，P 点的施工坐标系为 (M_p, N_p)，施工坐标原点 O' 在测量坐标系中的坐标为 $(x_{O'}, y_{O'})$，α 角为测量坐标系纵轴 x 与施工坐标系纵轴 M 之间的夹角。

将 P 点的施工坐标可按如下公式换算成测量坐标：

$$x_p = x_{O'} + M_p\cos\alpha - N_p\sin\alpha \qquad y_p = y_{O'} + M_p\sin\alpha + N_p\cos\alpha$$

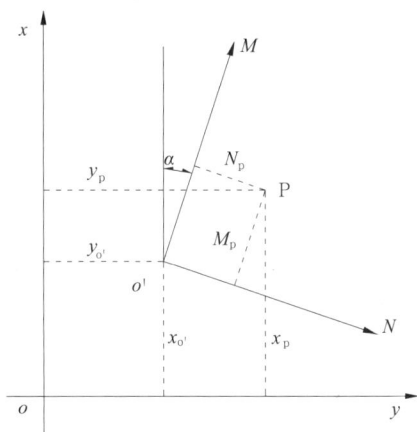

图 **15-1**　施工坐标与测量坐标的关系

15.3.3　建筑方格网

（1）建筑方格网的布设

由正方形或矩形组成的施工平面控制网，称为建筑方格网。建筑方格网在大跨度钢结构施工测量中运用较多，布置时应结合钢结构形式、分布及现场地形情况拟定。布置建筑方格网时，先要选定两条互相垂直的主轴线，如图 15-2 中的 AOB 和 COD，然后再布设方格网。当场地面积较大时分两级，首级采用十字形、口字形或田字形，然后再加密形成次级方格网。当场地面积不大时，尽量布置成全面方格网。方格网的主轴线应布设在施工场地的中部，其方向与主要建筑物的轴线平行或垂直，主轴线上应至少选定三个定位点。主轴线的各端点应延伸到场地的边缘，以便控制整个场地。方格网的转角应严格成 90°，相邻方

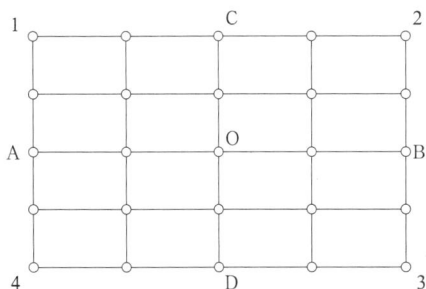

图 **15-2**　建筑方格网

格点要保持通视且便于测距和测角，点位应能长期保存。

根据《工程测量规范》（GB 50026—2007）第 8.2.4 条，建筑方格网测量的主要技术要求应符合表 15-4 的规定。

建筑方格网的主要技术要求   表 15-4

等级	边长（m）	测角中误差（″）	边长相对中误差
一级	100~300	5	≤1/30000
二级	100~300	8	≤1/320000

（2）建筑方格网主轴线的测设

主轴线测设时，根据施工场地附近的已知测量控制点，测设出主轴线的主轴点。测设之前，首先对主轴点的设计数据及有关测量控制点的资料进行核对和检查，然后将主轴点的施工坐标换算成测量坐标。

测设的方法根据已知测量控制点的分布和现场的具体情况决定。当现场通视条件较好时，一般采用极坐标法或前方交汇法对主轴点进行直接测设，当现场通视条件较差时，一般采用间接测设法。

如图 15-3 所示，Ⅰ、Ⅱ、Ⅲ为施工场地附近的已知测量控制点，A、O、B 点为主轴线上选定的三个主轴点，根据三个测量控制点Ⅰ、Ⅱ、Ⅲ，采用极坐标法测设 A、O、B 三个主轴点。

1）将 A、O、B 三个主轴点的施工坐标换算成测量坐标；

2）根据 A、O、B 的坐标与Ⅰ、Ⅱ、Ⅲ的坐标关系，计算出放样数据 β_1、β_2、β_3 及 L_1、L_2、L_3；

3）用极坐标法测设出三个主轴点 A、O、B 的概略位置 A′、O′、B′。

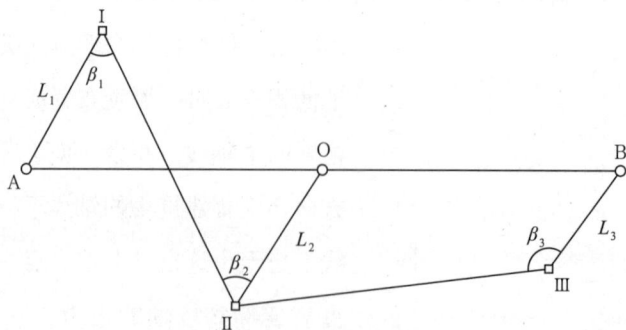

图 15-3 主轴点的测设

当三个主轴点的概略位置在地面上标定出来后，要检查三个主轴点是否在一条直线上。由于已知测量控制点的误差及测设主轴点的测量误差的影响，测设出的三个主轴点通常不在一条直线上，此时需对主轴点进行调整。如图15-4所示，安置经纬仪于O′点上，精确检测 $\angle A'O'B'$ 的角度 β，如果 β 的值与180°之差大于 $\pm 5''$，则必须调整主轴点的位置，使其位于一条直线上。

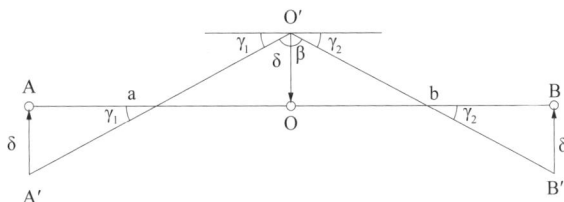

图15-4　主轴线的调整

调整三个主轴点时，认为A、O、B三个主轴点的精度相同，它们各自偏离理论直线的距离相等，其值为 δ。

$$\sin\gamma_1 = \gamma_1 / \rho = 2\delta / a$$

$$\sin\gamma_2 = \gamma_2 / \rho = 2\delta / b$$

$$\gamma_1 + \gamma_2 = 180° - \beta$$

于是可得：

$$\delta = \frac{ab}{a+b} \times (90° - \frac{\beta}{2}) \times \frac{1}{\rho}$$

式中，$\rho = 206265''$。

将 A′、O′、B′ 三点沿与轴线垂直方向移动一个改正值 δ，但O′点与A′、B′两点移动的方向相反，移动后得A、O、B三点。为了保证测设精度，应再重复检测 $\angle AOB$，如果检测结果与180°之差仍旧超过限差时，需再进行调整，直到误差在容许值以内为止。

当主轴线的三个主轴点A、O、B定位好后，就可测设与AOB主轴线相垂直的另一条主轴线COD。如图15-5所示，将经纬仪安置在O点上，照准A点，分别向左、向右测设90°；并根据CO、OD的距离，在地面上标定出C、D两点的概略位置C′、D′；然后分别精确测出 $\angle AOC'$ 及 $\angle AOD'$ 的角度，其角度与90°之差分别为 θ_1 和 θ_2，若 θ_1 和 θ_2 的值与180°之差大于 $\pm 5''$，则必须求改正数 d，即 $d = L\theta / \rho$（L

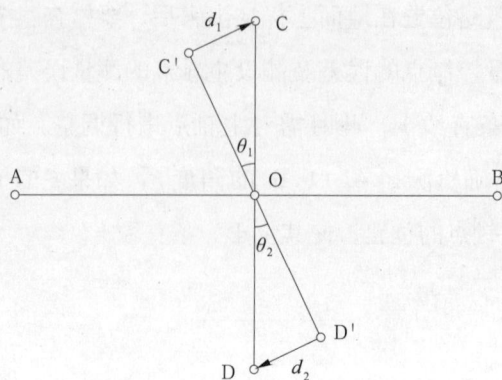

图 15-5　测设主轴线 COD

为 OC′ 或 OD′ 的距离）。

根据改正数，将 C′、D′ 两点分别沿 OC′、OD′ 的垂直方向移动 d_1、d_2，得 C、D 两点。然后检查∠AOC 及∠AOD，如果检测结果与 90°之差仍旧超过限差时，需再进行调整，直到误差在容许值以内为止。

（3）方格网点的测设

主轴线测设后，先进行主方格网测设，然后在主方格网内进行方格网的加密，网格点可采用角度交会法定出。如图 15-6 所示，用两台经纬仪分别安置在主轴点 A 和 C 上，以主轴线为零方向，分别向左和向右精确测设 90°角，角度观测应符合表 15-5 中的规定。按照测设的方向交会出 1 点的位置，然后进行交角的检测和调整，同法测设出方格网点 2、3、4，这样就构成了田字形的主方格网。如有需要，可以主方格网点为基础，进行加密其余各点[96]。

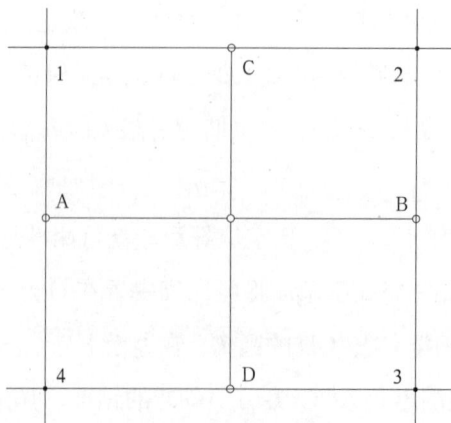

图 15-6　测设方格网

方格网测设角度观测要求　　　　　　　　　　　　　　　　表 15-5

等级	经纬仪型号	测角中误差（″）	测回数	半测回归零差（″）	一测回内2C互差（″）	各测回方向较差（″）
一级	1″ 级仪器	5	2	≤6	≤9	≤6
	2″ 级仪器	5	3	≤8	≤13	≤9
二级	2″ 级仪器	8	2	≤12	≤18	≤12
	6″ 级仪器	8	4	≤18	—	≤24

（4）施工实例

图 15-7 是昆明长水国际机场航站楼核心区示意图，布设钢结构安装控制网时，先选定两条相互垂直且平行于建筑设计轴线的主轴线，然后对主轴点 A、O、B 及 C、D 进行测设，形成十字形首级网。

将经纬仪安置在网点 C 上，精确照准 O 点，自 C 点沿视线方向量取 Cm=L_1，定出 m 点，然后，将经纬仪安置于 m 点上，用测设直角的方法测出 ma 方向线，沿 ma 方向量取 ma=L_2，定出 a 点，a 点是在首级网的基础上进行加密形成的次级方格网点。用同样的方法可以测设出 b、c、d、e、f 五个次级方格网点[97]。

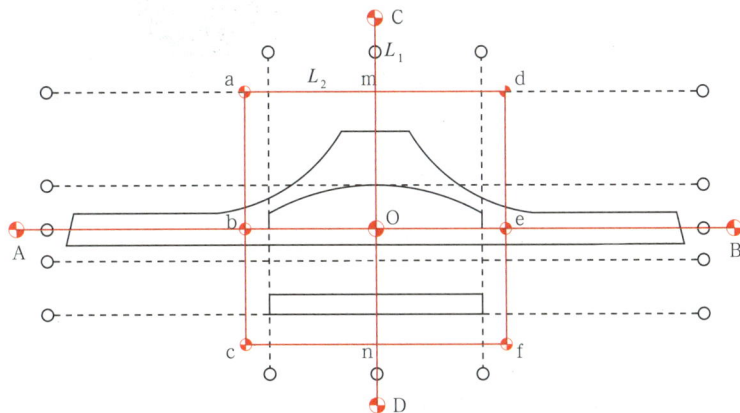

图 15-7　昆明长水国际机场航站楼核心区示意图

15.3.4　施工控制高程测量

在建筑场地上，水准点的布设应尽可能满足安置一次仪器即可测设出所需的高程点。而勘测阶段敷设的水准点往往是不够的，因此，还需增设一些水准点。在一般情况下，建筑方格网点也可兼作高程控制点。只要在方格网点桩面上中心点旁边设置一个突出的半球状标志即可。大跨度钢结构一般属于大型施工项目，其高程控制网测量精度不应低于三等水准。

（1）平面控制网的垂直引测

仍以昆明长水国际机场航站楼核心区的水平控制网为例，说明如何将 O 点向上垂直引测，其余各点引测方法与 O 点相同。

在 O 点架设激光铅直仪，垂直向上投测，如图 15-8 所示。激光点穿过楼层时需预留 200mm×200mm 的孔洞。预留的孔洞周围安置了一个木盒，通过拉设两根麻绳，使麻绳的交点对准激光捕捉靶上的投测点位，并用铁钉将麻绳固定在木盒上，如图 15-9

图 15-8　垂直传递控制点图　　　图 15-9　投测点引至木盒上

在引测过程中，为提高激光点位的捕捉精度，通常采用激光捕捉靶进行辅助[42]，如表 15-6 所示。

激光靶点测量　　　　　　　　　　　　　　表 15-6

透明塑料薄片，雕刻环形刻度	第一次接收激光点	蒙上薄片使环形刻度与光斑吻合

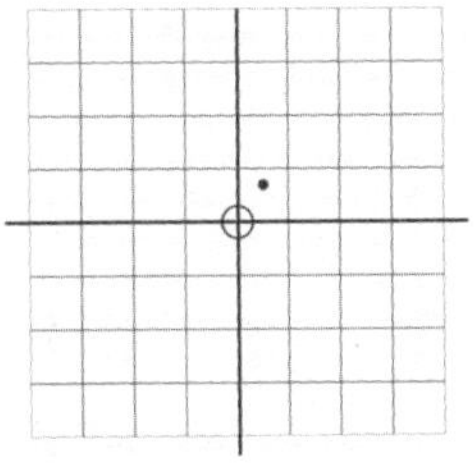	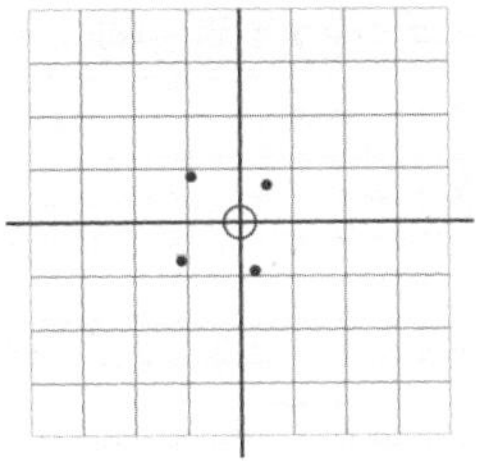	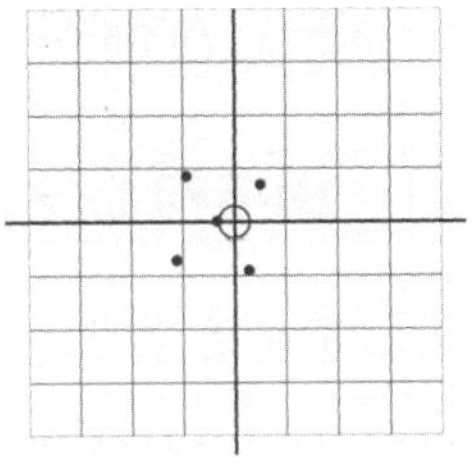
通过塑料薄片中间空洞捕捉第一个激光点在接收靶上	旋转铅直仪，在0°、90°、180°、270°四个位置捕捉点	四个激光点组成四边形，取中心点为本次投测的点位

（2）高程控制网的垂直引测

高程控制网的垂直引测有两种方法可供选择，如表 15-7 所示，引测时可根据现场实际情况及操作的方便程度选择合适的方法。

高程控制网垂直引测方法　　　　表 15-7

方法 项目	钢尺竖向量距	全站仪垂直引测
综合改正	温度、拉力、尺长改正	仪器自动改正
引测原理	钢尺精密量距	三角高程测量
数据处理	人工计算	程式化自动处理
误差分析	系统误差（客观因素） 偶然误差（人为因素） 累积误差（人为因素）	系统误差（客观因素）
示意图	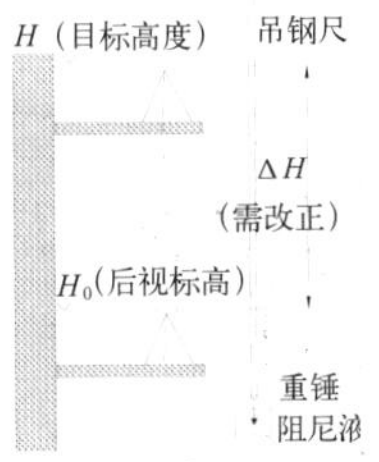	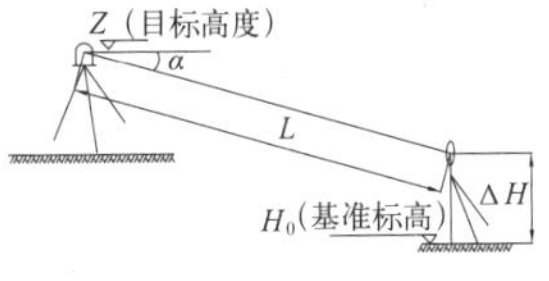
计算式	$H = H_0 + \Delta H$	$Z = H_0 + \Delta H + L\sin\alpha$
比较结论	过程繁琐、累积误差大	简便、快捷、精度高

15.4　施工过程定位测量与变形监测

15.4.1　钢结构地脚锚栓测量

地脚锚栓的埋设精度直接影响工程的安装质量及安装工效。首先应测设好地脚螺栓预埋位置控制线和底平面的标高线。地脚螺栓埋设前，先将每组地脚螺栓群由标准样板固定，通过刚性框架连接成整体，并使其与位置控制线吻合，如图 15-10 所示。地脚螺栓在浇筑前应再次复核，确认其位置及标高准确、固定牢靠后方可进入浇筑工序；混凝土浇筑前，螺纹上要涂黄油并包上油纸，外面再装上套管。

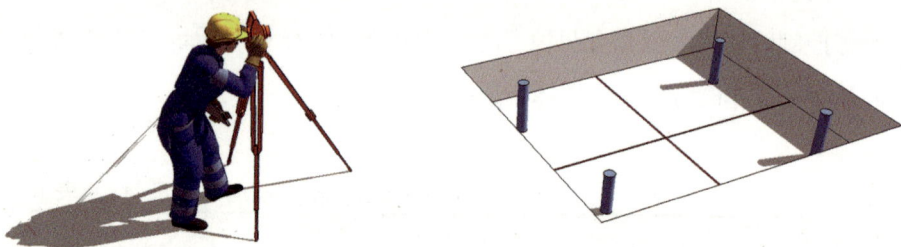

图 15-10　地脚锚栓测量

15.4.2　钢柱施工测量

图 15-11 为深圳机场 T3 航站楼大厅钢结构三维图，其中含有 82 根锥形柱，锥形柱安装校正后，焊接在预埋件面板上。锥形柱安装就位及校正，是利用柱身的中心线和相应的埋件面板中心定位线进行对位来实现的，故在锥形柱就位前需做好以下准备工作。

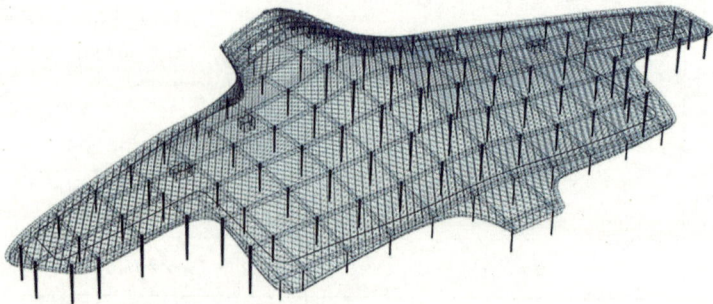

图 15-11　深圳机场 T3 航站楼大厅钢结构三维图

（1）在锥形柱侧面两个相互垂直的方向上弹出柱的中心线，如图 15-12 所示。

（2）用经纬仪将柱列轴线投测到预埋件面板上，并弹出墨线，作为柱子吊装时确定轴线的依据，如图 15-13 所示。

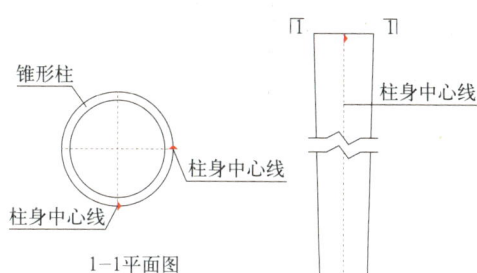

图 15-12　锥形柱弹线示意图

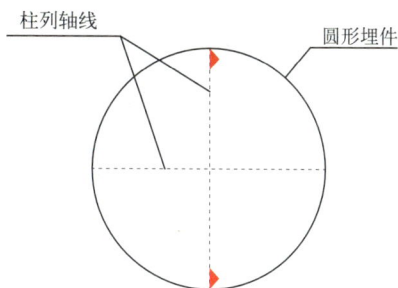

图 15-13　埋件面板弹线示意图

锥形柱就位后，用两台经纬仪分别在相互垂直的两条柱列轴线上，相对于锥形柱的距离为 1.5 倍柱高处同时观测，如图 15-14 所示，进行钢柱校正。观测时，将经纬仪照准柱子底部中心线上，固定照准部，逐渐向上仰望，通过校正使得柱身中心线与十字丝竖丝相重合[98]。

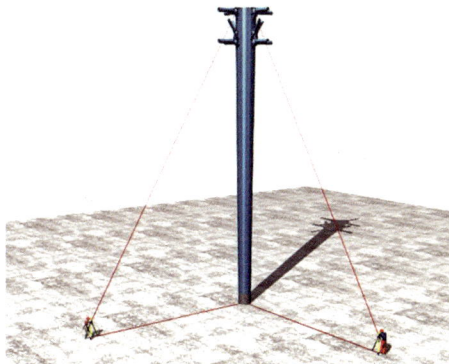

图 15-14　锥形柱测量校正示意图

15.4.3　构件拼装测量

图 15-15 是深圳湾体育中心钢结构三维示意图，体育场屋盖为复杂空间曲面单层网格结构。钢结构施工时，将弯扭构件在地面拼装成单元，然后整体吊装就位，如图 15-16 所示。

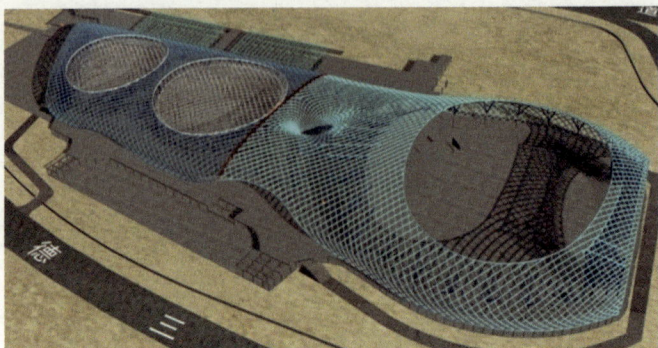

图 15-15　深圳湾体育中心钢结构三维示意图

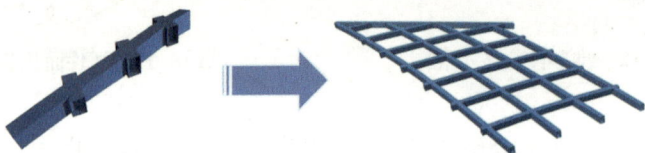

图 15-16　弯扭构件在地面拼装成单元

构件拼装遵循以下步骤：

第一步，确定拼装坐标系并建立测量控制网，如图 15-17 所示。在拼装场地左下角取一控制点作为坐标原点 o，以拼装场地的长边为 x 轴、短边为 y 轴确定拼装坐标系，并建立另外 5 个控制点，形成测量控制网，o 点的高程定为 ±0.000m。

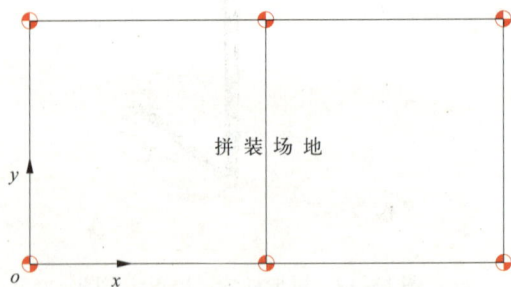

图 15-17　建立拼装坐标系及测量控制网

第二步，如图 15-18，选取单元的三个角点 A、B、C，定义平面 ABC 平行于坐标面 xoy，并将 AB 定义成与 x 轴平行的直线，AB 方向同 x 轴正方向；A 点坐标定义为 (x_a, y_a, z_a)，其中 a_1、a_2、h_A 根据现场具体情况确定。这样，就能够通过计算机转换，将构件施工坐标转化为拼装坐标。

图 15-18　施工坐标转化为拼装坐标

第三步，在单元上选择拼装观测点及拼装支撑点，将观测点的拼装坐标 (x, y) 测设至地面，根据支撑点的拼装坐标 (x, y, z) 搭设支承，如图 15-19。

图 15-19　单元观测点投影放线及支承布置

第四步，将构件吊至支承之上，用铅锤将构件上的观测点投影至地面，并与上一步测设至地面的点位进行比较，初步确定构件拼装的平面位置。用全站仪对构件上的观测点进行观测，若观测到的坐标与观测点的拼装坐标不符，则通过千斤顶进行调整，如图 15-20 所示。

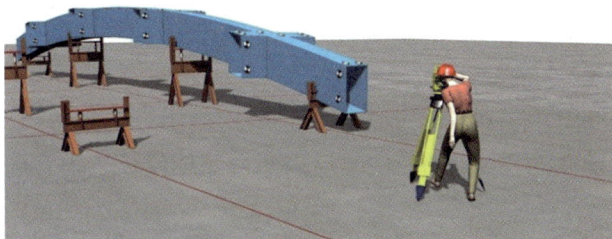

图 15-20　对构件上的观测点进行观测

第五步，构件拼装完成后，对单元上的关键点位进行复测，如复测无误，便可将拼装单元整片吊装就位，如图 15-21 所示。

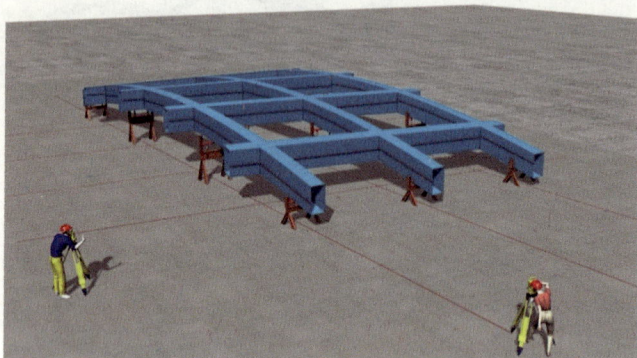

图 15-21　对拼装完成的单元进行复测

15.4.4　屋盖网壳测量

深圳湾体育中心体育场屋盖网壳由 20 根树状钢柱支撑，如图 15-22 所示。

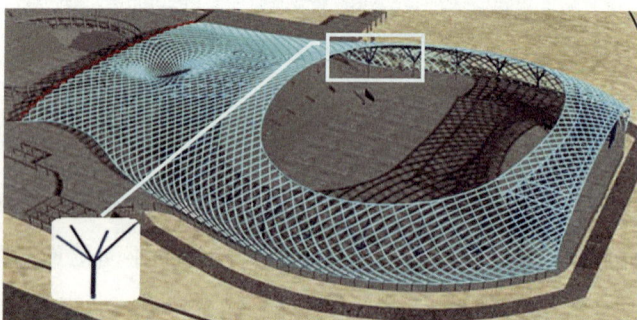

图 15-22　深圳湾体育中心体育场屋盖网壳树状钢柱支撑

由于网格结构就位后才与树状钢柱连接，因此，网格安装时，需设置施工支架支承安装中的网格结构。

施工支架安装时，用全站仪将支架的轴线测设至基础底板面，并用墨线标识，轴线交点即为支承点的投影；支架安装后用两台经纬仪校正垂直度，然后将轴线交点引测至支架顶面。

将屋盖网格吊装单元（已在地面拼装）各端口向内 300mm 处设为安装测量观测点，如图 15-23 所示。安装测量观测点打上冲眼作为标记，并计算出观测点的施工三维坐标。

屋盖网格结构吊装单元初步就位后，在混凝土看台或施工支架顶部架设全站仪（图 15-24），测量网格结构吊装单元观测点的三维坐标，与施工坐标进行比较并用千斤顶进行调整，使得观测点的三维坐标与施工坐标相一致[99]，如图 15-25 所示。

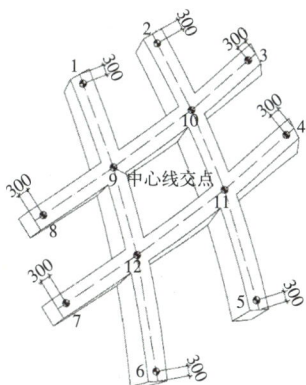

图 15-23　屋盖网壳单元安装测量观测点布置

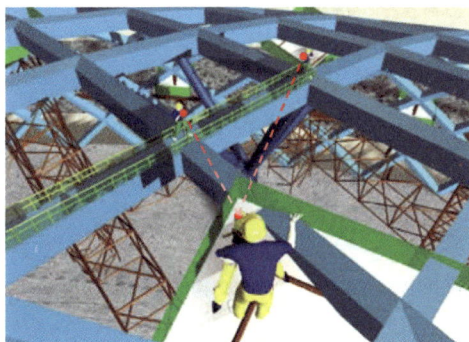

图 15-24　在辅助支承顶部架设全站仪测量网壳单元观测点坐标

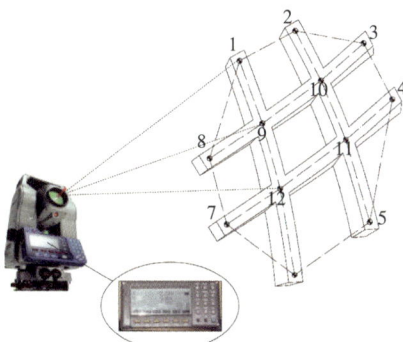

图 15-25　测量网壳单元观测点三维坐标

15.4.5　卸载监测及沉降观测

图 15-26 为深圳大运中心主体育场效果图，钢结构构件通过支座、背谷、背峰、肩谷、肩峰、冠谷、冠峰、内环等承力节点进行连接，形成稳定的复杂空间结构体系。

主体育场屋盖安装时布设了施工支架，施工支架顶部设置液压千斤顶支承屋盖结构。所有构件安装完成并验收合格后，开始对施工支架进行卸载，此过程中，应对铸钢节点、支座、主杆件的位移进行监测[100]。监测步骤如下：

（1）支架卸载前，用全站仪测量各节点和主杆件中部的初始位形。

（2）根据模拟分析计算结果，在受力集中、变形大的部位布设监测点。液压千斤顶分为多个阶段逐步释放支承力，测量每个阶段监测点的坐标变化，并依此判断释放过程中结构的安全性。

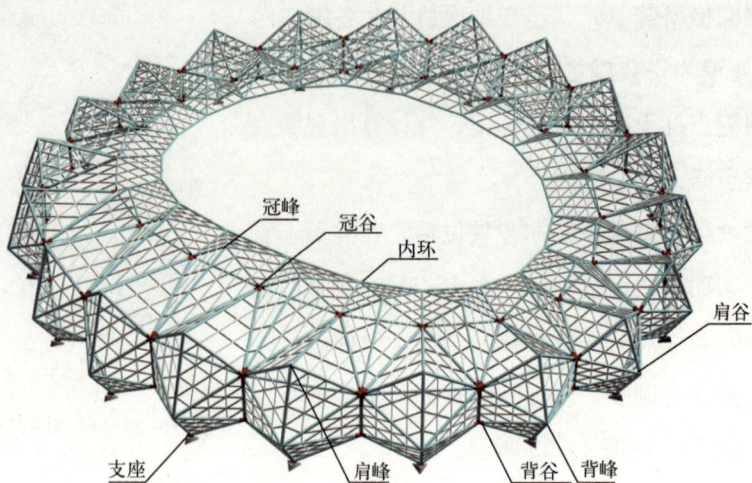

图 15-26 深圳大运中心主体育场效果图

（3）施工支架完全卸载三天后，再次监测并做好记录。

另主体育场施工阶段及使用阶段应对结构沉降进行观测，沉降观测点设置在首层受力立柱外侧面 +0.5000m 处，共布置 20 个观测点，如图 15-27 所示。沉降观测的工具为精密水准仪及配套的铟钢水准尺，一般情况下，每 15 天观测一次，当建筑物发生较大沉降、不均匀沉降或出现裂缝时，应每日一次或数次连续观测，根据观测数据分析原因并采取相应措施。

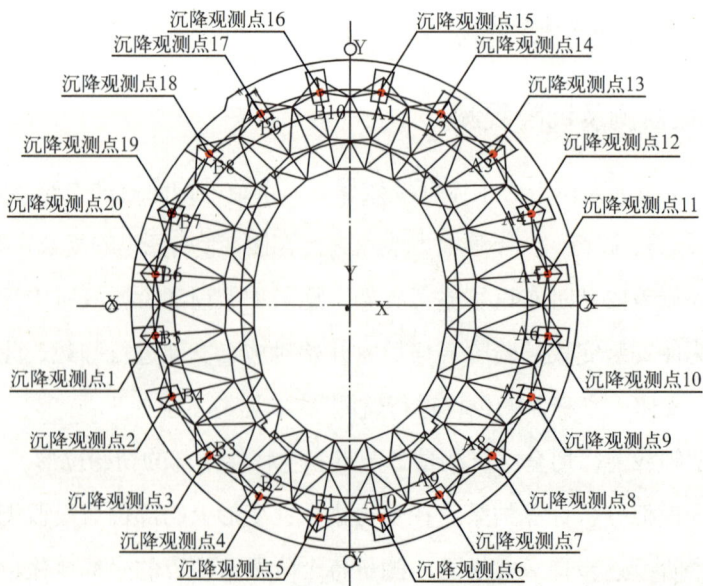

图 15-27 沉降观测点平面布置图

建筑物使用阶段的观测次数，应视地基土类型和沉降速度大小确定。一般情况下，第一年观测 3 ～ 4 次，第二年观测 2 ～ 3 次，第三年后每年 1 次，直至稳定为止。沉降是否进入稳定阶段，应由沉降量与时间关系曲线判定，若沉降速度小于 0.01 ～ 0.04mm/d，可认为已进入稳定阶段[90]。

15.5　GPS 测控技术

全球定位系统（Global Positioning System，简称 GPS），是美国国防部于 1973 年 12 月正式批准陆、海、空三军共同研制的第二代卫星导航定位系统。到 1994 年 3 月 9 日整个 GPS 星座配备完成，历时 20 年，耗资近 300 亿美元，最终建成了由 24 颗卫星组成的 GPS 系统。

GPS 自产生以来得到了迅速发展，并以其优越性能特点，引起了各国军事部门和民用部门的普遍关注。近年来，GPS 技术的高度自动化及其所能达到的精度，使其在大地测量、工程测量、控制测量和车辆、船舶及飞机的导航等方面，得到了广泛的应用。

15.5.1　系统组成

GPS 定位系统由空间卫星、地面控制站和用户终端设备三部分组成。

（1）空间卫星：GPS 系统空间由 24 颗卫星组成，均匀分布在 6 个轨道上。其主要作用是：根据地面控制指令接收和存储由地面控制站发来的导航信息，调整卫星姿态，启用备用卫星；向 GPS 用户播放导航电文，提供导航和定位信息；通过高精度卫星钟向用户提供精密的时间标准；

（2）地面控制站：GPS 工作卫星的地面监控系统包括一个主控站（Colorado springs 科罗拉多 . 斯平士）、三个注入站 Ascencion（阿森松群岛）、Diego Garcia（迭哥伽西亚）、kwajalein（卡瓦加兰）和五个检测站。其主要功能是对空间卫星系统进行监测和控制，并向每个卫星注入更新的导航电文；

（3）用户终端设备：由 GPS 接收机硬件和相应的数据处理及微处理机组成，其主要功能是接受 GPS 卫星发射的信号，获得必要的导航和定位信息以及观测测量，并经简单的数据处理实现实时导航和定位，用后处理软件包对观测数据进行处理，以获取精密定位结果。

15.5.2 工作原理

GPS 系统运用测距后方交会原理定位与导航,利用三个以上的卫星的已知空间位置交汇出地面未知点(接收机)的位置。因此利用 GPS 卫星导航定位时,必须同时跟踪至少三颗以上的卫星。

GPS 定位系统根据接收天线运动状态可分为静态定位和动态定位,根据工作方式可分为绝对定位和相对定位。

GPS 绝对定位也叫单点定位,即利用 GPS 卫星和用户接收机之间的距离观测值直接确定用户接收机天线在 WGS-84 坐标系中相对于坐标原点(地球质心)的绝对位置。GPS 相对定位也叫差分 GPS 定位,即至少用 2 台 GPS 接收机,同步观测相同的 GPS 卫星,确定 2 台接收机天线之间的相对位置,它是目前 GPS 定位中精度最高的一种方法,广泛应用于大地测量、精密工程测量、地球动力学的研究和精密导航。目前又发展了一种叫载波相位动态实时差分 -RTK(Real-time kinematic)技术,其实质也是相对定位的延伸和扩展,只不过它能快速完成搜索求解,其基本过程是基准站(已知点)通过数据链将其采集的观测数据和测站信息一起传递给流动站,流动站利用同步采集到的 GPS 观测数据,在系统内组成差分观测值进行实时处理,同时给出厘米级定位结果。经过几十年的发展,GPS 定位技术的测量精度基本能够满足施工控制网布设要求,实用性大大增强。

15.5.3 GPS 特点

(1)全球全天候定位

GPS 卫星的数目较多,且分布均匀,保证了地球上任何地方任何时间至少可以同时观测到 4 颗,确保实现全球全天候连续的导航定位服务(除打雷闪电不宜观测外)。

(2)定位精度高

应用实践证明,GPS 相对定位精度在 50km 以内可达 10 ~ 6m,100 ~ 500km 可达 10 ~ 7m,1000km 可达 10 ~ 9m。在 300 ~ 1500m 工程精密定位中,1h 以上观测结果解其平面位置误差小于 1mm。

（3）观测时间短

随着 GPS 系统的不断完善，软件的不断更新，目前，20km 以内相对静态定位，仅需 15 ~ 20min；快速静态相对定位测量时，当每个流动站与基准站相距在 15km 以内时，流动站观测时间只需 1 ~ 2min；采取实时动态定位模式时，每站观测仅需几秒钟。使用 GPS 技术建立控制网，可以大大提高作业效率。

（4）测站间无需通视

GPS 测量只要求测站上空开阔，不要求测站之间互相通视，因而不再需要建造觇标。这一优点既可大大减少测量工作的经费和时间，同时也使选点工作变得非常灵活，也可省去经典测量中的传算点、过渡点的测量工作。

（5）仪器操作简便

随着 GPS 接收机的不断改进，其体积越来越小，相应的重量越来越轻，极大地减轻了测量工作者的劳动强度。GPS 测量的自动化程度越来越高，有的已趋于"傻瓜化"。在观测中测量员只需安置仪器，连接电缆线，量取天线高，监视仪器的工作状态，其他工作如卫星的捕获，跟踪观测和记录等均由仪器自动完成。结束测量时，仅需关闭电源，收好接收机，便完成了野外数据的采集。如果在一个测站上需作长时间的连续观测，可通过数据通信方式，将采集的数据自动传送到数据处理中心作处理。

（6）可提供全球统一的三维地心坐标

GPS 测量可同时精确测定测站平面位置和大地高程。目前 GPS 水准可满足四等水准测量的精度要求。GPS 定位统一使用全球 WGS-84 坐标系统，因此全球不同地点的测量成果相互关联[35]。

第16章　安全防护技术

钢结构施工属于建筑业高危专业，如何确保安全显得极为重要。大跨度结构形式复杂，危险源多，施工时更需高度重视现场的安全防护工作。

16.1　安全风险分析

大跨度钢结构施工时，安全风险主要有以下几点：

1. 高空坠落、物体打击风险

主要表现为：高空作业时，未按要求配备安全防护措施，人员不慎坠落；拆下的小件材料随意往下抛掷；工具未拴防脱锁、未装入工具袋中，不慎脱落等，如图16-1。

图16-1　人员坠落与坠物伤人

2. 起重作业安全风险

主要表现为：工人违章操作、非岗责任人员指挥；吊装危险区域不设警示区域，不用警示绳围护；起吊物下方站人；起吊重物不规范、斜拉斜吊、横向起吊等，如图 16-2。

3. 电器作业风险

主要表现为：工人违章用电，违章使用电焊机；电焊机使用时，焊把线与地线未双线到位，焊把线过长（超过 30m）；电箱与电焊机之间的一次侧接线长度过长（超过 5m）；焊把线破皮；焊、割作业在油漆、稀释剂等易燃易爆物附近作业等，如图 16-3。

图 16-2　吊装作业风险　　　　图 16-3　违章用电

4. 动火作业安全风险

主要变现为：高处焊接作业，下方无专人监护，中间无防护隔板；在施工现场作业区特别是在易燃易爆物周围吸烟等，如图 16-4。

针对以上安全风险，需要从施工管理和技术措施两个方面着手，减少、避免安全事故的发生[42]。

图 16-4　违规动火作业

16.2　管理措施

对大跨度钢结构施工，在管理方面应根据安全管理目标建立安全管理体系，明确大跨度施工过程中各管理岗位的职责，并落实各项规章制度制度，保证管理措施的执行。

16.2.1 管理体系

建立以项目经理为组长，技术负责人、生产经理、安全总监为副组长，专职安全员、各工段、班组负责人为组员的项目安全生产领导小组，形成有效的管理网络机制。项目管理人员的安全管理职责如表 16-1 所示。

项目安全生产岗位职责 表 16-1

管理人员	岗位职责
项目经理	项目经理是安全生产第一责任人，全面负责项目的安全生产工作
项目总工	主持项目安全技术措施方案、季节性安全施工方案及措施的编制、审核；对施工现场涉及技术方面的安全问题提出解决方案并对相关人员进行交底和督促落实
生产经理	主管施工现场安全，主要负责各施工班组的安全生产工作，协调各工段生产安全有序进行
安全总监	督促各工段、班组、个人严格执行施工现场安全生产管理的各项规章制度，跟踪督促安全隐患整改，落实安全措施
专职安全员	排查施工现场安全隐患，督促整改销项；及时纠正或制止"三违"现象，将有关情况报告安全总监；负责安全内业资料的编制
各专业工长、班组长	工作区域安全生产的直接责任人，接受项目安全部门的日常检查指导，对其工作区域的安全生产负直接责任

16.2.2 管理制度

建立、健全安全生产管理制度，是保障项目安全稳定运营的重要举措，具体包含如下：

1. 安全生产责任制

制定覆盖所有各岗位的安全生产责任制，进行安全交底，确保每个岗位清楚并认真履行安全生产职责。

2. 安全技术交底制度

据现场实际情况，设置安全措施。项目经理部必须分阶段对管理人员进行安全书面交底，各施工工长及专职安全员必须定期对各分包队伍进行安全书面交底。

3. 安全检查制

项目经理部每周由项目经理组织一次安全大检查；各专业工长和专职安全员每天对所管辖区域的安全防护进行检查，督促各分包队伍对安全防护进行完善，消除安全隐患。对检查出的安全隐患落实责任人，定期进行整改，并组织复查。

4. 安全教育培训制度

有进场施工人员必须经过安全培训，经公司、项目、班组岗位三级教育，考核合格后方可上岗。项目经理部针对现场安全管理特点，分阶段组织管理人员进行安全学习。各分包队伍在专职安全员的组织下每周一次安全学习，施工班组针对当天工作内容进行班前教育，通过安全学习提高全员的安全意识，树立"安全第一，预防为主"的思想。

5. 安全生产奖罚制度

项目部设立安全奖励基金，根据安全检查结果每月进行一次评比，对遵章守纪、安全工作好的班组进行表扬和奖励，违章作业、安全工作差的班组进行批评教育和处罚。

6. 设备、措施验收制度

塔吊等大型机械设备安装完成后，必须经市特种设备检测中心检测合格，相关主管部门单位验收后方可使用；外脚手架搭设前需进行详细的载荷验算，搭设完成后，必须经我司工程部验收合格后，方可对外报验。不经验收一律不得投入使用。

7. 起重设备吊装操作安全管理办法

项目部根据设备情况及自身特点，制定钢结构起重设备吊装操作安全管理办法。

8. 持证上岗制

项目部全体员工必须按要求办理平安卡，特种作业人员必须持与所从事作业相应的有效证件方可上岗，严禁无证上岗。

9. 隐患停工制

专职安全员发现违章作业、违章指挥，有权进行制止；发现安全隐患，有权下令立即停工整改，及时采取措施消除安全隐患。

10. 安全例会制

工程施工期间，安全总监和专职安全员长驻现场，并每周组织一次所有现场作业人员的安全生产例会，每天至少对现场安全生产现状进行全面检查并做好记录，负责安全技术交底和技术方案的安全把关，制定或审核安全隐患的整改措施并监督落实，负责安全资料的整理和管理，确保所有的安全设施处于良好的运转状态。

16.3 技术措施

16.3.1 一般技术措施

（a）正视图　　　　　（b）侧视图

图 16-5　现场施工人员标准着装

（1）坚持用好安全"三件宝"，所有进入现场人员必须戴安全帽，高空作业人员必须戴好安全帽、系好双钩安全带、穿防滑绝缘鞋（图 16-5）。危险作业区应有明显标志、防护措施及专人看守。

（2）安装前要再次对起重机具进行检验。仔细检查钢绳、卡环、吊钩等是否符合规格要求，是否有损伤，所有起重指挥及操作人员必须持证上岗。

（3）合理安排作业区域和时间，避免直线垂直交叉作业。

（4）重点把好高空作业安全关，高空作业人员须体检合格。高空作业人员应佩戴工具袋，小型工具、焊条头子、高强螺栓尾部等应放在专用工具袋内，不得放在钢梁或易失落的地方。使用工具时，要握持牢固。所有手动工具（如榔头、扳手、撬棍等）应穿上绳子套在安全带或手腕上，防止失落伤及他人。

（5）夜间吊装必须保证足够的照明，构件不得悬空过夜，特殊情况时应报主管领导批准，并采取可靠的安全防范措施。

（6）每层外围构件拉挂立网，"四口"设护栏、挂安全网，设醒目标志，用红白小旗绳圈转围，如图 16-6 所示。

图 16-6　电梯口、通道口防护

（7）钢爬梯、吊篮、平台等，应设计轻巧、牢靠、实用，制作焊接牢固，检查合格，并按规定正确使用，如图 16-7 所示。

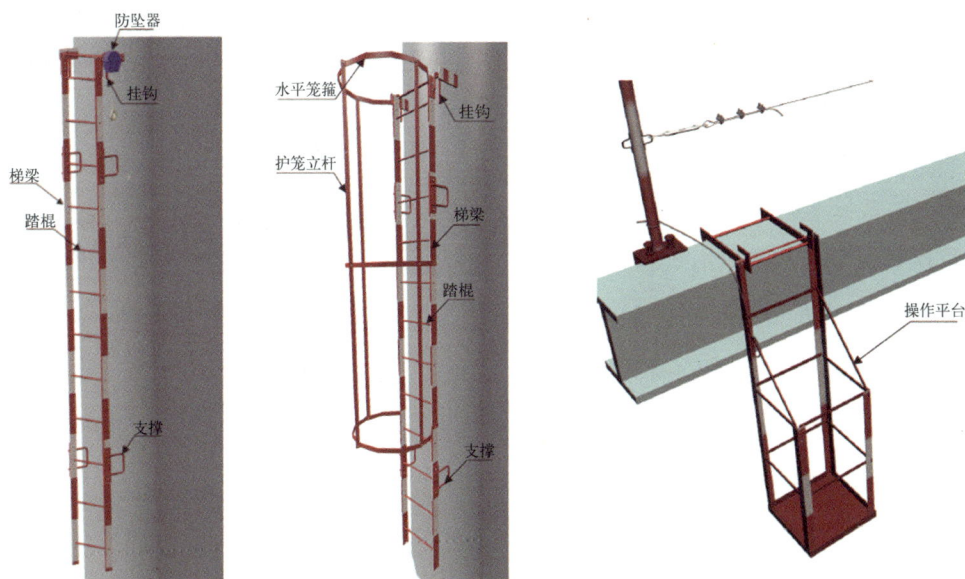

图 16-7　钢爬梯、吊篮示意图

（8）焊接作业提供平台，增加安全感，减少安全设施的重复搭设，为安全施工提供方便。

（9）跳板要按规定铺设牢靠，不得出现翘头。电焊作业平台搭设力求平稳、安全、周围设防护栏杆，所有设置在高空的设备、机具，必须放置在指定的地点，避免载荷过分集中。并要绑扎，防止机器工作中松动。

（10）所有安全设施由专业班按规定统一设置，并经有关部门验收，其他人不准随便拆动。因工作需要必须拆动时，要经过有关人员允许。事后要及时恢复，安全员要认真检查。

（11）切实搞好防火，设置足够数量的灭火器材及消防水，严防火灾发生。

（12）统一高空、地面通信，联络一律用对讲机，严禁在高空和地面互相直接喊话。

（13）现场办公、工具房等场所在塔吊覆盖范围内，必须搭设防砸棚，其上覆盖双层木模板。

（14）各种材料加工场、施工机具房、通道口等位置必须搭设防砸棚。

16.3.2　高空作业防护

高空作业均应戴安全帽，佩戴安全带，并要高挂低用，并系在安全可靠的地方，现场作业人员穿好软胶防滑鞋，如图 16-8 所示。吊装钢梁前，在其上弦拉安全钢丝绳，检查生命线是否牢固后起吊，严禁在未加生命线的钢梁上行走。在钢梁吊装前是否安装好爬梯，检查爬梯是否牢固，人员从爬梯护笼内上下。

图 16-8　高空作业防护

必须使用双钩安全带，和全身式安全带，严禁脱钩行走。定期检查生命线与梁面钢管的连接，如发现有 U 形卡松动或其他安全隐患，立即采取措施纠正。

1. 钢柱安装的安全措施

大跨度结构钢柱吊装时，事先在地面上将安全爬梯和防坠锦纶绳或镀锌钢丝绳固定在钢管柱上，随同钢管柱一同吊装，施工人员利用爬梯上下钢柱，并在平台四周布置安全网。为提高操作平台的安全性和重复使用率，可采用组合式操作平台，如图 16-9 所示。该操作平台是将预制好的标准组件，通过螺栓现场进行连接组合而成，具有安拆便捷、可循环利用的特点。

2. 屋盖结构安装的安全措施

桁架在形成片区后，必须设置水平安全网（采用阻燃密目网），如图 16-10 所示。

针对后续屋盖和涂装的施工，在桁架、网架上方应设置水平通道和临边防护。通道板可采用足够刚度和强度的钢跳板或木跳板，安全通道宽度不宜小于 600mm，且两侧应设置安全栏或防护钢丝绳，其设置高度不应低于 1.2m。四周临边结构上搭设钢管防护栏杆，防护栏杆立杆间距不大于 2m，横杆二道分别为 0.6m 和 1.2m。如图 16-11 所示。

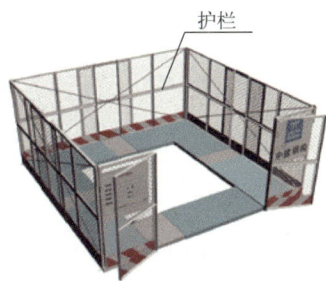

图 16-9　组合式操作平台示意图

图 16-10　安全网铺设

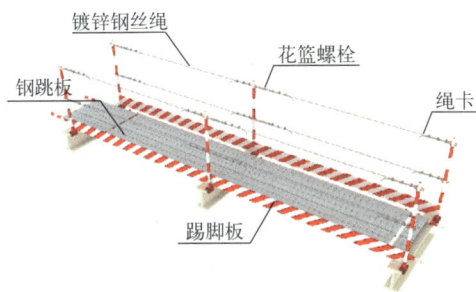

图 16-11　屋顶通道设置

网架或桁架各分块吊装就位后，应搭设操作平台保护工人施工作业，并拉设安全防护绳满足保护人员高空行走（图 16-12），操作人员系防坠钢丝绳，提高操作人员高空作业安全性。

3. 施工支承安全措施

钢结构桁架安装时，施工支承上部边位置采用间距为 500mm，高度为 1200mm

图 16-12　高空作业安全防护措施

图 16-13　施工支承防护栏杆设置图

图 16-14　桁架节点区操作平台及钢斜梯

钢管围成防护栏杆，防护栏杆外侧加安全立网围设，如图 16-13 所示。安装施工支承垂直方向通道采用钢爬梯形式，钢爬梯设置参见 16.3.1 节。

根据实际情况，安装施工支承垂直方向通道也可采用更安全方便的钢斜梯形式，钢斜梯通常由梯梁、踏板、立杆、横杆及转换平台组成，斜梯设置双侧护栏，外侧加安全立网围设，有效防止高空坠物，如图 16-14 所示。

当施工支承安装时，发生异常情况，即启动应急预案，针对相关特别情况的防范措施及实施方法如表 16-2 所示。

施工支承安装应急预案　　　　　　　　　　　　表 16-2

序号	分类	表现形式	防范措施	实施方法
1	施工支承沉降	施工支承发生均匀或不均匀沉降	施工过程中加强对施工支承的监测、检查	如施工支承有变形部位，安装时需进行补强加固，保证施工支承载受力能力
2	施工支承变形	支承发生较大垂直度和侧弯偏差	施工过程中加强对施工支承的监测、检查	对施工支承进行补强加固，使其满足继续使用的要求。增设支承柱脚受力面积
3	施工支承稳定性出现问题	施工支承横向摇摆度较大	按日严格对施工支承监测点监控并做好记录，并及时汇报项目技术部	对支承间的横向支撑进行加密补强
4	施工支承工装倾斜	施工支承工装向一个方向偏移	检查施工支承工装支承面的平整度，保证工装摆放。工装点设置短型钢支撑，限制支承变形量	对工装设置临时固定板或直接与支承局部部位进行焊接

16.3.3　焊接作业安全防护措施

钢结构焊接与切割作业时，应特别注意防止焊接电弧与短路，切割火焰等点燃周围空间内可燃物（包括氧气、乙炔、木模板、木架板、各种油料、油漆与其他装修材料等一切可燃物品）引起火灾的安全事故。电焊机变压器的一次电源线长度不应大于 5m，其电源进线处必须设置防护罩，电焊机二次焊把线应采用防水橡皮护套铜芯软电缆，电缆长度不应大于 30m，如图 16-15 所示。由于高空风大，通常采用搭设焊接防风棚，如图 16-16 所示，在下方放置接火盆或垫设石棉布来防止焊接火花四溅。另焊接或切割时，焊机或切割机离开氧气瓶和乙炔瓶的间距。氧气瓶和乙炔瓶堆放的间距应不小于 5m，离动火点距离不小于 10m。

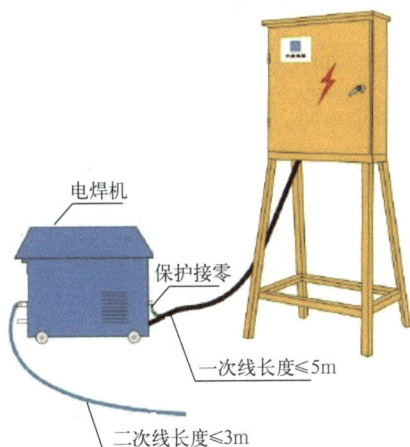

图 16-15　电焊机接线要求

图 16-16　焊接防风处理·

16.3.4　安全用电技术措施

定期对施工现场电气机具进行检查验收。检查人员由分管负责人、安全部门和施工电气机具工段长组成，查出问题及时整改，经复查合格后方可使用。每次的检查验收情况记入检测验收单，在意见栏内必须写明是否检测验收合格并签名确认。

（1）施工现场采用"TN-S"供电系统，总配电箱至分配电箱使用五芯电缆或架空五线，分配电箱至动力开关箱使用四芯电缆，分配电箱至照明开关箱使用三芯电缆。

（2）严格地将工作零线（N）和保护地线（PE）严格分开，并定期对总接地电阻进行测试，保证在 4Ω 以下。施工现场的保护零线的重复接地不应少于三处。

（3）确定各级漏电保护器的工作电流，使其合理配合，不越级跳闸，实现分级保护，每十天对所有的漏电保护器进行全数检查，保证工作可靠性。

（4）施工现场采用 36V 的安全电压进行照明。

（5）器材部门购置符合标准规范要求的电缆、电线、漏电保护器及配电箱、开关箱。

（6）总配电箱各回路处（或分配电箱）和开关箱处必须安设漏电保护器；

图 16-17　配电箱安全防护措施

（7）开关箱严格执行"一机、一闸、一漏、一箱"制度，不得使用木质简易配电箱。

（8）按要求架设临时用电线路和埋设电缆，对靠近施工现场的外电线路，设置绝缘体的防护措施。

（9）对所有的配电箱等供电设备进行防护，防止雨水打湿引起漏电和人员触电；防护如图 16-17 所示。

16.3.5　起重吊装作业要求

（1）吊装时应有专人指挥，指挥人员应位于吊车司机视力所及地点，应能清楚地看到吊装的全过程。

（2）吊装工作区应有明显标志，并设专人警戒，非吊装现场作业人员严禁入内，起重机工作时，起重臂下严禁站人，同时避免人员在吊车起重臂回转半径内停留。

（3）构件绑扎必须牢固，起吊点应通过构件的重心位置。开吊时应平稳，避免振动或摆动，在构件就位或固定前，不得解开吊装索具，以防构件坠落伤人。

（4）吊装时不得在构件上堆放或是悬挂零星物件，零星物品应用专用袋子上、下传递。

（5）高空、地面之间用对讲机通信联络，禁止喊叫指挥。起重指令明确统一，严格按"十不吊"操作规程执行。

16.4 季节性施工安全措施

16.4.1 雨期施工防护措施

雨期施工时，应及时掌握气象资料，定时预报天气状况，提前采取预防措施。

雨期施工前应认真组织有关人员分析雨期施工生产计划，针对雨期施工的主要工序编制雨期施工方案，组织有关人员学习，做好对工人的技术交底。

1. 管理措施

暴雨前后，对施工现场构件、材料、临时设施、临电、机械设备防护等进行全面检查，并采取必要的防护措施。定期检查大型设备、脚手架的基础是否牢固，并保证排水良好，所有马道、斜梯采用防滑措施。

2. 雨季吊装施工的防护措施

（1）雨期施工时，吊装班成员配备雨衣、雨裤和防滑鞋，起重指挥的对讲机须用防护套保护；

（2）施工人员上高空前，擦干净鞋底泥浆，以减小鞋滑带来的危险；

（3）雨天应减少或暂停高空危险位置的吊装作业；

（4）雷电、暴雨或六级以上大风天气，必须停止一切吊装作业。

3. 雨季焊接施工的防护措施

（1）为焊接材料的防潮，焊接位置应搭设严密、牢固的防护棚，直到焊缝完全冷却至常温；

（2）焊接前采用乙炔焰对焊接位置进行除湿处理，同时做好棚内与外界的封闭防护，以减小防护棚内的湿度；

（3）做好配电箱和焊机的防雨工作，应放置在工具房或防护棚内；

（4）雨季焊接施工的焊把线和电源线必须经过检查并保证完好无损，下雨过程中应停止露天焊接作业。

4. 防台风重点措施

台风来临时，应采取以下措施：

（1）汽车吊、塔吊停止作业；

（2）楼面或屋面可动的物品、器材，捆绑好或放置在安全部位；

（3）现场的施工材料（如焊条、螺栓、螺钉、皮管等）应回收到工具房内，清理施工废料并回收到废料盒内；

（4）固定电源线，高处的配电箱、照明灯等回收到机电设备工具房内；

（5）防护棚帆布拆除，高空所有跳板均用铁丝绑扎牢固；

（6）吊篮转移到地面安全位置，其他小型设备（如焊机等）撤回机房；

（7）关闭电源开关；

（8）非绝对必要，不可动火，动火时必须有专人监护；

（9）重要文件或物品派专人看管。

5. 防雷措施

夏天雨季多有雷电发生，必须采取以下可靠措施进行防护。

（1）塔吊防雷接地

1）塔吊防雷接地装置可采用镀锌扁铁与桩主筋焊接，接地电阻不得大于 1Ω；

2）塔吊避雷下引线可采用铜芯线，一端与镀锌扁铁用螺栓锚固，上端与塔帽避雷针锚固，避雷针可由直径 20mm 的镀锌钢管，焊于下端的镀锌角钢，安于顶端的由直径 16mm 镀锌圆钢磨制的针尖等组成，安装长度应高于塔帽 1m；

3）在塔基底座上装焊螺栓，保护接地线一端固定在螺栓上、一端固定在开关箱箱内接地端子板上。

（2）施工作业区防雷接地

1）形成足够的接地网点

在施工中，一般将钢柱底板与基础底板钢筋就近连接形成接地网点，接地网点的数量至少与作业区的引下线数量一致，并且应对齐引下线的位置。

2）引下线

引下线的作用是将避雷作业区与接地网点连接在一起，使电流构成通路。应根据工程情况，从施工作业区设置足够的引下线与接地网点连接。

16.4.2 高温天气施工防暑措施

1. 人员保健措施

对高温作业人员进行作业前和入暑前的健康检查，凡检查不合格者，均不得在高温条件下作业。遇炎热天气，安全员应加强现场巡视，防止施工人员中暑。尽量避免高温天气露天工作。提供充足的含盐饮料。

2. 组织措施

合理的劳动作息制度，较高气温时，早晚工作，中午休息。调整作业班次，采取勤倒班的方法，缩短一次连续作业的时间。

3. 技术措施

加强机械设备的维护与检修，保证正常运行。为避免温差对测量的影响，安排在早晨或傍晚时间进行测量复核。

16.4.3 冬期施工防护措施

冬期施工前，应组织人员进行相关的技术业务培训，学习冬期施工相关规定。冬期施工方案及措施确定后，应及时向各施工班组进行交底。同时做好现场测温记录，及时收集天气预报，提前做好大风、大雪及寒流等预防工作。

根据工程需求提前组织冬期施工所用材料及机械备件的进场，为冬期施工的顺利展开提供物质上的保障。采取有效的冬期防滑系列措施，如跳板上钉防滑条、钢梁铲除浮冰后铺设麻袋或草包、拉设好安全网和安全绳等。

在构件吊装前应清除构件、索具表面的积雪(冰)。同时切忌捆绑吊装。构件运输、卸车和堆放时，清除堆场积雪，构件下应垫设木板，堆放场地需平整，无水坑。

在构件验收、安装及校正时，应考虑负温下构件的外形尺寸收缩，以免在吊装时产生误差。专用测量工具应进行温差修正。

高空作业必须清除构件表面积雪，穿防滑鞋，系安全带，绑扎牢固跳板等。0℃以下时，应清除构件摩擦面上的结冰，必要时进行烘干处理。雨、雪天气时禁止高强螺栓施工。

钢结构测量校正使用全站仪测控，在负温度安装时，应考虑温度变化及塔楼朝阳面和背光面间的温差影响。当天气预报风力大于6级时停止吊装作业。大雪天气，各道工序暂停施工[101]。

参考文献

[1] 中华人民共和国国家标准. 建筑抗震设计规范 GB 50011—2010[S]. 北京：中国建筑工业出版社，2010.

[2] 中华人民共和国国家标准. 钢结构设计规范 GB 50017—2003[S]. 北京：中国建筑工业出版社，2003.

[3] 董石麟等. 现代大跨空间结构在中国的应用与发展 [J]. 空间结构，2012.

[4] 董石麟. 空间结构的发展历史、创新、形式分类与实践应用 [J]. 空间结构，2009.

[5] 丁浩民，张峥. 大跨度建筑钢屋盖结构选型与设计 [M]. 上海：同济大学出版社，2013.

[6] 薛素铎. 解析 2012 伦敦奥运场馆 [N]. 中国建设报，2012.

[7] 陈喆. 历届世博会场馆建筑结构的特色 [J]. 建筑结构，2003.

[8] 丁浩明等. 上海世博会主题馆结构设计与建造方面的思考 [J]. 施工技术，2011.

[9] 罗国锋等. 上海世博会演绎中心屋顶钢结构吊装技术 [J]. 施工技术，2009.

[10] 钱锋等. 百年奥运建筑 [M]. 北京：中国建筑工业出版社，2010.

[11] 张毅刚. 超大跨度空间结构—梦想与探索. 北京：北京工业大学空间结构研究中心，2014.

[12] 刘锡良. 现代空间结构的新发展 [M]. 南京：东南大学出版社，1998.

[13] 黄明鑫等. 国家体育场（鸟巢）钢结构工程加工与安装关键技术 [A]. 中国大型建筑钢结构工程设计与施工 [C]. 北京：中国建筑工业出版社，2007.

[14] 李久林等. 国家体育场钢结构施工关键技术 [A]. 中国大型建筑钢结构工程设计与施工 [C]. 北京：中国建筑工业出版社，2007.

[15] 王宏等. 深圳大运中心主体育场钢结构安装关键技术 [J]. 施工技术，2011.7.

[16] 唐齐超等. 行走式塔吊上楼层吊装加固施工技术 [J]. 钢结构，2011.9.

[17] 庞京辉等. 国家游泳中心钢结构安装技术 [A]. 中国大型建筑钢结构工程设计与施工 [C]. 北京：中国建筑工业出版社，2007.

[18] 周观根等. 国家游泳中心钢结构施工技术 [A]. 中国大型建筑钢结构工程设计与施工 [C]. 北京：中国建筑工业出版社，2007.

[19] 鲍广鉴等.广州新白云国际机场航站楼钢结构整体曲线滑移施工技术 [J].建筑结构学报，2002.

[20] 陈治等.深圳机场 T3 航站楼大厅钢结构特性及施工研究 [J].施工技术，2011.

[21] 胡小勇等.武汉火车站超高超大滑移支承综合施工技术 [J].施工技术，2011.

[22] 吴欣之等.国家大剧院特大型壳体钢结构安装施工技术 [J].建筑施工，2005.

[23] 干宏等.广州歌剧院复杂钢结构施工技术 [J].施工技术，2008.

[24] 谭金涛等.重庆国际博览中心铝合金屋面设计 [J].钢结构，2013.

[25] 敖春兵等.可滑动悬索式安全网设计及施工技术 [J].中国科技纵横，2013.

[26] 郭彦林等.广州新白云国际机场维修机库钢屋盖整体提升技术 [J].工业建筑，2004.

[27] 毛志兵等.中国建筑业施工技术发展报告（2013）[M].北京：中国建筑工业出版社，2014.

[28] 中华人民共和国国家发展和改革委员会，中华人民共和国国家体育总局.十二五公共体育设施建设规划，2013.

[29] 中华人民共和国国家发展和改革委员会.中长期铁路网规划（2008 年调整）.2009.

[30] 中国民用航空局.中国民航发展第十二个五年规划，2011.

[31] 李海旺.城市灾难地震避难所与救灾据点规划与设计 [M].北京：中国建筑工业出版社，2013.

[32] Fuller R B.Tensile-integrity structure.U.S，3063521[P].1962.

[33] 中华人民共和国行业标准.空间网格结构技术规程 JGJ 7—2010[S].北京：中国建筑工业出版社，2011.

[34] 董石麟，赵阳.论空间结构的形式和分类 [J].土木工程学报 .2004.

[35] 中华人民共和国行业标准.索结构技术规程 JGJ 257—2012[S].北京：中国建筑工业出版社，2012.

[36] 中国工程建设标准化协会.膜结构技术规程 CECS 158：2004[S].北京：中国计划出版社，2012.

[37] Geiger D H.The design and construction of two cable domes for the Korean Olympics[C]//proceeding of IASS-ASCE.Osaka：[s.n.].1986，2：265-272.

[38] Mamoru Kawaguchi，Masaru Abe，Tatsuo Hatato，et al. Structural Tests on A Full-size Suspend-dome Structure[A].Proceedings of IASS Symposium[C].Singapore：1997，431-438.

[39] Mamoru Kawaguchi，Masaru Abe，Ikuo Tatemichi.Design，Test and Realization of "Suspend-dome" System[J].Journal of IASS，1999，40（131）：179-192.

[40] 中国工程建设标准化协会.预应力钢结构技术规程 CECS 212：2006[S].北京：中国计划出版社，2006.

[41] 陈务军.膜结构工程设计 [M].北京：中国建筑工业出版社，2004.

[42] 王宏等.超高层钢结构施工技术 [M].北京：中国建筑工业出版社，2013.

[43] 孙晓彦，杜鹏. 三维深化设计及详图绘制软件 Tekla Structures（Xsteel）在奥运工程中的应用 [A].
中国大型建筑钢结构工程设计与施工 [C]. 北京：中国建筑工业出版社，2007.

[44] 李星荣等. 钢结构连接节点设计手册 [M]. 北京：中国建筑工业出版社，2005.

[45] 谢国昂等. 钢结构设计深化及详图表达 [M]. 北京：中国建筑工业出版社，2010.

[46] 李文杰等. 深圳湾体育中心制作技术 [J]. 施工技术，2012.

[47] 王树等. 弦杆受拉大直径空间相贯节点足尺模型试验与设计研究 [J]. 建筑结构，2010.

[48] 范道红等. 福州奥体中心体育馆不规则十字转多角度菱形箱体钢柱制作技术 [J]. 钢结构，2014.

[49] 徐重良等. 深圳湾体育中心空间变曲面弯扭斜交网格钢结构高效深化设计 [J]. 施工技术，2011.

[50] 戴为志，高良. 钢结构焊接技术培训教程 [M]. 北京：化学工业出版社，2009.

[51] 皱家生. 材料连接原理与工艺 [M]. 哈尔滨：哈尔滨工业大学出版社，2004.

[52] 陈祝年. 焊接工程师手册 [M]. 北京：机械工业出版社，2002.

[53] 方洪渊. 焊接结构学 [M]. 北京：机械工业出版社，2008.

[54] 尹恒等. 超大型钢桥节点铸钢 ZG275-485H 与 45# 钢焊接技术 [J]. 焊接技术，2014.

[55] 李朝兵等. 超大型组合巨柱焊接变形控制 [J]. 建筑钢结构进展，2013.

[56] 中华人民共和国国家标准. 钢结构工程施工质量验收规范 GB 50205—2001[S]. 北京：中国计划出版
社，2002.

[57] 高树栋等. 国家体育场钢结构工程箱形弯扭构件制作技术及应用研究 [J]. 建筑技术，2007.

[58] 中华人民共和国行业标准. 钢网架焊接空心球节点 JG/T 11—2009[S]. 北京：中国标准出版社，
2009.

[59] 中华人民共和国行业标准. 钢网架螺栓球节点 JG/T 10—2009[S]. 北京：中国标准出版社，2009.

[60] 同济大学，清华大学等. 铸钢节点应用技术规程 CECS 235：2008[S]. 北京：中国计划出版社，
2008.

[61] 刘欢云等. 重庆国际博览中心多支管树杈柱制作技术 [J]. 钢结构，2013.

[62] 欧阳超等. 异型曲线立体桁架制造技术 [J]. 钢结构，2011.

[63] 欧阳超等. 大直径厚壁锥管柱制作技术 [J]. 钢结构，2011.

[64] 高如国等. 无压头卷制钢管新工艺在工程中的应用. 江苏建筑，2013.

[65] 贺振科等. 贵阳奥体中心主体育场钢结构工程施工精度控制. 建筑结构，2010.

[66] 吴慧娟等. 建筑业 10 项新技术（2010）应用指南. 北京：中国建筑工业出版社，2011.

[67] 中华人民共和国行业标准. 建筑施工扣件式钢管脚手架安全技术规范 JGJ 130—2011[S]. 北京：中国

建筑工业出版社，2011.

[68] 江正荣.建筑施工计算手册 [M].北京：中国建筑工业出版社，2001.7.

[69] 谢任斌等.福州奥体钢结构杠杆支撑转换系统设计 [A].钢结构研究与工程应用最新进展 [C].北京：中国建筑工业出版社，2014.

[70] 吴立标等.福州奥体中心复杂罩棚钢结构施工测量技术研究 [A].钢结构研究与工程应用最新进展 [C].北京：中国建筑工业出版社，2014.

[71] 中华人民共和国国家标准.钢结构工程施工规范 GB 50755—2012[S].北京：中国建筑工业出版社，2012.

[72] 鲍广鉴，王宏等.大面积钢屋盖多吊点非对称整体提升技术 [J].施工技术，2004.

[73] 冯锋，蒋官业等.空中连体结构整体提升施工技术 [J].中国建筑绿色建筑交流会，2012.

[74] 鲍广鉴等.空间钢结构计算机控制液压整体提升技术 [J].施工技术，2005.

[75] 程浩等.大跨度钢网架与钢桁架组合结构整体提升技术 [J].钢结构，2014.

[76] 樊兆馥.重型设备吊装手册 [M].北京：冶金工业出版社，2006.

[77] 鲍广鉴等.广州新白云国际机场航站楼钢结构安装技术 [J].施工技术，2003.

[78] 田娥等.钢网架结构低位提升数字化模拟分析 [J].工业建筑，2014.7.

[79] 朱芳等.超大面积网架整体顶升滑移技术研究与应用.第五届全国钢结构工程技术交流会论文集，2014.

[80] 鲍广鉴等.大跨度空间钢结构滑移施工技术 [J].施工技术，2005.

[81] 段其磊等.楼面加固施工技术 [J].钢结构，2012.

[82] 戴立先等.武汉火车站中央站房大型滑移支承设计 [J].施工技术，2010.

[83] 陈保勋，胡小勇等.武汉火车站中央站房大型滑移支承和塔吊轨道基础处理技术 [J].施工技术，2010.

[84] 王辉等.武汉火车站大跨度枝状支撑空间曲面钢结构卸载分析 [J].施工技术，2010.

[85] 陈治等.深圳证券交易所营运中心钢结构施工技术 [J].施工技术，2010.

[86] 王宏等.深圳大运中心主体育场钢结构安装关键技术 [J].施工技术，2011.

[87] 刘晓斌等.深圳京基金融中心大型钢管混凝土柱施工及监测技术 [J].施工技术，2011.

[88] 程鹏等.砂箱在钢结构卸载中的研究与应用 [J].施工技术，2011.

[89] 严晓霞等.单层折面空间网格结构临时支撑体系的设计与应用 [J].钢结构，2011.

[90] 欧阳超等.深圳大运中心主体育场单层折面空间网格结构临时支撑卸载技术 [J].施工技术，2011.

[91] 朱邵辉等. 天津梅江会展中心大跨度张弦桁架施工技术 [J]. 施工技术，2010.

[92] 田娥，戴立先等. 梅江会展中心钢结构施工中预应力内张拉模拟分析 [J]. 施工技术，2012.

[93] 张朝等. 天津梅江会展铸钢节点有限元分析 [J]. 施工技术，2010.

[94] 梁瑞等. 青岛北站复杂巨型钢骨安装技术 [J]. 钢结构，2014.

[95] 梁瑞等. 青岛北客站复杂巨型倒三角箱型构件高空安装技术 [J]. 钢结构，2013.

[96] 尉成伟. 多接口变截面超长异型构件拼装测量技术 [J]. 钢结构，2013.

[97] 蔡玉龙等. 昆明新机场航站楼 5-7 号钢彩带安装技术 [J]. 施工技术，2010.

[98] 陈治等. 深圳机场 T3 航站楼大厅钢结构特性及施工研究 [J]. 施工技术，2011.

[99] 温小勇等. 可调节拼装支架的研究与应用 [J]. 钢结构，2012.

[100] 叶光伟，徐聪等，深圳大运会主体育场钢结构合拢技术 [J]. 钢结构，2011.

[101] 王珮云，肖绪文等. 建筑施工手册（第五版）[M]. 北京：中国建筑工业出版社，2012.